江苏省高等学校重点教材（编号：2021-2-248）

高等职业教育系列教材·职业本科

机电产品数字孪生技术及应用

（NX MCD）

宋海潮　洪　晴　朱红娟　许　辉　编著

机械工业出版社

本书结合智能制造系统等典型案例，分 3 篇，通过 9 个典型项目，讲授三维建模、运动仿真和设备调试等典型工作任务。本书使读者能够了解产品全生命周期的概念，掌握机电一体化概念设计、基于物理特性的运动仿真的基础理论及应用，完成运动仿真、虚拟调试，实现机电产品数字孪生技术的应用。同时为参加相关的“1+X”职业技能等级证书考核和全国职业院校技能大赛奠定基础。

本书可作为高等职业教育本科和专科装备制造大类中机电设备类和自动化类等相关专业的教材，也可作为工业生产数字化应用中开发、调试与现场维护工程技术人员的参考教材和培训用书。

本书配有二维码微课视频、电子课件等资料，教师可登录 www.cmpedu.com 免费注册，审核通过后下载，或联系编辑索取（微信：13261377872，电话：010-88379739）。

图书在版编目（CIP）数据

机电产品数字孪生技术及应用：NX MCD / 宋海潮等编著．—北京：机械工业出版社，2023.11（2025.1 重印）

高等职业教育系列教材

ISBN 978-7-111-74063-6

Ⅰ.①机…　Ⅱ.①宋…　Ⅲ.①机电设备-计算机辅助设计-高等职业教育-教材　Ⅳ.①TH122-39

中国国家版本馆 CIP 数据核字（2023）第 198608 号

机械工业出版社（北京市百万庄大街 22 号　邮政编码 100037）

策划编辑：李文轶　　　　责任编辑：李文轶　赵小花

责任校对：潘　蕊　张　薇　　责任印制：郜　敏

北京富资园科技发展有限公司印刷

2025 年 1 月第 1 版 • 第 3 次印刷

184mm×260mm • 16 印张 • 412 千字

标准书号：ISBN 978-7-111-74063-6

定价：59.90 元

电话服务　　　　　　　　网络服务

客服电话：010-88361066　　机　工　官　网：www.cmpbook.com

010-88379833　　机　工　官　博：weibo.com/cmp1952

010-68326294　　金　　书　　网：www.golden-book.com

封底无防伪标均为盗版　　机工教育服务网：www.cmpedu.com

Preface

前　言

党的二十大报告指出：统筹职业教育、高等教育、继续教育协同创新，推进职普融通、产教融合、科教融汇，优化职业教育类型定位。为了全面贯彻党的教育方针，落实立德树人根本任务，培养德智体美劳全面发展的社会主义建设者和接班人。同时，为了适应装备制造业数字化、网络化、智能化发展新的趋势，对接新产业、新业态、新模式下机电设备研发、系统集成等岗位的新要求，推动职业教育专业升级和数字化改造，培养装备制造产业高层次技术技能人才，本书根据“高等职业教育本科专业简介”（2022 年修订），装备制造大类中机电设备类、自动化类专业核心课程“数字孪生技术”的教学内容与要求编写。本书主要内容如下。

（1）基础篇

本篇适合数字化设计基础薄弱的读者。

项目 1 简易机械臂、项目 2 扭尾机械手，项目 3 简易传输带、项目 4 六轴机器人，包含 UG 三维建模、装配、MCD 刚体设置、常用运动副相关内容，难度依次加深。这些项目是真实机电设备的关键组件，也是学习后续真实设备仿真的基础。

（2）提高篇

本篇以真实生产设备为场景强化读者的运动仿真技能。

项目 5 视觉检测站、项目 6 控制面板，介绍了仿真序列、信号等 MCD 运动仿真的关键知识点；项目 7 机器人搬运站、项目 8 虚拟调试，融入了 PLC 控制程序和 HMI 编程、虚拟调试等内容。

（3）强化篇

综合了基础篇和提高篇的知识，实现 PLC 控制程序与 MCD 运动仿真的系统联调。通过“机器人系统集成仿真”项目，介绍了工业机器人集成系统的设计，仓储单元、打磨加工和视觉检测运动的仿真，WinCC 开发及虚拟调试等技能点，为读者参加全国职业院校技能大赛和“1+X”职业技能等级证书考核打好基础。

本书培养读者运用 UG 建模和装配、MCD 仿真、PLC 编程、PLC 与 MCD 联调技术，设计制造执行系统，将知识点嵌入到真实生产设备的项目中，内容由浅入深、循序渐进，每个项目都有配套的技术资料、操作视频等资源，实用性强。

本书由宋海潮、洪晴、朱红娟、许辉编著。宋海潮教授负责本书结构和内容的整体设计，许辉博士（苏州汇博机器人技术有限公司技术总监）编写绪论，朱红娟老师编写项目 1，洪晴老师编写项目 2～9。

由于作者水平有限，书中错误和不足之处在所难免，敬请广大读者批评指正。

作　者

目 录 Contents

提 高 篇

0 绪论

1. 技术概念

数字化仿真技术是以数字化方式拷贝一个物理对象，模拟对象在现实环境中的行为，对产品设计、制造过程乃至整个工厂进行虚拟仿真，从而提高制造企业产品研发、制造的生产率。其依靠数字化技术，模拟物理实体在真实环境中的行为，虚拟出与现实世界完全一致的数字化镜像。数字化仿真技术能够帮助客户完成从产品设计、生产规划、工程组态、生产制造直到服务的全数字化方案，形成基于数字化技术的虚拟工厂。主要包含三大部分："产品数字化双胞胎""生产工艺数字化双胞胎""设备数字化双胞胎"。数字双胞胎也叫数字孪生。

1）产品数字化双胞胎：虚拟数字化产品模型，对其进行仿真测试和验证，以更低的成本做更多的样机。

2）生产工艺数字化双胞胎：将数字化模型构建在生产管理体系中，在运营和生产管理的平台上对生产进行调度、调整和优化。

3）设备数字化双胞胎：模拟设备的运动和工作状态，以及参数调整带来的变化，对设备进行维护监控，提升其性能和可靠性。

NX MCD 机电一体化设计系统，是西门子 PLM（Product Lifecycle Management）工业软件 NX 中集成的一个子系统。在 NX MCD 中，具备需求管理、系统工程、仿真建模、机械设计、电气设计以及调试等模块，常用的工作界面有 4 个部分的功能，分别是机械部分、控制部分、信号部分、仿真部分，其中机械部分主要用到的是对仿真环境中的机械部分赋予物理属性，能最大程度还原实物状态下运动形态，控制部分主要是模拟实际系统的信号驱动控制功能，信号部分主要将 NX MCD 中的模型与外部 PLC 和传感器等信号连接，仿真部分主要用来监视执行器运行状态。在 NX MCD 系统中对机电一体化设备中的自动化相关行为的概念进行仿真和 3D 建模，使其能完成从设计建模、调试修改、系统仿真验证以及运行的全过程。

2. 发展趋势

"数字孪生"概念最早由美国国家航空航天局（National Aeronautics and Space Administration，NASA）应用在阿波罗项目。Michael Grives 教授在 2003 年提出了"与物理产品等价的虚拟数字化表达"的概念，Shafto 等人在 2010 年将数字孪生带到公众视野。Kiritsis 在 2011 年将数字化双胞胎和产品全生命周期管理（Product Life Management，PLM）联系起来。2012 年在 NASA 公布的技术路线图中，描述了数字化双胞胎的概念，认为数字化双胞胎是实体产品的镜像，体现物理世界实体产品的全生命周期状态变化。西门子在 2016 年正式提出数字化双胞胎的概念，为工业 4.0、智能制造打造数字化解决方案。

随着信息科学技术和大数据的发展，智能制造逐渐成为制造业发展的新方向。一个国家的制造业水平和规模直接决定其科技水平和经济实力，为了在数字化浪潮到来之时抓住智能制造的机遇，许多国家针对国内以及国际制造业形势，提出了各种促进制造业发展的战略部署，旨在推动制造业数字化发展进程。

3. 技术优势

数字化仿真技术可以方便地连接设计端、采购端、制造端和运维端，借助平台、大数据、人工智能等互联网+新技术，推动公司设计、制造、运维服务全面升级，大幅提升公司设计能力、节省采购成本、提高制造整体品质。其具备以下优势：

1）缩短设备调试周期。对比在工厂现场使用实际的机器进行调试，虚拟调试可以在办公室的数字开发环境中实现，机器仿真过程中的模拟测试能够识别和消除设计中的错误，通过虚拟调试相较于实际调试可将时间缩短 50%以上。

2）提升工程设计质量。虚拟调试可以并行进行工程设计，仿真和测试的结果可直接用来提高工程设计的质量，虚拟控制器能够测试实际的 PLC 程序，修正虚拟环境中自动化程序和机器功能，增加系统的确定性和稳定性，使控制系统在实际调试时更能够满足客户的预期效果。

3）降低研发生产成本。通过虚拟调试，将大幅度减少现场调试的时间，降低调试错误的风险，缩短调试的时间周期；由于预先进行了深入的仿真测试，在实际调试过程中只需要对整套系统进行少量的修正，如此可将开发成本降低 30%以上。

4）降低设备测试风险。在虚拟调试期间，一切都可以在无风险的环境下测试，避免可能会在实际调试过程中发生的严重安全事故，通过故障排除显著降低了实际机器中的错误风险。

4. 产业发展

数字化、智能化之路需要系统化、持续化的规划和发展。通过数字孪生的实施，可以将实体信息和模型进行整合以指导生产制造；将实体设备运行产生的工艺、制造、物流和质量等信息集合，持续挖掘数字化制造的数据价值，推动制造业的智能化，为企业生产制造的效率、成本控制、风险管控带来根本性的提升。通过数字孪生管理模式的推进，优化生产规划，加速实施数字化企业转型，实现企业的全面自动化、智能化。同时结合大数据分析技术和市场需求，有效分析市场，形成产品在销售、入库、清关、下单、生产、研发的全流程立体化均衡管理模式，实现企业全面自动化、数字化、智能化，提升企业生产制造水平、产能均衡，利润和用户满意度。通过利用数字孪生管理模式转型，把握市场机会，保障企业员工安全，保证生产制造业务的顺利开展，实现企业精细化、数字化管控，提高效率，加强管控现金流，加快市场反应速度，改变落后的管理模式，强化企业的风险意识，结合人工智能、大数据、区块链、云计算技术，提升企业的生存能力及市场开拓能力。

在构建智慧工厂过程中，最主要的问题是解决数据模型的统一问题。如何使智慧工厂的人、设备、物料等要素，用数字化仿真的理念落地，形成对智慧工厂组成要素多源、异构数据的有效融合，消除信息融合过程中的障碍，将智慧工厂的资源虚拟化、服务化，实现资源即服务，达到信息的有效融合。

5. 岗位需求

随着新一轮科技革命和产业革命的到来，大数据、人工智能、云计算、5G（第五代移动通信技术）等新一代信息技术的应用加快了人类进入数字经济时代的步伐。要加快数字化发展，推进数字产业化和产业数字化。数字经济通过传统产业的数字化、网络化和智能化，推动制造业等产业实现产业融合和转型，促进产业结构升级，从而提升经济的增长动能，推动经济的高质量发展。新经济、新业态、新技术、新职业对本专业人才需求的变化体现在三个方面：

1）数字化素养要提升，数字化能力要加强；

2）专业基础要更加扎实，服务面向要更加宽广；

3）需掌握智能制造新技术。

在产业结构调整的背景之下，人才知识结构由单一性向复合创造性转变；人才类型由生产制造型向服务型转变；人才层次结构由低水平向高水平转变。企业对掌握数字化孪生、智能制造先进技术的高层次复合型人才的需求日益迫切。

基 础 篇

项目 1　简易机械臂

任务 1.1　软件环境设置

【情境分析】

UG NX 软件提供了一个基本虚拟产品开发环境，使产品开发从设计到真正的加工实现了数据的无缝集成，从而优化了企业的产品设计与制作；实现了知识驱动和利用知识库进行建模，同时能自上而下地进行子系统和接口的设计，是完整的系统库建模。

UG NX 具有强大的功能，主要包括 CAD（计算机辅助设计）、CAM（计算机辅助制造）、CAE（计算机辅助工程）、MCD（机电概念设计）等功能模块。CAD 基于特征的建模方法，采用参数控制，实现实体造型、曲面造型、虚拟装配及工程图创建；CAM 模块可基于三维模型直接生成数控代码，用于产品加工；CAE 模块进行有限元分析、运动分析，提高设计的可靠性；MCD 实现运动机构仿真、机电参数分析、PLC 程序调试。NX 软件涵盖机械、电子、软件等综合技术应用。

我国是全球第一制造大国，工业软件作为工业制造领域的大脑和神经，起到至关重要的作用。但工业软件市场长期被欧美软件公司垄断，我国自主研发的工业软件市场占有率不断萎缩。意识到这个问题后，我国加大知识产权保护力度，加大扶持国产自主工业软件的研发，打破困局，实现国产和国外工业软件的平衡发展。

【知识和技能点】

1.1.1　NX 软件基础操作

通过本知识点可掌握 NX 软件创建、打开文件、NX 常用模块、鼠标按键组合等基础操作，如表 1-1-1 所示。

表 1-1-1　NX 软件基础操作步骤

1．新建文件

（1）通过双击桌面“NX”快捷命令，或单击“开始菜单→Siemens NX→NX”命令，启动 UG 软件，进入开始菜单。

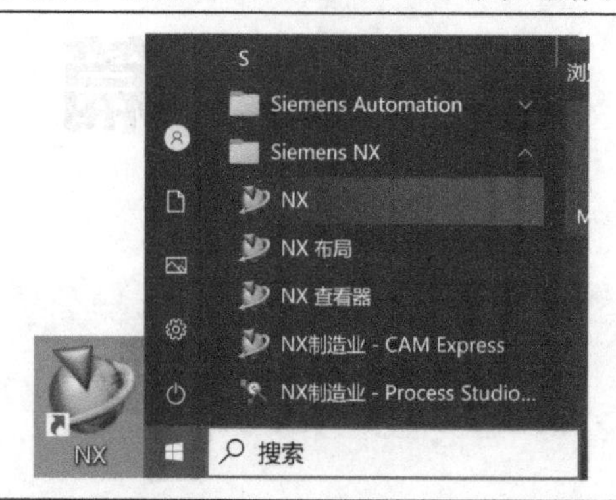

（2）单击工具栏“文件”下的“新建”命令。

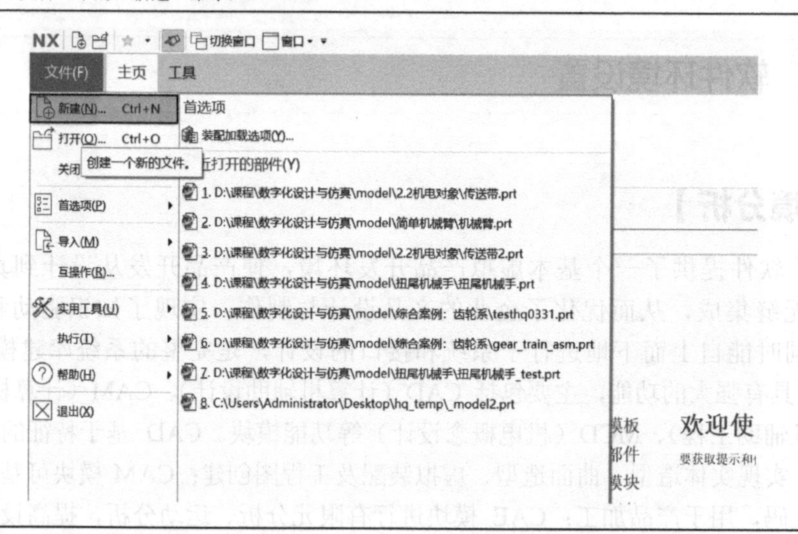

（3）在“新建”对话框中输入文件名称和文件夹路径。

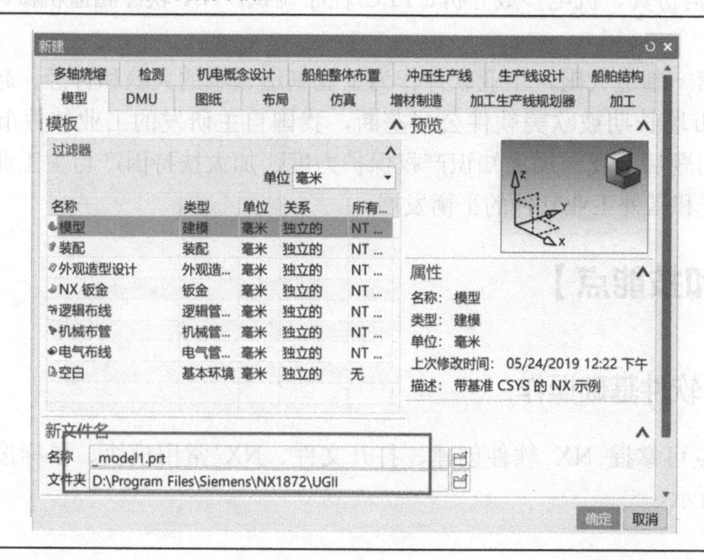

（续）

2．打开文件

（1）单击工具栏“文件”下的“打开”命令。

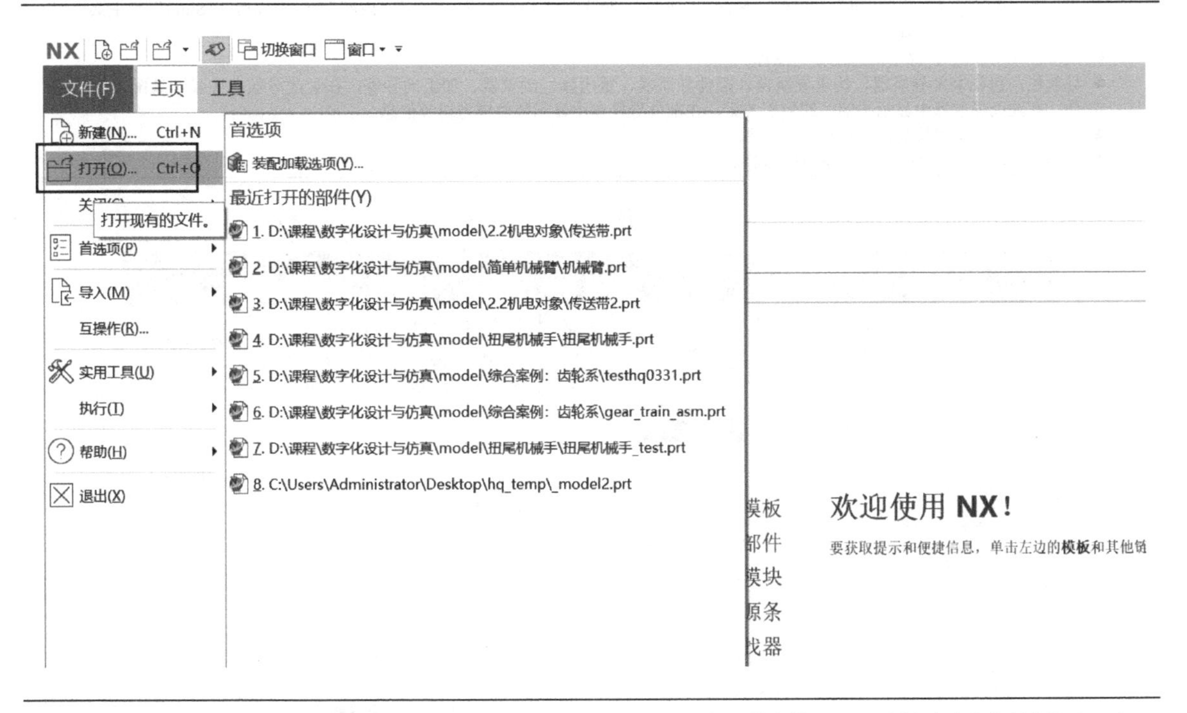

（2）在“打开”对话框中输入或搜索需打开的文件名及路径，文件类型包括部件文件（.prt）、用户自定义特征文件（.udf）、SolidEdge 装配文件（.asm）、SolidEdge 部件文件（.par）、SolidEdge 钣金文件（.psm）和书签（.bkm）等。

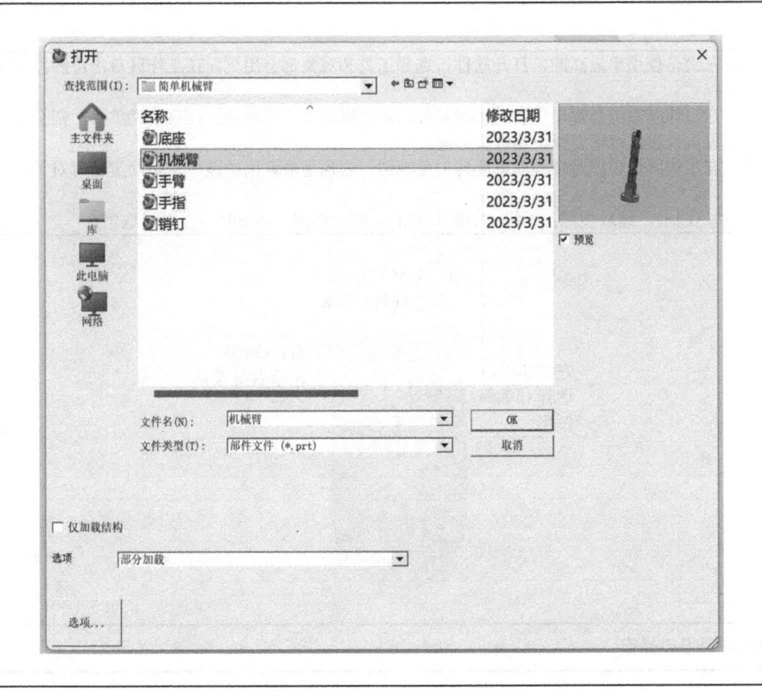

（续）

3．软件模块介绍

打开模型文件后进入UG基本环境，软件界面主要分为6部分。

- 标题栏：包括软件平台以及模块名称。
- 工具条：包括“文件”“主页”“曲线”“装配”“曲面”“分析”“视图”“应用模块”“内部”“结构焊接”“Simit”等主菜单。还可在搜索栏中搜索命令。
- 菜单栏（功能区）：显示对应的命令图标。
- 导航栏：包括装配导航器、约束导航器、部件导航器、重用库、浏览器、加工向导等，在装配导航器中显示装配体的子部件，在约束导航器中显示子部件的装配关系，在部件导航器中显示零件模型树等信息。
- 绘图区：完成草图绘制和装配等主要操作。
- 状态栏：显示当前文件状态及操作提示等信息。

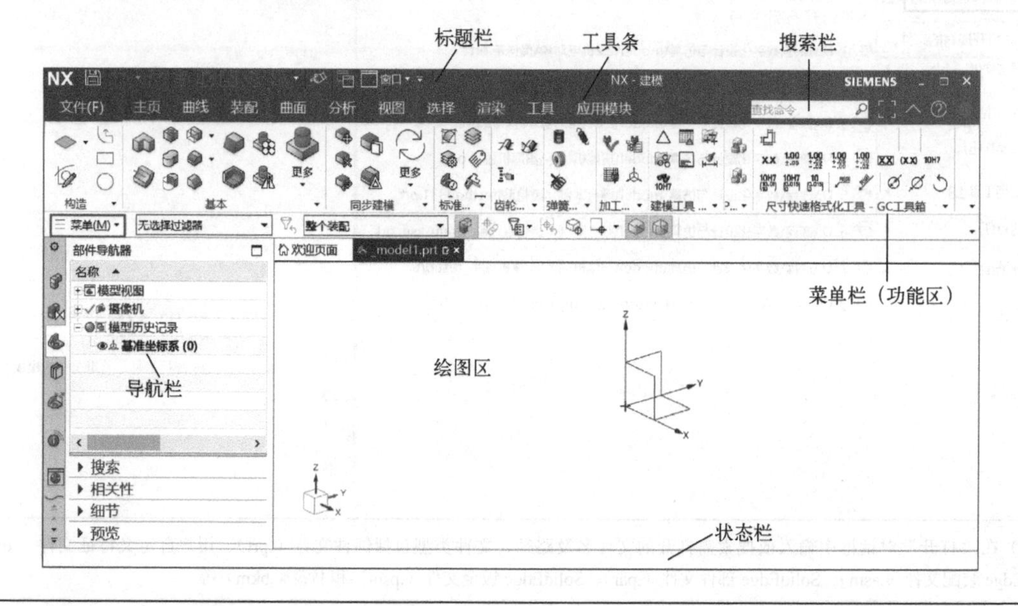

4．鼠标操作

- 鼠标左键：单击；左键是使用率最高的，打开软件，选择工具和对象都会用到。在工作区单击可弹出一组快捷键，可根据需要选择使用；
- 鼠标右键：右击；在工作区右击会弹出更多的快捷菜单，可根据需要选择使用；在菜单栏单击，则会弹出自定义菜单选项，可进行菜单界面设置。长按右键则会弹出热键快捷键；
- 鼠标中键：长按，在工作区内长按对象视图可旋转对象视图，这也是最常用的操作。滚动滚轮可对工作区内的对象视图进行收缩；
- 组合键：中键+左键〈Ctrl〉，缩放视图；中键+右键〈Shift〉，移动视图；〈Shift〉+左键，取消。

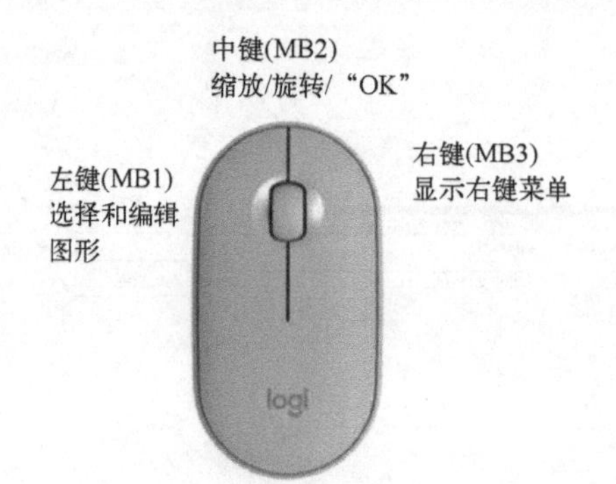

1.1.1 NX软件基础操作

数字资源：1.1.1NX软件基础操作

1.1.2　MCD 基础操作

通过本知识点可掌握机电概念设计平台（MCD）的基础操作，包括 MCD 模块启动、MCD 参数设置等，如表 1-1-2 所示。

表 1-1-2　MCD 基础操作步骤

1．新建 MCD 文件

单击“文件→新建”，弹出“新建”对话框，单击“机电概念设计”，选择“常规设置”类型，输入新建的文件名和文件保存路径，单击“确定”按钮，新建机电概念设计模型文件，并自动进入 MCD 环境。

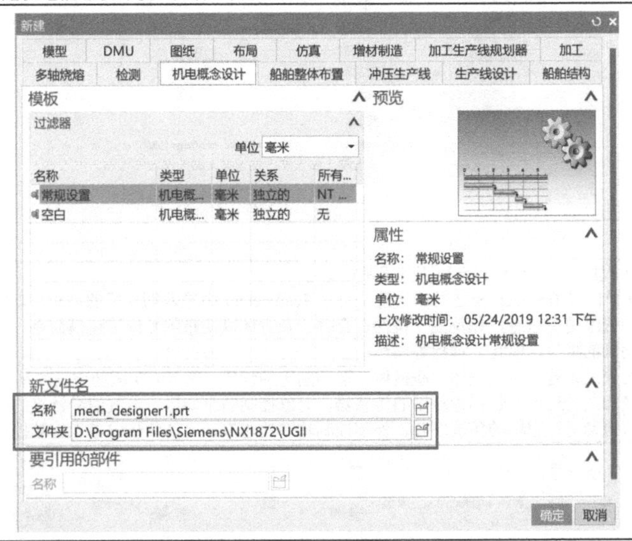

2．通过已有文件进入 MCD 模块

打开已有文件，单击“应用模块”，在菜单栏中单击“更多”下拉框，选择“机电概念设计”，进入 MCD 模块。

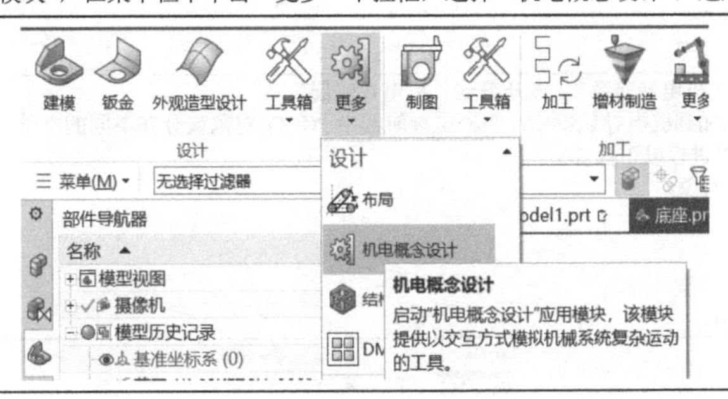

3．通过“用户默认设置”修改 MCD 参数

（1）单击“文件”→“实用工具”→“用户默认设置”命令。

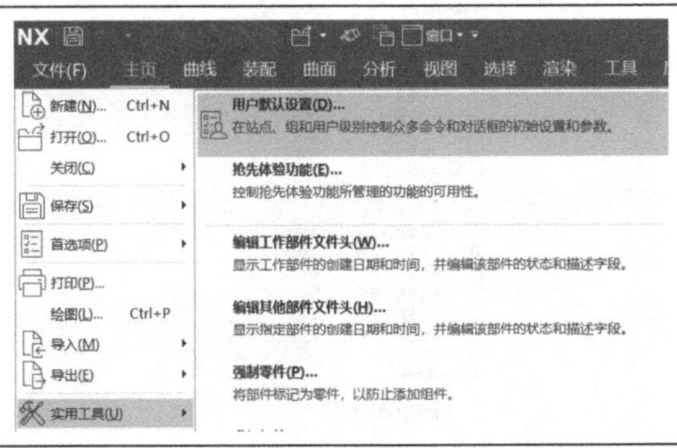

（续）

（2）在“用户默认设置”对话框中，在左侧选择“机电概念设计→常规”，可修改“重力和材料”“机电引擎”“察看器”“运行时”等参数，修改完成后，单击“确定”按钮。

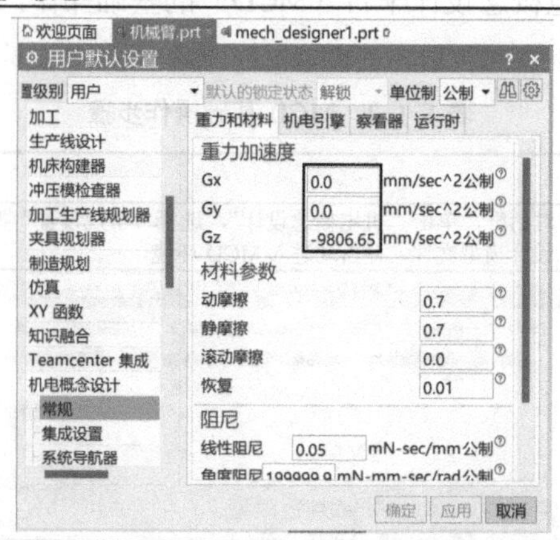

4．MCD 常用功能介绍

（1）机电概念设计平台的“主页”工具栏包含以下几组常用命令。

- 系统工程：提供 MCD 平台与 Teamcenter 之间的链接，可从 Teamcenter 中导入创建好的需求、功能、逻辑等模型；
- 机械概念：包含简单的三维建模命令，如草图、拉伸、合并、长方体以及布尔操作等建模命令；
- 仿真：用于控制仿真动画的播放、停止、捕捉等操作；
- 机械：用于基本机电对象的设置，包括刚体、碰撞体、运动副等的创建，是 MCD 运动仿真的基础；
- 电气：用于创建与电气相关的对象，包括检测用的传感器、对象控制的驱动器、电气信号链接的符号表等；
- 自动化：包含用于设置自动运行逻辑的仿真序列、外部控制软件的通信、运动负载的导入、数控机床运动仿真等命令。

（2）在左侧导航栏中，单击“机电导航器”，展开得到“机电导航器”。

在 MCD 中创建的对象都添加到机电导航器中，在机电导航器中 MCD 对象被分在不同的文件夹中，例如刚体放在基本机电对象文件夹。通过机电导航器可以进行以下操作：

- 显示 part 中存在的 MCD 对象；
- 根据名字或者类型排序；
- 对选中的对象进行操作；
- 通过 Container 组织 MCD 模型；
- 显示 MCD 对象所属的 part。

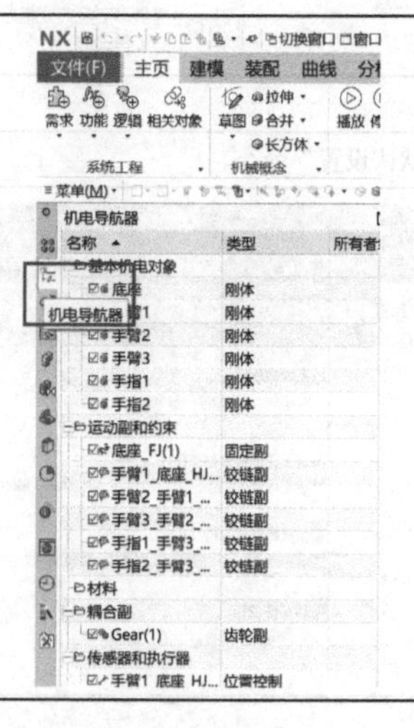

（续）

（3）在左侧导航栏中，单击“添加到察看器”命令，转到“运行时察看器”中监控对象，也可在机电导航器中右击，选择“添加到察看器”命令，进行添加。

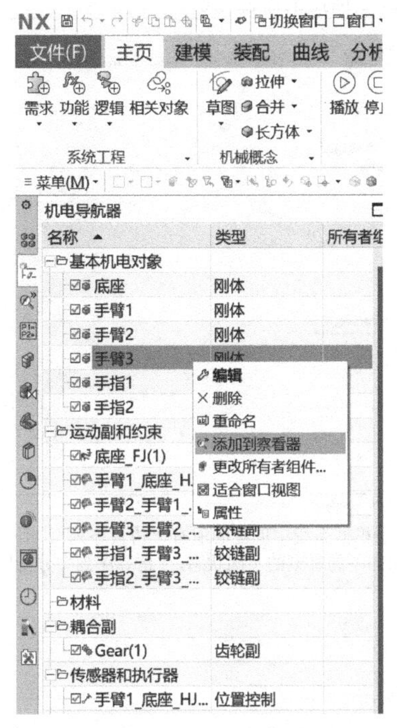

（4）运行时察看器：将 MCD 对象添加到运行时察看器中，在仿真的过程中，利用运行时察看器监测对象参数值的变化。通过运行时察看器，可以进行以下操作：

1）监测对象参数值的变化；

2）修改对象参数值；

3）对整型和双精度类型的参数值随时间变化的情况进行绘制等操作；

4）恢复特定时刻的参数值快照。

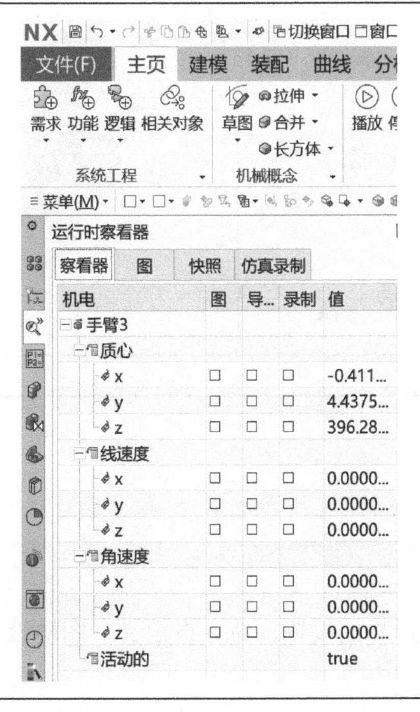

（续）

（5）在左侧导航栏中，单击“运行时表达式”命令。

运行时表达式：在 MCD 中创建的运行时表达式都将添加到运行时表达式导航器中。

注：运行时表达式导航器只显示当前工作部件的运行时表达式。

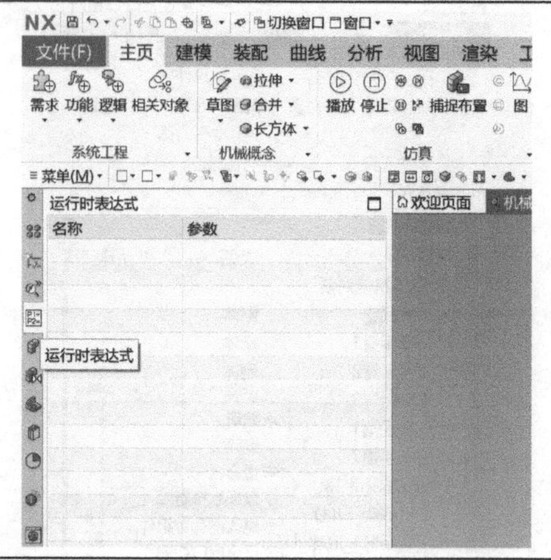

（6）在左侧导航栏中，单击“序列编辑器”命令。

仿真序列编辑器：仿真序列编辑器中显示机械系统中创建的所有“仿真序列”。用于管理“仿真序列”在何时或者何种条件下开始执行，用来控制执行机构或者其他对象在不同时刻的不同状态，“仿真序列”分为以下几种类型：

- 复合仿真序列；
- 基于事件的仿真序列；
- 基于时间的仿真序列；
- 组；
- 基于事件的仿真序列与另一个仿真序列相连；
- 链接器；
- 暂停仿真列。

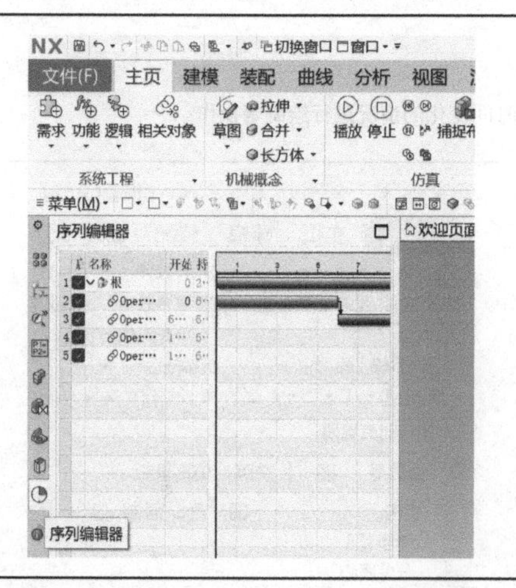

1.1.2 MCD 基础操作

数字资源：1.1.2 MCD 基础操作

【拓展学习】

1.1.3 NX 环境设置

通过扩展知识点可掌握用户界面设置、命令自定义、图层设置、显示/隐藏、截面剖切等操作，如表 1-1-3 所示。

表 1-1-3　NX 环境设置步骤

1．用户界面设置

（1）单击“文件”→“首选项”→“用户界面”命令。

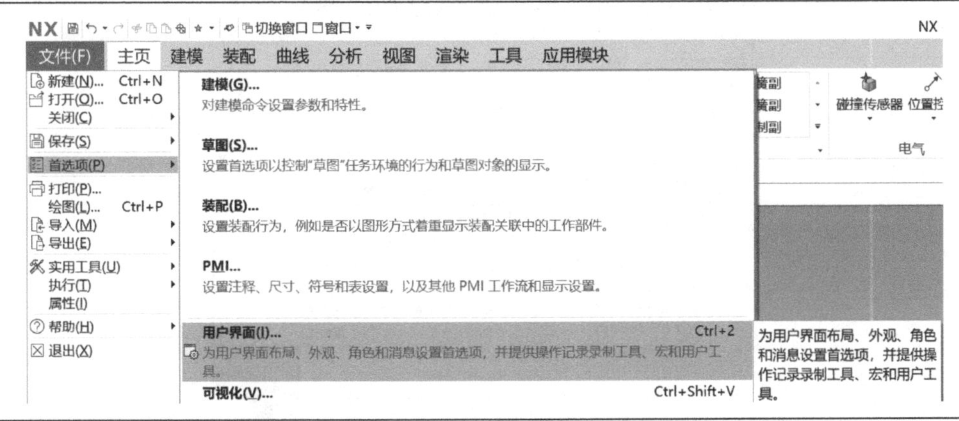

（2）在“用户界面首选项”对话框中，选择“主题”，在类型中选择“浅色”或“经典”，单击“确定”按钮进行主题切换。此外还可定制“布局”“资源条”“触控”“角色”“选项”“工具”等环境参数。

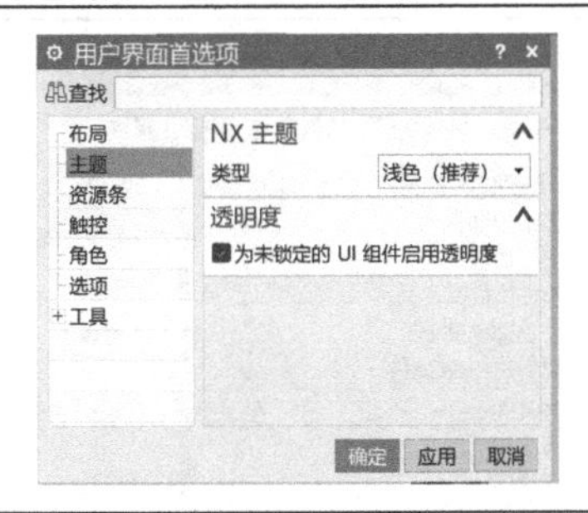

2．自定义命令

（1）单击“菜单”→“工具”→“定制”命令。

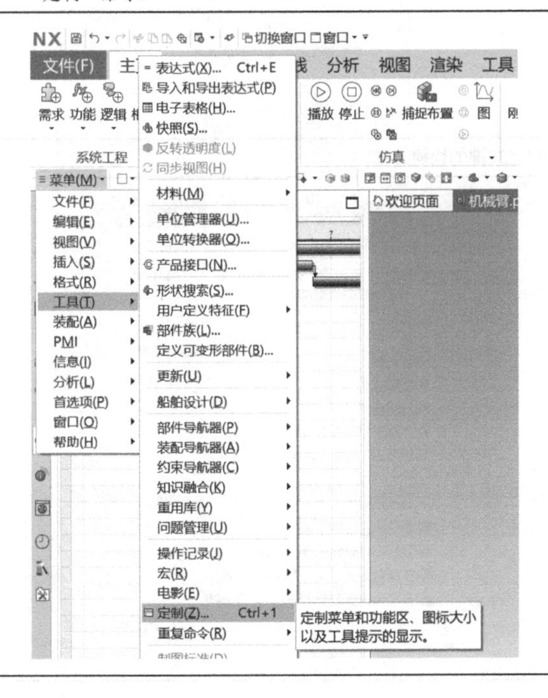

（续）

（2）在弹出的“定制”对话框中，选择“命令”栏，单击“主页”→“特征”，选择右侧“项”的显示特征菜单栏中的命令，右击可进行命令的添加和删除来定制菜单栏。

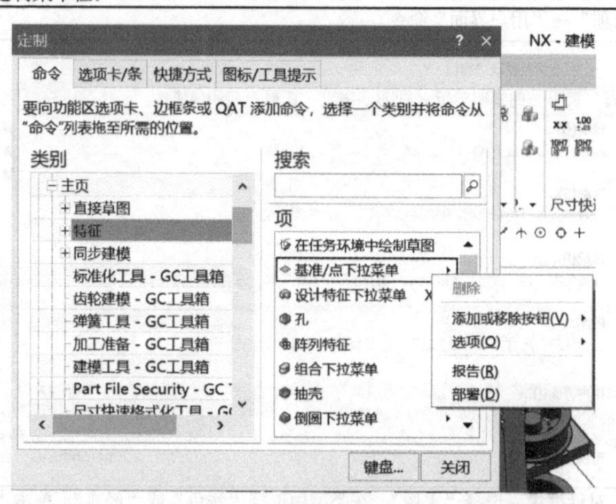

（3）选择“选项卡/条”可定制工具条。

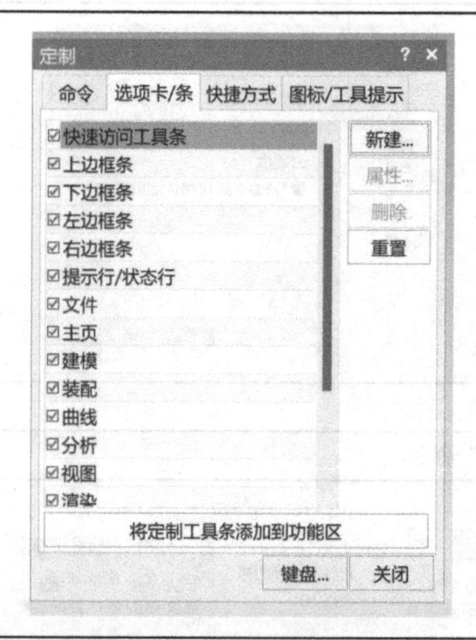

（4）选择“快捷方式”可定制键盘按键的快捷方式。

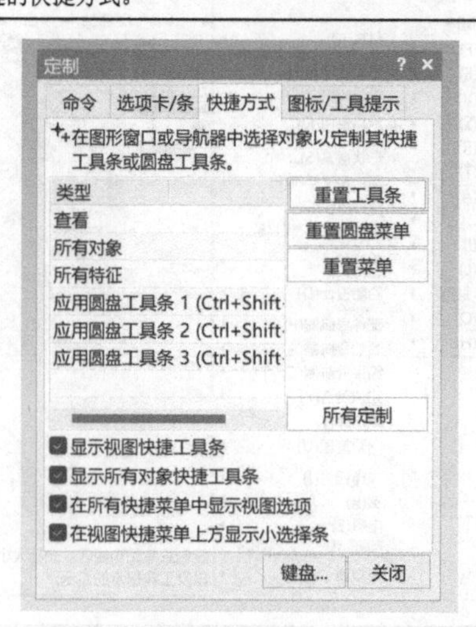

（续）

（5）选择“图标/工具提示”可定制图标大小和是否显示工具提示。

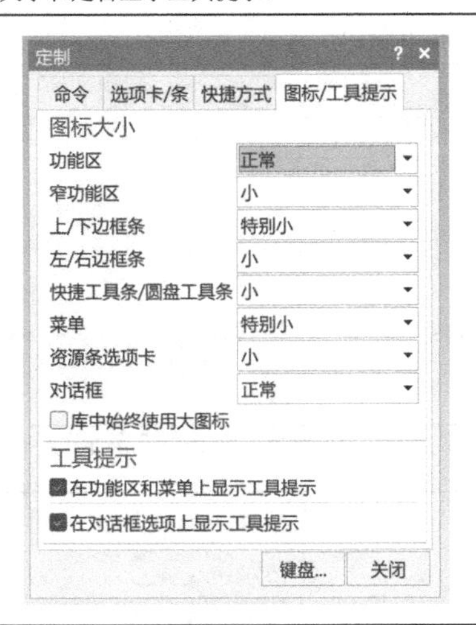

3．图层设置

（1）单击“菜单”→“格式”→“图层设置”命令。

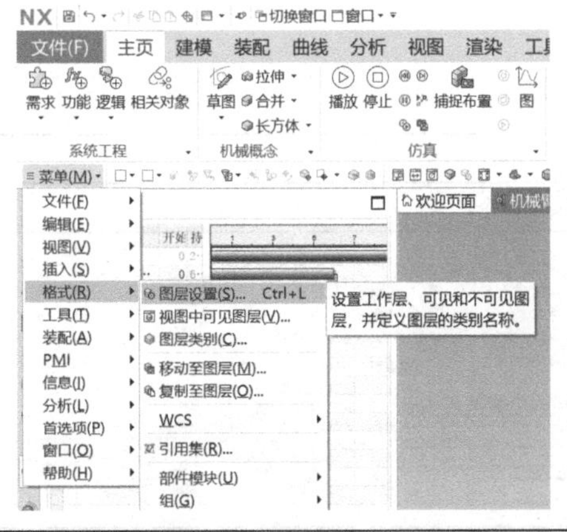

（2）在弹出的“图层设置”对话框中，单击“选择对象”为操作对象，在“工作层”中输入对象移动到的图层，UG 软件中共 256 个图层，其中默认图层 1 为“工作图层”，设置完成后，单击“关闭”按钮关闭对话框。

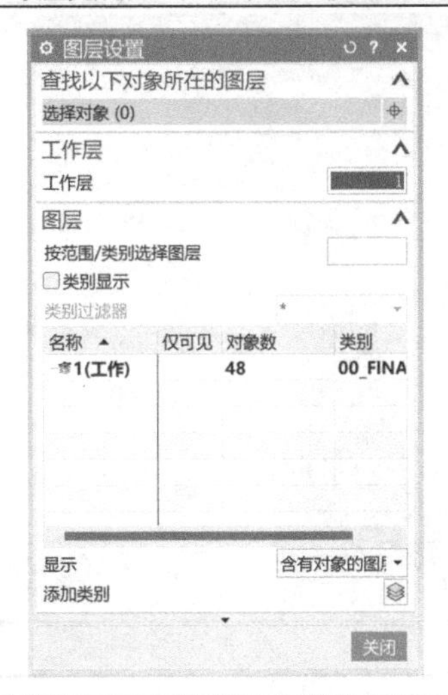

（续）

4．显示/隐藏

（1）单击“显示和隐藏”命令或按下快捷键〈Ctrl+W〉可启动显示/隐藏功能。

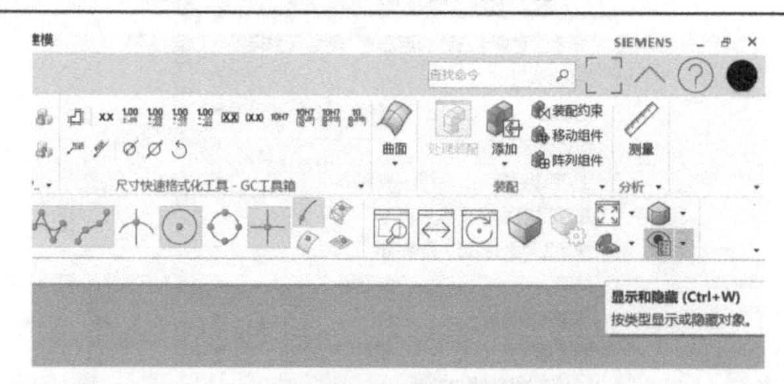

（2）“显示和隐藏”对话框，在类型树中显示不同类型对象，单击“+”显示，单击“-”隐藏指定类型对象，单击“关闭”按钮，关闭对话框。

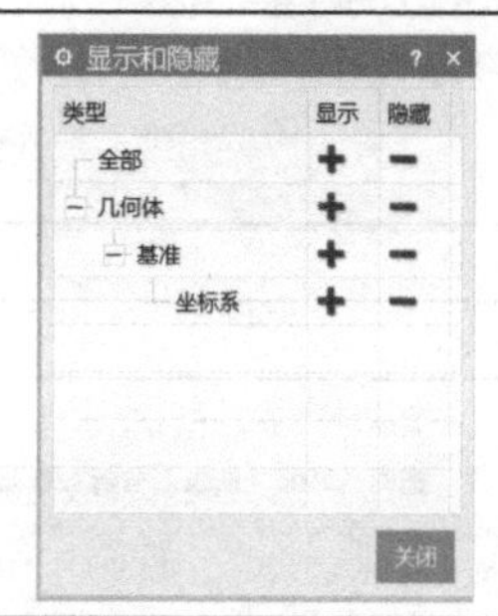

5．截面设置

（1）单击“视图”→“编辑截面”菜单命令。

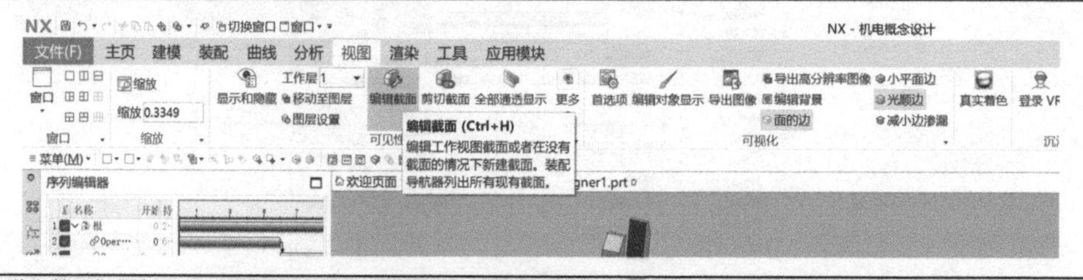

（2）在弹出的“视图剖切”对话框中，输入“截面名”，选择截面方向为“X”平面，通过滚动条调节截面位置，单击“确定”按钮，生成截面。

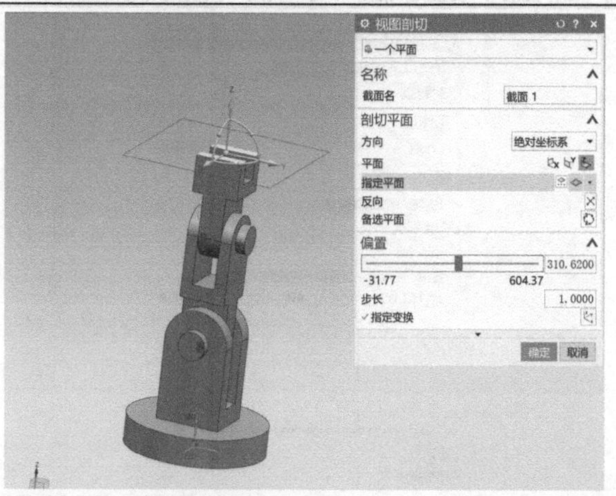

1.1.3 NX 环境设置

数字资源：1.1.3NX 环境设置

1.1.4　机电概念设计首选项

通过本知识点掌握机电概念设计首选项设置步骤，如表 1-1-4 所示。

表 1-1-4　机电概念设计首选项设置步骤

机电概念设计首选项设置

（1）单击“菜单”→“首选项”→“机电概念设计”命令。

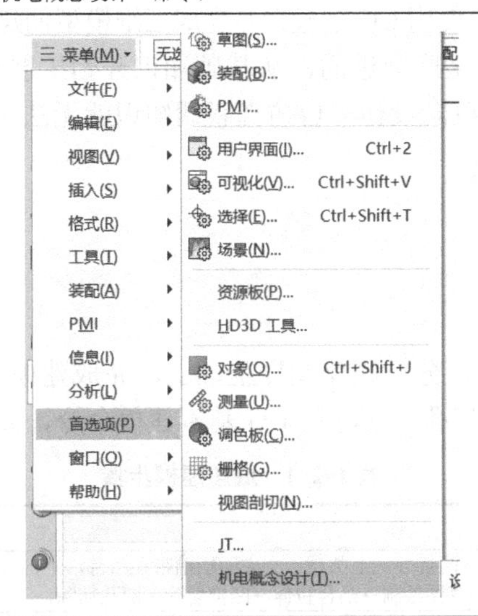

（2）在弹出的“机电概念设计首选项”对话框中，可修改“重力加速度”“材料参数”“机电引擎”“运行时控制”等参数，修改完成后，单击“确定”按钮。

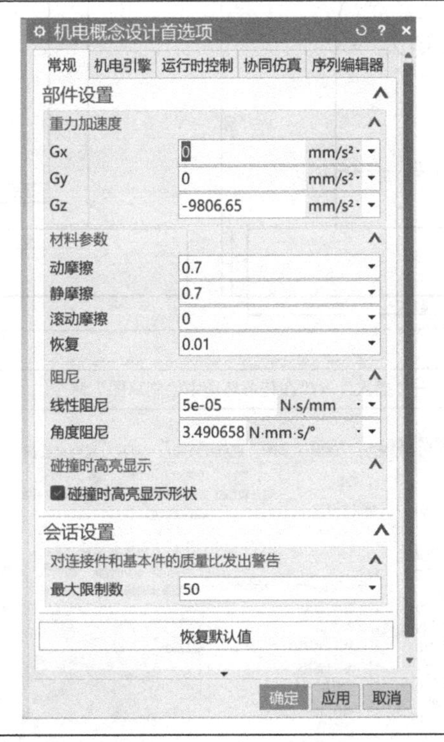

1.1.4　机电概念设计首选项

数字资源：1.1.4 机电概念设计首选项

任务 1.2 三维设计

【情境分析】

几何对象的三维模型是数字化仿真的基础，本任务以简易机械臂为实例，将机械臂分解为底座、手臂、销钉、手指等零件，使用 UG 建模命令完成三维模型创建，为后续装配、仿真做准备。

每一个学科所学知识都是循序渐进的，从基础知识开始扩展和延伸，如果三维建模基础操作没有学习扎实，后续的机电概念设计平台仿真联调知识就无法掌握牢固。

【知识和技能点】

1.2.1 底座建模

通过本知识点的学习，可在分析底座图样基础上，完成建模方案的制定和实际操作，掌握草图绘制、尺寸约束、拉伸、打孔、切除等 UG 基本建模命令，如表 1-2-1 所示。

表 1-2-1 底座建模步骤

1．图样分析
根据底座图样，可知底座主要分为上下两部分，上部是一个中间切槽带孔凸台，下部为圆柱体，可确定以下三维建模步骤：下部分草图绘制截面圆→圆柱体拉伸→上部草图绘制→凸台拉伸→凹槽切除→圆孔切除。
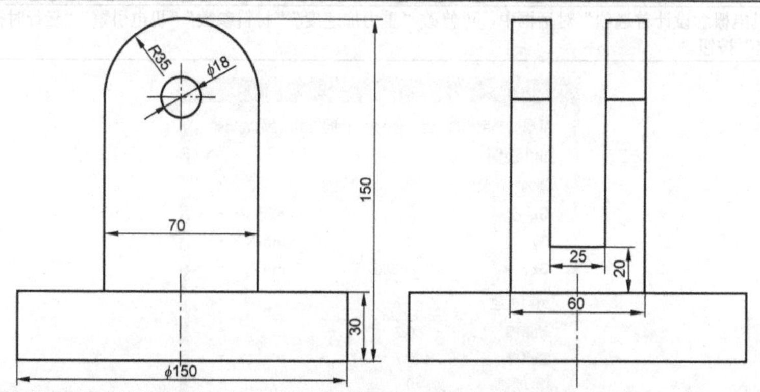
2．建模
（1）创建下部分草图，选择“菜单”→“插入”→“在任务环境中绘制草图”命令。
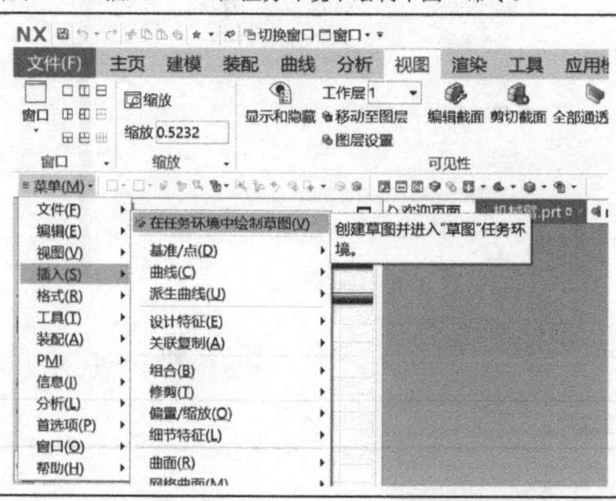

（续）

（2）在“创建草图”对话框中单击“确定”按钮。

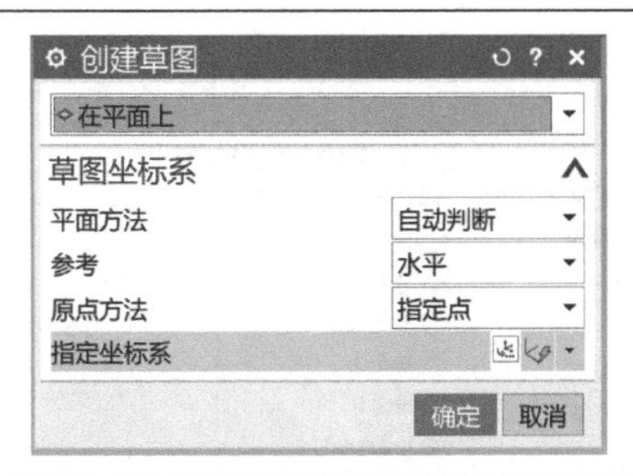

（3）绘制直径为 150mm 的圆。

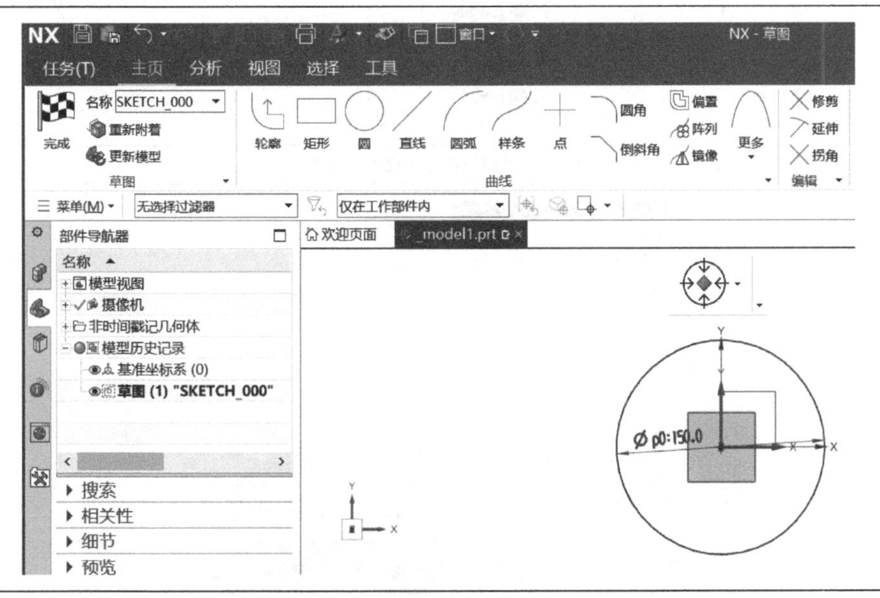

（4）单击“完成”按钮。

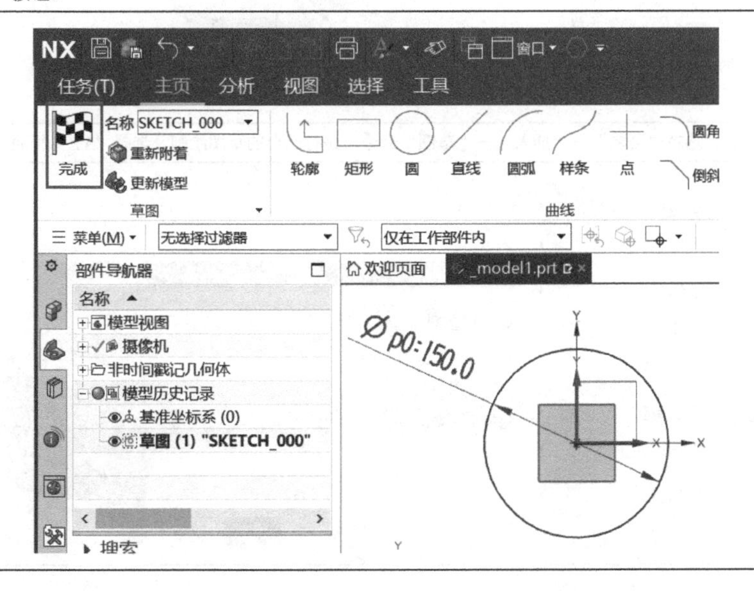

（续）

（5）选择“菜单”→“插入”→“设计特征”→“拉伸”命令。

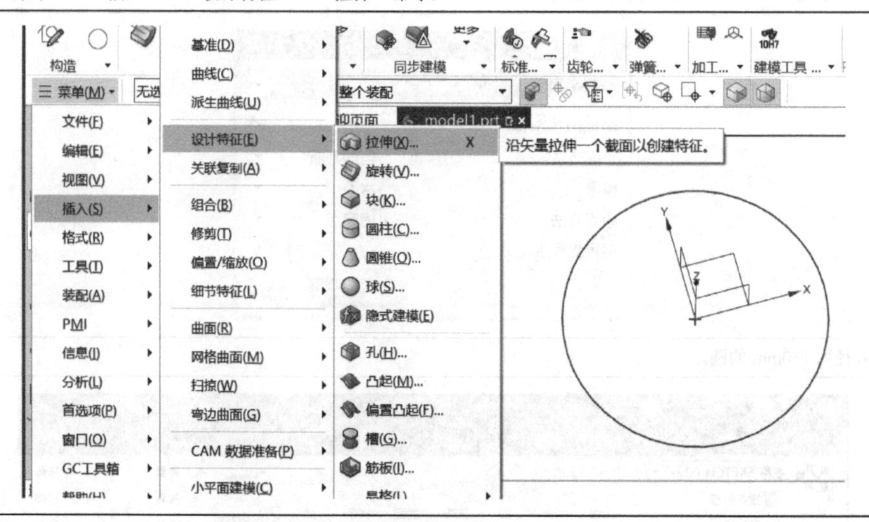

（6）在弹出的“拉伸”对话框中，选择创建的草图，并将拉伸距离设为30mm。

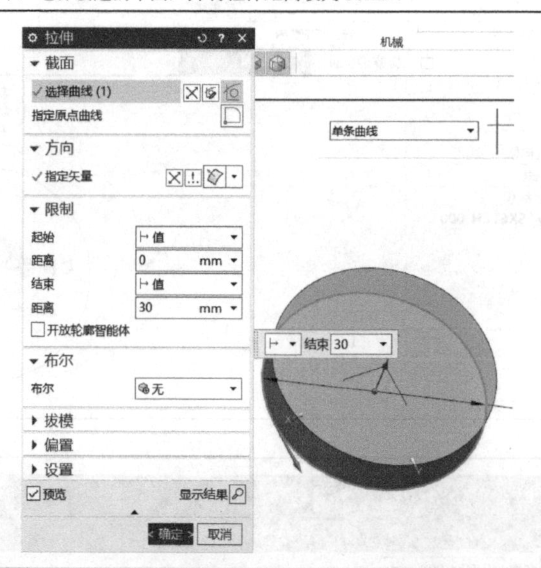

（7）创建上部分草图，选择“菜单”→“插入”→“草图”命令，进行凸台的草图绘制，选择“YZ”平面创建草图。

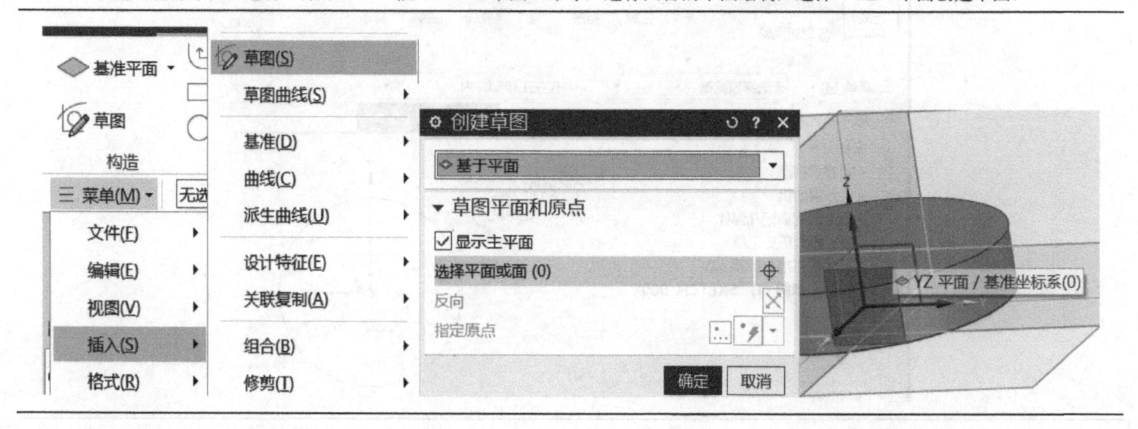

（续）

（8）根据图样绘制 70mm×150mm 的矩形，通过尺寸约束设为“对称”。

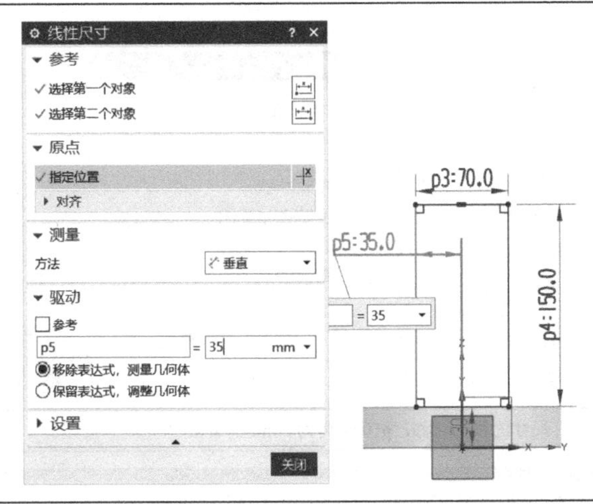

（9）单击“圆角”命令，对矩形进行倒圆角，圆角半径为 35mm，并对多余的边进行裁剪，单击“完成”按钮。

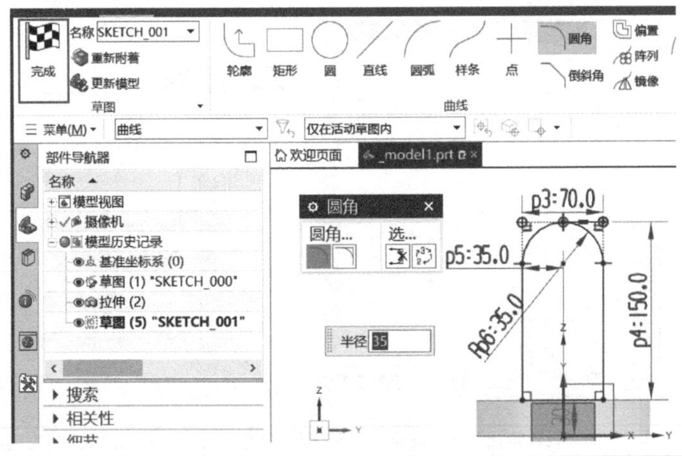

（10）选择“菜单”→“插入”→“设计特征”→“拉伸”命令，在拉伸对话框中，选择创建的草图，“限制”下的“结束”选择“对称值”，“距离”设为 30mm。

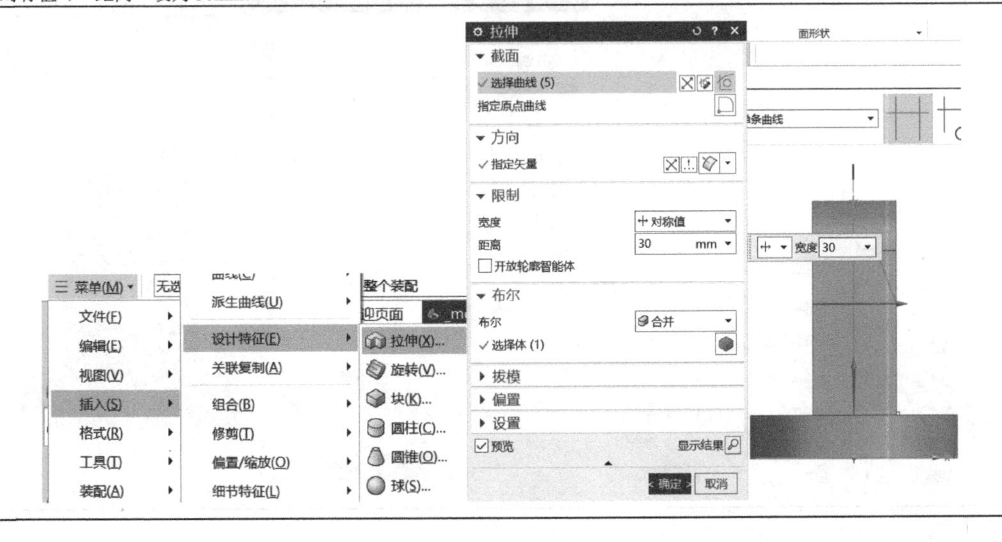

（续）

（11）选择“菜单”→“插入”→“草图”命令，选择凸台侧面作为草图基准面，进行凹槽的草图绘制。

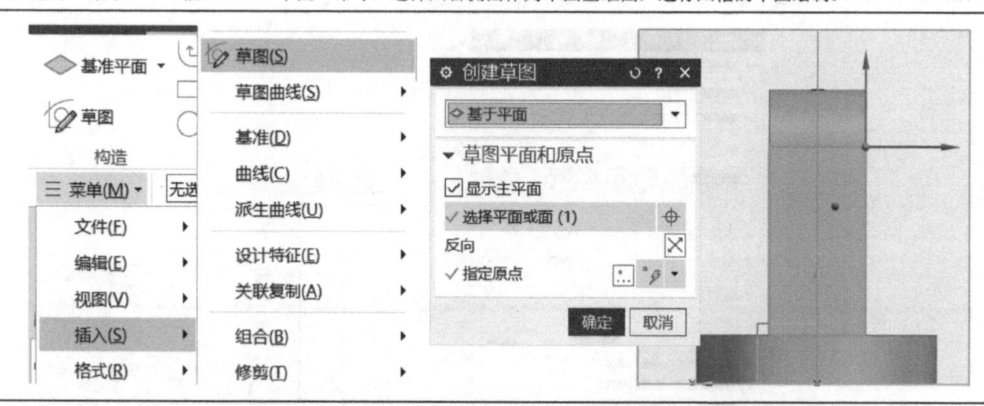

（12）绘制宽度为25mm的矩形，尺寸约束为对称，p10距离为20mm，单击“完成”按钮。

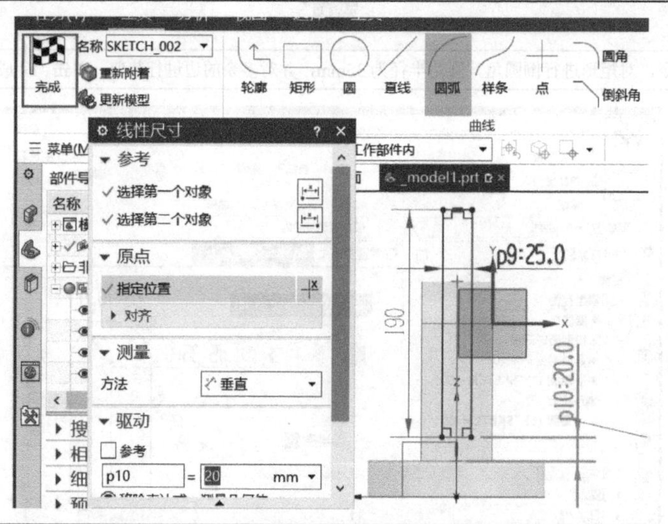

（13）选择“菜单”→“插入”→“设计特征”→“拉伸”命令，选择凹槽草图，方向为指定矢量方向，“终止”为“直至下一个”，“布尔”为“减去”，完成凹槽的切除。

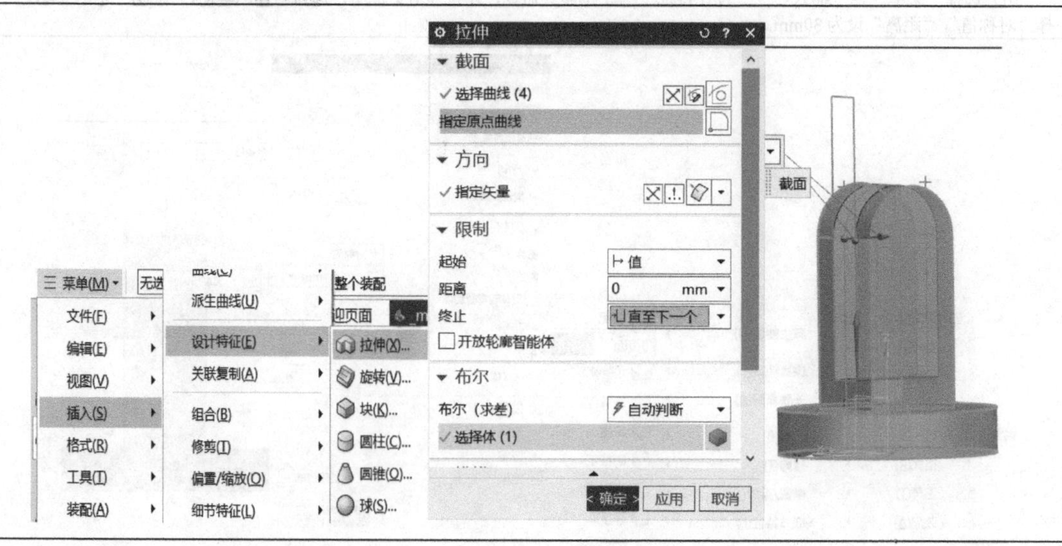

（续）

（14）选择“菜单”→“插入”→“设计特征”→“孔”命令。

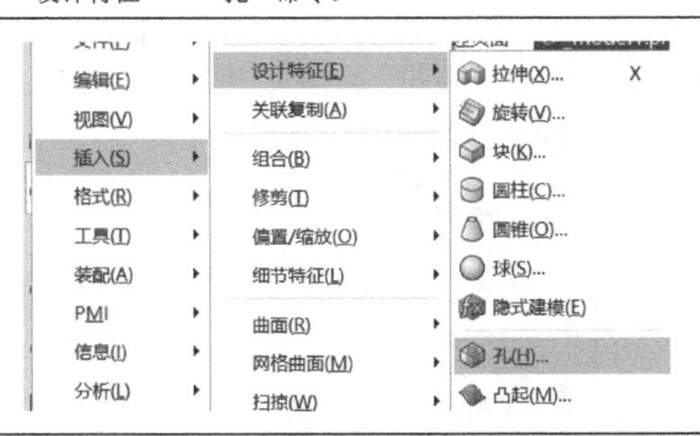

（15）在弹出的“孔”对话框中，选择中心点，“孔径”为 18mm，“深度限制”为“贯通体”，单击“确定”按钮。

1.2.1　底座建模

数字资源：1.2.1 底座建模

1.2.2　手臂建模

通过本知识点的学习，可在分析手臂图样基础上，完成建模方案的制订和实际操作，掌握草图绘制、尺寸约束、拉伸、打孔、切除等 UG 基本建模命令，如表 1-2-2 所示。

表 1-2-2　手臂建模步骤

1．图样分析

根据手臂图纸，可知手臂主要分为左右两部分，左半部分为一个带圆孔凸台，右半部分为一个带圆孔中间切槽凸台，从而确定三维建模步骤：

左半部分草图绘制→凸台拉伸→圆孔切除→右半部分草图绘制→凸台拉伸→凹槽切除→圆孔切除。

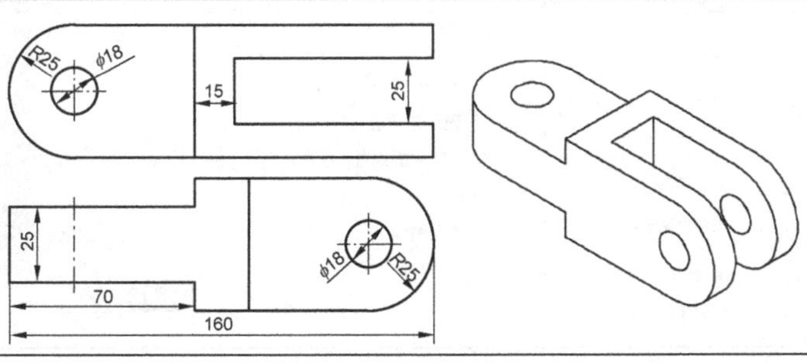

（续）

2．建模

（1）创建左半部分草图，选择“菜单”→“插入”→“草图”命令。绘制 50mm×70mm 矩形，尺寸约束为对称，倒圆角，裁剪多余边，并绘制直径为 18mm 的圆孔，单击“完成”按钮。

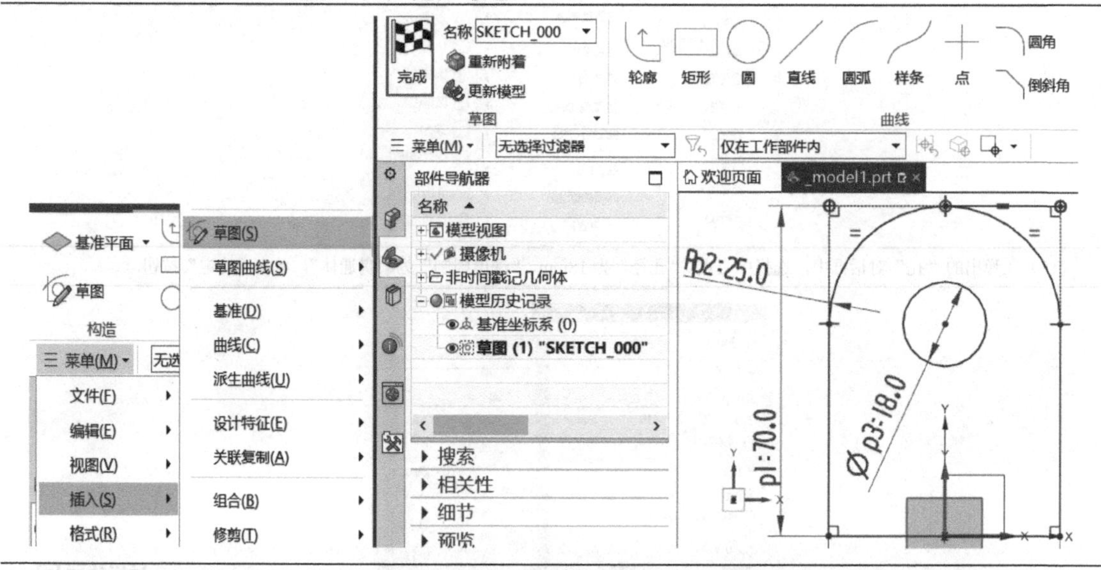

（2）拉伸凸台，选择“菜单”→“插入”→“设计特征”→“拉伸”命令，选择绘制的草图，拉伸距离为 25mm。

（3）创建右半部分草图，选择“菜单”→“插入”→“草图”命令，进行草图绘制，选择中心面。

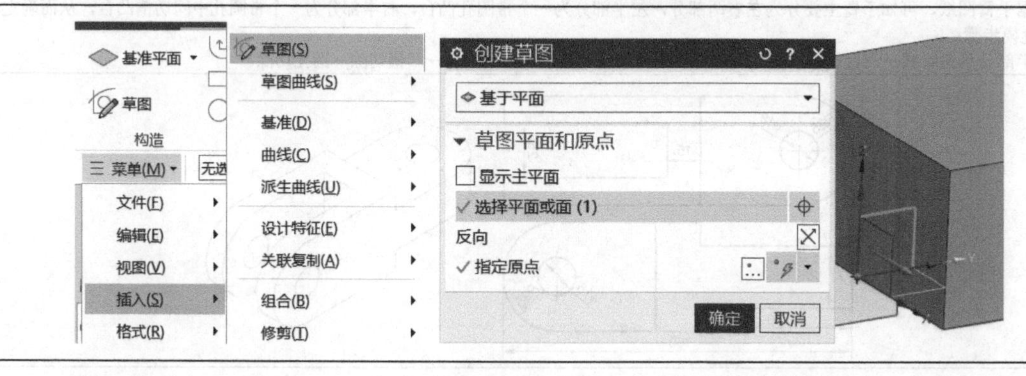

（续）

（4）根据图样绘制 50mm×90mm 的矩形，尺寸约束为对称，倒圆角，裁剪多余边，并绘制直径为 18mm 的圆孔，单击“完成”按钮。

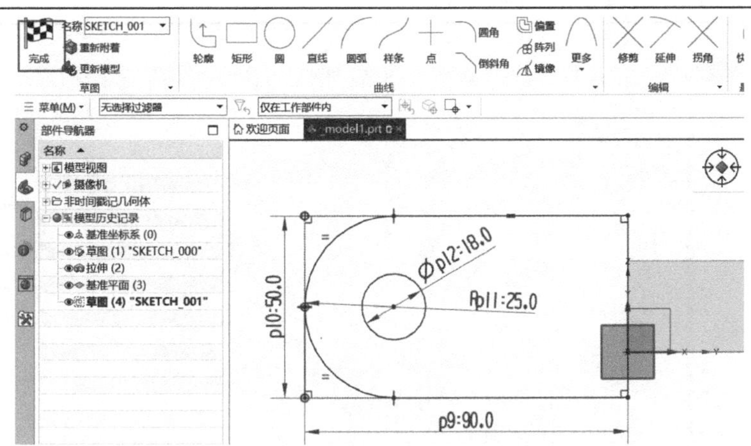

（5）选择“菜单”→“插入”→“设计特征”→“拉伸”命令，在“拉伸”对话框中，选择创建的草图，并进行对称拉伸，距离设为 25mm。

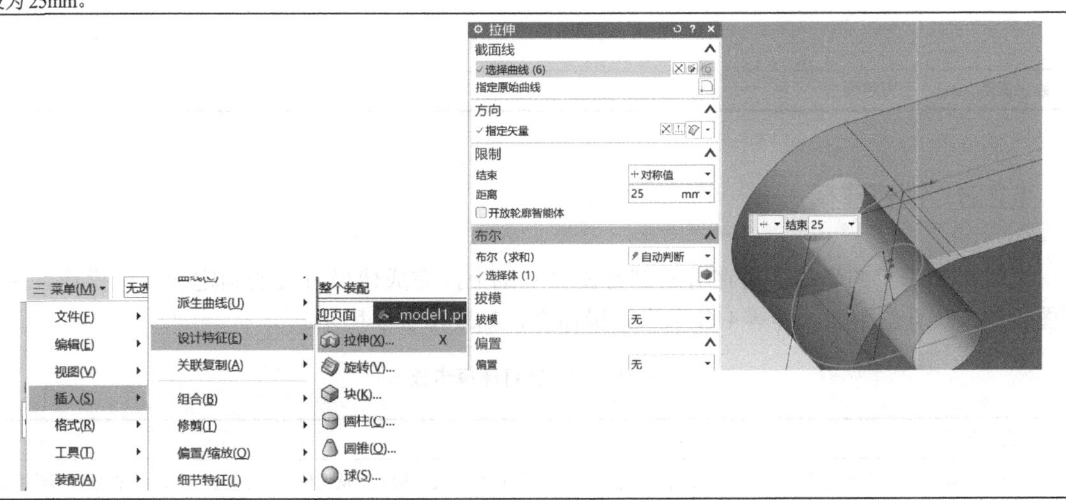

（6）选择“菜单”→“插入”→“在任务环境中绘制草图”命令，选择凸台侧面，进行凹槽的草图绘制。绘制宽度为 25mm 的矩形，尺寸约束为对称，到中心距离为 15mm，单击“完成”按钮。

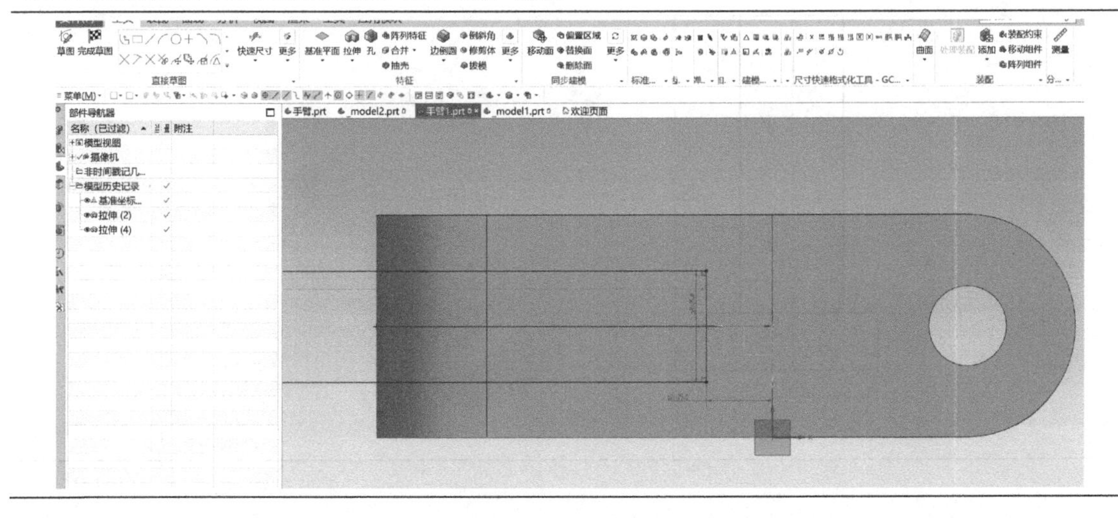

（续）

（7）选择“菜单”→“插入”→“设计特征”→“拉伸”命令，在“拉伸”对话框中选择凹槽草图，方向为指定矢量方向，“结束”为“直至下一个”，“布尔”为“减去”，完成凹槽的切除。
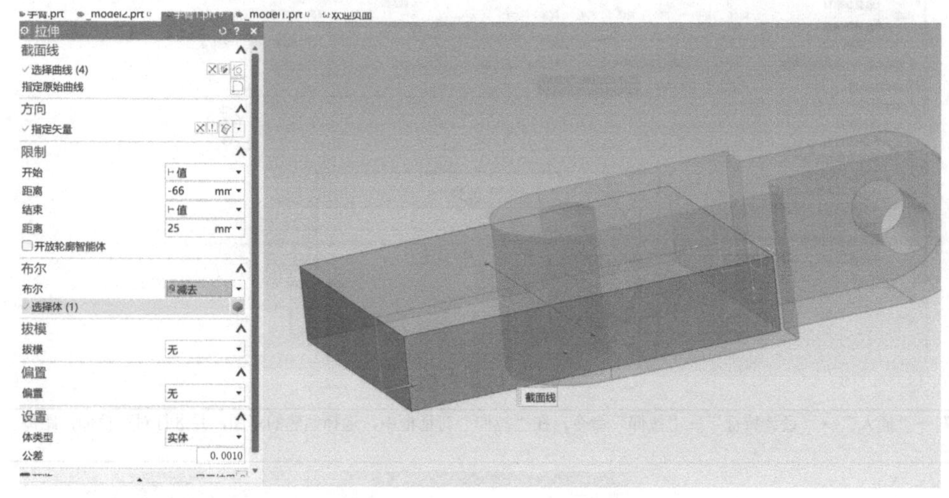  1.2.2 手臂建模
数字资源：1.2.2 手臂建模

1.2.3 销钉建模

通过本知识点的学习，可在分析销钉图样基础上，完成建模方案的制定和实际操作，掌握草图绘制、尺寸约束、拉伸等UG基本建模命令，如表1-2-3所示。

表1-2-3 销钉建模步骤

1. 图样分析
根据销钉图样，销钉既可分为上下两部分圆柱体，也可作为一个L轮廓旋转构成，从而确定三维建模方法：上部分圆形轮廓草图绘制→凸台拉伸→下部分圆形轮廓草图绘制→凸台拉伸。
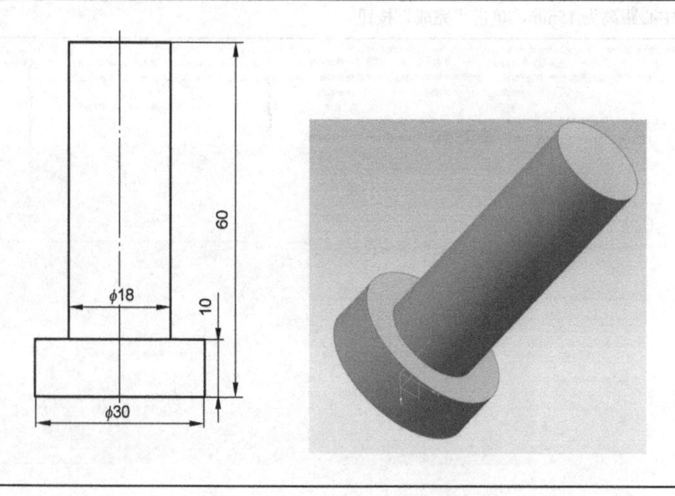

（续）

2. 建模

（1）创建下部分草图，选择“菜单”→“插入”→“草图”命令。绘制直径为 30mm 的圆，单击“完成”按钮。

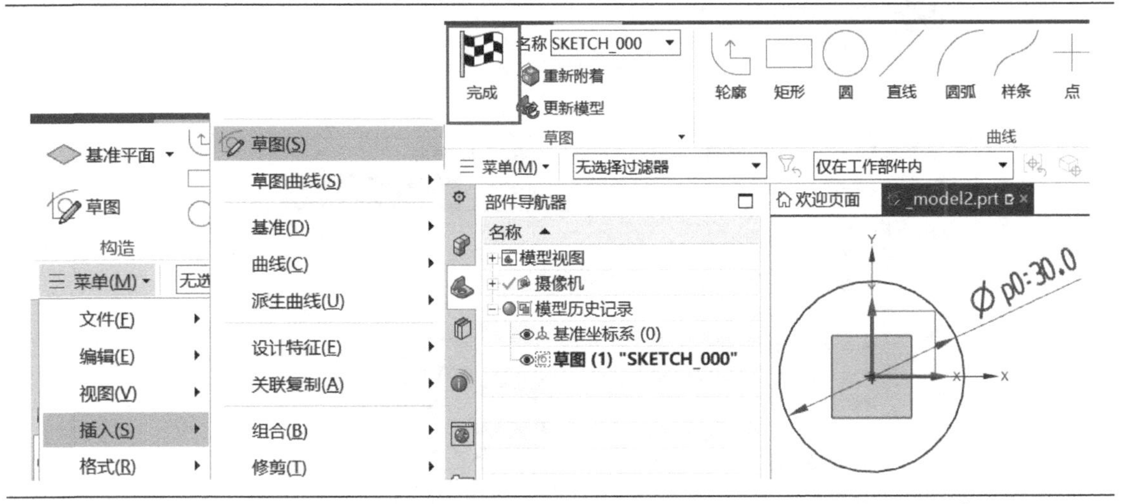

（2）下部分圆柱体拉伸，选择“菜单”→“插入”→“设计特征”→“拉伸”命令，选择绘制的草图，拉伸距离为 10mm。

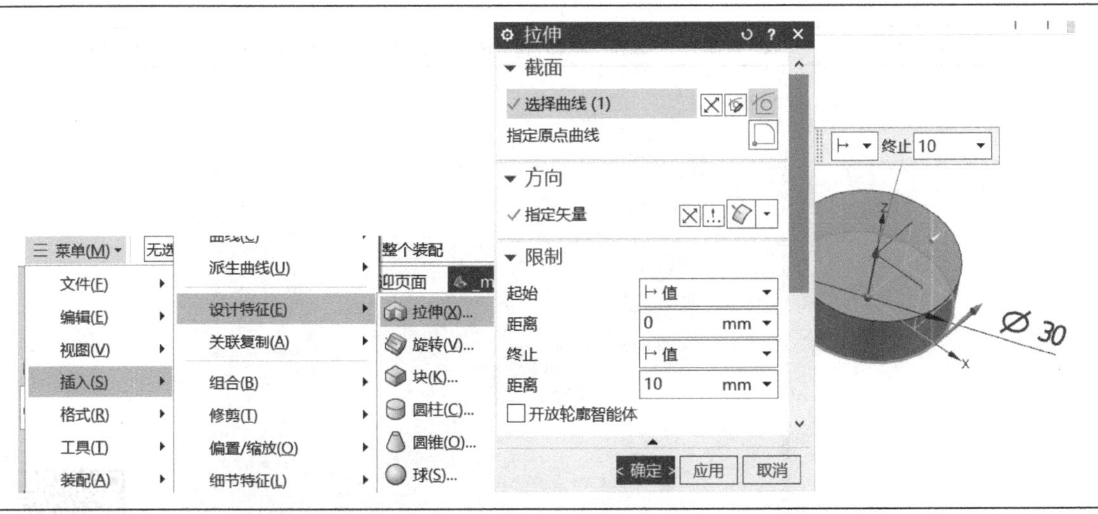

（3）创建右边部分草图，选择“菜单”→“插入”→“草图”命令，进行草图绘制，选择上表面。

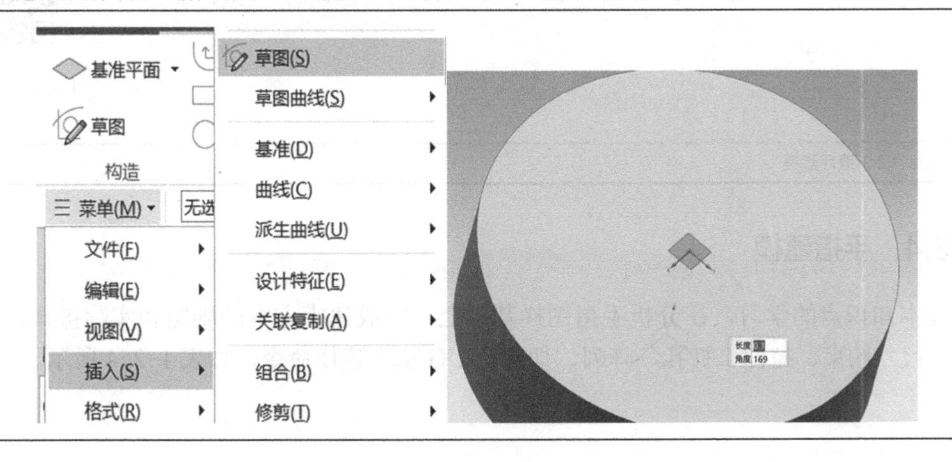

（续）

（4）根据图样绘制直径为 18mm 的圆，单击“完成”按钮。

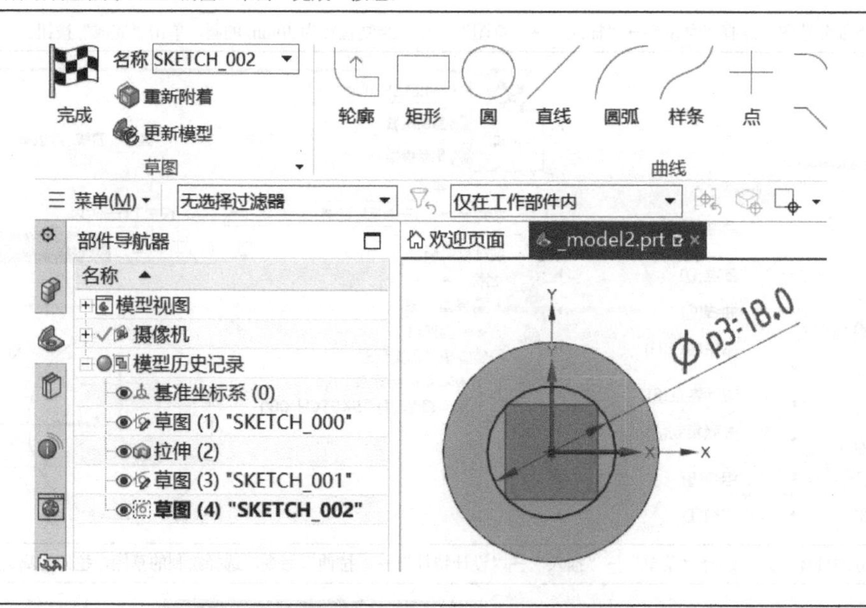

（5）选择“菜单”→“插入”→“设计特征”→“拉伸”命令，在“拉伸”对话框中，选择创建的草图，距离设为 50mm。

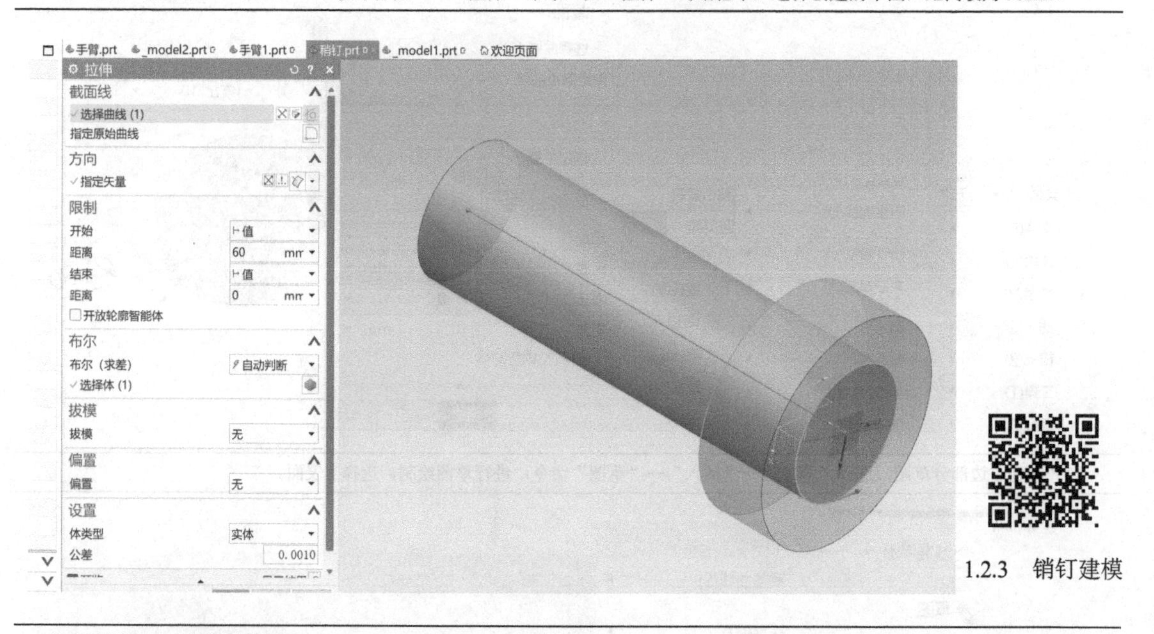

1.2.3 销钉建模

数字资源：1.2.3 销钉建模

1.2.4 手指建模

通过本知识点的学习，在分析手指图样基础上，完成建模方案的制定和实际操作，掌握草图绘制、尺寸约束、拉伸、打孔、阵列、切除等 UG 基本建模命令，如表 1-2-4 所示。

表 1-2-4　手指建模步骤

1．图样分析

根据手指图样，手指可分为左右两部分，其中左半部分为带圆孔凸台，右半部分凸台带齿形轮廓，从而确定三维建模步骤：左半部分草图绘制→凸台拉伸→圆孔拉伸→右半部分草图绘制→凸台拉伸→齿形轮廓绘制→拉伸合并。

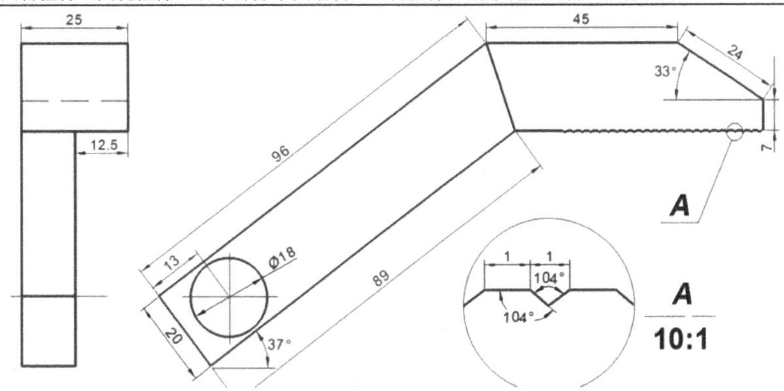

2．建模

（1）创建草图，选择“菜单”→“插入”→“草图”命令。使用“轮廓”命令进行绘制，对尺寸进行标注，通过几何约束设为边平行，绘制直径为 18mm 的圆孔，通过“快速尺寸”约束圆孔位置，单击“完成”按钮。

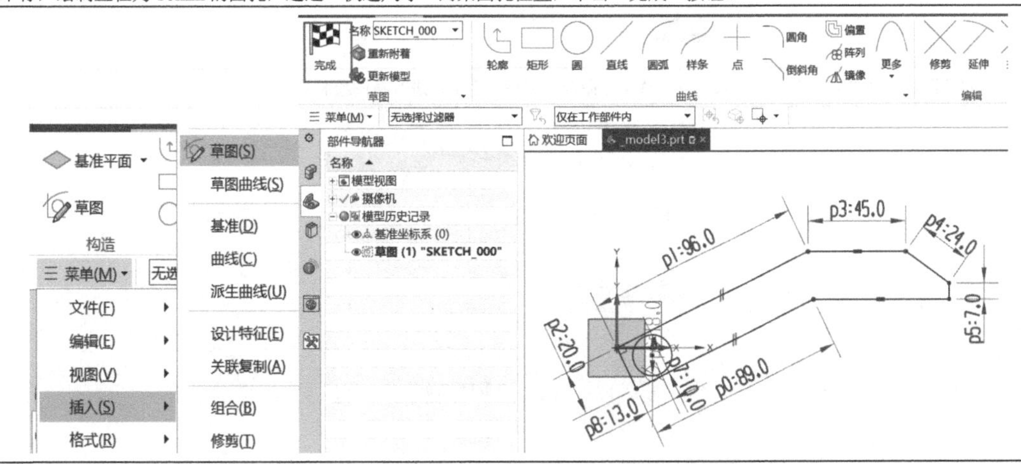

（2）拉伸凸台，选择“菜单”→“插入”→“设计特征”→“拉伸”命令，选择绘制的草图，拉伸中“开始距离”为 25mm。

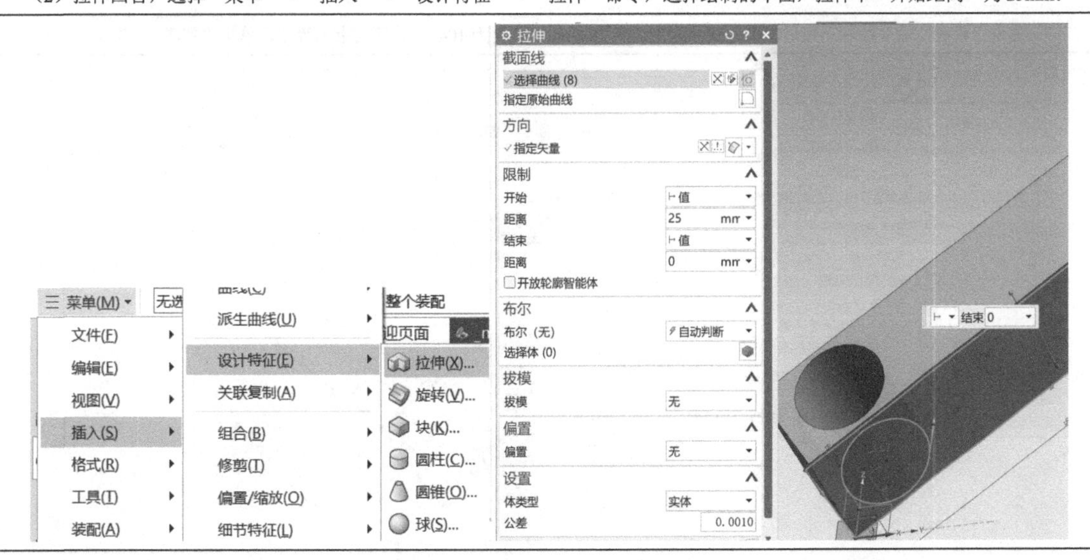

（续）

（3）拉伸凸台，选择“菜单”→“插入”→“设计特征”→“拉伸”命令，选择绘制的左半部分草图，“起始距离”为12.5mm，“终止距离”为25mm，“布尔”为“减去”。

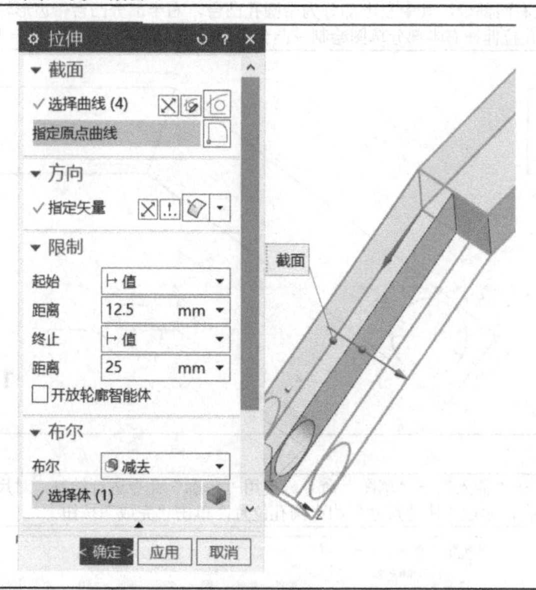

（4）创建草图，选择“菜单”→“插入”→“草图”命令，选择上表面，进行草图绘制。

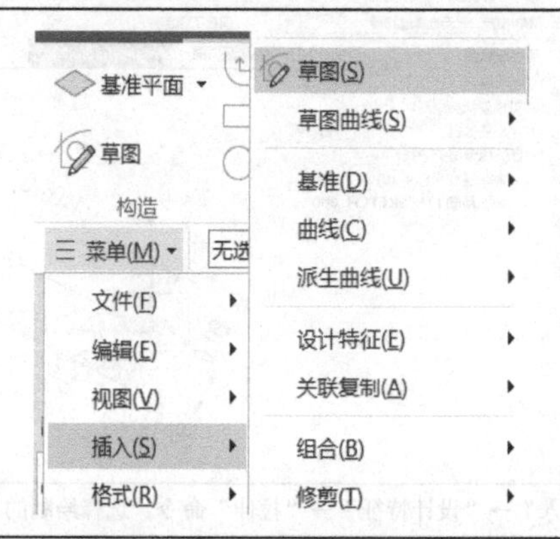

（5）通过“轮廓”命令绘制三角形轮廓，尺寸约束边长为1mm，夹角为104°，几何约束为等边，单击“完成”按钮。

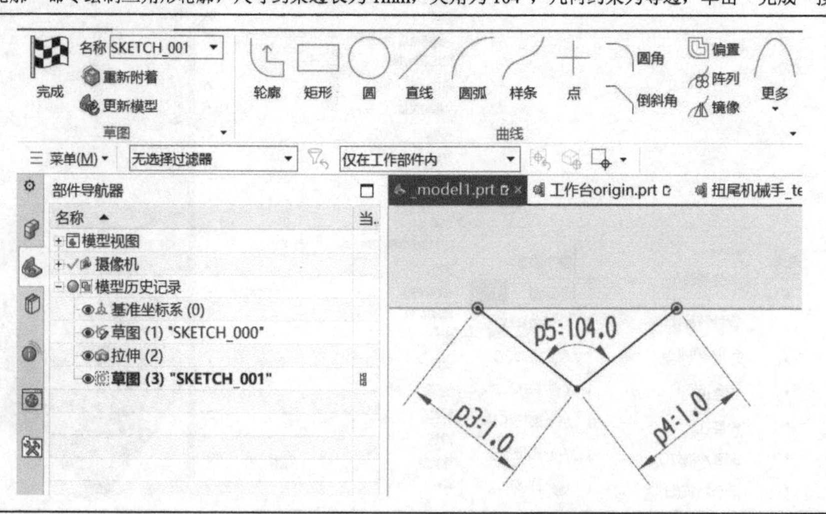

（续）

（6）选择“菜单”→“插入”→“设计特征”→“拉伸”命令，选择绘制的草图，方向为指定矢量方向，“终止距离”为25mm。

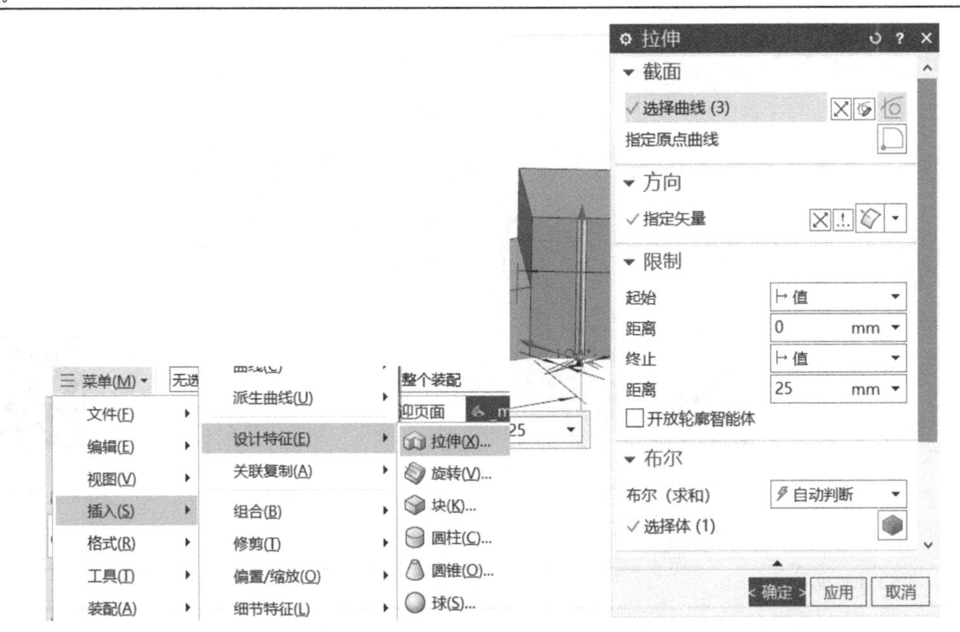

（7）阵列齿形特征，选择“菜单”→“插入”→“关联复制”→“阵列特征”命令。

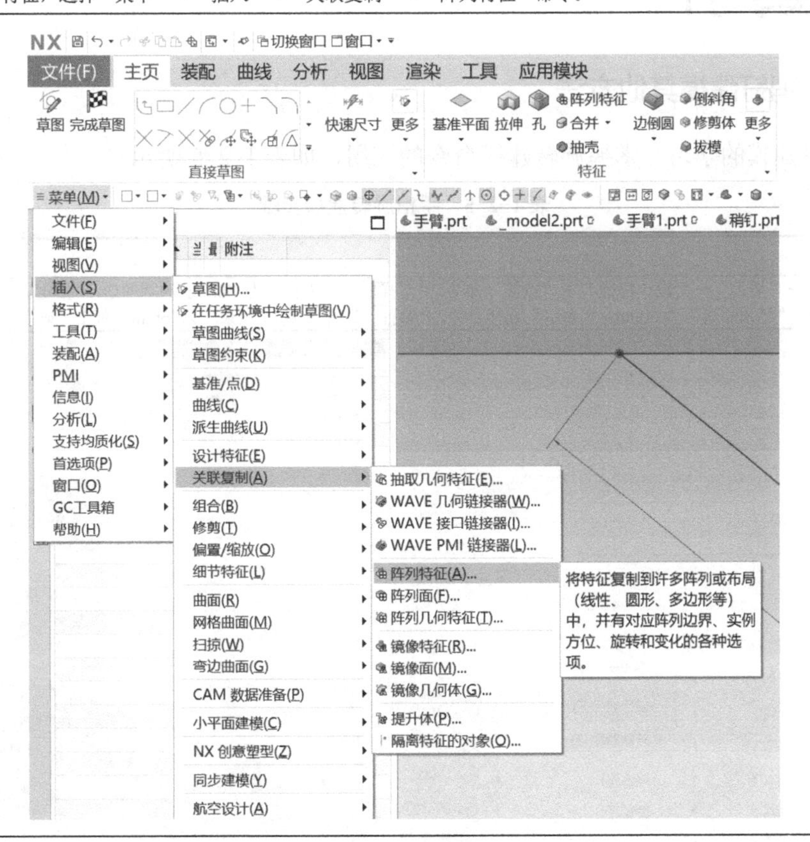

（续）

（8）在弹出的“阵列特征”对话框中，选择新建的特征，布局为“线性”，方向沿手指边沿，节距为 2mm，数量调整到合适值。

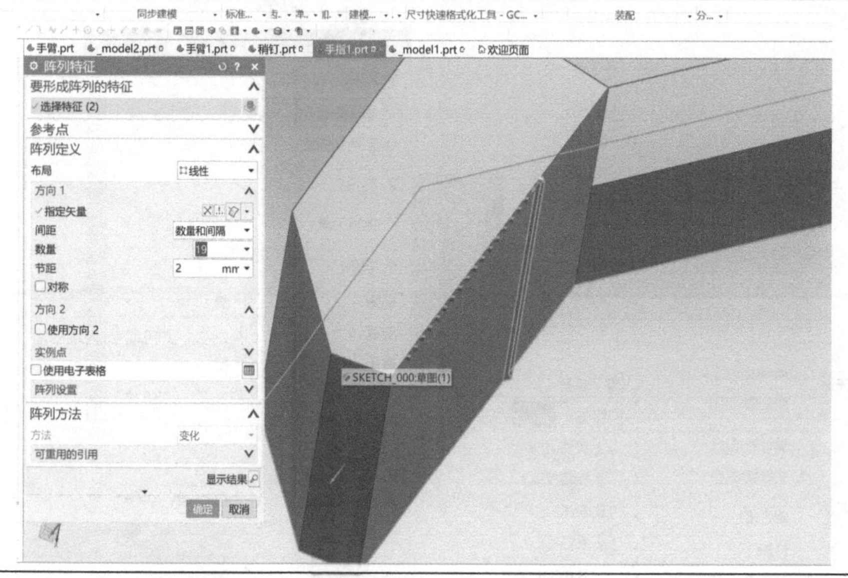

1.2.4　手指建模

数字资源：1.2.4 手指建模

【拓展学习】

1.2.5　销钉建模其他方法

通过销钉建模的学习，掌握旋转建模命令的应用，如表 1-2-5 所示。

表 1-2-5　手指旋转建模步骤

1. 偏置拉伸

选择“菜单”→“插入”→“设计特征”→“拉伸”命令，“选择曲线”为直径为 30mm 的圆的边，“指定矢量”为 Z 轴，“开始距离”为 0mm，“结束距离”为 50mm，“布尔”选择合并，“偏置”选择单侧，“结束”为-6mm，单击“确定”按钮。

（续）

2. 旋转

（1）选择“菜单”→“插入”→“草图”命令，绘制草图，使用轮廓指令绘制 L 形轮廓，对尺寸进行标注，单击“完成”按钮。

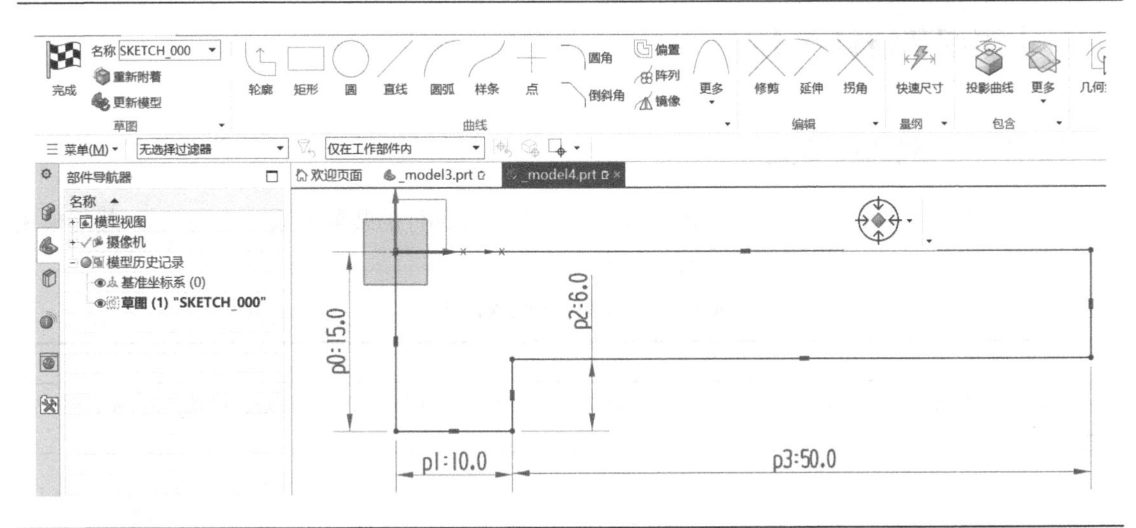

（2）选择“菜单”→“插入”→“设计特征”→“旋转”命令，选择绘制的草图，旋转轴指定为边，旋转角度为 360°。

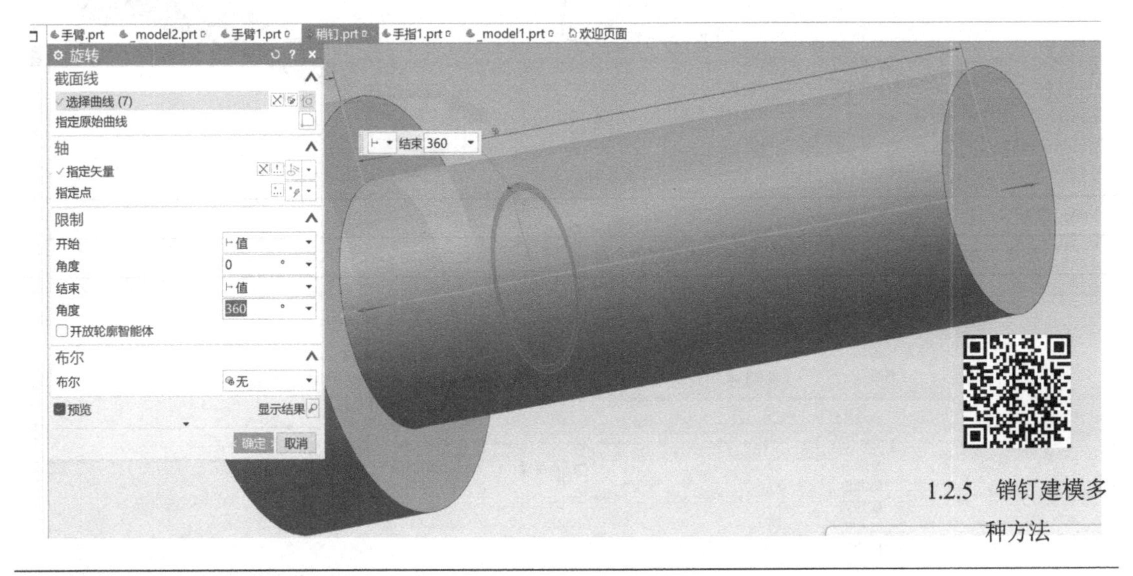

1.2.5 销钉建模多种方法

数字资源：1.2.5 销钉建模多种方法

任务 1.3 装配

【情境分析】

运动仿真的基础是研究运动机构零部件之间的相对运动关系，因此进行仿真前要正确地装配机构。在完成底座、手臂、销钉、手指零件建模基础上，需要根据简易机械臂机构，进行部件的装配任务。

通过分析可知，机械臂各部件通过销钉孔连接。

【知识和技能点】

1.3.1 简易机械臂装配

通过本知识点学习，在分析装配图纸基础上，确定各部件的装配关系，应用 UG 装配模块的同心约束命令完成简易机械臂的装配，如表 1-3-1 所示。

表 1-3-1 简易机械臂装配步骤

1．图样分析
根据机械臂装配图样，机械臂由底座、手臂、销钉、手指构成，各部件为中心孔对齐。因此可以通过同心约束定义各子部件的装配关系，完成装配任务。
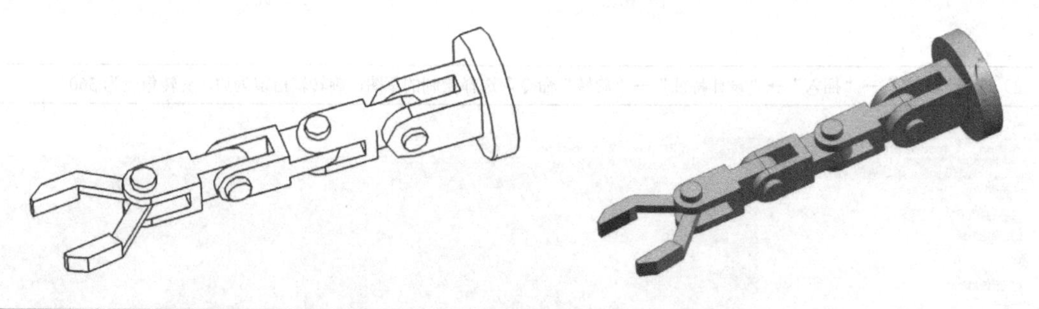
2．装配
（1）选择“菜单”→“装配”→“组件”→“添加组件”命令。
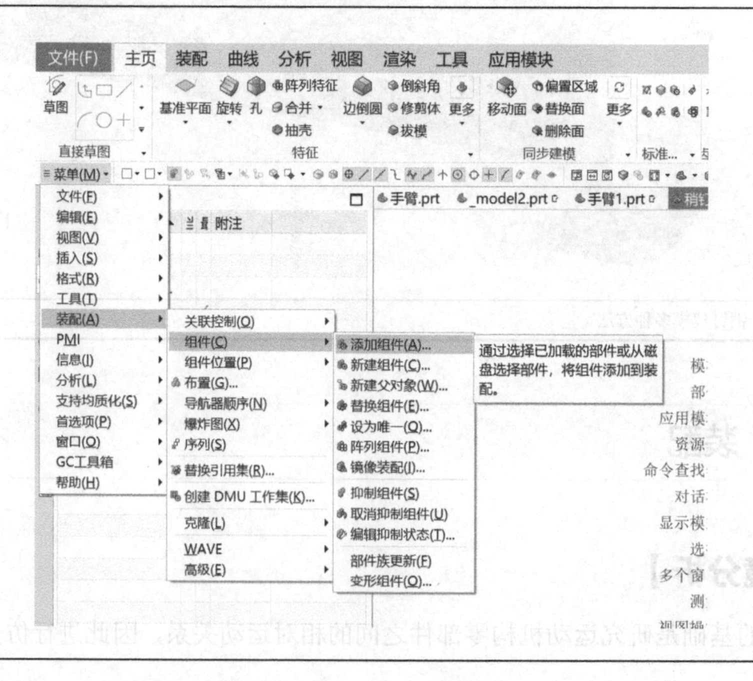

（续）

（2）在弹出的“添加组件”对话框中，打开底座模型，单击“确定”按钮，弹出“创建固定约束”对话框，单击“是”按钮。

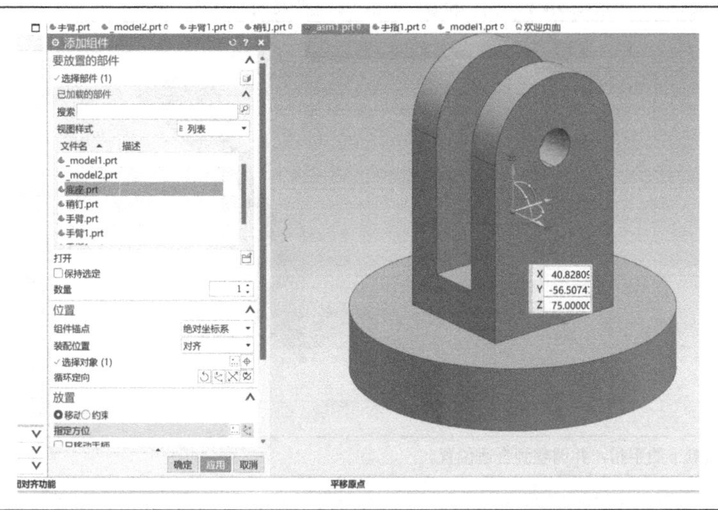

（3）选择“菜单→装配→组件→添加组件”命令，打开手臂模型，进行移动。“放置”方式为“约束”，单击“同心约束”类型，分别选择手臂和底座的安装孔，手臂被装配到合适的位置，单击“确定”按钮。

（4）用上述方法依次安装剩下的两个手臂，并调整到合适位置。

（续）

（5）选择“菜单→装配→组件→添加组件”命令，打开手指模型，进行移动。“放置”方式选择约束，单击“同心约束”类型，分别选择手指和手臂的安装孔，手爪被装配到合适的位置，单击“确定”按钮。

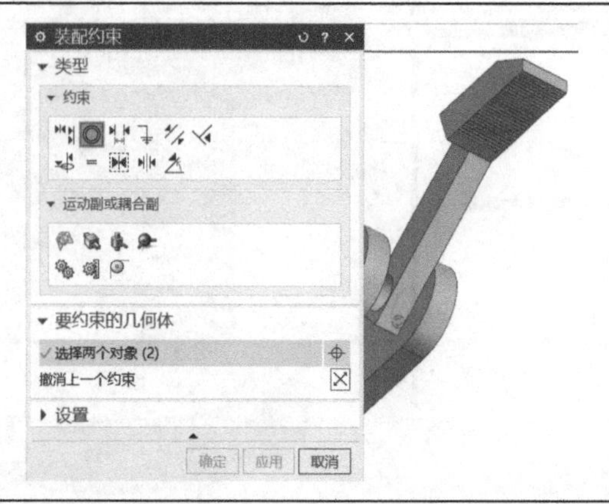

（6）用上述方法安装剩下的手指，并调整到合适位置。

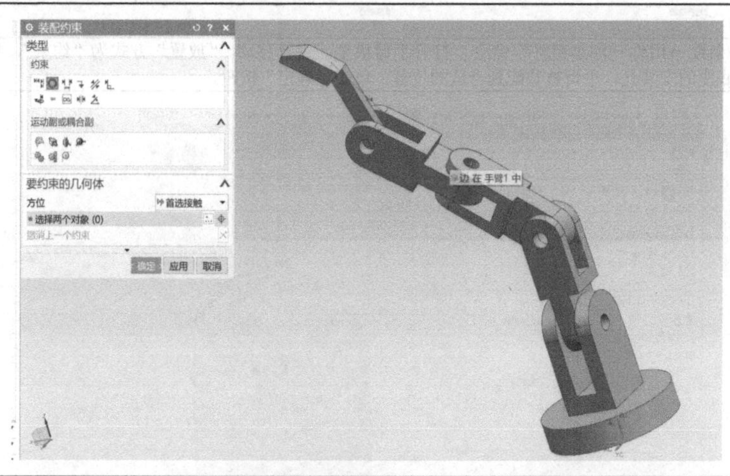

（7）选择“菜单→装配→组件→添加组件”命令，打开销钉模型，进行移动。“放置”方式选择约束，单击“同心约束”类型，分别选择手指和手臂的安装孔，手爪被装配到合适的位置，单击“确定”按钮，接着依次安装好剩下的三个销钉，安装到合适位置。

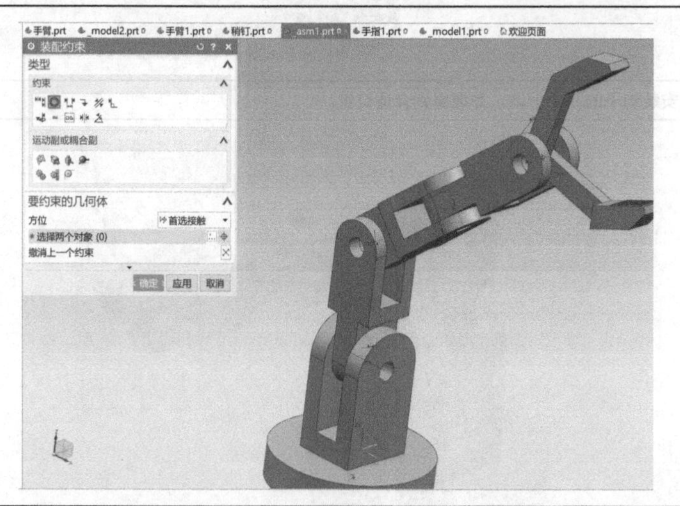

1.3.1 简易机械臂装配

数字资源：1.3.1 简易机械臂装配

【拓展学习】

1.3.2　多种约束方式

通过拓展部分的学习，掌握 UG 装配模块的对齐、接触等装配约束命令。如表 1-3-2 所示。

表 1-3-2　多种约束方式设置步骤

对齐、接触约束
通过对齐和接触约束实现同心约束的效果如下： 选择主菜单“装配”→“装配约束”命令，“约束”类型选择“对齐约束”，选择销钉和手臂孔的轴心线，再选择“接触约束”，选择销钉与手臂的接触面，完成装配。
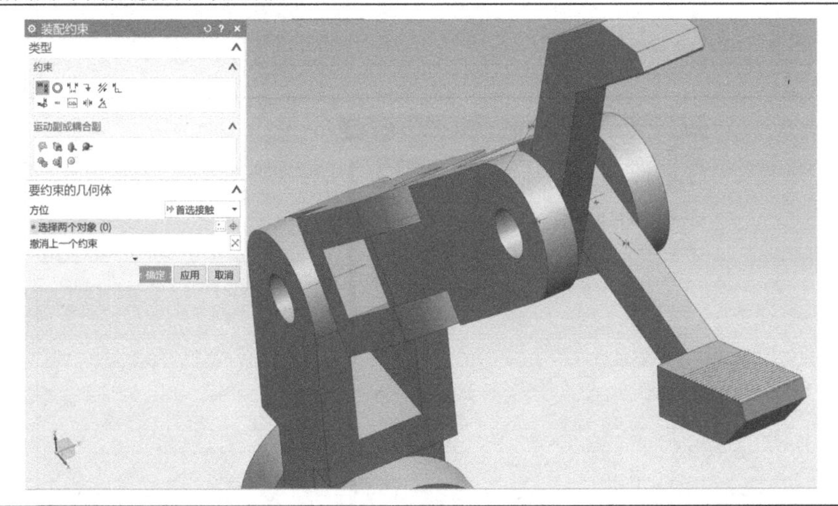  1.3.2　多种约束方法
数字资源：1.3.2 多种约束方法

任务 1.4　运动副仿真

【情境分析】

MCD 平台包括多种运动副：铰链副、固定副、滑动副、柱面副、球副、螺旋副、平面副、弹簧副、弹簧阻尼器、限制副、点在线上副以及线在线上副等，本任务在前期三维建模装配任务基础上，基于 MCD 平台将机械臂各部件几何模型设置为刚体，赋予其物料属性，作为运动仿真对象。并设置刚体之间的运动关系，将机械臂底座作为固定件，各手臂关节间则通过相对转动的铰链副连接，实现运动仿真。

数字化仿真技术是以数字化方式复制一个物理对象，模拟对象在现实环境中的行为，对产品设计、制造过程乃至整个工厂进行虚拟仿真，从而提高制造企业产品研发、制造的生产效率。数字化仿真技术能够帮助客户完成从产品设计、生产规划、 工程组态、生产制造直到服务的全数字化方案，形成基于数字化技术的虚拟工厂，通过这些仿真的数字化模型，工程师们可以在虚拟空间调试，能够让机器的运行效果达到最佳。

【知识和技能点】

1.4.1 刚体对象设置

本知识点是以简易机械臂为例，介绍刚体对象的设置方法，如表 1-4-1 所示。

表 1-4-1 刚体对象设置步骤

1. “刚体”对话框

几何零件通过定义为刚体组件，赋予质量等物理属性，从而在外部力驱动下进行运动，如受到重力落下，如果几何体没有定义为刚体，是无法移动的。

刚体具有以下物理属性：

- 重心位置和方向；
- 平移和转动速度；
- 质量和惯性矩。

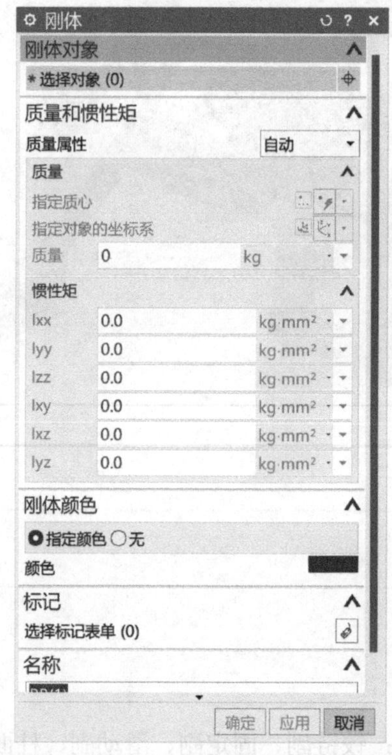

参数	定义
选择对象	选择被定义为刚体的几何对象（可选择多个）
质量属性	● 自动：根据对象属性自动计算刚体的质量和惯性矩（自动方式下文本框为灰色不可输入）； ● 用户自定义：用户在对应文本框中手工输入质量和惯性矩
刚体颜色	● 指定颜色，可根据需要指定刚体颜色； ● 无，刚体显示为白色
标记	选择对应的标记表单，在仿真时可通过读写设备命令修改物料属性
名称	设置刚体名称

（续）

2. 刚体对象定义

（1）打开文件“机械臂.prt”，单击功能区“应用模块”下的“更多”命令，在下拉列表中选择“机电概念设计”，进入 MCD 环境。

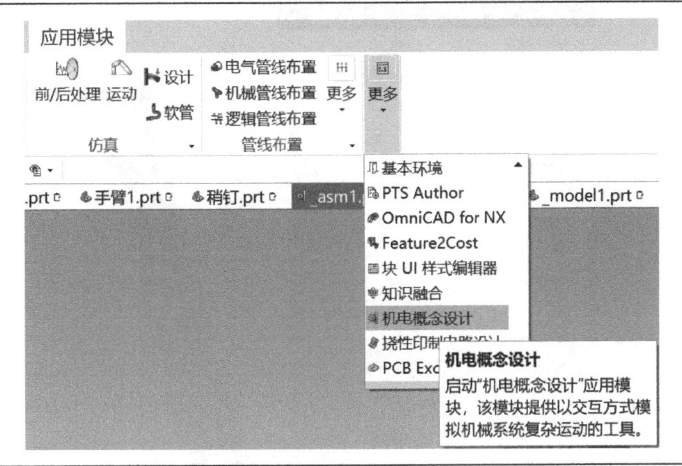

（2）单击功能区“主页”下的“刚体”命令，弹出刚体定义对话框。

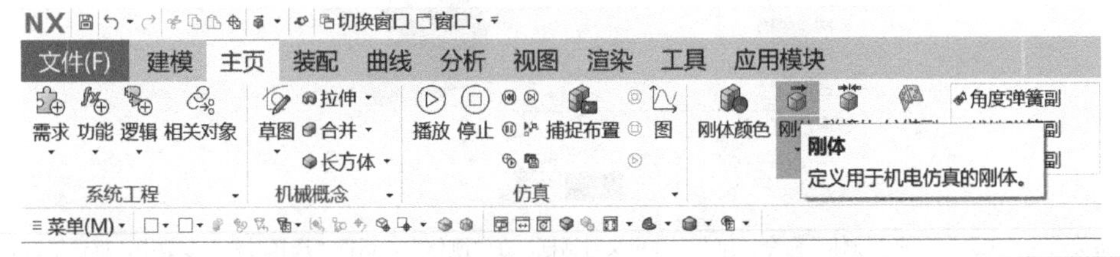

（3）在“刚体”对话框“选择对象”参数中，框选底座和装配其上的销钉，两个部件相对固定一起运动，“质量属性”为“自动”，并将新建的刚体命名为“底座”，单击“确定”按钮。

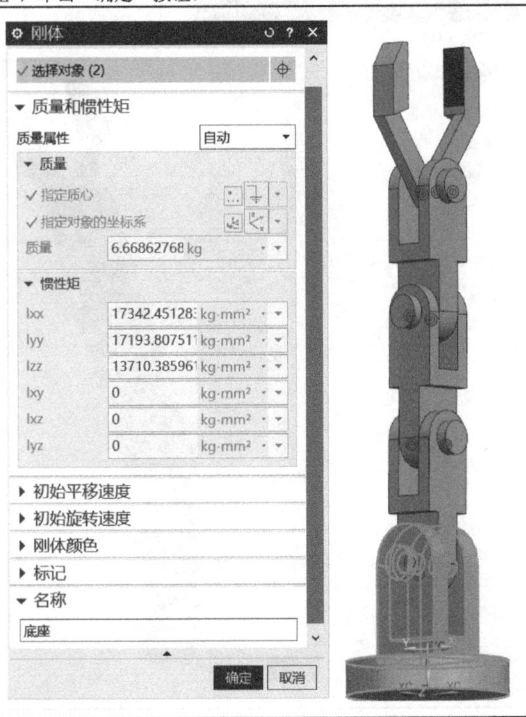

（续）

（4）单击功能区“主页”下的“刚体”命令，弹出刚体定义对话框，在“刚体”对话框“选择对象”参数中，框选第一节手臂和装配其上的销钉，两个部件相对固定一起运动，“质量属性”为“自动”，并将新建的刚体命名为“手臂 1”，单击“确定”按钮。

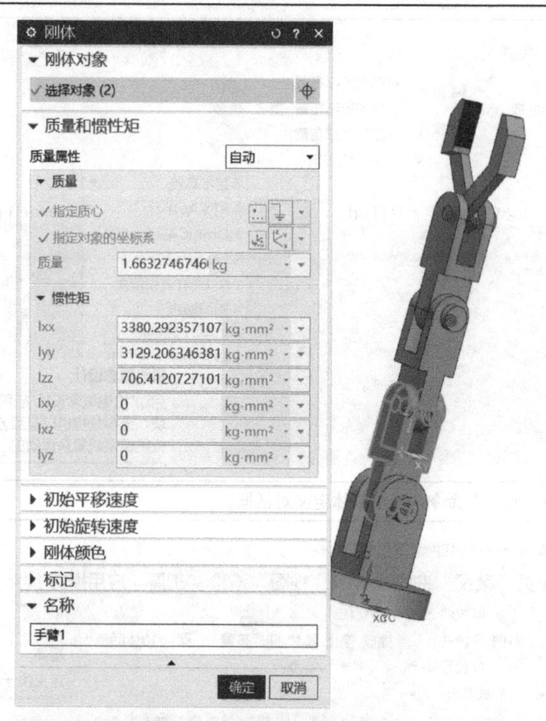

（5）单击功能区“主页”下的“刚体”命令，弹出刚体定义对话框，在“刚体”对话框“选择对象”参数中，框选第二节手臂和装配其上的销钉，两个部件相对固定一起运动，“质量属性”为“自动”，并将新建的刚体命名为“手臂 2”，单击“确定”按钮。

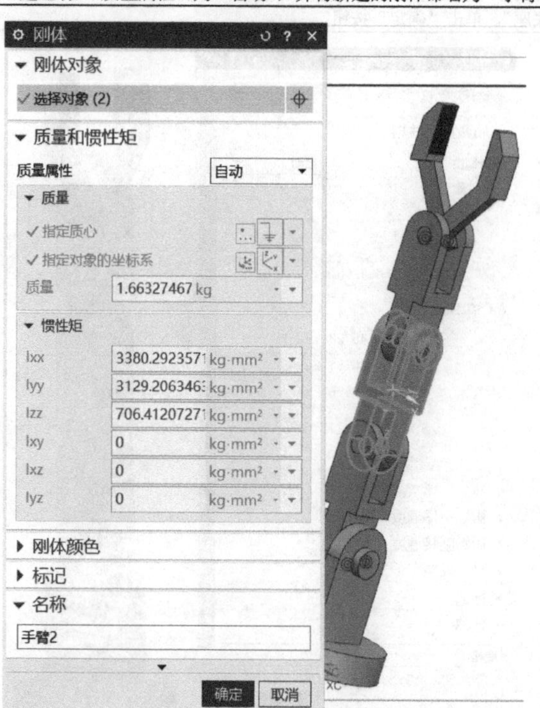

（续）

（6）单击功能区“主页”下的“刚体”命令，弹出刚体定义对话框，在“刚体”对话框“选择对象”参数中，框选第三节手臂和装配其上的销钉，两个部件相对固定一起运动，“质量属性”为“自动”，并将新建的刚体命名为“手臂 3”，单击“确定”按钮。

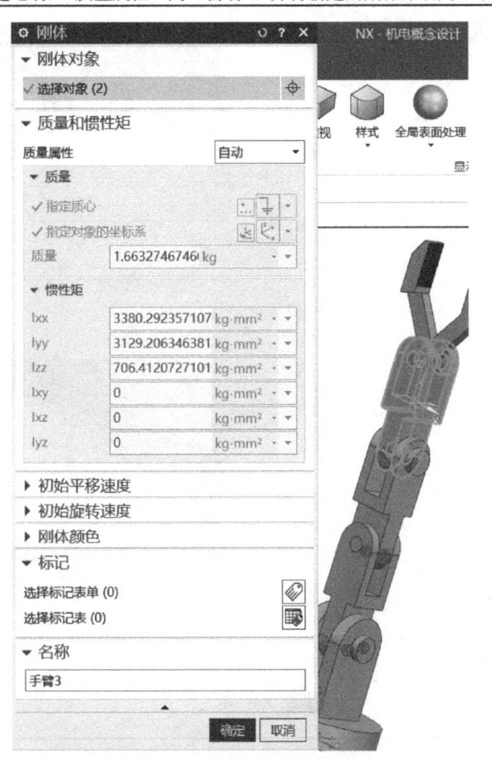

（7）单击功能区“主页”下的“刚体”命令，弹出刚体定义对话框，在“刚体”对话框“选择对象”参数中，框选左侧手指，“质量属性”为“自动”，并将新建的刚体命名为“手指 1”，单击“确定”按钮。

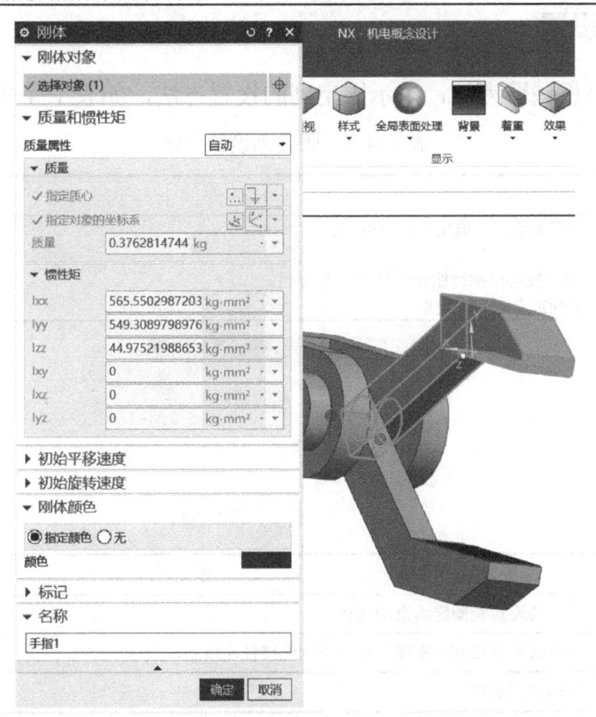

（续）

（8）单击功能区“主页”下的“刚体”命令，弹出刚体定义对话框，在“刚体”对话框的“选择对象”参数中，框选右侧手指，“质量属性”为“自动”，并将新建的刚体命名为“手指 2”，单击“确定”按钮。

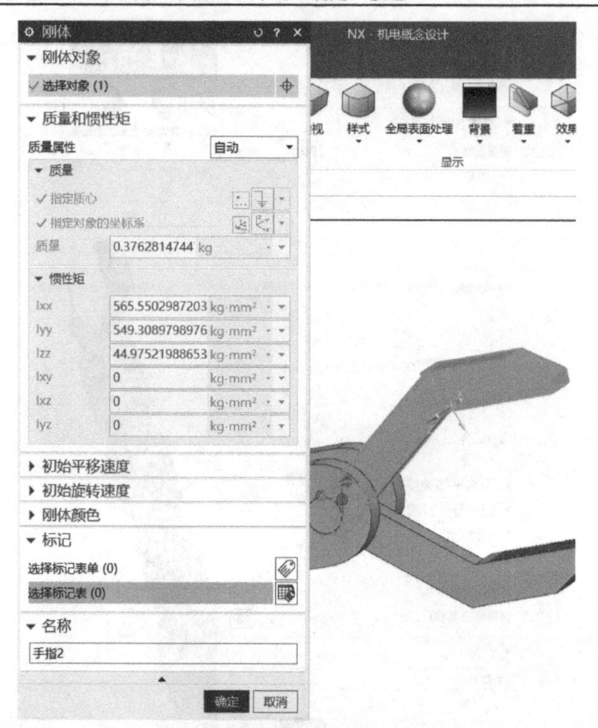

1.4.1 刚体对象设置

数字资源：1.4.1 刚体对象设置

1.4.2 固定副设置

本知识点是以简易机械臂为例，演示固定副的设置方法，如表 1-4-2 所示。

表 1-4-2 固定副设置步骤

1.“固定副”对话框

固定副定义：自由度为零的固定关节，一般用于以下操作：

- 将刚体连接到地面上；
- 将两个刚体固定连接到一起，被连接刚体跟随连接件一起运动。

注意：若组件中全为刚体，必须定义一个固定副。

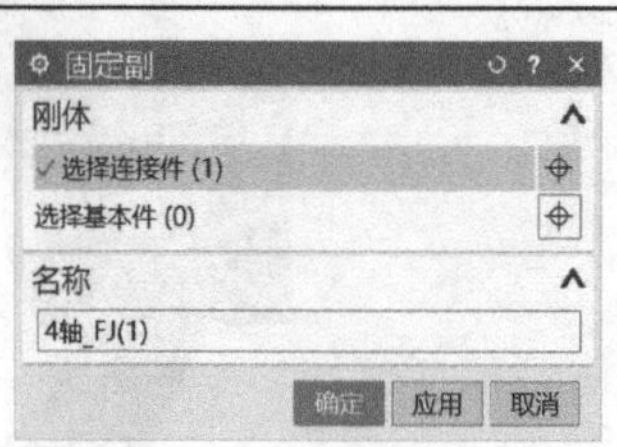

参数	定义
选择连接件	选择需要连接到固定约束的刚体
选择基本件	选择连接件连接到的刚体，若为空则连接件连接到背景
名称	设置固定副名称

（续）

2．固定副定义
（1）在 MCD 平台下，单击功能区“主页”下的“铰链副”命令，在下拉列表中选择“固定副”，弹出固定副定义对话框。
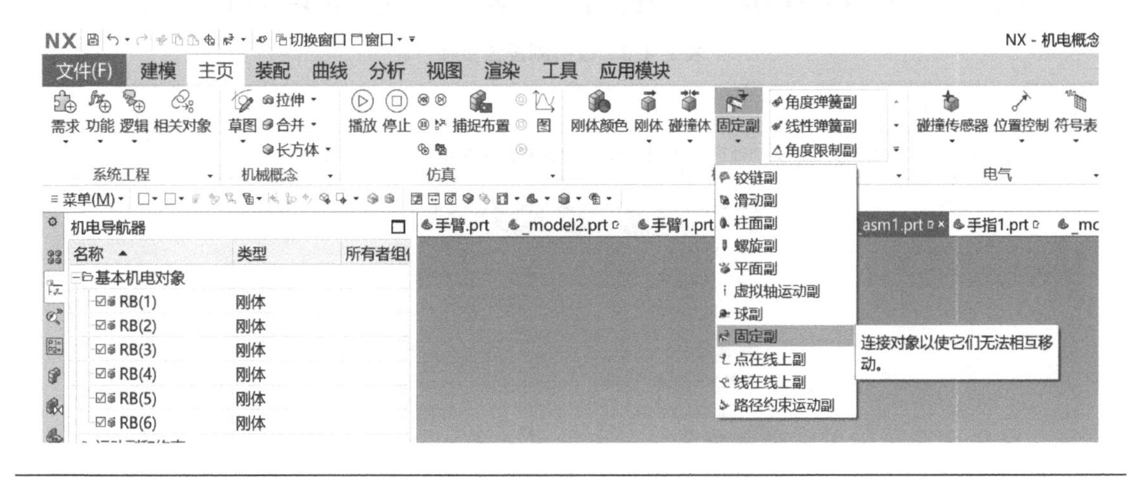
（2）在“固定副”对话框“选择连接件”参数中，选择底座刚体，“选择基本件”参数为空，并将新建的固定副命名为“底座_FJ(1)”固定副，单击“确定”按钮。
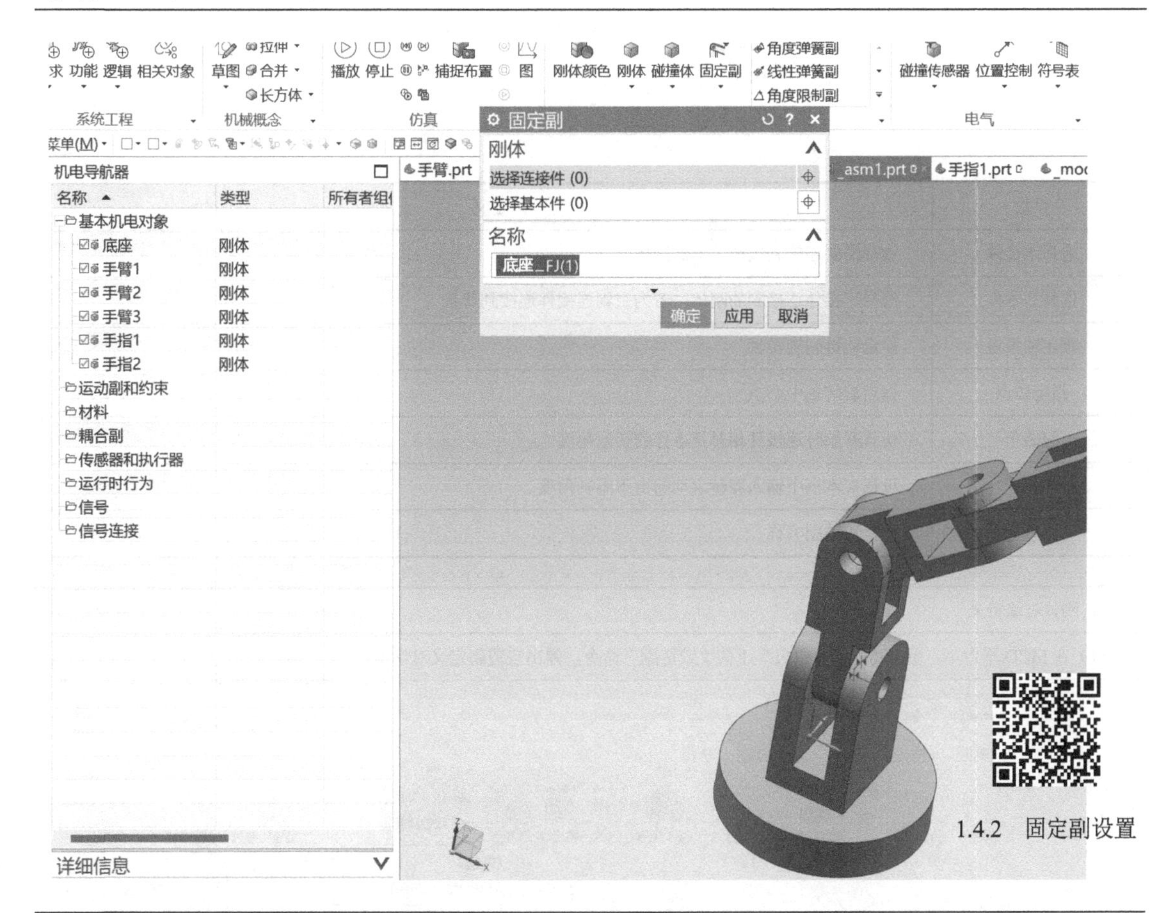
数字资源：1.4.2 固定副设置

1.4.3 铰链副设置

本知识点是以简易机械臂为例，介绍铰链副的设置方法，如表 1-4-3 所示。

表 1-4-3 铰链副设置步骤

1. “铰链副”对话框

铰链副定义：组成铰链副的两关节绕某一轴进行相对转动，不允许两者在任何方向进行平移运动。

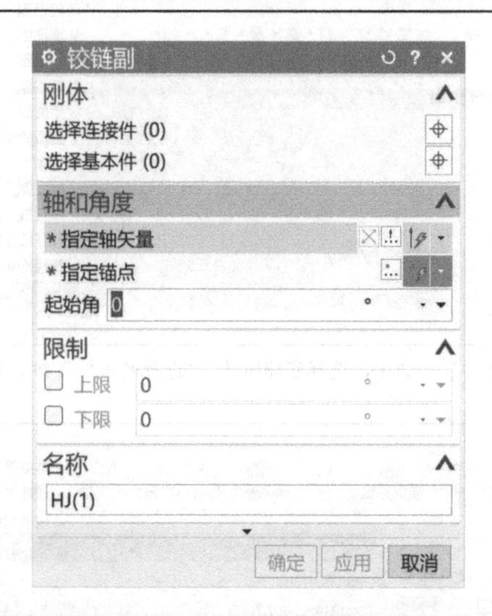

参数	定义
选择连接件	选择需要连接到铰链关节的刚体
选择基本件	选择连接件连接到的刚体，若为空则连接件连接到背景
指定轴矢量	指定铰链副旋转轴
指定锚点	指定旋转轴中心点
起始角	仿真开始时连接件相对基本件的初始角度
限制	可在文本框中输入旋转运动的上下限制角度
名称	设置铰链副名称

2. 刚体对象定义

（1）在 MCD 平台下，单击功能区“主页”下的“铰链副”命令，弹出铰链副定义对话框。

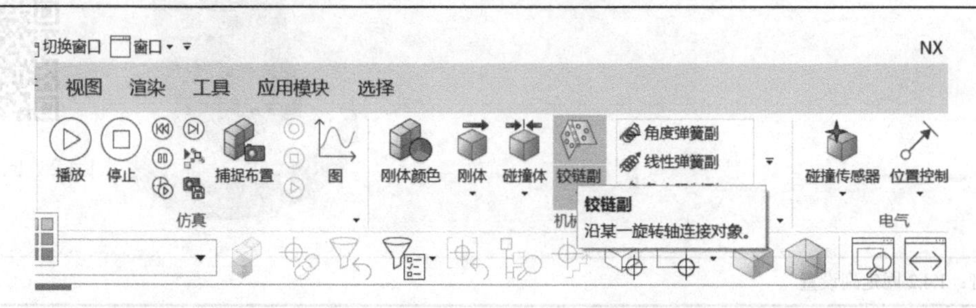

（续）

（2）在“铰链副”对话框“选择连接件”参数中，选择手臂 1 刚体；“选择基本件”参数中，选择底座刚体；“指定轴矢量”参数为垂直于底座连接孔截面；“指定锚点”参数选择为连接孔轴心；“起始角”为“0°”；“限制”参数中上下限不设置；并将新建的铰链副命名为“手臂 1_底座_HJ(1)”铰链副，单击“确定”按钮。

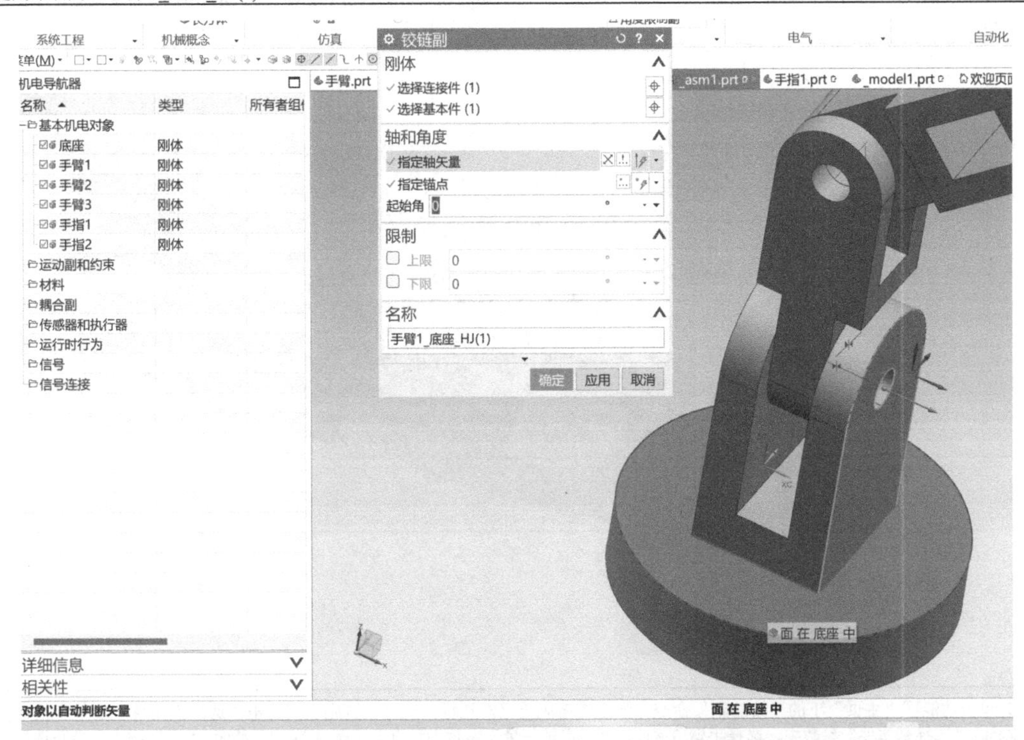

（3）单击功能区“主页”下的“铰链副”命令，弹出铰链副定义对话框，在“铰链副”对话框“选择连接件”参数中，选择手臂 2 刚体；“选择基本件”参数中，选择手臂 1 刚体；“指定轴矢量”参数为垂直于手臂 1 连接孔截面；“指定锚点”参数选择为连接孔轴心；“起始角”为 0°；“限制”参数中上下限不设置；并将新建的铰链副命名为“手臂 2_手臂 1_HJ(1)”铰链副，单击“确定”按钮。

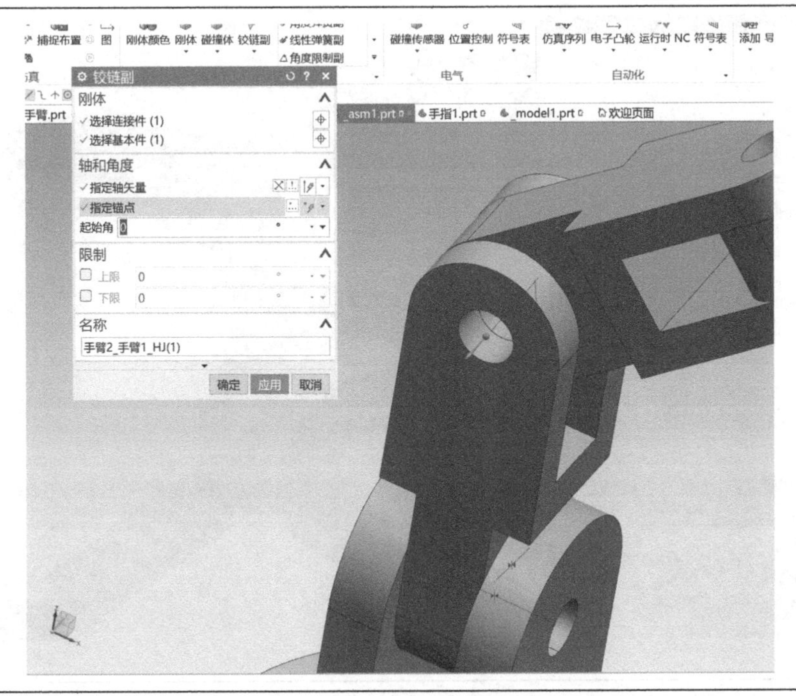

（续）

（4）单击功能区“主页”下的“铰链副”命令，弹出铰链副定义对话框，在“铰链副”对话框“选择连接件”参数中，选择手臂 2 刚体；“选择基本件”参数中，选择手臂 3 刚体；“指定轴矢量”参数为垂直于手臂 2 连接孔截面；“指定锚点”参数选择为连接孔轴心；“起始角”为 0°；“限制”参数中上下限不设置；并将新建的铰链副命名为“手臂 3_手臂 2_HJ(1)”铰链副，单击“确定”按钮。

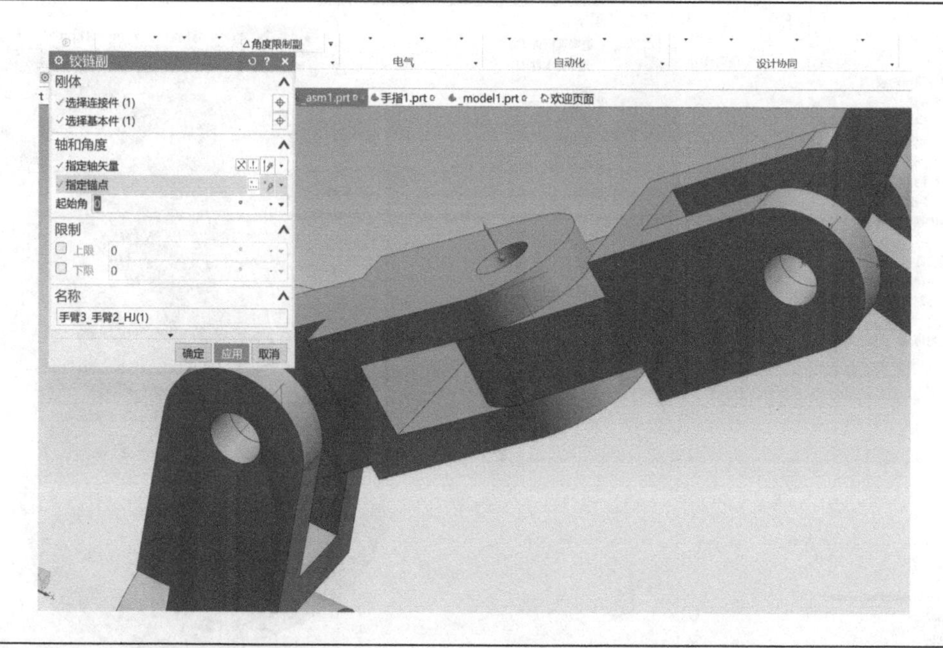

（5）单击功能区“主页”下的“铰链副”命令，弹出铰链副定义对话框，在“铰链副”对话框“选择连接件”参数中，选择手指 1 刚体；“选择基本件”参数中，选择手臂 3 刚体；“指定轴矢量”参数为垂直于手臂 3 连接孔截面；“指定锚点”参数选择为连接孔轴心；“起始角”为 0°；“限制”参数中上下限不设置；并将新建的铰链副命名为“手指 1_手臂 3_HJ(1)”铰链副，单击“确定”按钮。

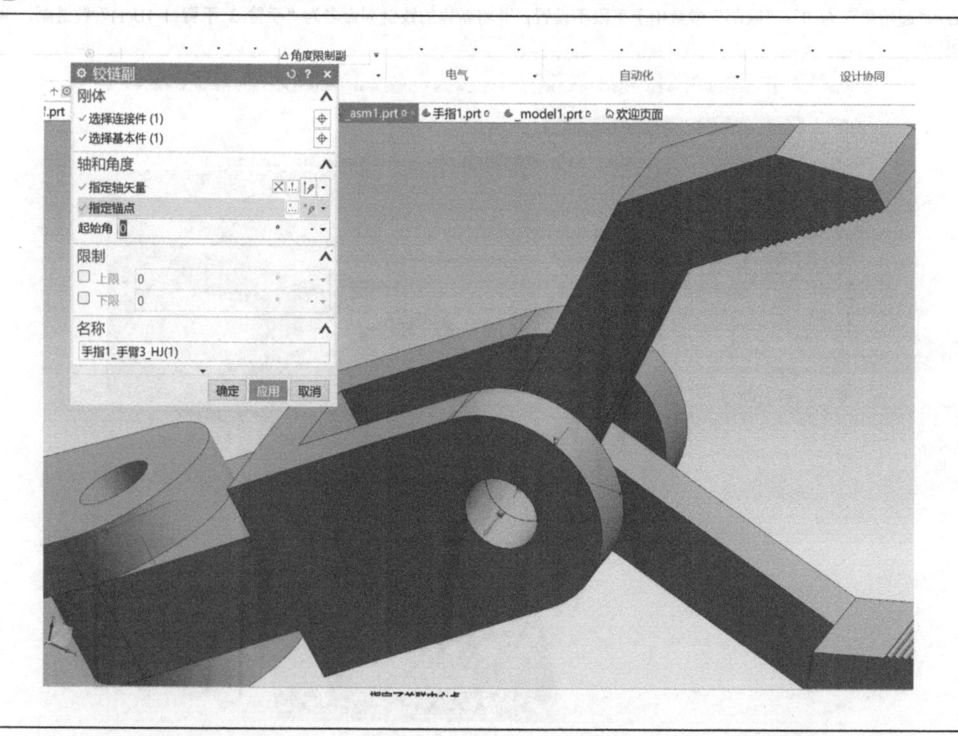

（续）

（6）单击功能区“主页”下的“铰链副”命令，弹出铰链副定义对话框，在“铰链副”对话框“选择连接件”参数中，选择手指 2 刚体；“选择基本件”参数中，选择手臂 3 刚体；“指定轴矢量”参数为垂直于手臂 3 连接孔截面；“指定锚点”参数选择为连接孔轴心；“起始角”为 0°；“限制”参数中上下限不设置；并将新建的铰链副命名为“手指 2_手臂 3_HJ(1)”铰链副，单击“确定”按钮。
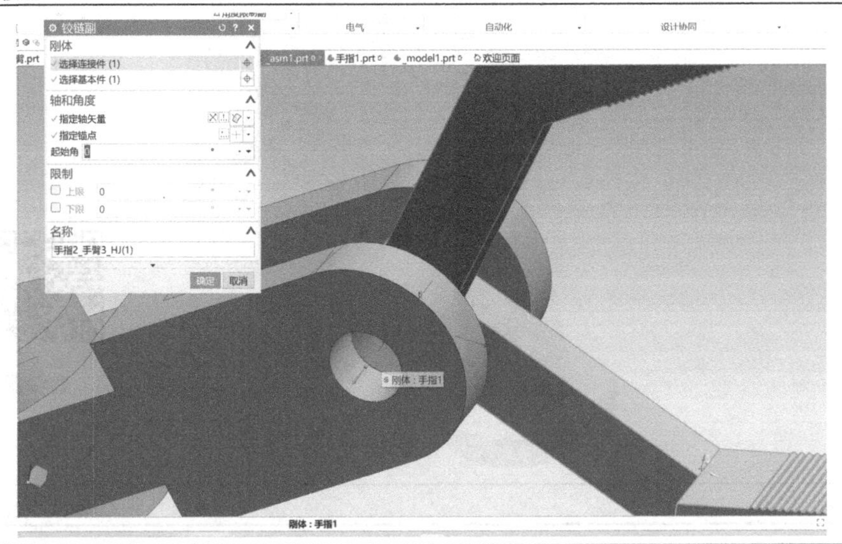  1.4.3　铰链副设置
数字资源：1.4.3 铰链副设置

【拓展学习】

1.4.4　察看器监控仿真

通过拓展部分的学习，掌握察看器设置及监控仿真操作，如表 1-4-4 所示。

表 1-4-4　察看器监控仿真步骤

察看器监控仿真
（1）单击左侧导航栏，切换到机电导航器，将刚才新建的 5 个铰链副全选，右击弹出快捷菜单，单击“添加到察看器”，将铰链副添加到运行时察看器中。
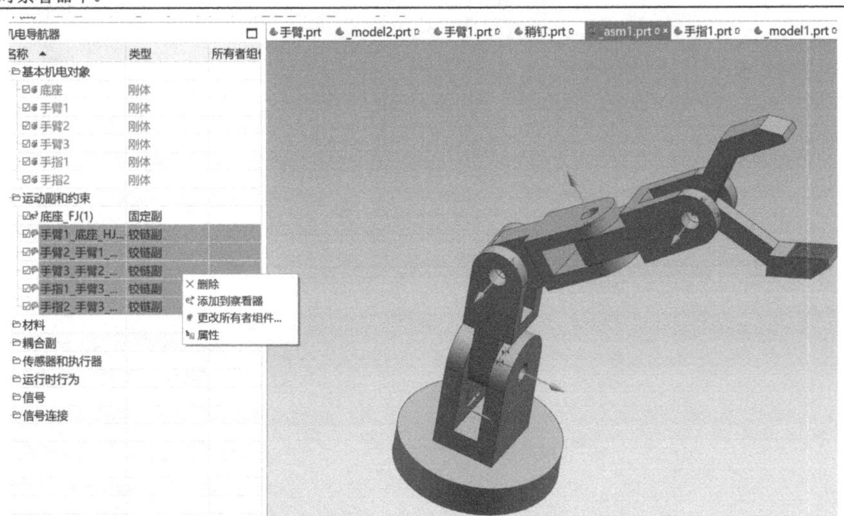

（续）

（2）单击功能区“主页”下的“播放”命令，开始运动仿真模拟，运行过程中，可以切换到运行时察看器，机械臂在重力作用下运动，在运行时察看器中可监控各运动副“角度”参数的变化；单击功能区“主页”下的“停止”命令，结束仿真模拟。

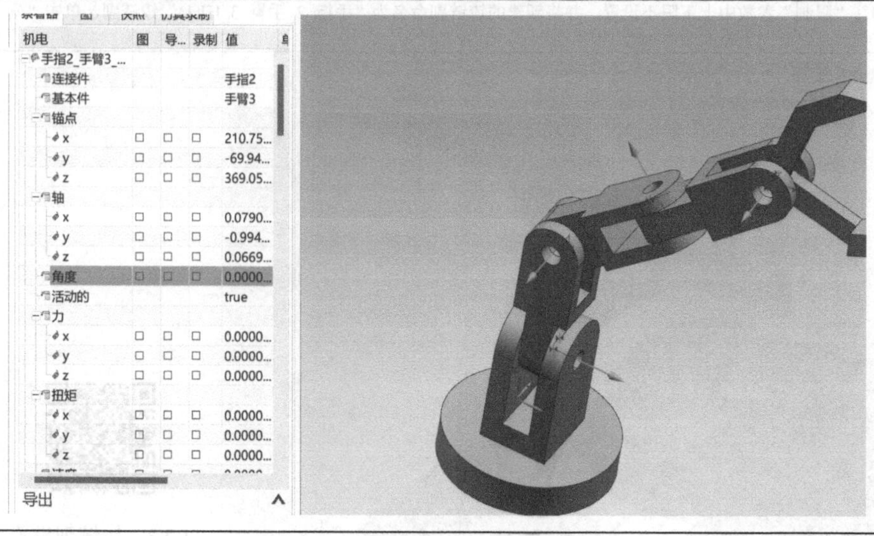

1.4.4 察看器监控仿真

数字资源：1.4.4 察看器监控仿真

项目 2　扭尾机械手

任务 2.1　运动副

【情境分析】

本任务以扭尾机械手实例演示运动副的设置，包括齿轮副、滑动副、齿轮齿条副等。巩固掌握“图样分析→刚体创建→运动副设置”完整工作流程的操作，真正实现做中学，提升实践能力。

扭尾机械手为 S 型软糖包装机的扭尾装置中的机械手。其中齿条轴 6 向前运动，通过齿轮齿条啮合带动钳爪 1 和 3 张开；滚轮向后运动时，钳爪闭合。另一个齿轮与滑动齿轮 5 啮合，使整个机械手发生轴向转动，整体装配图如图 2-1 所示。

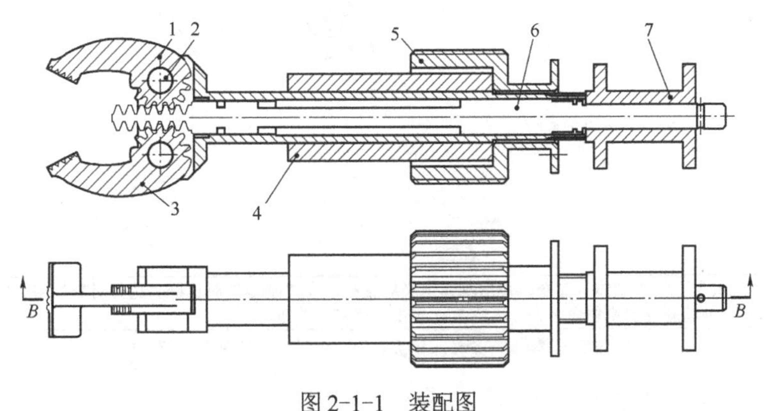

图 2-1-1　装配图

1、3—钳爪　2—销钉　4—圆柱销　5—滑动齿轮　6—齿条轴　7—固定盘

齿轮工业是我国装备制造业的基础性产业，产业关联度高，吸纳就业强，技术资金密集，是装备制造业实现产业升级、技术进步的重要保障。

经过多年的发展，我国的齿轮行业全面融入了世界配套体系中，并形成了完整的产业体系，实现了从低端向中端的转变。摩托车、汽车、风电以及工程机械等行业带动我国齿轮行业的发展，在这些相关行业的带动下，齿轮行业收入规模呈现较快的增长趋势，齿轮产业规模不断扩大。

【知识和技能点】

2.1.1　刚体对象设置

本知识点是以扭尾机械手为例，强化刚体对象设置命令的应用，如表 2-1-1 所示。

表 2-1-1　扭尾机械手刚体对象设置步骤

1. 图样分析
根据扭尾机械手装配图样，扭尾机械手由钳爪、销钉、圆柱销、齿条轴和固定盘构成，我们将机械手运动部件设置为刚体，并赋予其物理属性。
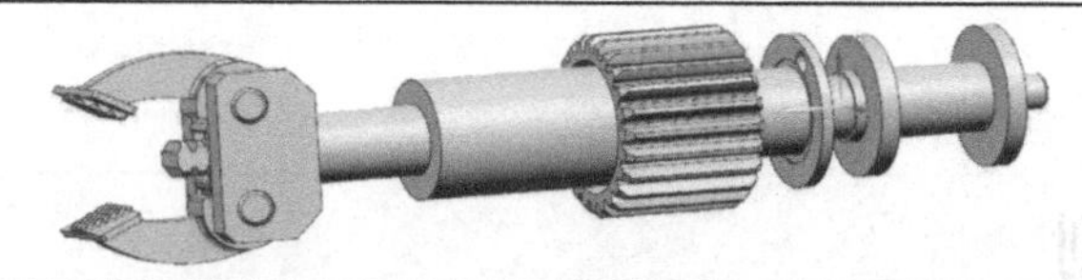
2. 刚体对象设置
（1）打开文件“扭尾机械手.prt”,单击功能区“应用模块”下的“更多”命令，在下拉列表中选择“机电概念设计”，进入MCD 环境。单击功能区“主页”下的“刚体”命令，弹出刚体定义对话框。在“刚体”对话框“选择对象”参数中，框选啮合齿轮，“质量属性”为“自动”，并将新建的刚体命名为“齿轮 1”，单击“确定”按钮。

（2）单击功能区“主页”下的“刚体”命令，弹出刚体定义对话框。在“刚体”对话框“选择对象”参数中，框选滑动齿轮，“质量属性”为“自动”，并将新建的刚体命名为“齿轮 2”，单击“确定”按钮。

（续）

（3）单击功能区“主页”下的“刚体”命令，弹出刚体定义对话框。在“刚体”对话框“选择对象”参数中，框选滑动齿条，“质量属性”为“自动”，并将新建的刚体命名为“齿条”，单击“确定”按钮。

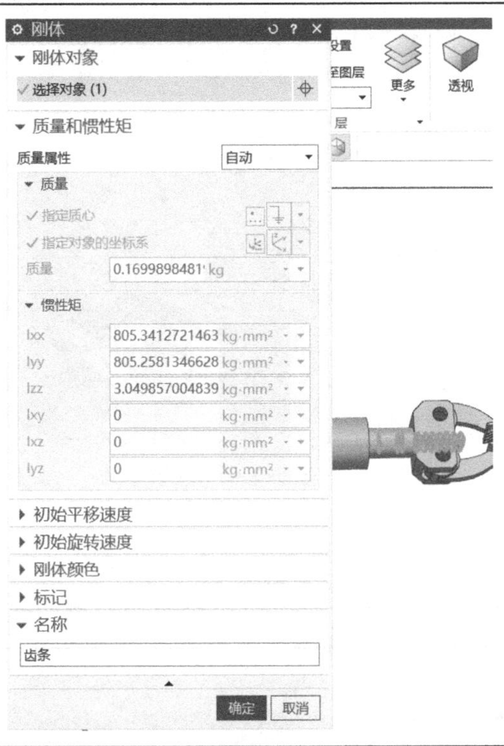

（4）单击功能区“主页”下的“刚体”命令，弹出刚体定义对话框。在“刚体”对话框“选择对象”参数中，框选左钳爪，“质量属性”为“自动”，并将新建的刚体命名为“钳爪1”，单击“确定”按钮。

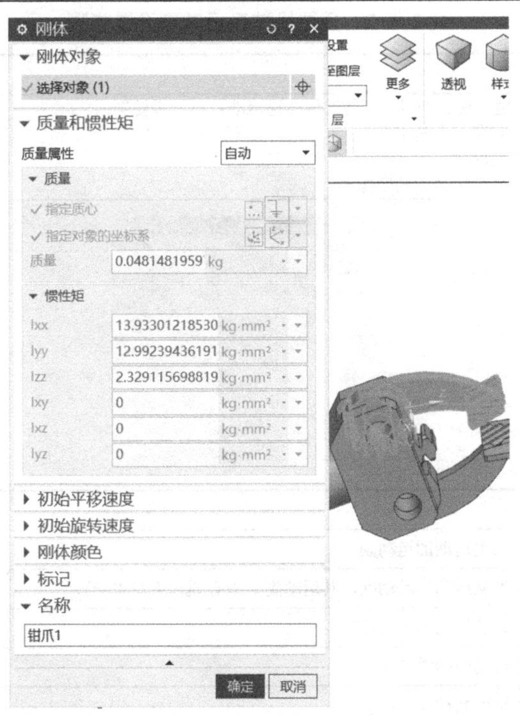

（续）

（5）单击功能区“主页”下的“刚体”命令，弹出刚体定义对话框。在“刚体”对话框“选择对象”参数中，框选右钳爪，“质量属性”为“自动”，并将新建的刚体命名为“钳爪 2”，单击“确定”按钮。
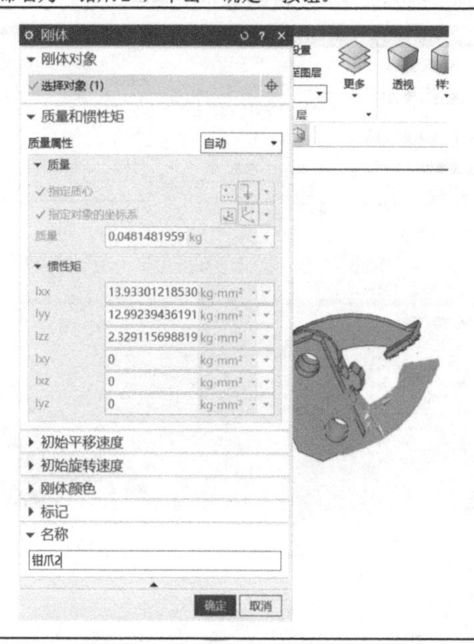  2.1.1 刚体对象设置
数字资源：2.1.1 刚体对象设置

2.1.2 运动副设置

本知识点是以扭尾机械手为例，强化齿轮副设置命令的掌握，如表 2-1-2 所示。

表 2-1-2 扭尾机械手运动副设置步骤

1．“齿轮副”对话框

使用齿轮副命令连接两个轴运动副，使它们以固定的比例传递运动。对于齿轮副：

- 所选择的两个轴运动副必须共有同一个基本件；
- 齿轮副的传动比为轴运动副的速度比；
- 齿轮副并未考虑接触力，例如齿轮齿之间的摩擦力。

参数	定义
选择主对象	选择作为主运动的运动副
选择从对象	选择作为从运动的运动副，其运动副类型必须和主对象一致
约束	设置主、从运动的传动比
滑动	勾选运行轻微的滑动
名称	设置齿轮副名称

（续）

2．齿轮副设置

（1）单击功能区“主页”下的“铰链副”命令，弹出铰链副定义对话框。在“铰链副”对话框“连接件”参数中，框选刚体齿轮 1，“选择基本件”为空，“指定轴矢量”定义为垂直面，“指定锚点”为中心点，并将新建的铰链副命名为“齿轮 1_HJ(1)”，单击“确定”按钮。

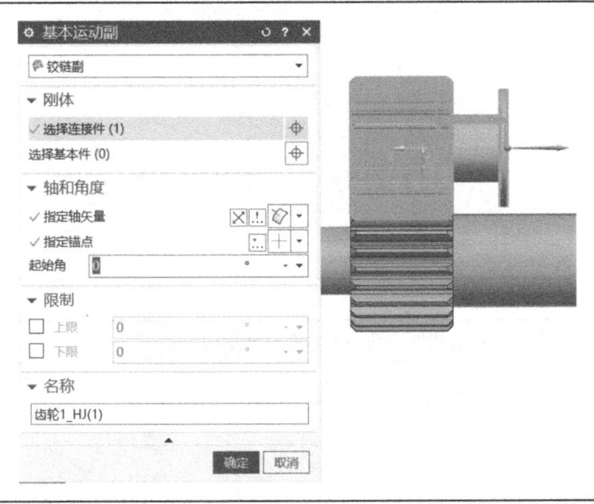

（2）单击功能区“主页”下的“铰链副”命令，弹出铰链副定义对话框。在“铰链副”对话框“连接件”参数中，框选刚体齿轮 2，“选择基本件”为空，“指定轴矢量”定义为垂直面，“指定锚点”为中心点，并将新建的铰链副命名为“齿轮 2_HJ(1)”，单击“确定”按钮。

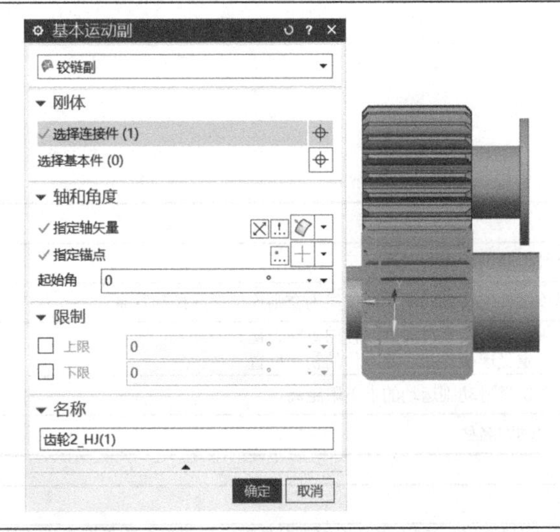

（3）单击功能区“主页”下的“机械”→“耦合副”→“齿轮”命令，弹出齿轮定义对话框。

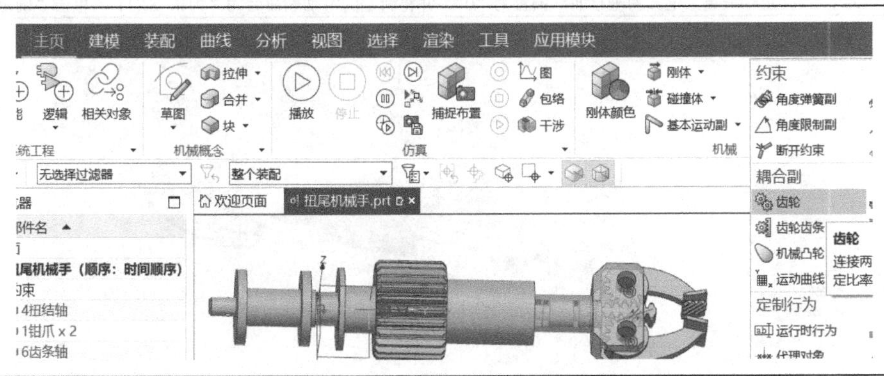

（续）

（4）在“齿轮”对话框中，“选择主对象”参数中，框选齿轮 1 铰链副，“选择从对象”参数中，框选齿轮 2 铰链副，“主倍数”和“从倍数”都设为 1，并将新建的齿轮副名称定义为“Gear（1）”，单击“确定”按钮。

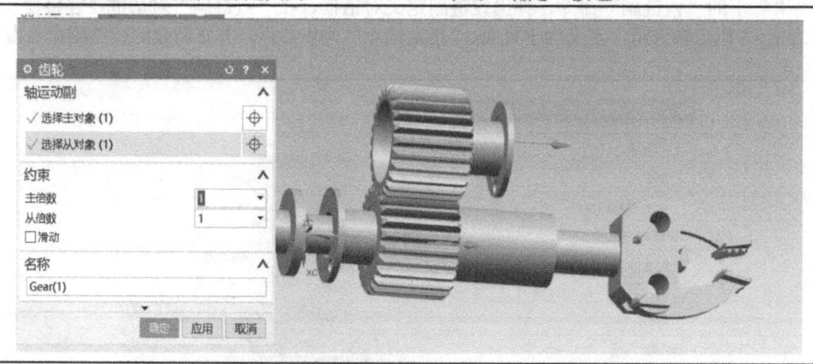

3.“滑动副”对话框

定义为滑动副的两个构件只能沿一个方向相对线性移动，不允许旋转运动

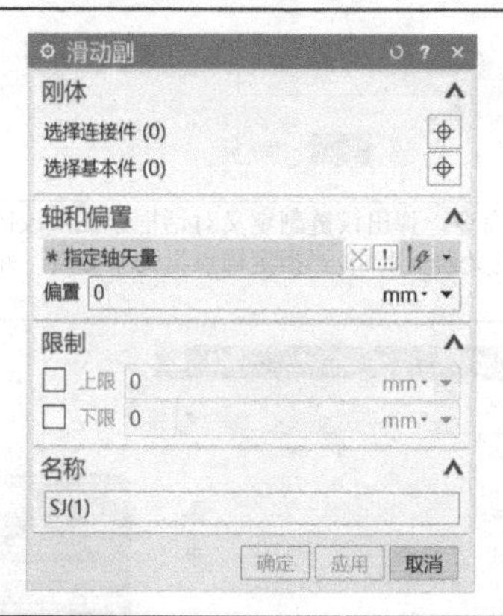

参数	定义
选择连接件	选择被滑动副约束的刚体
选择基本件	选择连接件连接到的刚体，如果为空则连接件连接到背景
轴和偏置	指定轴矢量：定义滑动副运行的方向矢量 偏置：定义连接件相对基本件的初始位置
限制	使能并定义滑动副运动的上下限距离
名称	设置滑动副名称

4. 滑动副定义

单击功能区“主页”下的“滑动副”命令，弹出滑动副定义对话框。在“滑动副”对话框“连接件”参数中，框选刚体齿条，“选择基本件”为空，“指定轴矢量”定义为垂直面，偏置为“0”，并将新建的滑动副命名为“齿条_SJ(1)”，单击“确定”按钮。

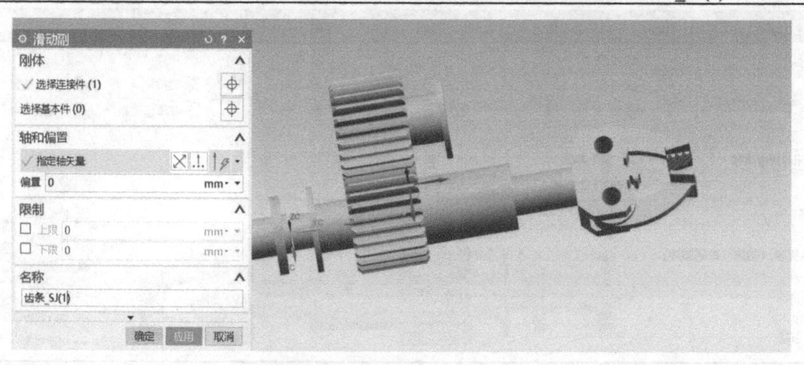

（续）

5．“齿轮齿条副”对话框

使用齿轮齿条副命令定义滑动副与转动副之间的运动关系。

参数	定义
选择主对象	选择作为主运动的运动副
选择从对象	选择作为从运动的运动副
设置中的半径	设置传动半径尺寸
滑动	勾选运行轻微的滑动
名称	设置齿轮齿条副名称

6．齿轮齿条副定义

（1）单击功能区“主页”下的“铰链副”命令，弹出铰链副定义对话框。在“铰链副”对话框“连接件”参数中，框选刚体钳爪 1，“选择基本件”为空，“指定轴矢量”定义为垂直面，“指定锚点”为中心点，并将新建的铰链副命名为“钳爪 1_HJ(1)”，单击“确定”按钮。

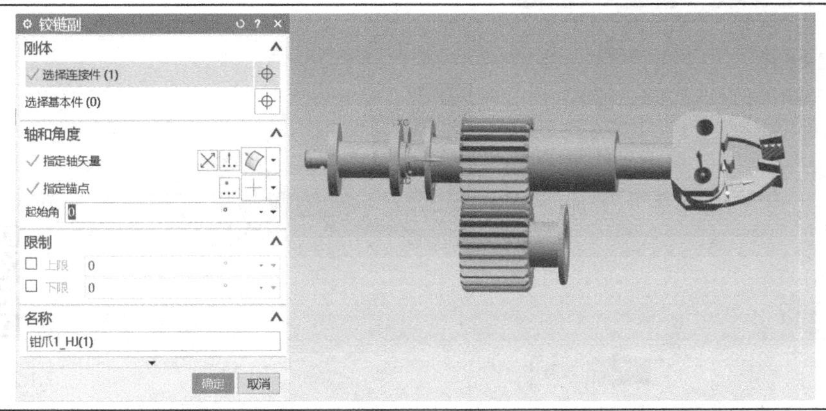

（2）单击功能区“主页”下的“铰链副”命令，弹出铰链副定义对话框。在“铰链副”对话框“连接件”参数中，框选刚体钳爪 2，“选择基本件”为空，“指定轴矢量”定义为钳爪安装垂直面，与钳爪 1 铰链副矢量方向反向，“指定锚点”为中心点，并将新建的铰链副命名为“钳爪 2_HJ(1)”，单击“确定”按钮。

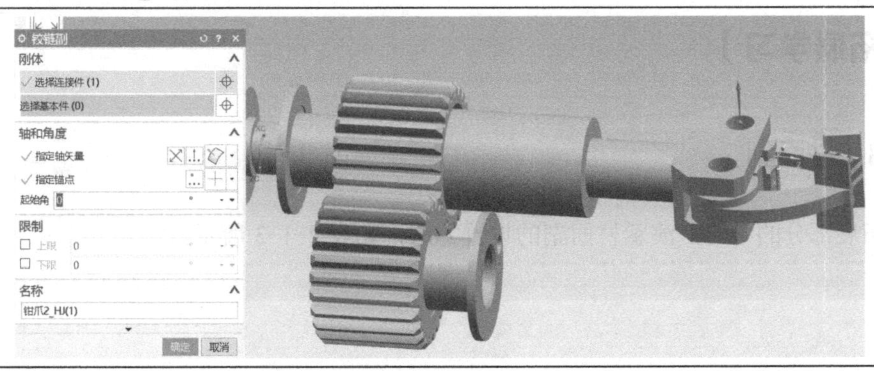

（续）

（3）单击功能区“主页”下的“机械→耦合副→齿轮”命令，弹出齿轮定义对话框。在“齿轮”对话框，“选择主对象”参数中，框选钳爪 1 铰链副，“选择从对象”参数中，框选钳爪 2 铰链副，“主倍数”和“从倍数”都设为 1，并将新建的齿轮副定义为“Gear(2)”，单击“确定”按钮设置两个钳爪同步运动。

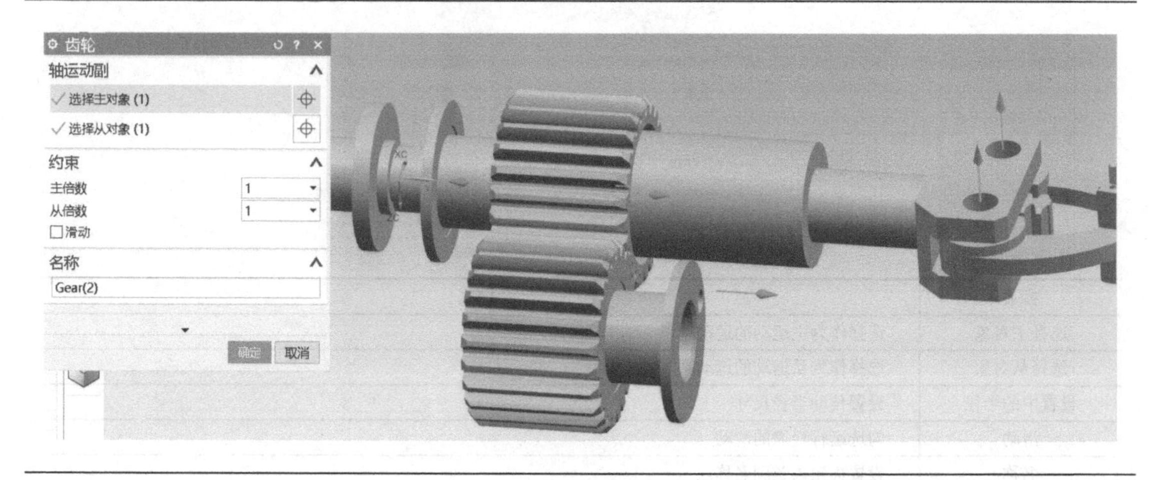

（4）单击功能区“主页”下的“机械→耦合副→齿轮齿条副”命令，弹出齿轮齿条副定义对话框。在“齿轮齿条副”对话框“选择主对象”参数中，框选滑动副齿条，“选择从对象”参数框选铰链副钳爪 1，“半径”设为 5mm，并将新建的齿轮齿条副命名为“齿轮齿条(1)”，单击“确定”按钮。

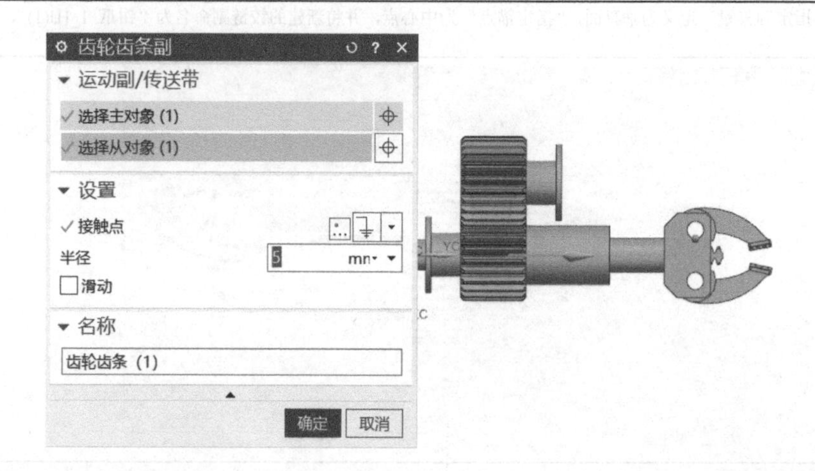

2.1.2 运动副设置

数字资源：2.1.2 运动副设置

【拓展学习】

2.1.3 柱面副

通过拓展部分的学习，演示柱面副的设置方法，如表 2-1-3 所示。

表 2-1-3 柱面副设置步骤

1.“柱面副”对话框

使用柱面副命令在两个刚体之间建立一个关节，允许两个自由度：一个沿轴线的平移自由度和一个沿轴线旋转的自由度。通过柱面副，两个刚体可以沿轴线转动和平移。

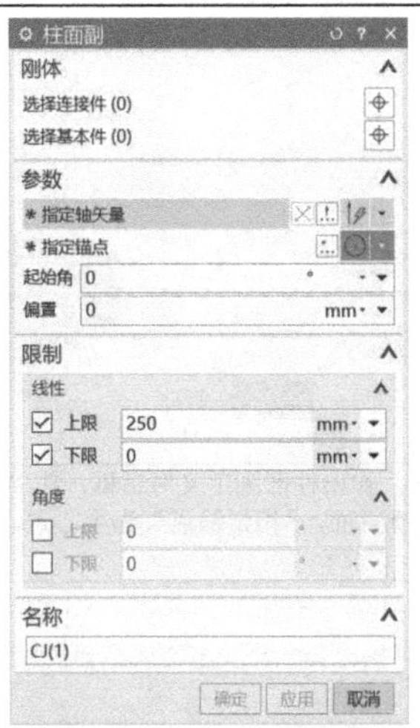

参数	定义
选择连接件	选择需要连接到柱面副关节的刚体
选择基本件	选择连接件连接到的刚体
指定轴矢量	指定柱面副旋转轴
指定锚点	指定旋转轴中心点
起始角	仿真开始时连接件相对基本件的初始角度
限制	可在文本框中输入柱面的上下限
名称	设置柱面副名称

2. 柱面副定义

（1）单击功能区“主页”下的“刚体”命令，弹出刚体定义对话框，在“刚体”对话框“选择对象”参数中，框选螺杆，将新建的刚体命名为“螺杆”，单击“应用”按钮。在刚体对话框“选择对象”参数中，框选螺母，将新建的刚体命名为“螺母”，单击“确定”按钮。

（续）

（2）单击功能区“主页”下的“固定副”命令，弹出固定副定义对话框，在“固定副”对话框“选择连接件”参数中，框选螺母，“连接基本件”为空，并将新建的固定副命名为“螺母_FJ(1)”，单击“确定”按钮。

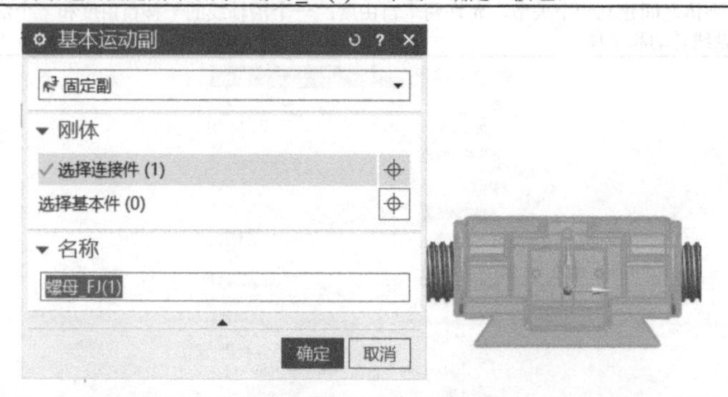

（3）单击功能区“主页”下的“柱面副”命令，弹出柱面副定义对话框，在“柱面副”对话框“选择连接件”参数中，框选螺杆，“连接基本件”框选螺母，“指定轴矢量”为垂直面，“指定锚点”为中心点，并将新建的固定副命名为“螺杆_螺母_CJ(1)”，单击“确定”按钮。

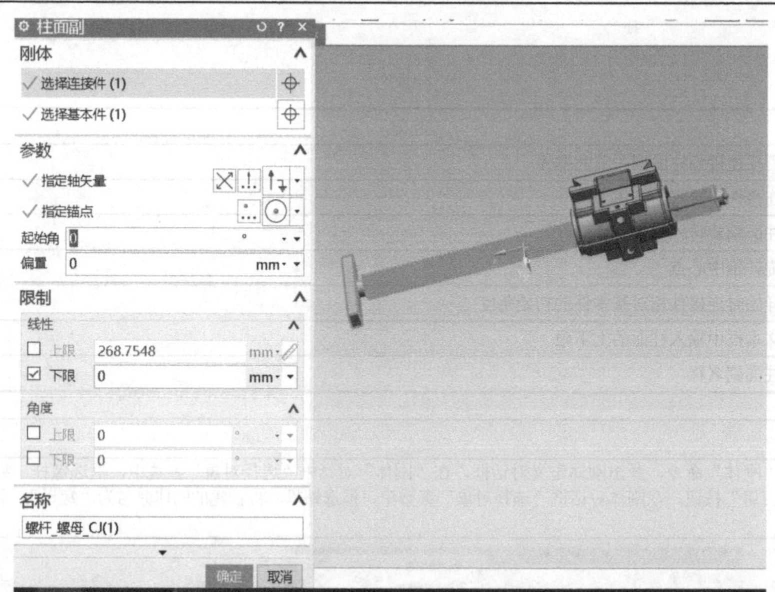

2.1.3 柱面副

数字资源：2.1.3 柱面副

任务 2.2 执行器

【情境分析】

本任务以扭尾机械手实例进行介绍，通过速度控制器控制滑动齿轮运动速度和齿轮齿条运动速度，以掌握执行器的相关操作。

扭尾机械手运动由滑动齿轮的转动和齿轮齿条运动两部构成，在创建的扭尾机械手各组件刚体和运动副基础上，本任务中用速度控制器和位置控制器，分别驱动齿轮和齿条运动完成仿真。

执行器相当于真实设备中伺服驱动器，近几年，电子制造设备、雕刻机、医疗设备、工业机器人等产业的迅速发展，使得伺服驱动器应用迅速增长，随着自主可控技术的提高，国产品牌在疫情期间呈现高速增长态势，如汇川在2021年取得90%的高增长率。

【知识和技能点】

2.2.1 速度控制器

本任务以扭尾机械手为例，演示速度控制器的设置方法，如表2-2-1所示。

表2-2-1 速度控制器设置步骤

1.“速度控制”对话框

速度控制定义：驱动运动副的刚体以指定的速度运动，既可以用于旋转运动也可用于线性运动；还可通过添加传感器信号用于停止运动。

为创建更真实的运动仿真，可采用以下方法：

- 对驱动器添加加速度和力限制；
- 通过信号控制速度控制驱动器的力或力矩；
- 将速度控制用于传输面，通过信号进行启停。

参数	定义
选择对象	选择需要添加速度控制的运动副
轴类型	线性：当选择的运动副为线性运动时选择； 角度：当选择的运动副为旋转运动时选择
约束	当线性运动时，在文本框中输入速度约束值，单位为mm/s，并可勾选“限制加速度”和“限制力”。 当旋转运动时，在文本框中输入速度约束值，单位为°/s，并可勾选“限制加速度”和“限制扭矩”
名称	设置速度控制名称

2. 速度控制器设置

（1）单击功能区“主页”下的“电气”→“速度控制”命令，弹出速度控制定义对话框。

（续）

（2）在速度控制对话框“选择对象”参数中，框选铰链副齿轮 1，速度为 30°/s，并将新建的速度控制器命名为齿轮“1_HJ(1)_SC(1)”，单击“确定”按钮。

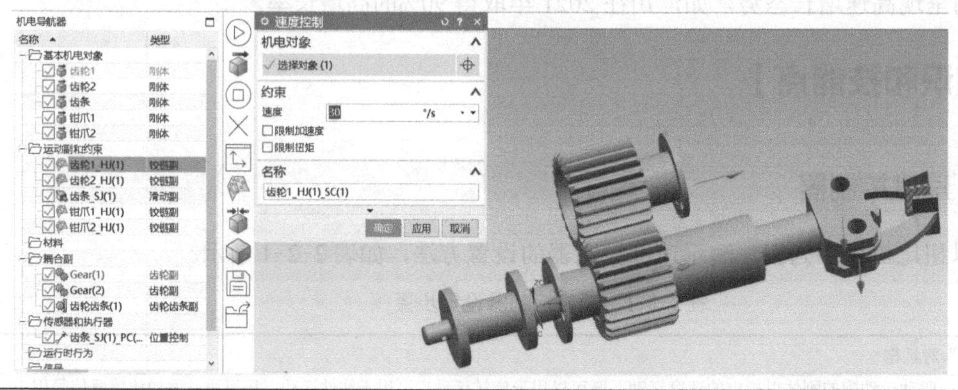

2.2.1 速度控制器

数字资源：2.2.1 速度控制器

2.2.2 位置控制器

本任务以扭尾机械手为例，介绍位置控制器的设置方法，如表 2-2-2 所示。

表 2-2-2 位置控制器设置步骤

1.“位置控制器”对话框

位置控制定义为：驱动运动副的刚体以一定的速度运动到指定的位置，既可以用于旋转运动，旋转到指定角度；还可用于线性运动移动到指定位置。

- 为创建更真实的运动仿真，可采用以下方法：
- 应用到传输面，在指定位置停止；
- 添加信号，控制位置控制器的力或扭矩；
- 勾选“源自外部的数据”，停用位置和速度约束，从而使用反向运动学控制运动副运动。

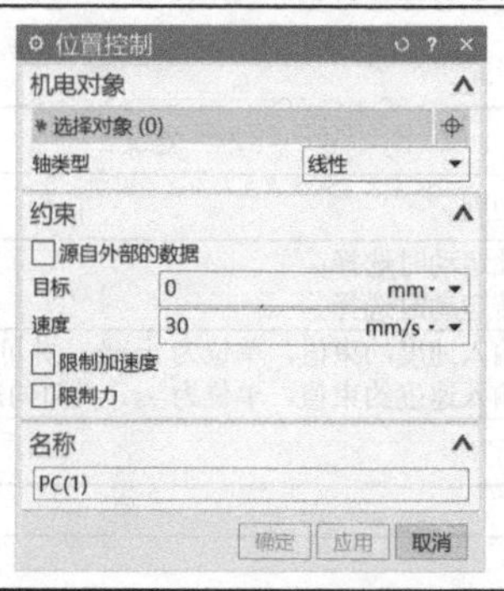

参数	定义
选择对象	选择需要添加位置控制的运动副
轴类型	线性：当选择的运动副为线性运动时选择； 角度：当选择的运动副为旋转运动时选择
约束	● 角路径选项：当旋转运动时显示，选项包括沿最短路径、顺时针旋转、逆时针旋转、跟踪多圈； ● 源自外部的数据：勾选时取消激活“约束”组参数，通过外部控制器控制运动副运动。 ● 目标：在文本框中指定目标位置，线性运动时单位为 mm；旋转运动时单位为（°）。 ● 速度：在文本框中指定运动速度，线性运动时单位为 mm/s，旋转运动时单位为°/s。 ● 线性运动时可勾选限制加速度和限制力；旋转运动时，可勾选限制加速度和限制扭矩。
名称	设置位置控制名称

（续）

2．位置控制器设置
（1）单击功能区“主页”下的“电气”→“位置控制”命令，弹出位置控制定义对话框。
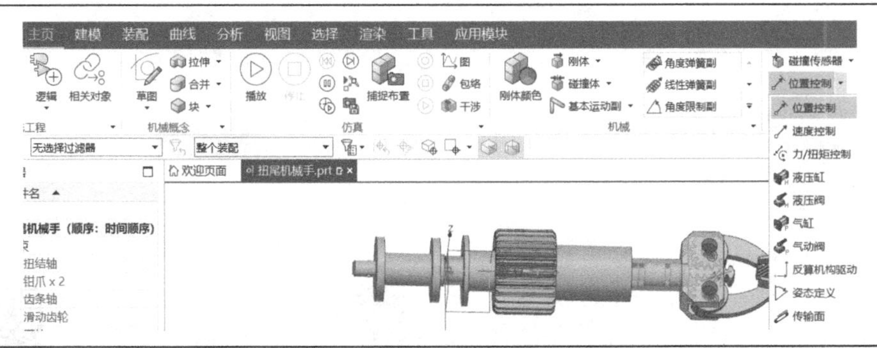
（2）在“位置控制”对话框中“选择对象”参数中，框选滑动副齿条，目标为-10mm，速度为 1mm/s，并将新建的位置控制命名为“齿条_SJ(1)_PC(1)”，单击“确定”按钮。
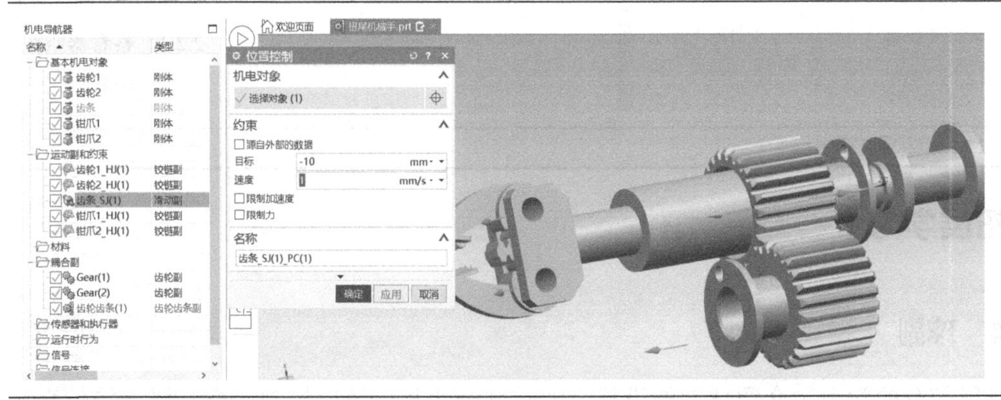  2.2.2 位置控制器
数字资源：2.2.2 位置控制器

2.2.3 察看器监控仿真

本任务以扭尾机械手为例，介绍察看器监控仿真的设置方法，如表 2-2-3 所示。

表 2-2-3 察看器监控仿真步骤

添加察看器
（1）在左侧机电导航器中，选择铰链副钳爪 1_HJ(1)h 和位置控制器齿条_SJ(1)_PC(1)，右击，在弹出的快捷菜单中选择“添加到察看器”命令。
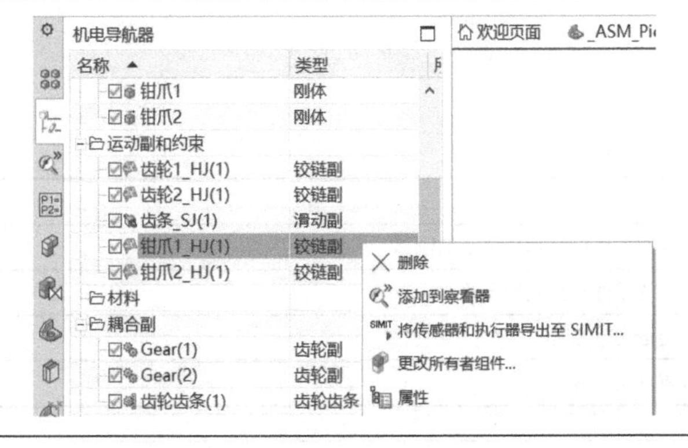

（续）

（2）单击“播放”按钮运行仿真，滑动齿轮和齿轮齿条按照控制器设定值运动。同时在运行时察看器中可观察到位置控制器齿条中定位数值的变化，铰链副钳爪 1 的角度值也随之变化；单击“停止”按钮，停止仿真。
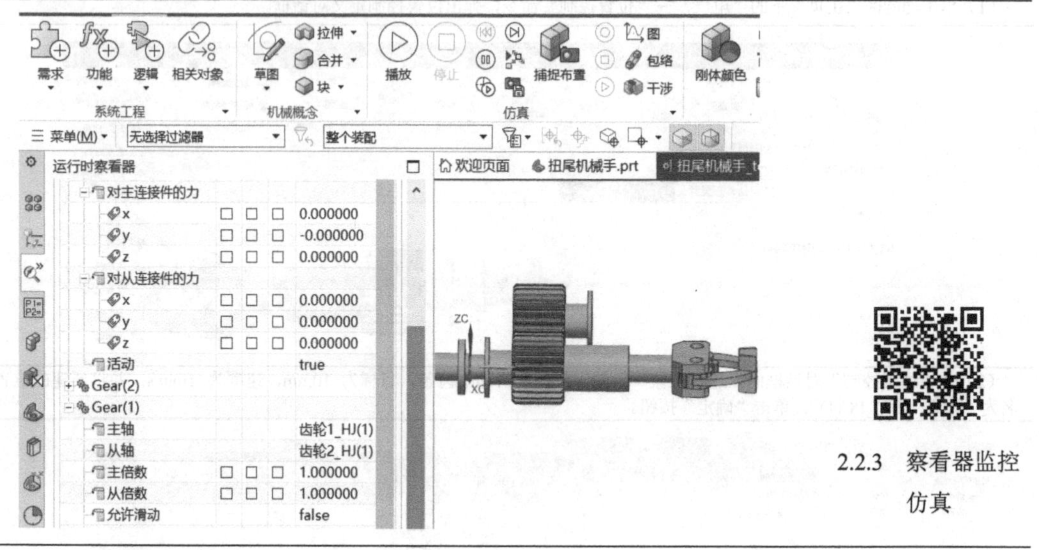 2.2.3 察看器监控仿真
数字资源：2.2.3 察看器监控仿真

【拓展学习】

2.2.4 球副

通过拓展部分的学习，介绍球副的设置方法，并强化相关速度控制，察看器监控仿真操作，如表 2-2-4 所示。

表 2-2-4 球副设置步骤

1.“球副”对话框

使用球副命令在两个刚体之间建立一个关节，允许三个转动的自由度：X,Y,Z 三个轴向的转动。

参数	定义
选择连接件	选择需要连接到球副关节的刚体
选择基本件	选择连接件连接到的刚体
指定锚点	指定运动球心点
名称	设置球副名称

（续）

2．刚体定义

单击功能区“主页”下的“刚体”命令，弹出刚体定义对话框，在“刚体”对话框“选择对象”参数中，框选连杆，将新建的刚体命名为“铰链”，单击“确定”按钮。在“刚体”对话框“选择对象”参数中，框选球杆，将新建的刚体命名为“球杆”，单击“确定”按钮。在刚体对话框“选择对象”参数中，框选滑块，将新建的刚体命名为滑块，单击“确定”按钮。

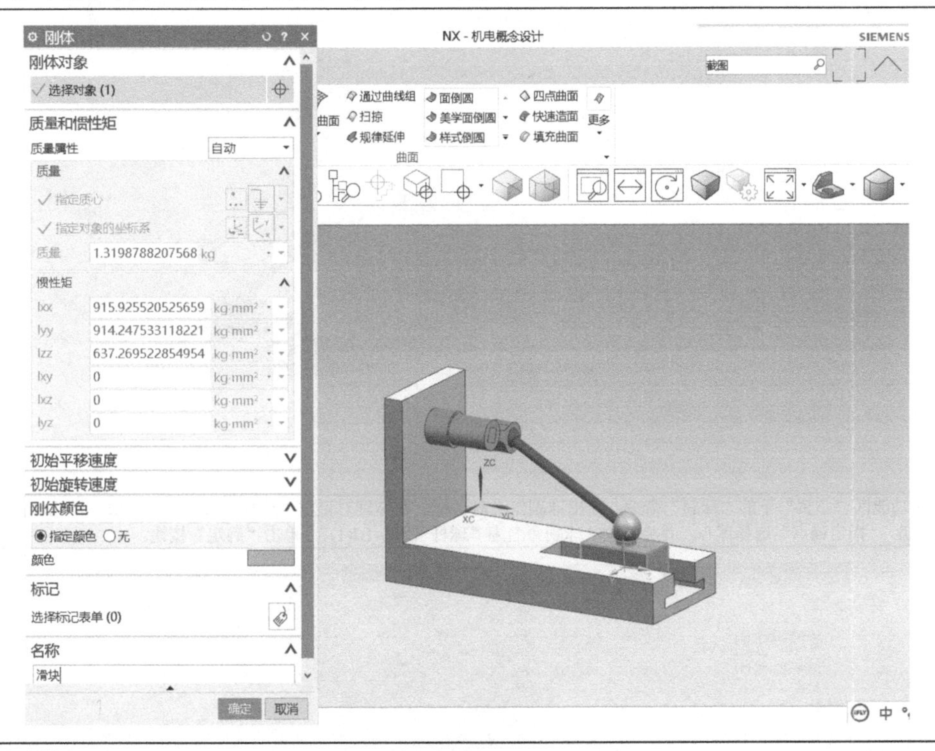

3．运动副设置

（1）单击功能区“主页”下的“铰链副”命令，弹出铰链副定义对话框，在“铰链副”对话框“选择连接件”参数中，框选铰链，“选择基本件”为空，“指定轴矢量”为垂直面，“指定锚点”为中心点，并将新建的铰链副命名为“铰链_HJ(1)”，单击“确定”按钮。

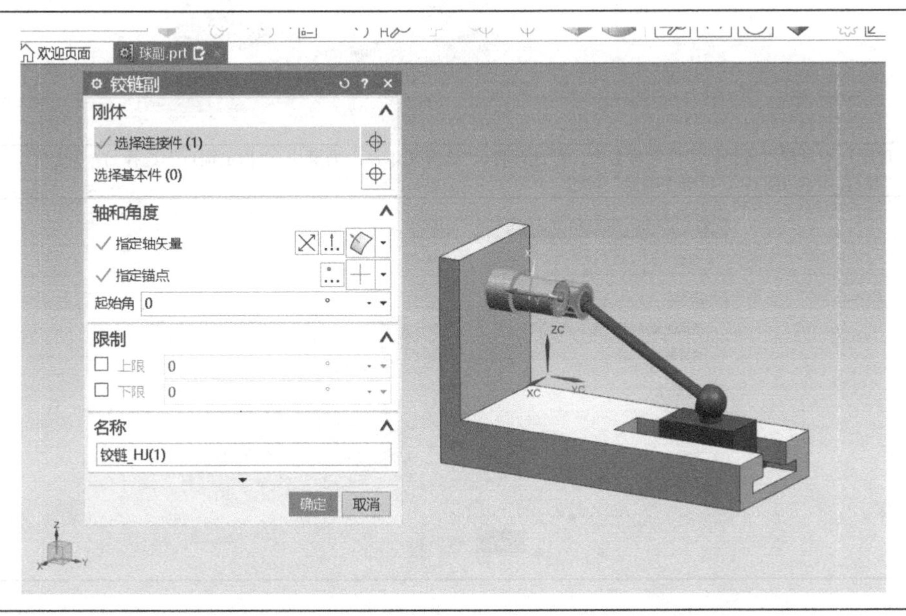

（续）

（2）单击功能区“主页”下的“滑动副”命令，弹出滑动副定义对话框，在“滑动副”对话框“选择连接件”参数中，框选滑块，“选择基本件”为空，“指定轴矢量”为垂直面，上下限不输入，并将新建的滑动副命名为“滑块_SJ(1)”，单击“确定”按钮。

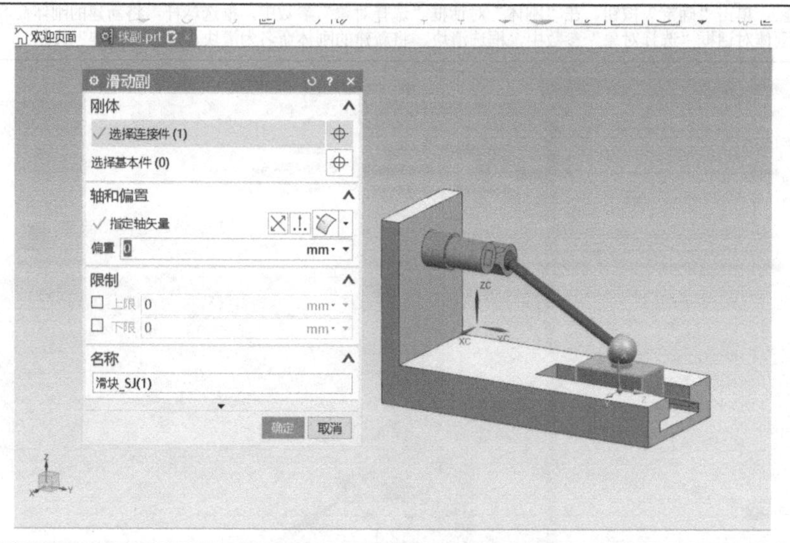

（3）单击功能区“主页”下的“球副”命令，弹出球副定义对话框。在球副对话框“选择连接件”参数中，框选球杆，“选择基本件”为铰链，“指定锚点”选择球心，并将新建的球副命名为“球杆_铰链_BJ(1)”，单击“确定”按钮。

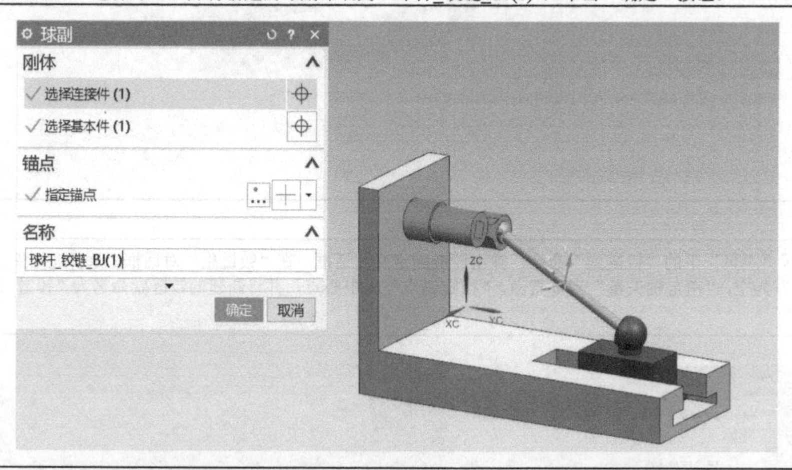

（4）在“球副”对话框“选择连接件”参数中，框选球杆，“选择基本件”为滑块，“指定锚点”选择另一端球心，并将新建的球副命名为“球杆_滑块_BJ(1)”，单击“确定”按钮。

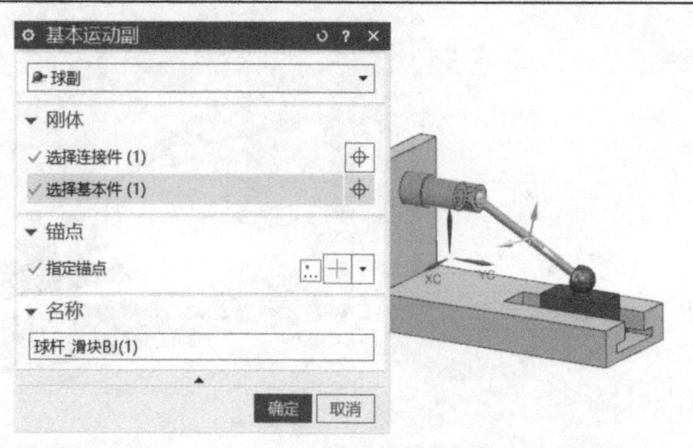

（续）

4．速度控制器设置

单击功能区“主页”下的“电气→速度控制”命令，弹出速度控制定义对话框。在“速度控制”对话框“选择对象”参数中，框选铰链副铰链，速度为 30°/s，并将新建的速度控制器命名为“铰链_HJ(1)_SC(1)”，单击“确定”按钮。

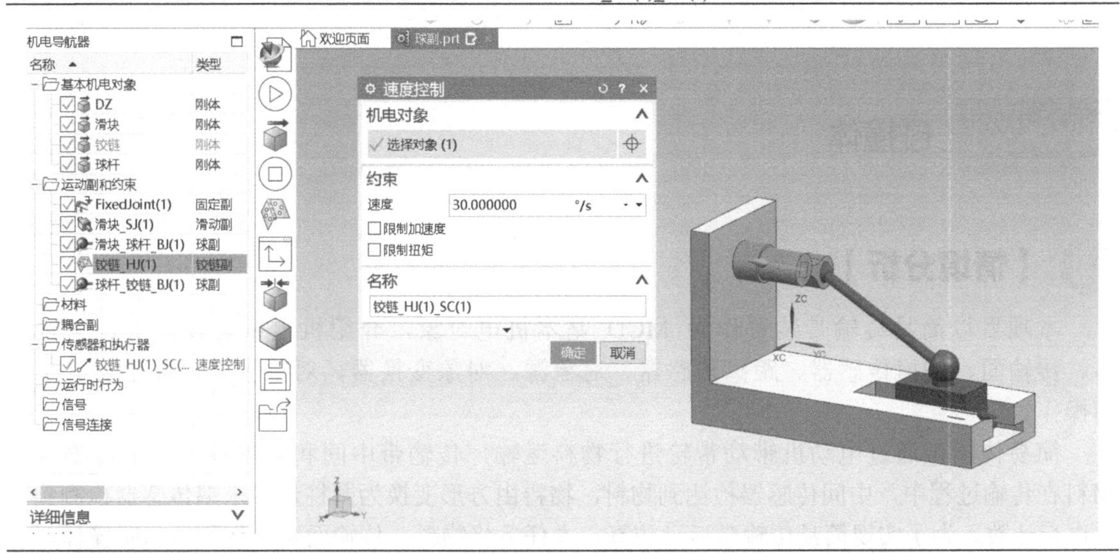

5．察看器监控仿真

在左侧机电导航器中，选择滑动副滑块和速度控制器铰链，右击，在弹出的快捷菜单中选择“添加到察看器”命令。单击“播放”按钮运行仿真，铰链带动滑块运动。同时在运行时察看器中可观察到速度控制器铰链中定位数值的变化，滑动副的定位值也随之变化。单击“停止”按钮，停止仿真。

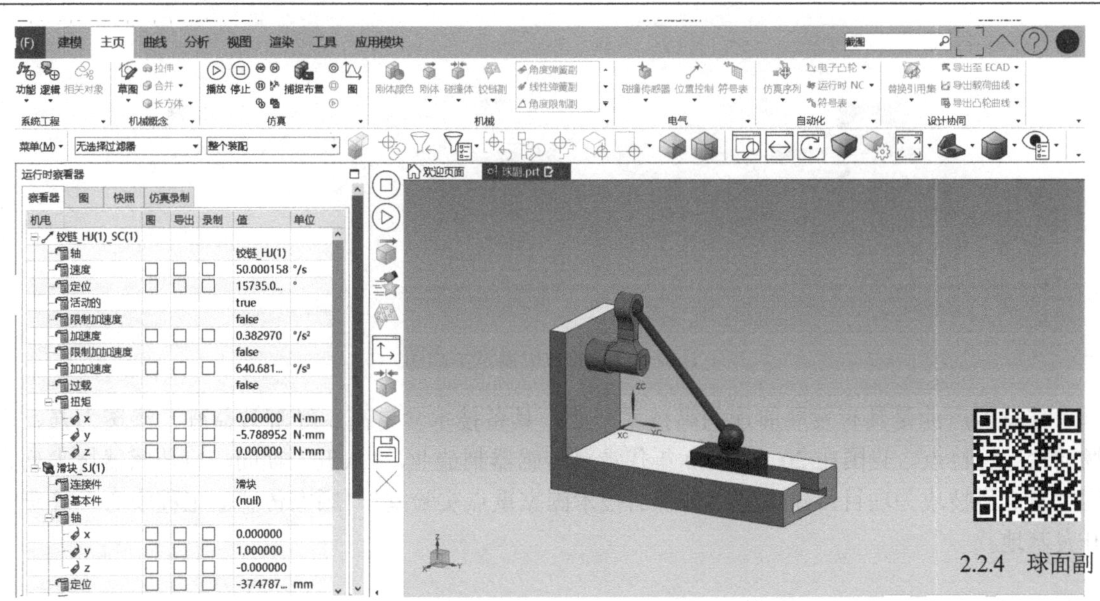

数字资源：2.2.4 球面副

项目 3　简易传输带

任务 3.1　碰撞体

【情境分析】

本项目以简易传输带装置作为 MCD 基本机电对象，介绍机电概念设计平台中碰撞体、传输面、碰撞传感器、距离传感器、对象源、对象变换器、对象收集、标记表等命令的操作。

简易传输带通过电动机带动带轮进行物料运输，传输带中间和末端各有一个传感器，物料在传输过程中，中间传感器检测到物料，物料由方形变换为圆柱形，末端传感器检测到物料进行计数。为了实现简易传输带运动仿真，本任务将物料、传输面定义为刚体和碰撞体，模拟重力影响下的真实运动，为后续传输带运动仿真奠定基础，如图 3-1-1 所示。

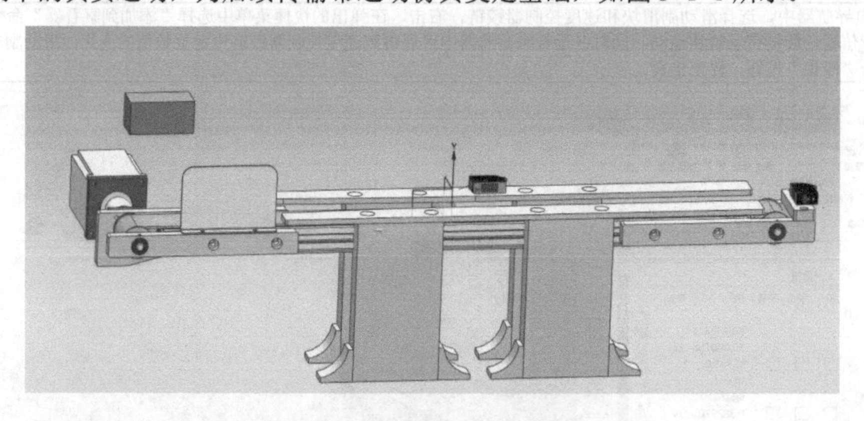

图 3-1-1　简易传输带示意图

传感器产业是具有发展前途的高技术产业，具备技术含量高、经济效益好、渗透力强、市场前景广等特点。我国在 20 世纪 60 年代涉足传感器制造业，“八五”期间，将传感器技术列为国家重点科技攻关项目，建成了“传感器技术国家重点实验室”“国家传感器工程中心”等研究开发基地。

【知识和技能点】

3.1.1　碰撞体设置

本知识点是以简易传输带装置为例，介绍碰撞体的设置方法，如表 3-1-1 所示。

表 3-1-1　碰撞体设置步骤

1.“碰撞体”对话框

碰撞体定义了几何对象发生碰撞的方式，只有两个几何对象都定义了碰撞体，才会发生碰撞，否则会互相穿透。

参数	定义
选择对象	选择被定义为碰撞体的几何对象（可选择多个）
碰撞形状	定义碰撞体形状，选项包括：方块、球、圆柱、胶囊、凸多面体、多个凸多面体和网格面
形状属性	设置定义碰撞属性的方法有 2 种： ● 自动　自动计算碰撞属性参数； ● 用户定义　可在文本框中输入需要的碰撞体尺寸等参数
碰撞材料	定义碰撞体的材料，可新建需要的碰撞体材料
类别	相同类别的碰撞体才会发生碰撞，默认类别为“0”表示与所有类别发生碰撞
碰撞设置	设置发生碰撞时碰撞体是否以高亮显示，以及是否粘连在一起
名称	设置碰撞体名称

2. 碰撞体设置

（1）打开文件“简易传输带.prt”，单击功能区“应用模块”下的“更多”命令，在下拉列表中选择“机电概念设计”，进入 MCD 环境。单击功能区“主页”下的“长方体”命令，弹出块定义对话框。在块定义对话框中的“指定点”中，定义默认坐标系下“XC：250，YC：100，ZC：0”，“尺寸”参数为“长度：60；宽度：30；高度：30”，单击“确定”按钮。

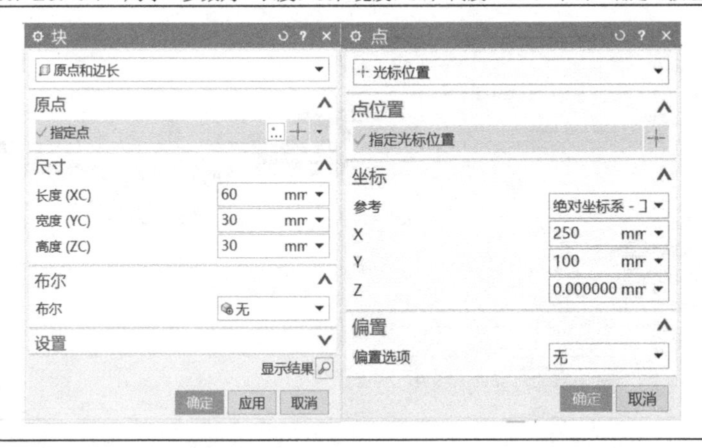

（续）

（2）单击功能区“主页”下的“刚体”命令，弹出刚体定义对话框。在“刚体”对话框“选择对象”参数中，框选新建的物料块，“质量属性”为“自动”，并将新建的刚体命名为“物料”，单击“确定”按钮。

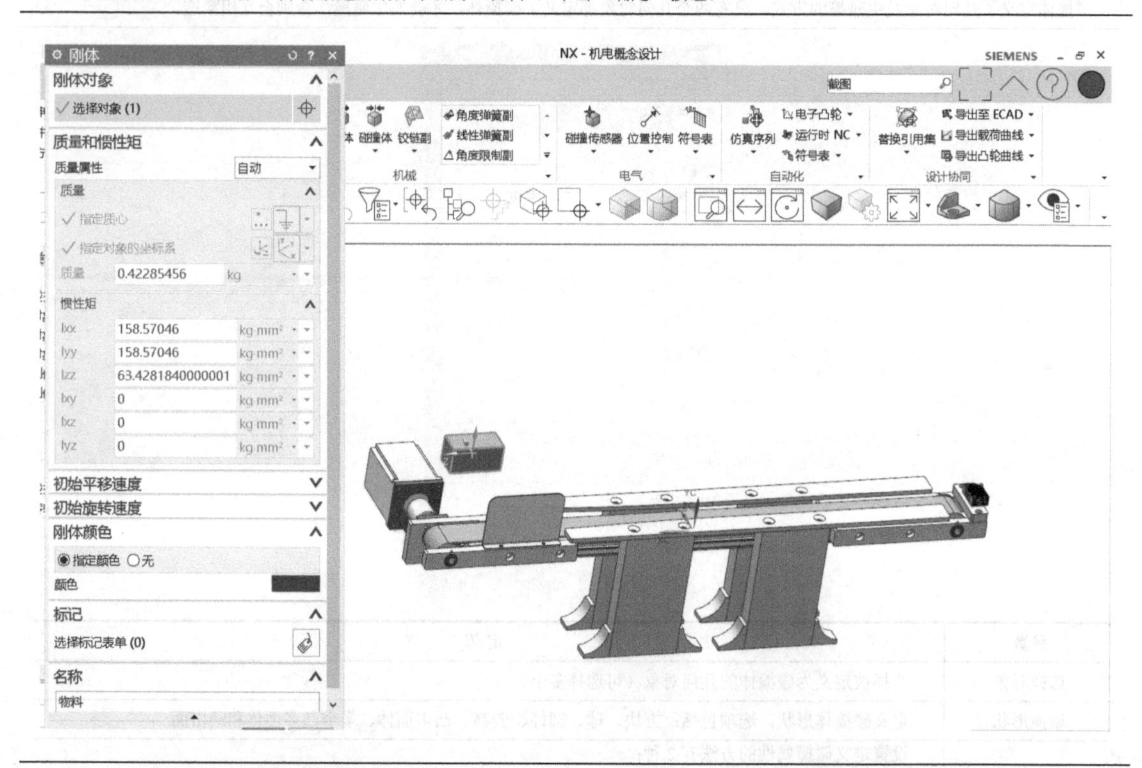

（3）单击功能区“主页”下的“碰撞体”命令，弹出碰撞体定义对话框。在“碰撞体”对话框“选择对象”参数中，框选新建的物料块，“碰撞形状”为“方块”，“形状属性”为“自动”，“材料”为“默认材料”，单击“应用”按钮。

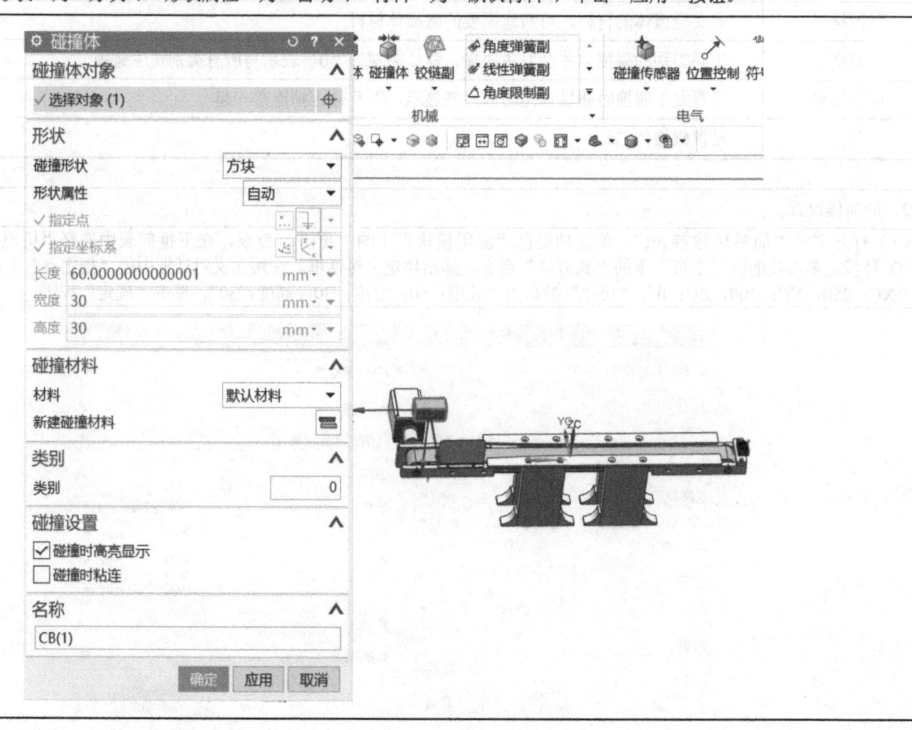

（续）

（4）在“碰撞体”对话框的“选择对象”参数中，选择传输带表面，“碰撞形状”为“凸多面体”，“材料”为“默认材料”，单击“确定”按钮。

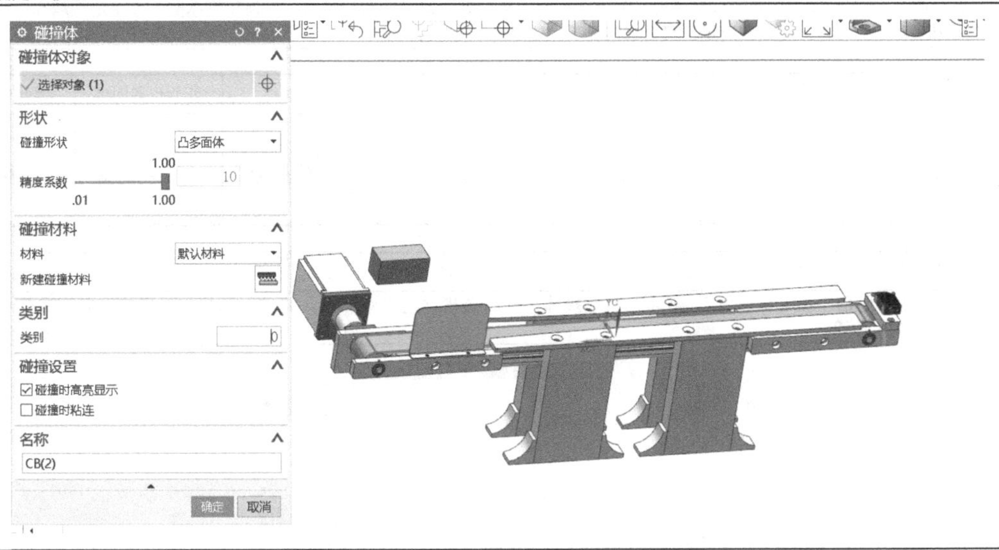

（5）单击“菜单→首选项→机电概念设计”命令，弹出机电概念设计首选项对话框，在该对话框中的“重力加速度”改为“Gx:0，Gy：-9806.65，Gz:0”，单击“确定”按钮，单击功能区“主页”下的“播放”命令，开始运动仿真模拟，物料受重力掉落在传输带上；单击功能区“主页”下的“停止”命令，结束仿真模拟。

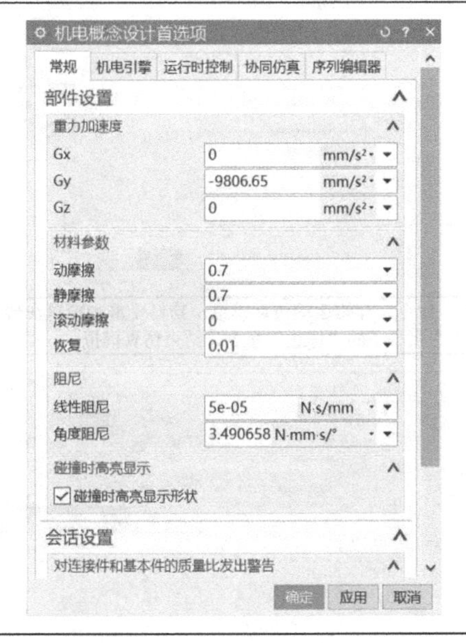

3.1.1　碰撞体设置

数字资源：3.1.1 碰撞体设置

【拓展学习】

3.1.2　碰撞体形状

通过拓展部分的学习，了解不同的碰撞体形状及性能差异，并以实例介绍不同碰撞体形状的效果，如表 3-1-2 所示。

表 3-1-2 碰撞体形状设置步骤

1. 碰撞体形状

碰撞体可以定义为多种碰撞形状和几何精度，如上表所示，从左到右碰撞形状越复杂，几何精度越高，不稳定性越高，为了降低不稳定性和提高运行性能，建议在满足仿真要求情况下，使用简单的碰撞形状。

方块	球	圆柱	胶囊	凸多面体	多个凸多面体	网格面

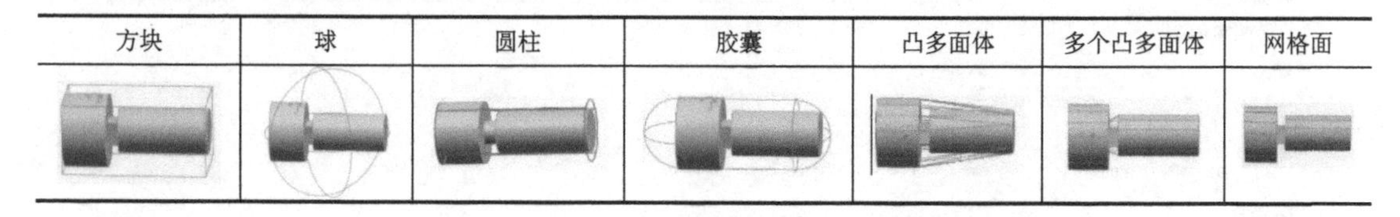

2. 碰撞体形状修改

（1）进入左侧导航器“机电导航器”，双击物料碰撞体，弹出碰撞体定义对话框，将该对话框中“碰撞形状”参数修改为“球”，单击“确定”按钮。

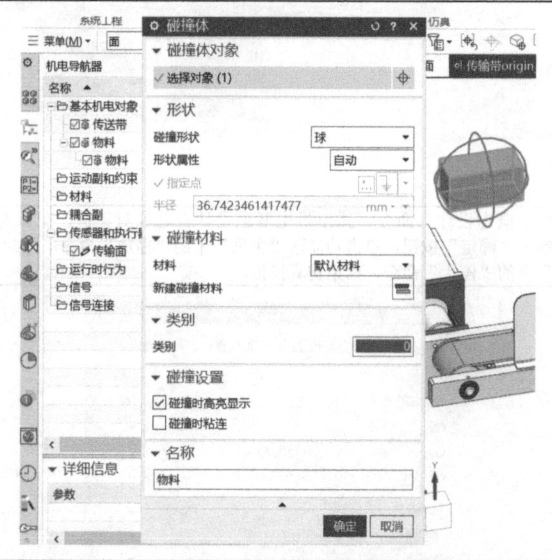

（2）单击功能区“主页”下的“播放”命令，开始运动仿真模拟，物料受重力掉落在传输带上，可观察到由于球状碰撞体，物料无法完全落到传输带上；单击功能区“主页”下的“停止”命令，结束仿真模拟。

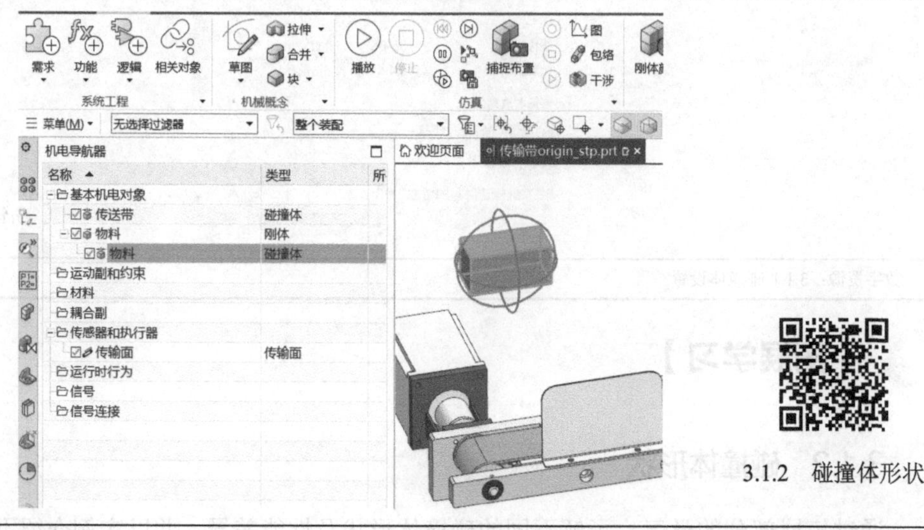

3.1.2 碰撞体形状

数字资源：3.1.2 碰撞体形状

任务3.2 传输面及碰撞传感器

【情境分析】

本任务以简易传输带装置作为 MCD 基本机电对象，介绍机电概念设计平台中传输面、碰撞、距离传感器等命令的操作。

简易传输带在运输物料过程中，当末端传感器检测到物料时，传输带停止运行。本任务是在前期创建刚体和碰撞体基础上，设置传输面和碰撞、距离传感器，实现物料传输，到位后自动停止的仿真效果。

传统输送设备行业门槛低，缺乏统一行业标准，服务过程没有专业的监管。为解决上述问题引入互联网技术，实现输送设备行业先进化。其引入 ERP（企业资源计划）、OA（办公自动化）等系统，优化信息化管理，提高效率。

【知识和技能点】

3.2.1 传输面设置

本知识点是以简易传输带装置为例，介绍传输面的设置方法，如表 3-2-1 所示。

表 3-2-1 传输面设置步骤

1.“传输面”对话框
通过添加传输面的物理属性，将平面转换为传输带，沿直线或曲线路径移动平面上的几何对象。

（续）

参数	定义
选择面	选择被定义为传输面的平面
运动类型	定义传输面运动类型，选项包括直线和圆
指定矢量	定义传输面运动方向
速度	平行：指定方向的速度； 垂直：定义垂直于指定方向的速度
起始位置	平行：指定方向的起始位置； 垂直：定义垂直于指定方向的起始位置
名称	设置传输面名称

2．传输面设置

（1）在之前完成刚体和碰撞体设置的基础上，单击功能区“主页”“碰撞下”的下拉菜单，选择“传输面”命令，弹出传输面定义对话框。在该对话框“选择面”框选传输带平面，“运动类型”为直线，“指定矢量”选择传送方向为 X 轴负向，设“速度”的“平行”为 40mm/s，名称为“传输面”，单击“确定”按钮。

（2）单击功能区“主页”下的“播放”命令，开始运动仿真模拟，物料受重力掉落在传输带后，跟随传输带运动；单击功能区“主页”下的“停止”命令，结束仿真模拟。

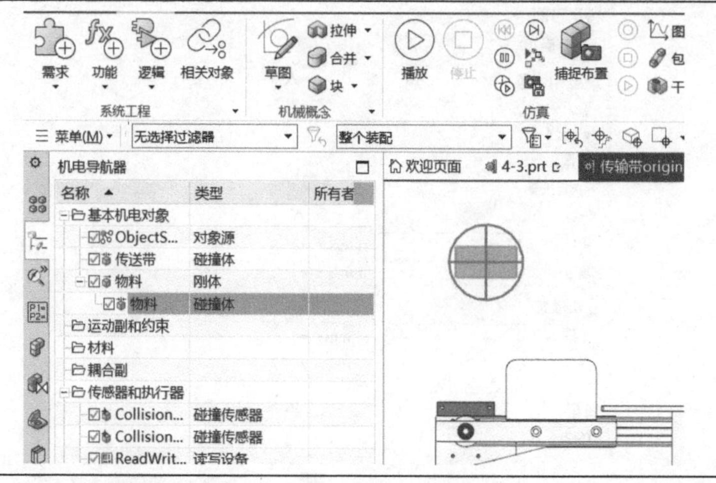

3.2.1　传输面设置

数字资源：3.2.1 传输面设置

3.2.2 碰撞传感器设置

本知识点以简易传输带装置为例，介绍碰撞传感器的设置方法，如表 3-2-2 所示。

表 3-2-2　碰撞传感器设置步骤

1．“碰撞传感器”对话框

通过添加碰撞传感器，监控仿真过程中的碰撞情况，可以选择不同形状作为检测区域。碰撞传感器一般用于以下操作：

- 触发仿真序列的启动或停止；
- 触发运行时参数的更改，如速度控制器的速度；
- 触发运行时表达式中的计数器；
- 触发刚体交换；
- 触发可视化特征变化。

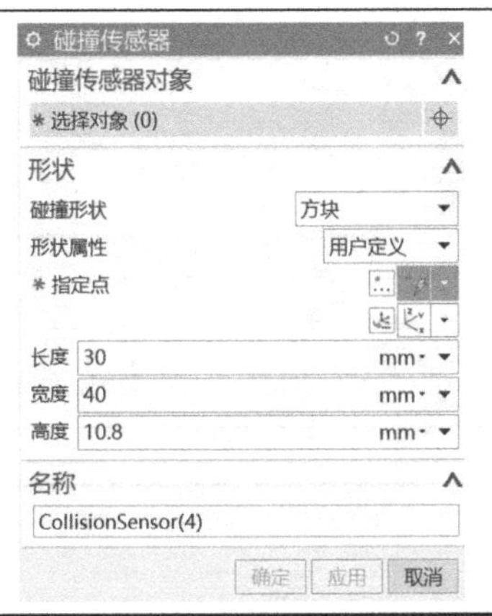

参数	定义
选择对象	选择被定义为碰撞传感器的几何对象
碰撞形状	定义碰撞检测区域形状，选项包括：方块、球、直线、圆柱
形状属性	定义计算碰撞区域的方法，包括： 1）自动　自动计算碰撞区域参数； 2）用户定义　可输入需要的参数，如下面 3 个参数： ● 指定点　定义碰撞区域的中心点； ● 指定坐标系　定义碰撞区域的参考坐标系； ● 尺寸参数　定义碰撞检测区域的长、宽、高尺寸
名称	设置碰撞传感器名称

2．碰撞传感器设置

（1）单击功能区“主页”下的“碰撞传感器”命令，弹出碰撞传感器定义对话框。在“碰撞传感器”对话框的“选择对象”中框选传输带末端传感器，“形状”为方块，“形状属性”为用户定义，选择指定点，并设置指定坐标系，输入合适的形状参数，名称为“CollisionSensor(1)”，单击“确定”按钮。

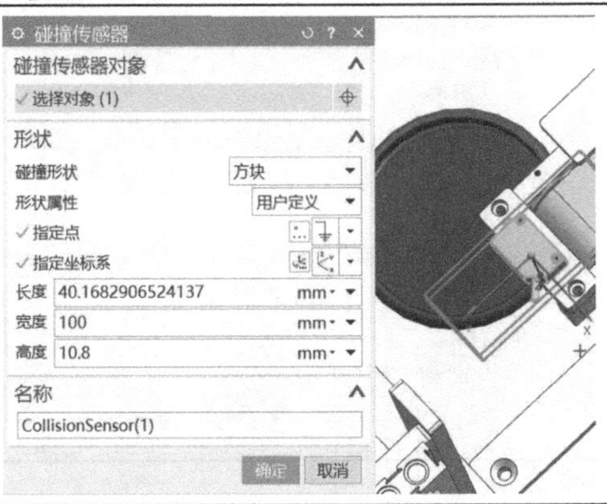

（续）

（2）在机电导航器中选择新建的碰撞传感器“CollisionSensor(1)”，右击在弹出的快捷菜单中选择“添加到察看器”命令。单击功能区“主页”下的“播放”命令，开始运动仿真模拟，物料受重力掉落在传输带上，并被传送到传输带末端，碰撞传感器检测到物料，在察看器中可以看到碰撞传感器“CollisionSensor(1)”的“已触发”属性变为 true；单击功能区“主页”下的“停止”命令，结束仿真模拟。

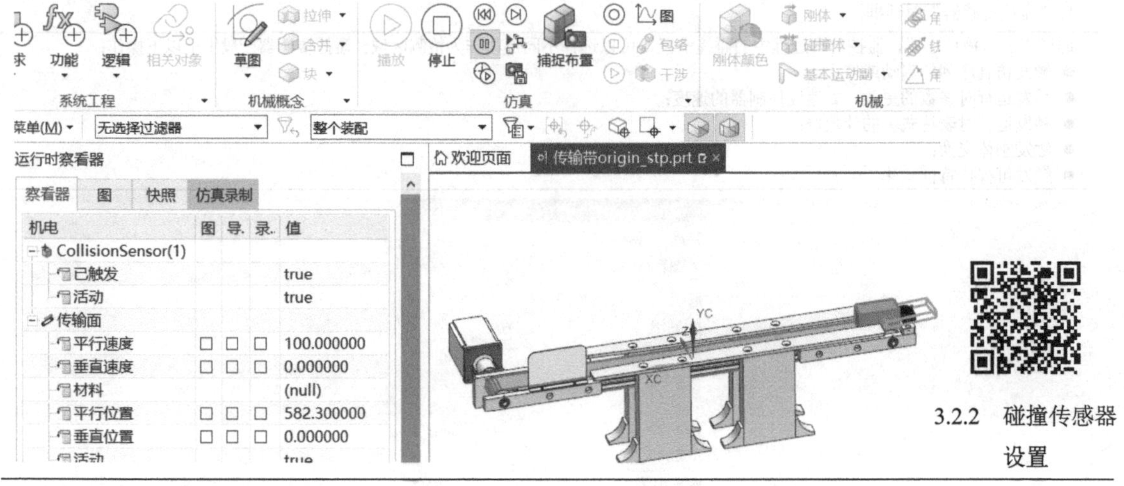

数字资源：3.2.2 碰撞传感器设置

【拓展学习】

3.2.3 距离传感器

拓展部分以简易传输带装置为例，介绍距离传感器的设置方法，实现碰撞传感器类似的功能，如表 3-2-3 所示。

表 3-2-3 距离传感器设置步骤

1.“距离传感器”对话框

通过添加距离传感器，在仿真过程中检测指定距离范围内的碰撞体。

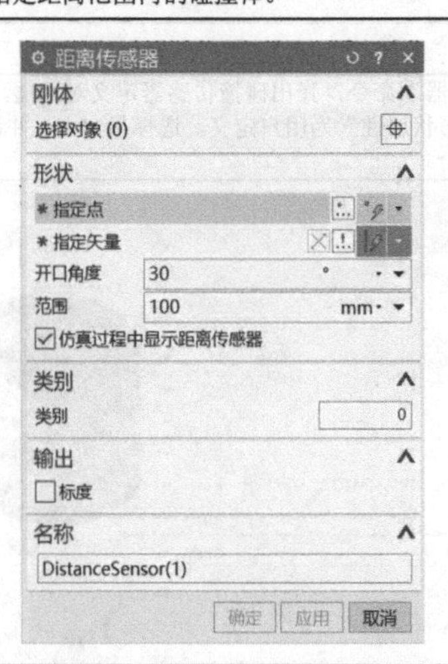

（续）

参数	定义
选择对象	选择被定义为距离传感器的几何对象
形状	定义计算检测区域的方法，选项包括： ● 指定点　定义检测区域的中心点； ● 指定矢量　定义检测区域的方向； ● 开口角度、范围　定义检测区域的尺寸参数
名称	设置距离传感器名称

2．距离传感器设置

（1）单击功能区“主页”下的“距离传感器”命令，弹出距离传感器定义对话框。在“距离传感器”对话框中“选择对象”为空，“指定点”为传感器中心点，“指定矢量”为 X 轴方向，“开口角度”为 30°，范围为 100mm，名称为“DistanceSensor(1)”，单击“确定”按钮。

（2）在机电导航器中选择新建的距离传感器“DistanceSensor(1)”右击，在弹出的快捷菜单中选择“添加到察看器”命令。单击功能区“主页”下的“播放”命令，开始运动仿真模拟，物料受重力掉落在传输带上，并被传送到传送带末端，距离传感器在距离为 100mm 处检测到物料，在察看器中可以看到距离传感器“DistanceSensor(1)”的“已触发”属性变为 true；单击功能区“主页”下的“停止”命令，结束仿真模拟。

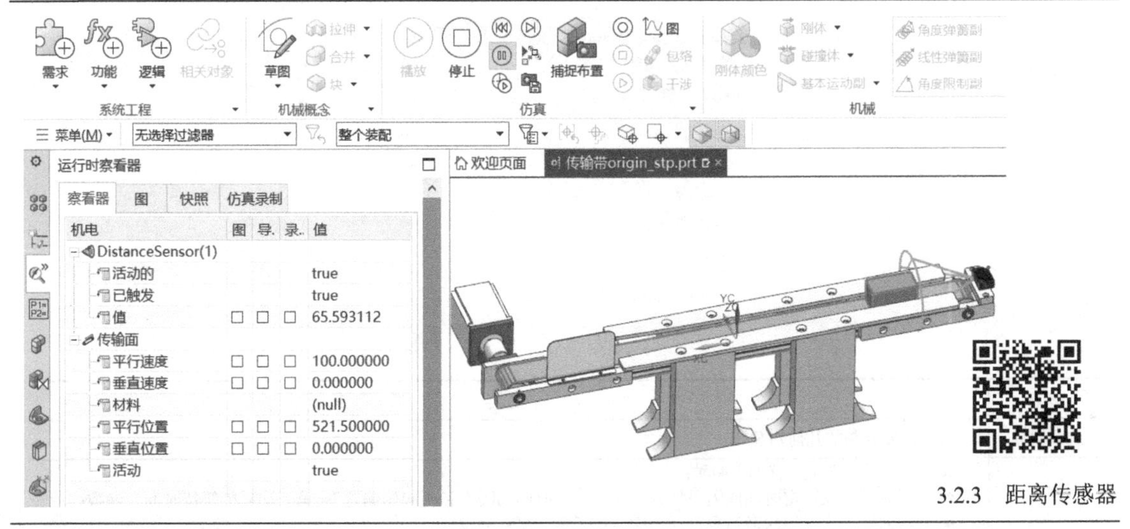

3.2.3　距离传感器

数字资源：3.2.3 距离传感器

任务 3.3 对象源及标记表

【情境分析】

本任务以简易传输带装置作为 MCD 基本机电对象，介绍机电概念设计平台中对象源、对象收集器、标记表、标记表单、读写设备等命令操作。

物料在简易传输带上循环运输，当物料到达传输带末端时，物料被收集，同时触发碰撞传感器并记录下运输物料的数目。本任务中综合运用对象源、对象收集器、标记表等命令，实现传输带生产线循环运行、物料收集、计数等仿真功能。

学习的过程，是一个认识新事物的过程，按照认识论的观点，就是从感性到理性、从实践到认识、再从认识到实践的过程，它遵循从简单到复杂、从个别到一般的规律。

【知识和技能点】

3.3.1 对象源设置

本知识点是以简易传输带装置为例，介绍对象源设置的方法，如表 3-3-1 所示。

表 3-3-1 对象源设置步骤

1.“对象源”对话框

“对象源”命令用于在特定时间间隔或激活事件触发时复制多个指定的几何对象，模拟重复生产线运动。
对象源的触发有两种方式：
- 基于时间 根据设定的时间间隔来复制几何图形；
- 每次激活时一次 对象源的属性“活动的”每变成 true 一次，则复制一次几何图形。

参数	定义
选择对象	选择需要复制的几何对象
复制事件	设置复制触发方法，有如下两种： ● 基于时间 在特定时间间隔内复制，需设定“时间间隔”和“起始偏置”（第一次复制等待时间）参数； ● 每次激活一次 每次激活只复制一次，用于激活事件触发
名称	设置对象源名称

（续）

2. 对象源设置

（1）在 MCD 平台下，单击功能区“主页”的“刚体”下拉列表，在其中选择“对象源”，弹出对象源定义对话框。在“对象源”对话框“选择对象”参数中，选择物料，“触发”参数为基于时间，“时间间隔”参数为 5s，“起始偏置”参数为 0s，“名称”为系统默认的“ObjectSource(1)”，单击“确定”按钮。

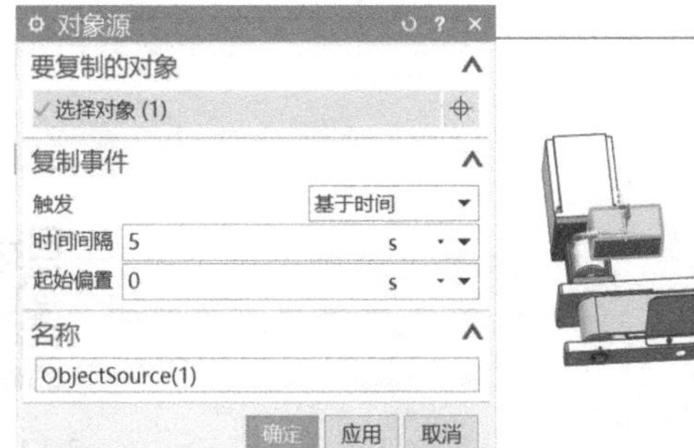

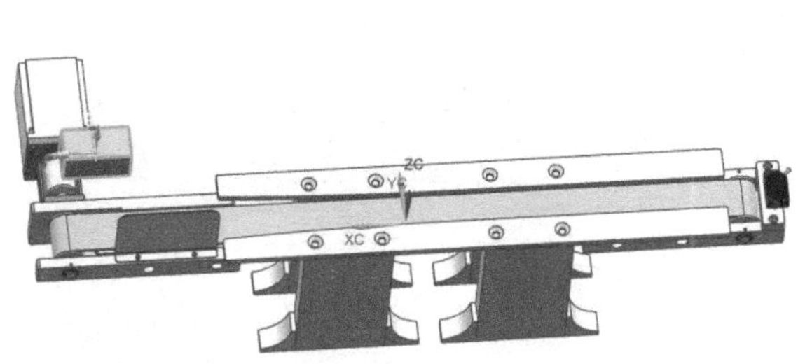

（2）单击功能区“主页”下的“播放”命令，开始运动仿真模拟，物料受重力掉落在传输带后，跟随传输带运动；单击功能区“主页”下的“停止”命令，结束仿真模拟。

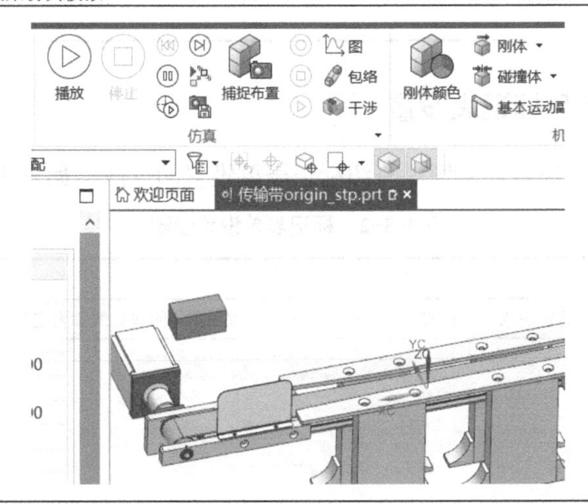

3.“对象收集器”对话框

“对象收集器”命令用于当对象源生成的对象接触到碰撞传感器时，从当前场景中删除这个对象副本。

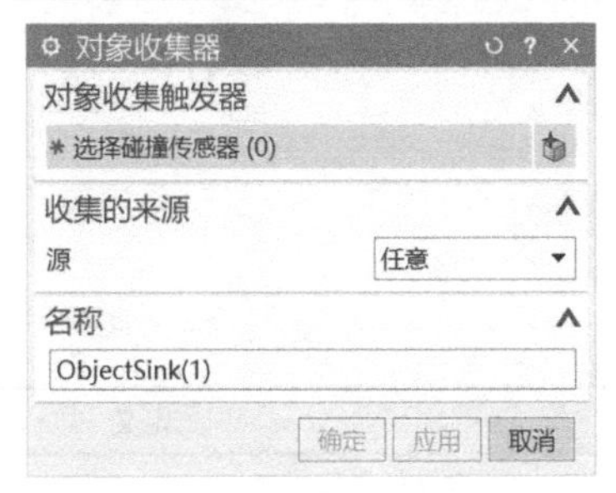

参数	定义
对象收集触发器	选择作为对象收集触发器的碰撞传感器
收集的来源	确定将收集哪些刚体，选项如下： ● 任意　收集所有对象源生成的刚体； ● 仅选定的　收集选定对象源生成的刚体
名称	设置对象收集器名称

（续）

4. 对象收集器设置
单击功能区“主页”的刚体下拉列表，在下拉列表中选择“对象收集器”，弹出对象收集器定义对话框。在“对象收集器”对话框中“选择碰撞传感器”选择碰撞传感器“CollisionSensor(1)”，“源”参数为任意，“名称”为“ObjectSink(1)”，单击“确定”按钮。单击功能区“主页”下的“播放”命令，开始运动仿真模拟，传输带循环运输物料，碰撞传感器检测到物料后，将物料收集功能消除。单击功能区“主页”下的“停止”命令，结束仿真模拟。
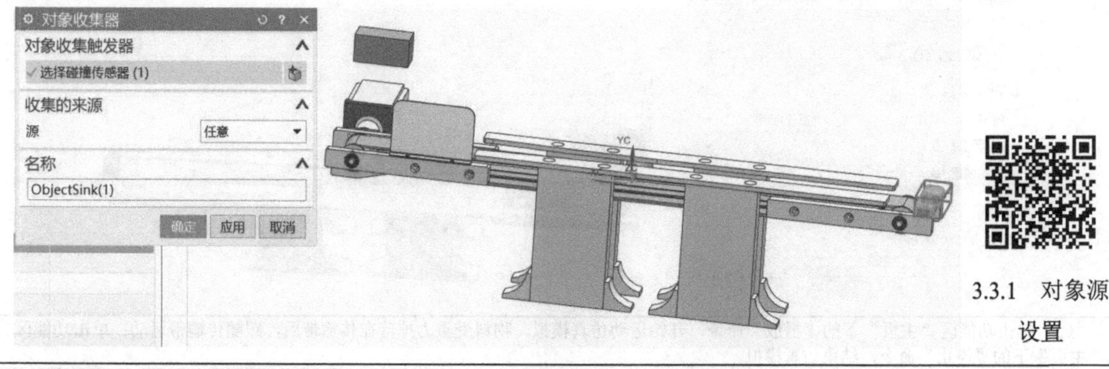 3.3.1 对象源设置
数字资源：3.3.1 对象源设置

3.3.2 标记表单和标记表设置

本知识点以简易传输带装置为例，介绍标记表单设置的方法，如表 3-3-2 所示。

表 3-3-2 标记表单设置步骤

1.“标记表单”对话框
标记表单用于定义对象源实例的属性或者刚体的属性。在仿真时可以改变刚体的参数或者为它们分配不同的物料参数。

参数	定义
参数	参数列表显示标记表单中定义的参数信息
参数属性	定义参数设置的方法，选项包括如下。 按用户定义　根据需要自定义参数信息，如： ● 名称　定义参数的名称； ● 类型　定义参数的数据类型； ● 值　定义参数的默认值
名称	设置标记表单名称

（续）

2．标记表单设置

单击功能区“主页”下的“定制行为”→“标记表单”命令，弹出标记表单定义对话框。在“标记表单”对话框“参数属性”点选“按用户定义”，“名称”设为物料数，“类型”为整型，“值”为0，单击“接受”按钮，名称设为“TagForm(1)”，单击“确定”按钮。

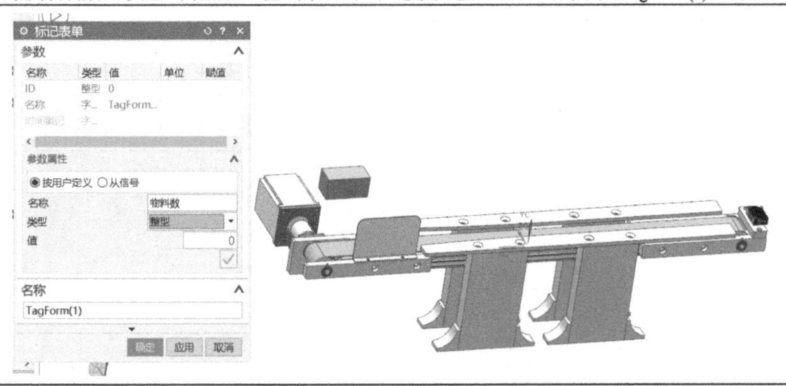

3．“标记表”对话框

标记表用于创建一个标记表单的多个实例，使用标记表来为每一个标记表单的实例设置不同的数值，以实现标记表单数值的改变或者参数序列的创建。

参数	定义
标记表单	显示已创建的标记表单
值列表	新建并显示已创建的值参数，可修改标记表单的实例数值
名称	设置标记表名称

4．标记表创建

单击功能区“主页”下的“定制行为→标记表”命令，弹出标记表定义对话框。在“标记表”对话框“标记表单”选择刚刚新建的标记表单“TagForm(1)”，在“值列表”中新建ID号从“0～9”，对应表单参数“物料数”从“1～10”，名称设为“TagTable(1)”，单击“确定”按钮。

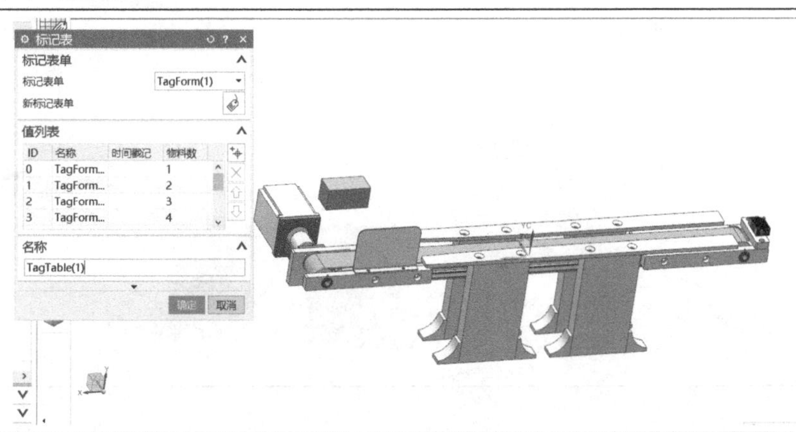

（续）

5. “读写设备”对话框
读写设备用于实现标记表单和标记表数值的分配。当设备触发且为“读”模式时，设备从刚体取回数据；当设备触发且为“写”模式时，设备为一个刚体分配一个数据。

参数	定义
传感器	选择用于触发的碰撞传感器
标记	选项包括： ● 标记表单　选择已定义的标记表单； ● 标记表　选择已定义的标记表
设置	选项包括： ● 设备类型　选择读写设备的类型，包括读取设备和写入设备； ● 执行模式　选择执行模式的类型，包括无、始终和一次
名称	设置对象设备名称

6. 读写设备设置
（1）单击功能区“主页”下的“碰撞传感器”命令，弹出碰撞传感器定义对话框。在“碰撞传感器”对话框“选择对象”框选传输带中部传感器，“碰撞形状”为方块，“形状属性”为用户定义，选择指定点，并设置指定坐标系，输入合适的形状参数，名称为“CollisionSensor(2)”，单击“确定”按钮。

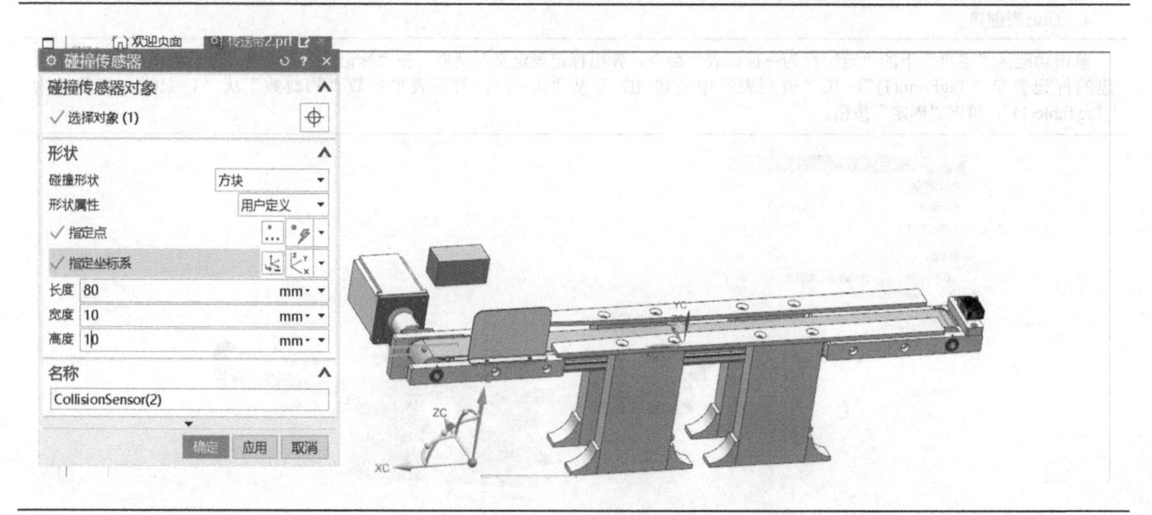

（续）

（2）单击功能区“主页”下的“定制行为→读写设备”命令，弹出读写设备定义对话框。在“读写设备”对话框“选择碰撞传感器”选择碰撞传感器“CollisionSensor(1)”，“标记表单”选择标记表单“TagForm(1)”，“标记表”选择标记表“TagTable(1)”，“设备类型”选择读取设备，“执行模式”为始终，名称设为“读设备”，单击“确定”按钮。

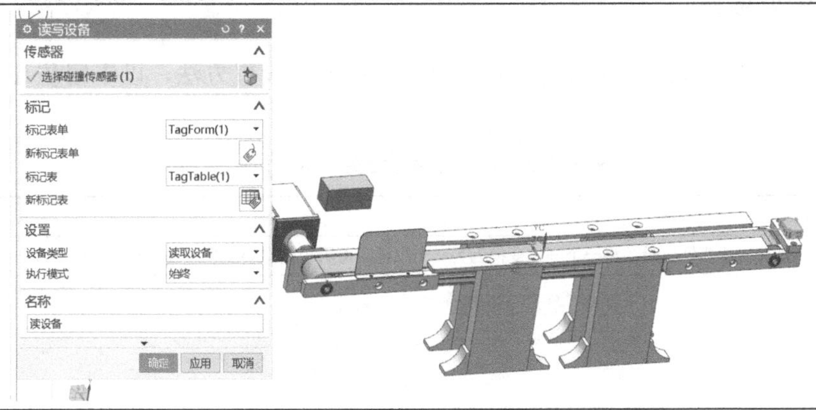

（3）在“读写设备”对话框中“选择碰撞传感器”选择碰撞传感器“CollisionSensor(2)”，“标记表单”选择标记表单“TagForm(1)”，“标记表”选择标记表“TagTable(1)”，“设备类型”选择写入设备，“执行模式”为始终，“名称”设为“写设备”，单击“确定”按钮。

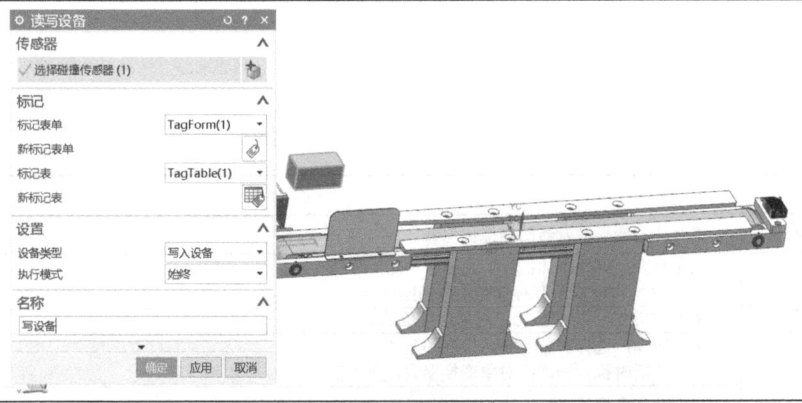

（4）在机电导航器中选择新建的读写设备“读设备”，右击在弹出的快捷菜单中选择“添加到察看器”命令。单击功能区“主页”下的“播放”命令，开始运动仿真模拟，物料循环掉落在传输带上传输，当中部碰撞传感器“CollisionSensor(2)”触发时写入物料数值，当末端碰撞传感器“CollisionSensor(1)”触发时读取物料数字。在察看器中可以看到读写设备“读设备”的“物料数”属性依次增加；单击功能区“主页”下的“停止”命令，结束仿真模拟。

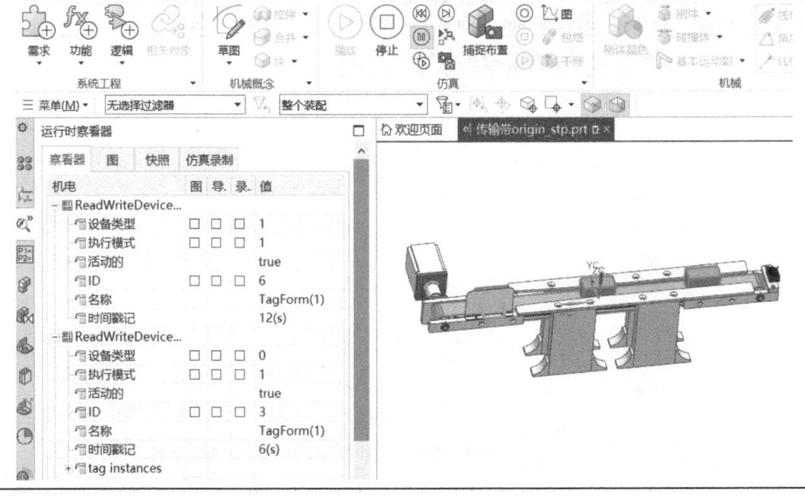

3.3.2 标记表设置

数字资源：3.3.2 标记表设置

【拓展学习】

3.3.3 对象变换器

拓展部分是以简易传输带装置为例，介绍对象变换器的设置方法，以丰富仿真功能，如表 3-3-3 所示。

表 3-3-3 对象变换器设置步骤

1. 对象变换器对话框

“对象变换器”用于当碰撞传感器触发时，将一个刚体变换为另一个刚体，可用于模拟装配生产线中零部件的更改。

参数	定义
变换触发器	选择作为变换触发器的碰撞传感器
变换源	确定将变换哪些刚体： ● 任意　将变换所有对象源生成的刚体 ● 仅选定的　将变换选定对象源生成的刚体
变换为	选择刚体：选择对象变换后生产的刚体 每次激活时执行一次：对象变换器只发生一次
名称	设置对象变换器名称

2. 对象变换器设置

（1）单击功能区“主页”的“形状”下拉列表，选择“圆柱”，弹出圆柱定义对话框。在“圆柱”对话框“指定矢量”和“指定点”参数保存默认，“直径”参数为 30mm，“高度”参数为 60mm，“布尔”参数为无，单击“确定”按钮。

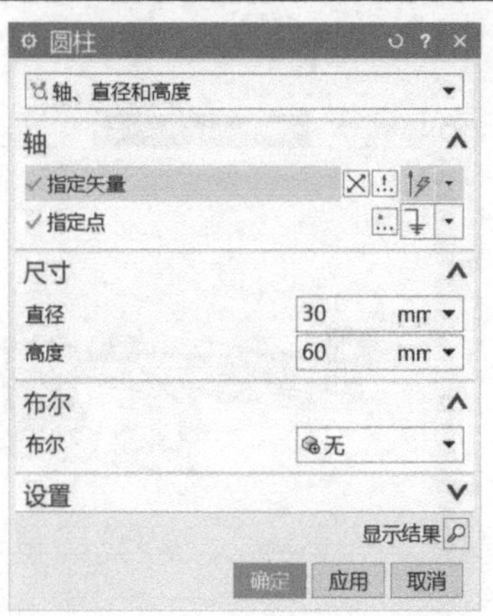

（续）

（2）单击功能区“主页”下的“刚体”命令，弹出刚体定义对话框，在“刚体”对话框“选择对象”参数中，框选新建的圆柱，“质量属性”为“自动”，单击“确定”按钮。

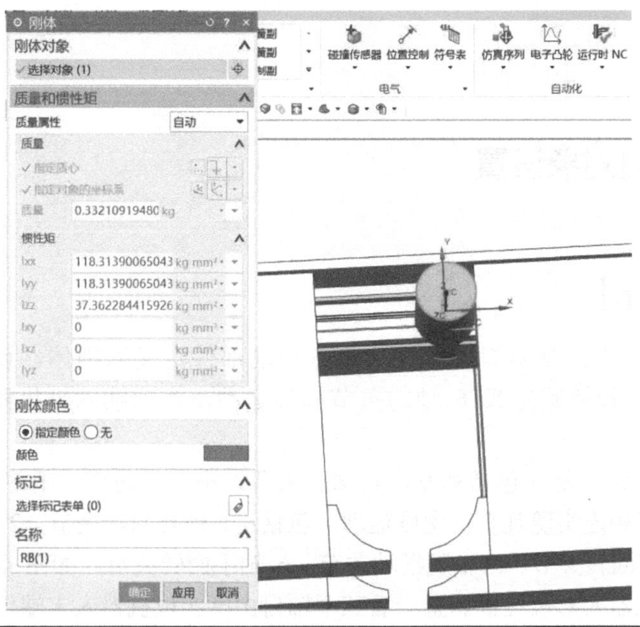

（3）单击功能区“主页”的刚体下拉列表，选择“对象变换器”，弹出“对象变换器”定义对话框。在“对象变换器”对话框中，“选择碰撞传感器”参数选择碰撞传感器“CollisionSensor(2)”，“源”参数为任意，“选择刚体”参数选择圆柱刚体，不勾选“每次激活时执行一次”，“名称”为“ObjectTransformer(1)”，单击“确定”按钮。

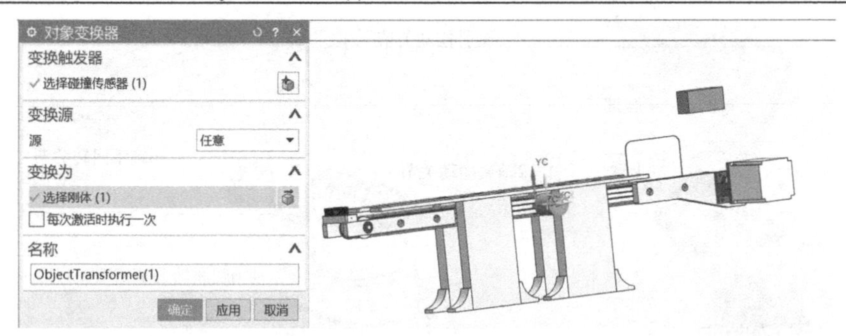

（4）单击功能区“主页”下的“播放”命令，开始运动仿真模拟，每隔5s复制一次物料，中部碰撞传感器检测到物料后，长方体物料变换为圆柱形；单击功能区“主页”下的“停止”命令，结束仿真模拟。

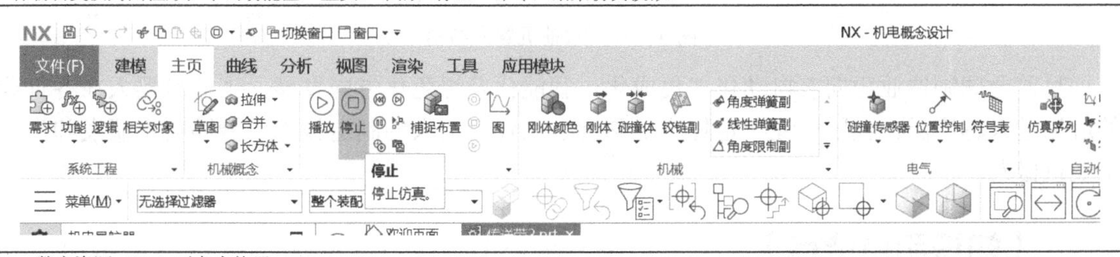

数字资源：3.3.3 对象变换器

3.3.3 对象变换器

项目 4　六轴机器人

任务 4.1　机电对象设置

【情境分析】

本任务根据机器人的基本组成结构，将各运动部件定义为刚体，设置各机电对象对应的物理属性，并通过铰链副定义 6 轴的关节回转运动，为后续六轴机器人虚拟运动仿真奠定基础。

六轴机器人主要组成部件包括基座、腰部、大臂、小臂、腕部、手部等，如图 4-1-1a 所示。各部件通过关节相连实现几个自由度运动，包括：1 轴腰回转关节、2 轴肩摆动关节、3 轴肘摆动关节、4 轴腕回转关节、5 轴腕摆动关节、6 轴手回转关节，如图 4-1-1b 所示。其中前三个轴自由度实现机器人末端位置调整，后三个轴自由度实现机器人末端位姿调整。

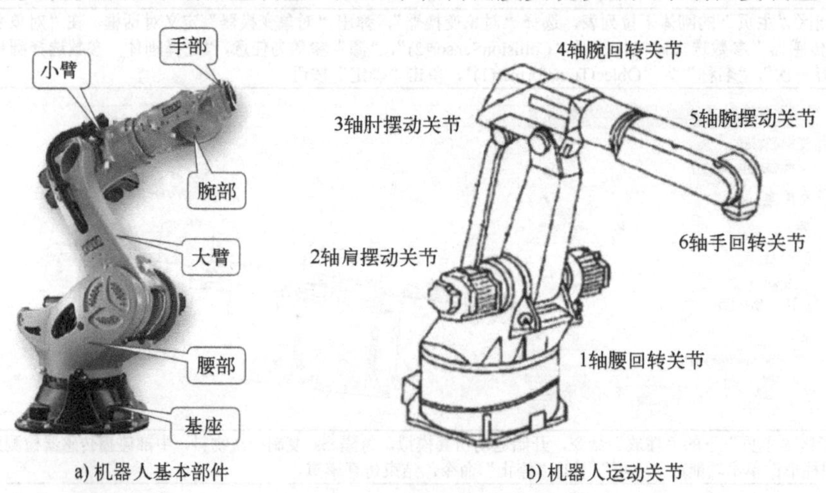

图 4-1-1　六轴机器人结构

目前全球制造业正向着自动化、集成化、智能化及绿色化方向发展。工业机器人在各行业的应用越来越广泛。我国已经一定程度上掌握了工业机器人的制造技术，能够自主研发和生产工业机器人。

【知识和技能点】

4.1.1　刚体设置

本知识点以六轴机器人为例，进一步介绍刚体对象的设置方法，如表 4-1-1 所示。

表4-1-1　对刚体设置步骤

1．刚体设置

（1）打开文件“6轴机器人.prt”,单击功能区“应用模块”下的“更多”命令，在下拉列表中选择“机电概念设计”，进入MCD环境。单击功能区“主页”下的“刚体”命令，弹出刚体定义对话框。在“刚体”对话框“选择对象”参数中，框选机器人基座几何体组件，“质量属性”为“自动”，并将新建的刚体命名为“基座”，单击“确定”按钮。

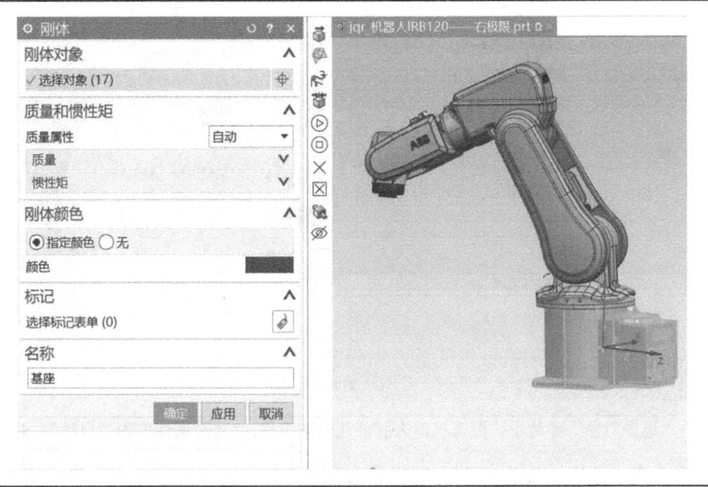

（2）在“刚体”对话框“选择对象”参数中，框选机器人腰部几何体组件，“质量属性”为“自动”，并将新建的刚体命名为“1轴”，单击“确定”按钮。

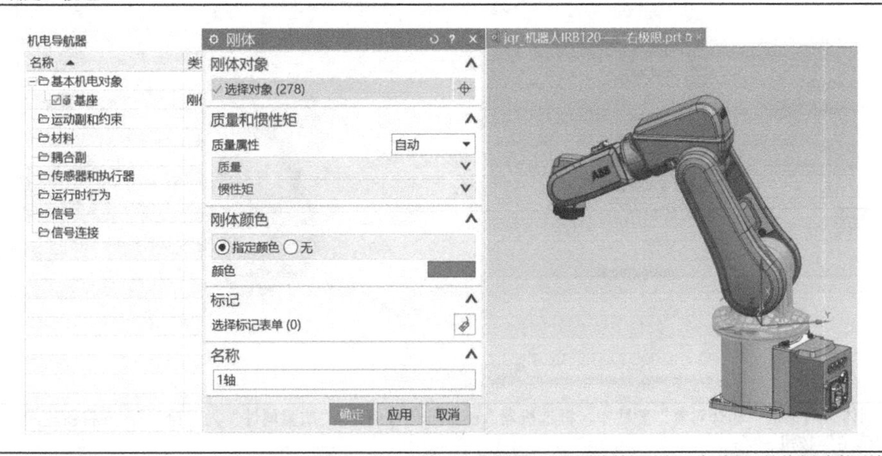

（3）在“刚体”对话框“选择对象”参数中，框选机器人大臂几何体组件，“质量属性”为“自动”，并将新建的刚体命名为“2轴”，单击“确定”按钮。

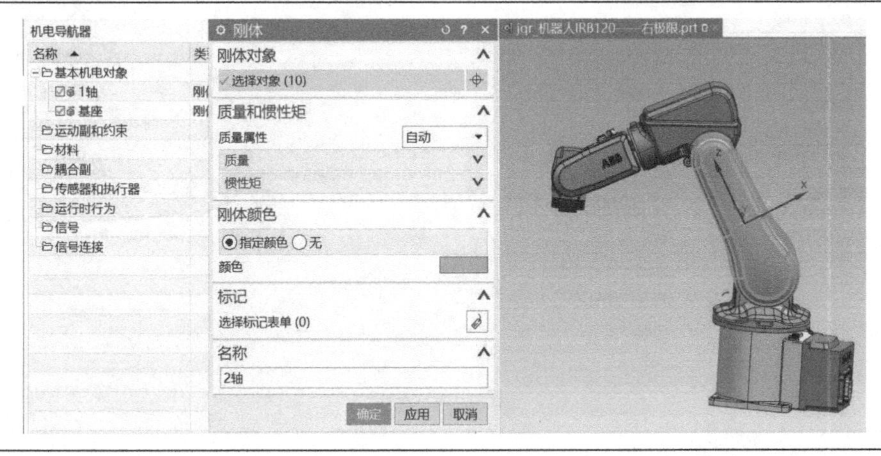

（续）

（4）在“刚体”对话框“选择对象”参数中，框选机器人小臂几何体组件，“质量属性”为“自动”，并将新建的刚体命名为“3轴”，单击“确定”按钮。

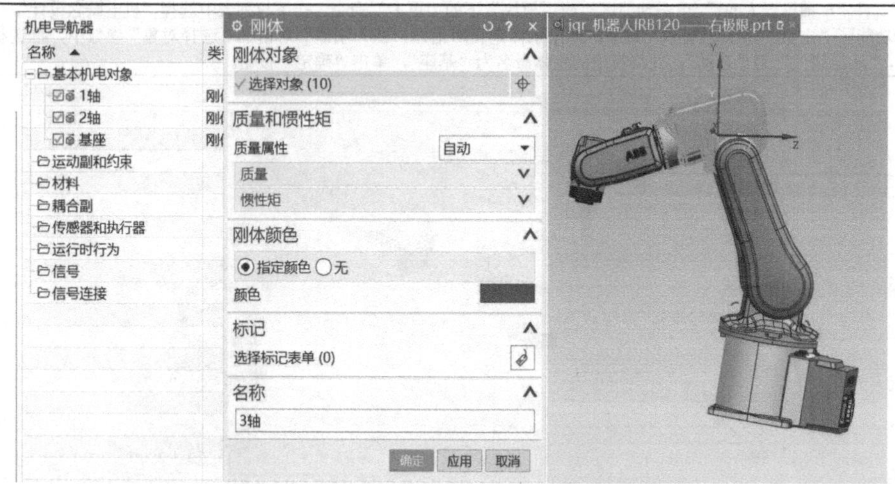

（5）在“刚体”对话框“选择对象”参数中，框选机器人肘部几何体组件，“质量属性”为“自动”，并将新建的刚体命名为“4轴”，单击“确定”按钮。

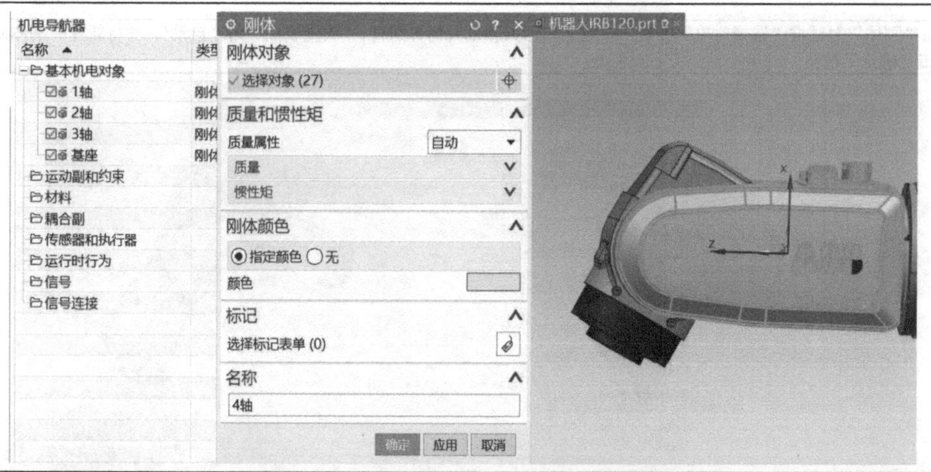

（6）在“刚体”对话框“选择对象”参数中，框选机器人腕部几何体组件，“质量属性”为“自动”，并将新建的刚体命名为“5轴”，单击“确定”按钮。

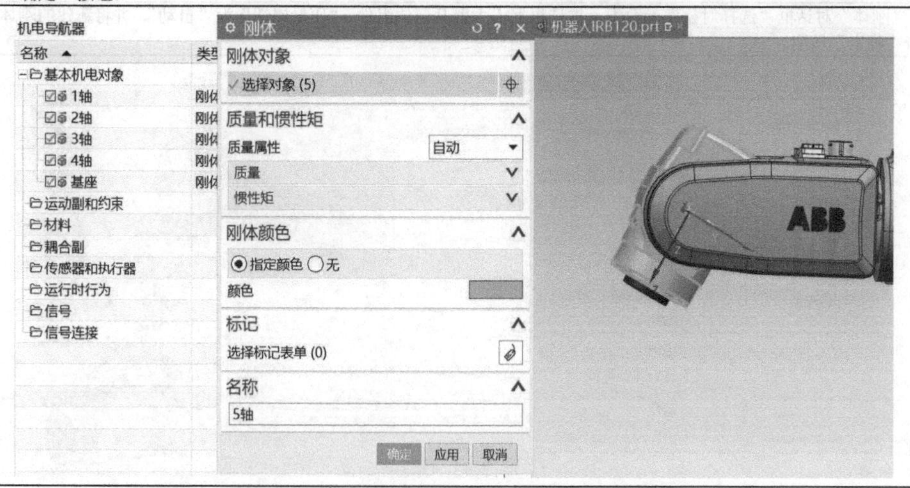

（续）

（7）在“刚体”对话框“选择对象”参数中，框选机器人手部几何体组件，“质量属性”为“自动”，并将新建的刚体命名为“6轴”，单击“确定”按钮。

4.1.1　刚体设置

数字资源：4.1.1 刚体设置

4.1.2　铰链副设置

本知识点以六轴机器人为例，进一步介绍铰链副的设置方法，如表 4-1-2 所示。

表 4-1-2　铰链副设置步骤

1．铰链副设置

（1）在 MCD 平台下，单击功能区“主页”下的“铰链副”命令，在下拉列表中选择“固定副”，弹出固定副定义对话框。在该对话框的“选择连接件”参数中，选择机器人基座刚体，“选择基本件”参数为空，并将新建的固定副命名为“基座固定副”，单击“确定”按钮。

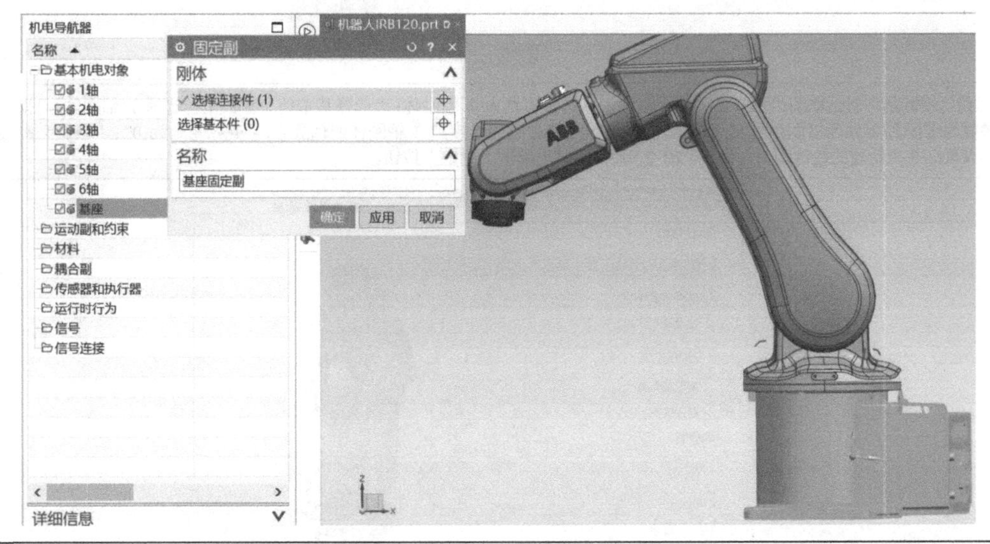

（2）在 MCD 平台下，单击功能区“主页”下的“铰链副”命令，弹出铰链副定义对话框。在“铰链”对话框的“选择连接件”参数中，选择机器人 1 轴刚体；“选择基本件”参数中，选择基座刚体；“指定轴矢量”参数为垂直于基座连接面；“指定锚点”参数选择为 1 轴刚体连接到基座刚体的轴圆心；“起始角”为 0°；“限制”参数中上下限不设置；并将新建的铰链副命名为“1轴_基座铰链副”，单击“确定”按钮。

（续）

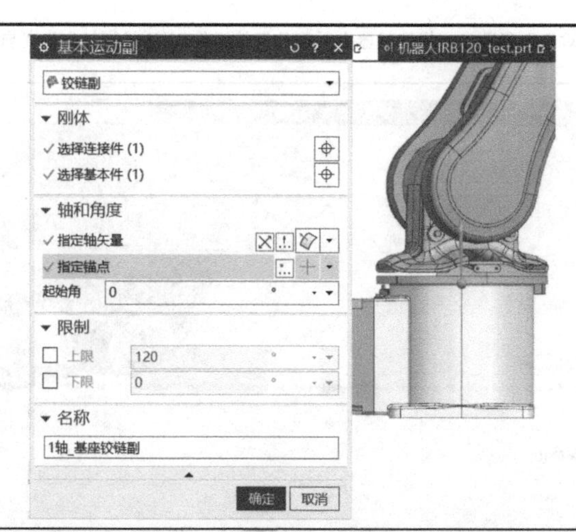

（3）在“铰链副”对话框的“选择连接件”参数中，选择机器人 2 轴刚体；“选择基本件”参数中，选择 1 轴刚体；“指定轴矢量”参数为垂直于 1 轴连接面；“指定锚点”参数选择为 2 轴刚体连接到 1 轴刚体的轴圆心；“起始角”为 0°；“限制”参数中上下限不设置；并将新建的铰链副命名为“2 轴_1 轴铰链副”，单击“确定”按钮。

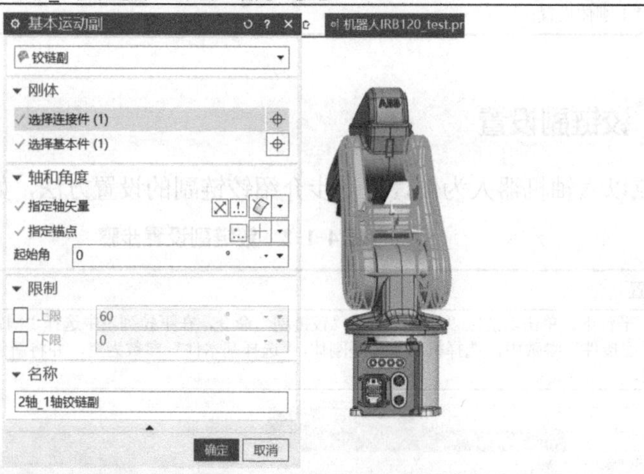

（4）在“铰链副”对话框的“选择连接件”参数中，选择机器人 3 轴刚体；“选择基本件”参数中，选择 2 轴刚体；“指定轴矢量”参数为坐标系 2 轴连接面；“指定锚点”参数选择为 3 轴刚体连接到 2 轴刚体的轴圆心；“起始角”为 0°；“限制”参数中上下限不设置；并将新建的铰链副命名为“3 轴_2 轴铰链副”，单击“确定”按钮。

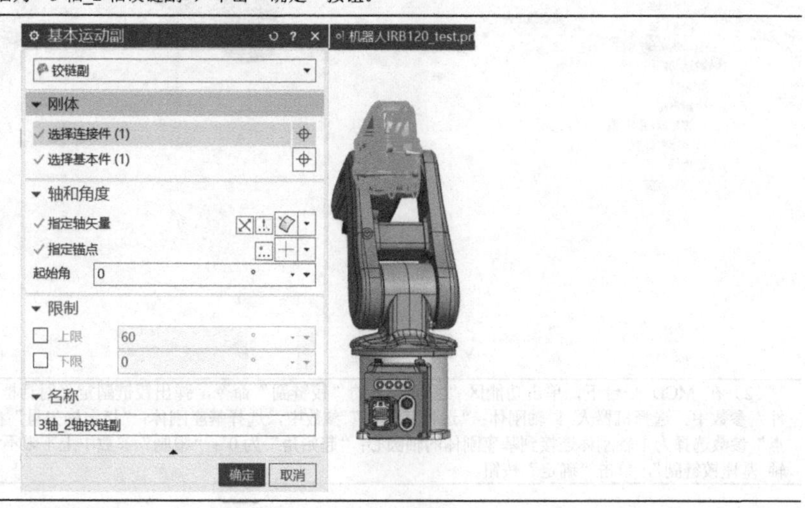

（续）

（5）在“铰链副”对话框的“选择连接件”参数中，选择机器人 4 轴刚体；“选择基本件”参数中，选择 3 轴刚体；“指定轴矢量”参数为 3 轴连接面；“指定锚点”参数选择为 4 轴刚体连接到 3 轴刚体的轴圆心；“起始角”为 0°；“限制”参数中上下限不设置；并将新建的铰链副命名为“4 轴_3 轴铰链副”，单击“确定”按钮。

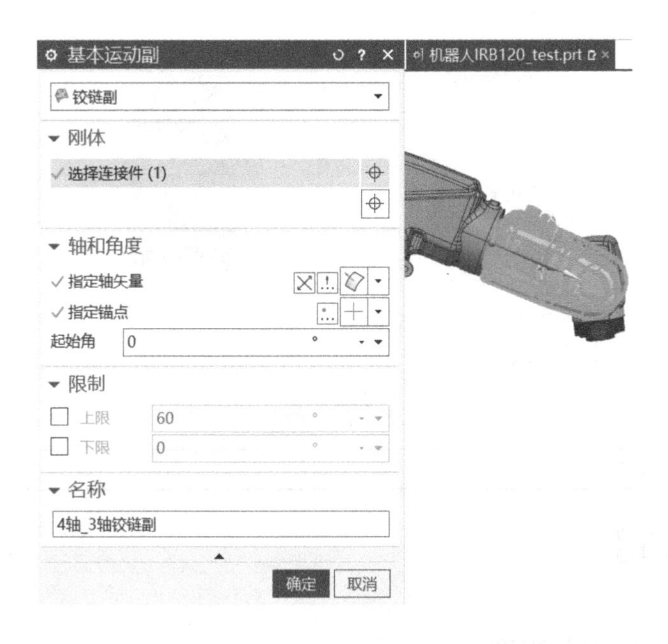

（6）在“铰链副”对话框的“选择连接件”参数中，选择机器人 5 轴刚体；“选择基本件”参数中，选择 4 轴刚体；“指定轴矢量”参数为 4 轴连接面；“指定锚点”参数选择为 5 轴刚体连接到 4 轴刚体的轴圆心；“起始角”为 0°；“限制”参数中上下限不设置；并将新建的铰链副命名为“5 轴_4 轴铰链副”，单击“确定”按钮。

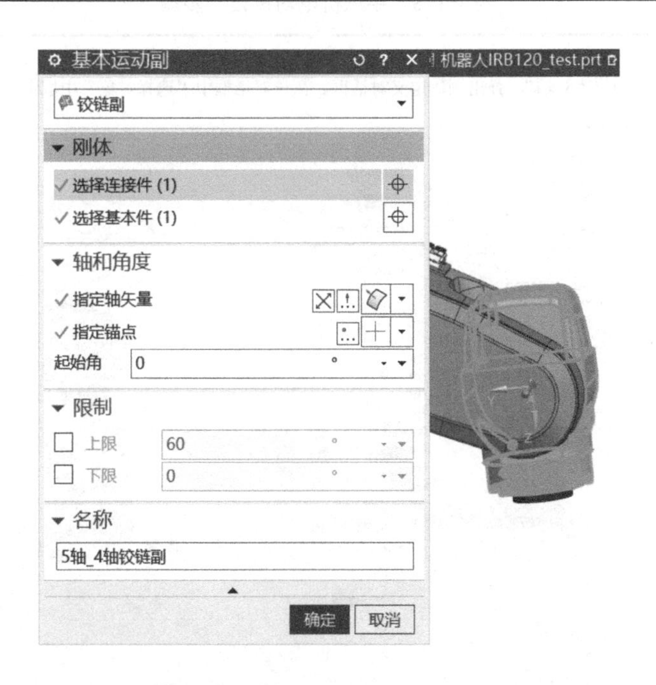

（续）

（7）在“铰链副”对话框的“选择连接件”参数中，选择机器人 6 轴刚体；“选择基本件”参数中，选择 5 轴刚体；“指定轴矢量”参数为 5 轴连接面；“指定锚点”参数选择为 6 轴刚体连接到 5 轴刚体的轴圆心；“起始角”为 0°；“限制”参数中上下限不设置；并将新建的铰链副命名为“6 轴_5 轴铰链副”，单击“确定”按钮。

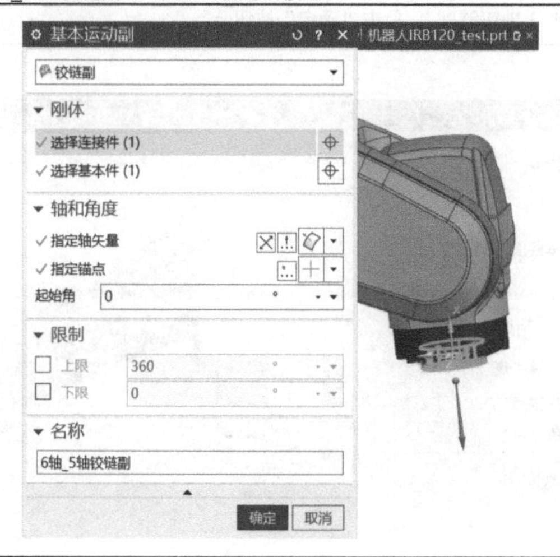

4.1.2　铰链副设置

数字资源：4.1.2 铰链副设置

【拓展学习】

4.1.3　手爪机电对象设置

通过拓展部分介绍手爪刚体、滑动副的设置方法，如表 4-1-3 所示。

表 4-1-3　手爪机电对象设置步骤

1. 手爪刚体设置

（1）在机电导航器中双击刚体“6 轴”，弹出刚体定义对话框。在该对话框中“选择对象”中取消爪子组件的选择，单击“确定”按钮。

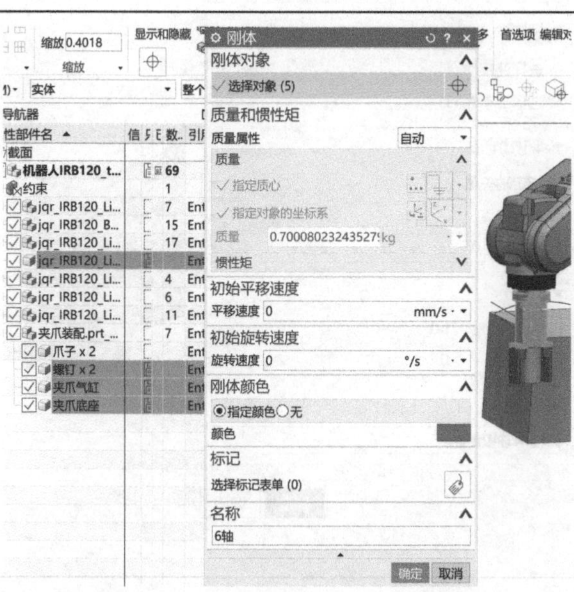

（续）

（2）单击功能区“主页”下的“刚体”命令，弹出刚体定义对话框。在“刚体”对话框“选择对象”参数中，框选左爪组件，“质量属性”为“自动”，并将新建的刚体命名为“爪 1”，单击“确定”按钮。

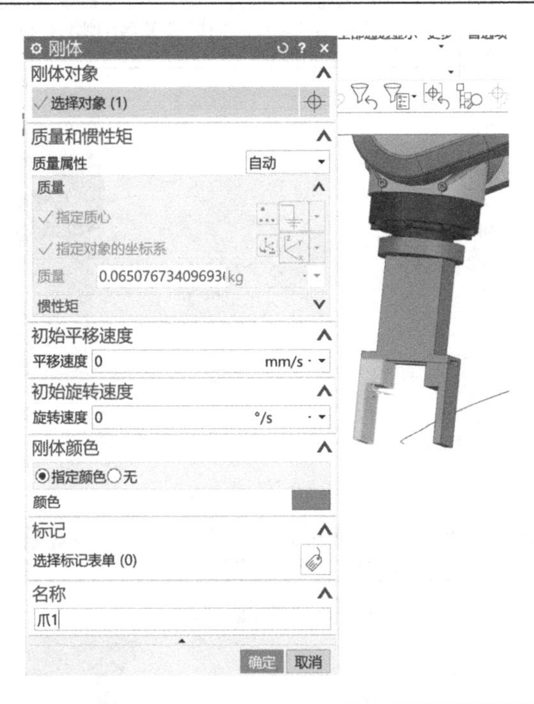

（3）在“刚体”对话框“选择对象”参数中，框选右爪组件，“质量属性”为“自动”，并将新建的刚体命名为“爪 2”，单击“确定”按钮。

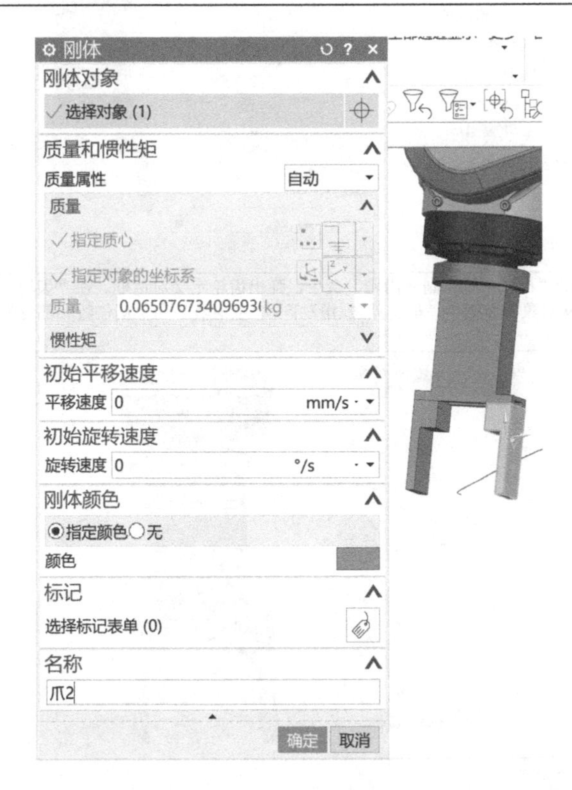

（续）

2．滑动副设置

（1）在 MCD 平台下，单击功能区“主页”下的“铰链副”命令，在下拉列表中选择“滑动副”，弹出滑动副定义对话框。在“滑动副”对话框的“选择连接件”参数中，选择刚体爪 1，“选择基本件”参数选择刚体 6 轴，“指定轴矢量”选择手爪垂直面，并将新建的滑动副命名为“爪 1_6 轴_SJ(1)”，单击“确定”按钮。

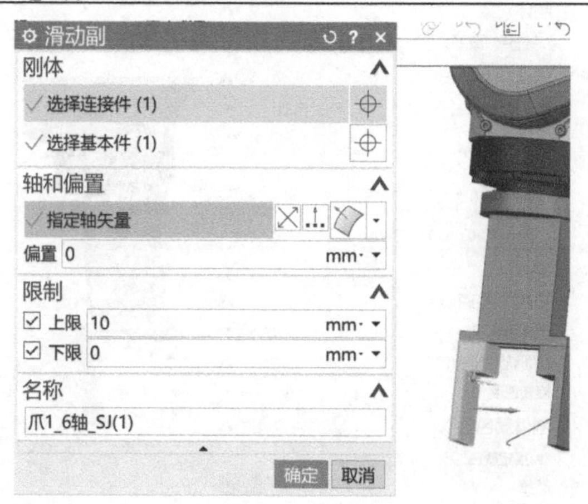

（2）在“滑动副”对话框的“选择连接件”参数中，选择刚体爪 2，“选择基本件”参数选择刚体 6 轴，“指定轴矢量”选择手爪垂直面，并将新建的滑动副命名为“爪 2_6 轴_SJ(1)”，单击“确定”按钮。

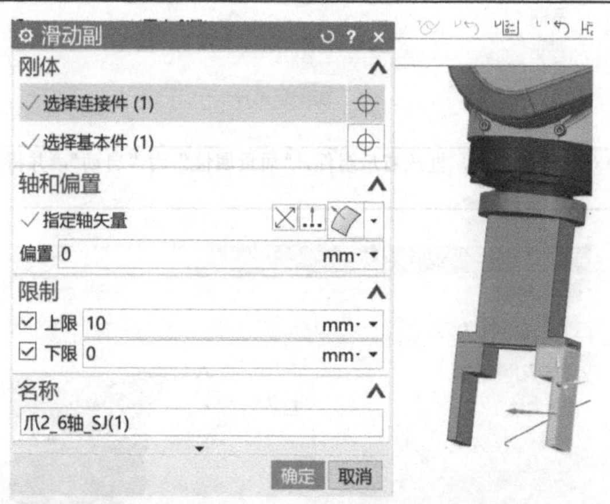

（3）单击功能区“主页”下的“机械→耦合副→齿轮”命令，弹出齿轮定义对话框。在“齿轮”对话框的“选择主对象”参数中，框选爪 1 滑动副，“选择从对象”参数中，框选爪 2 滑动副，“主倍数”和“从倍数”都设为 1，并将新建的齿轮副定义为“Gear(1)”，单击“确定”按钮。

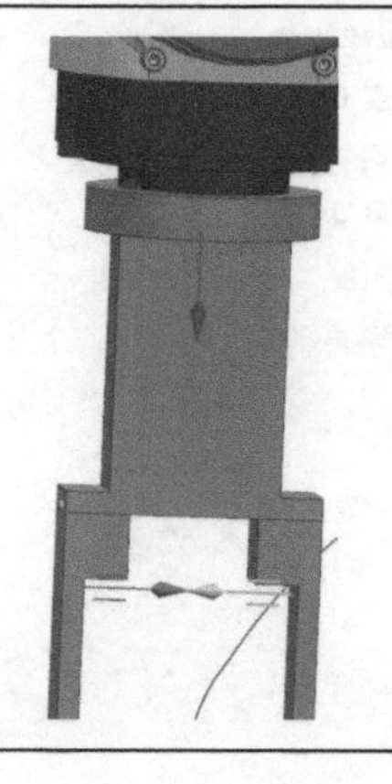

4.1.3 手爪机电对象设置

数字资源：4.1.3 手爪机电对象设置

任务 4.2　运动执行器设置

【情境分析】

本任务是在前面机器人组件刚体和运动副完成的基础上，运用速度控制、位置控制驱动机器人关节轴转动，实现机器人单轴运动仿真。

单轴运动是机器人不以 TCP（工具中心点）为参照的一种运动，在运动轨迹中工具的姿态与位置不可控制，机器人仅是通过控制伺服电机以单轴角度方式按操作员要求移动到位。单轴运动一般用于手动示教时机器人大范围移动的场景，可以使机器人快速移动到位，可在移动过程中有效避免机械死点。

【知识和技能点】

4.2.1　速度控制设置

本知识点是以六轴机器人为例，介绍速度控制的设置方法，如表 4-2-1 所示。

表 4-2-1　速度控制设置步骤

1. 速度控制设置

（1）在 MCD 平台上，单击功能区“主页”下的“位置控制”命令，在下拉列表中选择“速度控制”，弹出“速度控制”对话框。在该对话框的“选择对象”参数中，选择 1 轴_基座铰链副，“速度”参数为 10°/s，不勾选“限制加速度”和“限制扭矩”，并将新建的速度控制命名为“1 轴速度控制”，单击“确定”按钮。

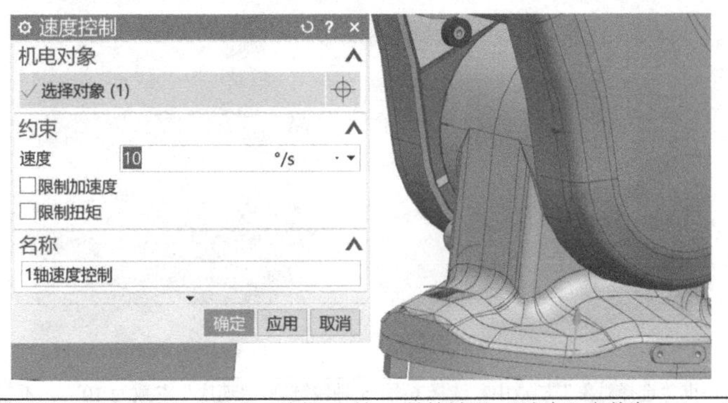

（2）在“速度控制”对话框中“选择对象”参数中，选择 2 轴_1 轴铰链副，“速度”参数为 10°/s，不勾选“限制加速度”和“限制扭矩”，并将新建的速度控制命名为“2 轴速度控制”，单击“确定”按钮。

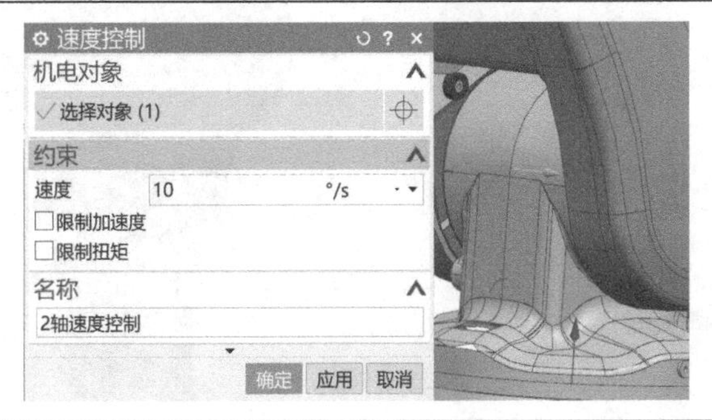

（续）

（3）在“速度控制”对话框中“选择对象”参数中，选择 3 轴_2 轴铰链副，“速度”参数为 10°/s，不勾选“限制加速度”和“限制扭矩”，并将新建的速度控制命名为“3 轴速度控制”，单击“确定”按钮。

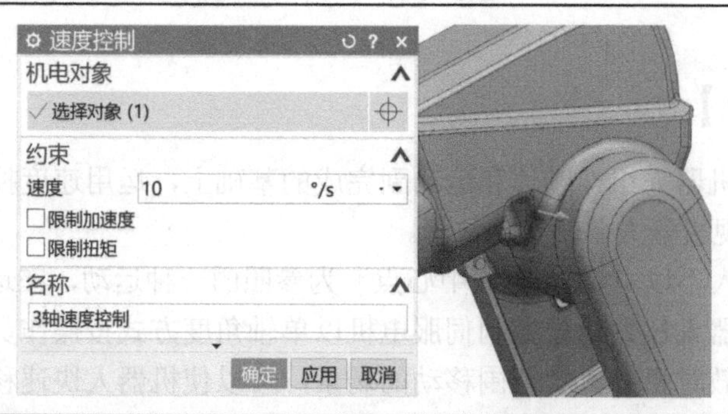

（4）在“速度控制”对话框“选择对象”参数中，选择 4 轴_3 轴铰链副，“速度”参数为 10°/s，不勾选“限制加速度”和“限制扭矩”，并将新建的速度控制命名为“4 轴速度控制”，单击“确定”按钮。

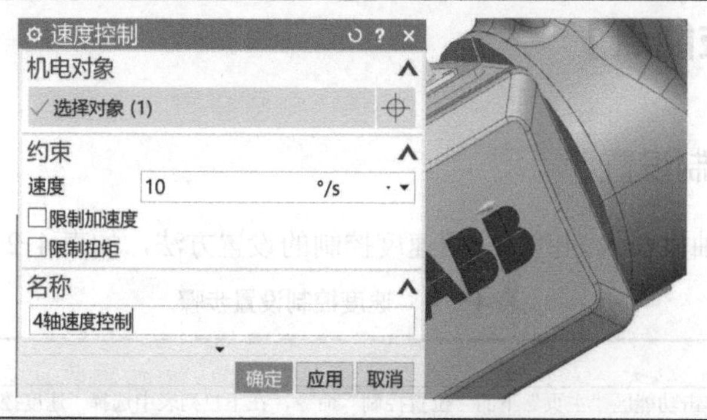

（5）在“速度控制”对话框“选择对象”参数中，选择 5 轴_4 轴铰链副，“速度”参数为 10°/s，不勾选“限制加速度”和“限制扭矩”，并将新建的速度控制命名为“5 轴速度控制”，单击“确定”按钮。

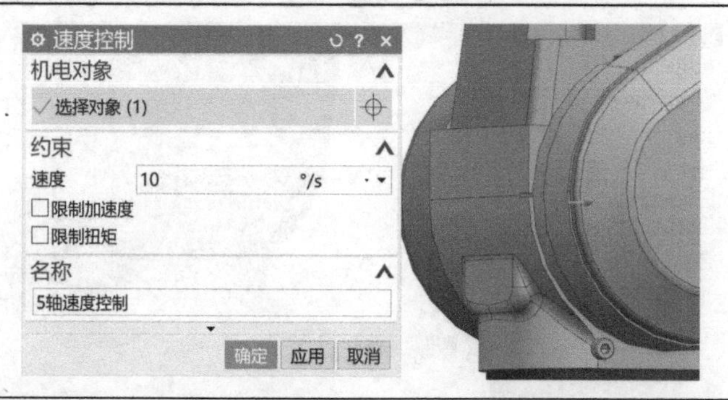

（6）在“速度控制”对话框“选择对象”参数中，选择 6 轴_5 轴铰链副，“速度”参数为 10°/s，不勾选“限制加速度”和“限制扭矩”，并将新建的速度控制命名为“6 轴速度控制”，单击“确定”按钮。

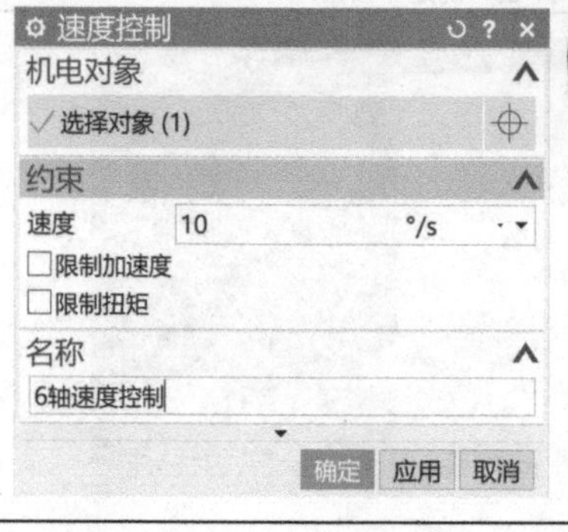

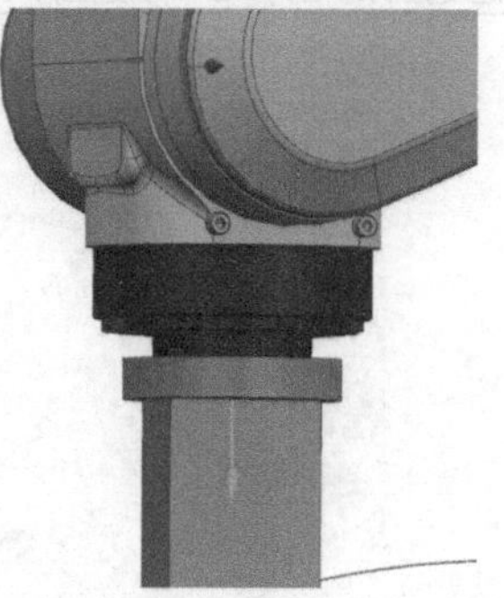

（续）

（7）单击功能区“主页”下的“播放”命令，开始运动仿真模拟，机器人各关节以指定速度进行单轴运动，单击功能区“主页”下的“停止”命令，结束仿真模拟。

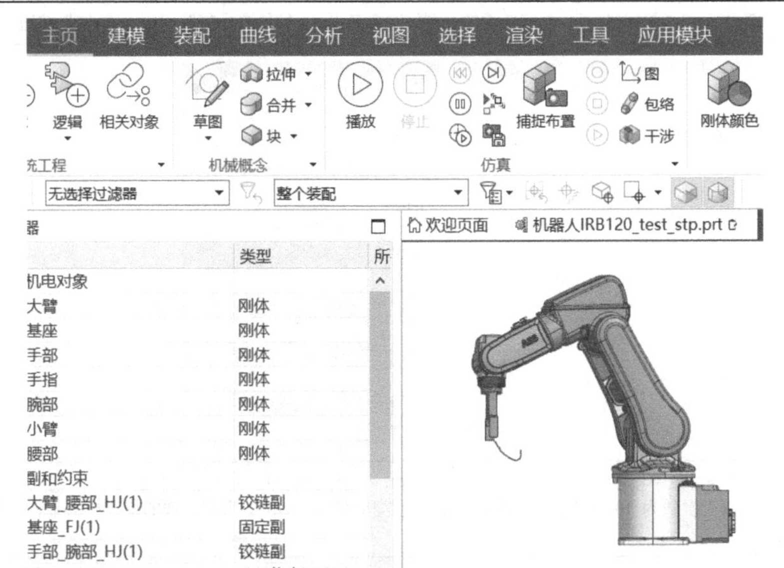

4.2.1 速度控制设置

数字资源：4.2.1 速度控制设置

4.2.2 位置控制设置

本知识点以六轴机器人为例，介绍位置控制的设置方法，如表 4-2-2 所示。

表 4-2-2 位置控制设置步骤

1．位置控制设置

（1）在左侧机电导航器中，取消“1 轴速度控制”～“6 轴速度控制”左侧复选框的勾选。

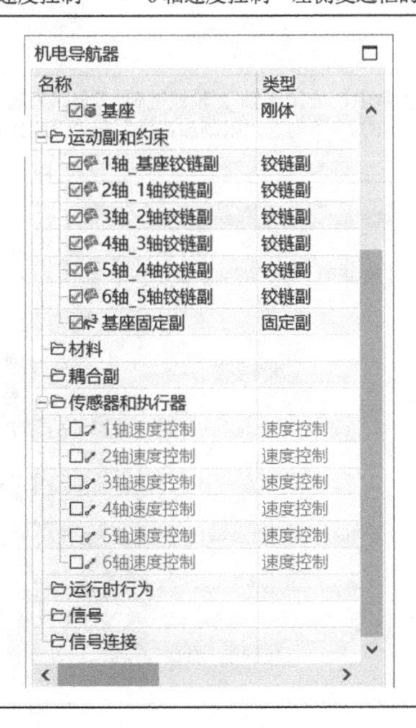

（续）

（2）在 MCD 平台上，单击功能区“主页”下的“位置控制”命令，弹出位置控制定义对话框。在“位置控制”对话框的“选择对象”参数中，选择 1 轴_基座铰链副，“角路径选项”为跟踪多圈，不勾选“源自外部的数据”，“目标”参数为 60°，“速度”参数为 10°/s，不勾选“限制加速度”和“限制扭矩”，并将新建的位置控制命名为“1 轴位置控制”，单击“确定”按钮。
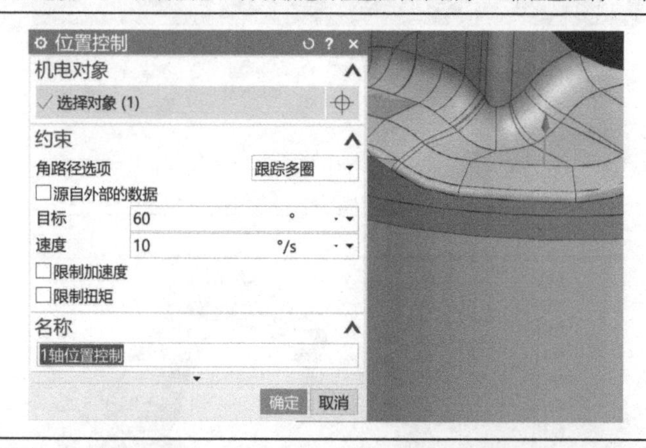
（3）在“位置控制”对话框“选择对象”参数中，选择 2 轴_1 轴铰链副，“角路径选项”为“跟踪多圈”，不勾选“源自外部的数据”，“目标”参数为 60°，“速度”参数为 10°/s，不勾选“限制加速度”和“限制扭矩”，并将新建的位置控制命名为“2 轴位置控制”，单击“确定”按钮。
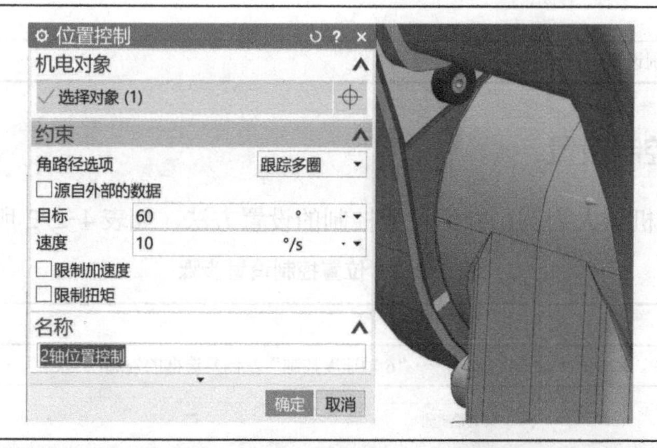
（4）在“位置控制”对话框“选择对象”参数中，选择 3 轴_2 轴铰链副，“角路径选项”为“跟踪多圈”，不勾选“源自外部的数据”，“目标”参数为 60°，“速度”参数为 10°/s，不勾选“限制加速度”和“限制扭矩”，并将新建的位置控制命名为“3 轴位置控制”，单击“确定”按钮。
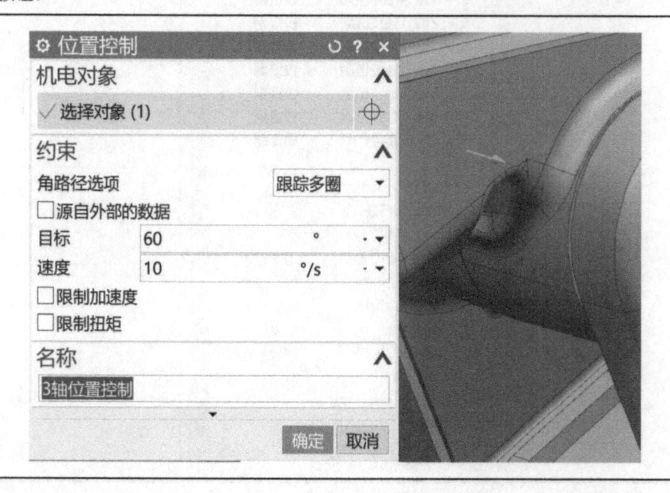

（续）

（5）在“位置控制”对话框“选择对象”参数中，选择4轴_3轴铰链副，“角路径选项”为“跟踪多圈”，不勾选“源自外部的数据”，“目标”参数为180°，“速度”参数为10°/s，不勾选“限制加速度”和“限制扭矩”，并将新建的位置控制命名为“4轴位置控制”，单击“确定”按钮。

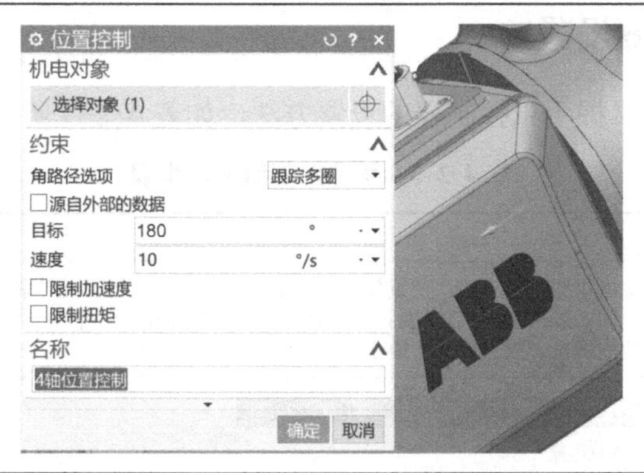

（6）在“位置控制”对话框“选择对象”参数中，选择5轴_4轴铰链副，“角路径选项”为“跟踪多圈”，不勾选“源自外部的数据”，“目标”参数为60°，“速度”参数为10°/s，不勾选“限制加速度”和“限制扭矩”，并将新建的位置控制命名为“5轴位置控制”，单击“确定”按钮。

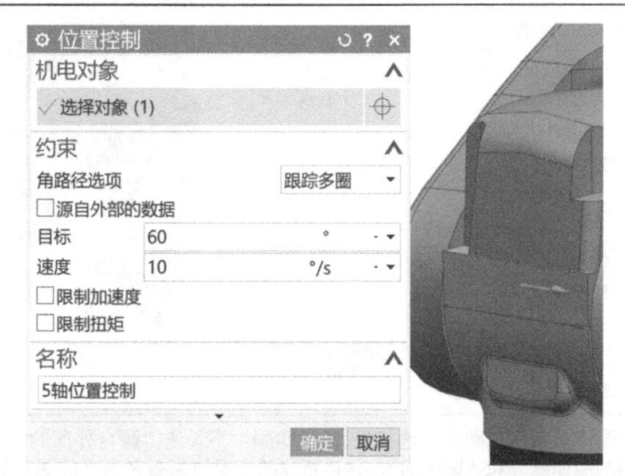

（7）在“位置控制”对话框“选择对象”参数中，选择6轴_5轴铰链副，“角路径选项”为“跟踪多圈”，不勾选“源自外部的数据”，“目标”参数为360°，“速度”参数为10°/s，不勾选“限制加速度”和“限制扭矩”，并将新建的位置控制命名为“6轴位置控制”，单击“确定”按钮。单击功能区“主页”下的“播放”命令，开始运动仿真模拟，机器人各关节以一定速度运动到指定位置，然后准备停止；单击功能区“主页”下的“停止”命令，结束仿真模拟。

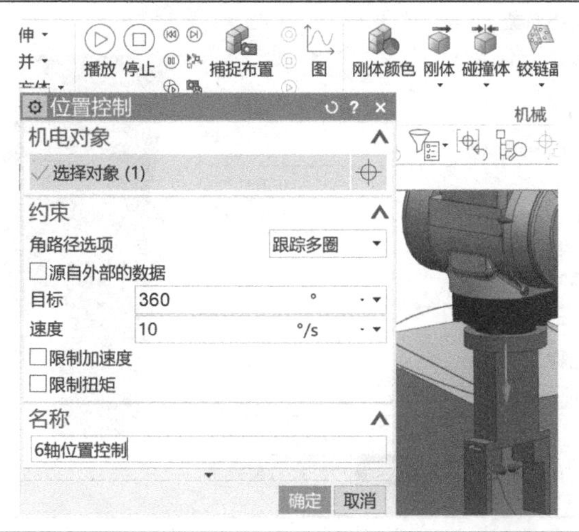

4.2.2 位置控制设置

数字资源：4.2.2 位置控制设置

【拓展学习】

4.2.3 手爪控制器设置

通过拓展部分的学习掌握手爪控制器的设置方法，如表 4-2-3 所示。

表 4-2-3　手爪控制器设置步骤

1. 手爪控制器设置
（1）在 MCD 平台上，单击功能区“主页”下的“位置控制”命令，弹出位置控制定义对话框。在“位置控制”对话框“选择对象”参数中，选择爪 1 滑动副，不勾选“源自外部的数据”，“目标”参数为 0mm，“速度”参数为 10mm/s，不勾选“限制加速度”和“限制力”，并将新建的位置控制命名为“爪 1 位置控制”，单击“确定”按钮。

（2）在“位置控制”对话框“选择对象”参数中，选择爪 2 滑动副，不勾选“源自外部的数据”，“目标”参数为 0mm，“速度”参数为 10mm/s，不勾选“限制加速度”和“限制力”，并将新建的位置控制命名为“爪 2 位置控制”，单击“确定”按钮。单击功能区“主页”下的“播放”命令，开始运动仿真模拟，机器人各轴运动过程中，手爪保持不动；单击功能区“主页”下的“停止”命令，结束仿真模拟。
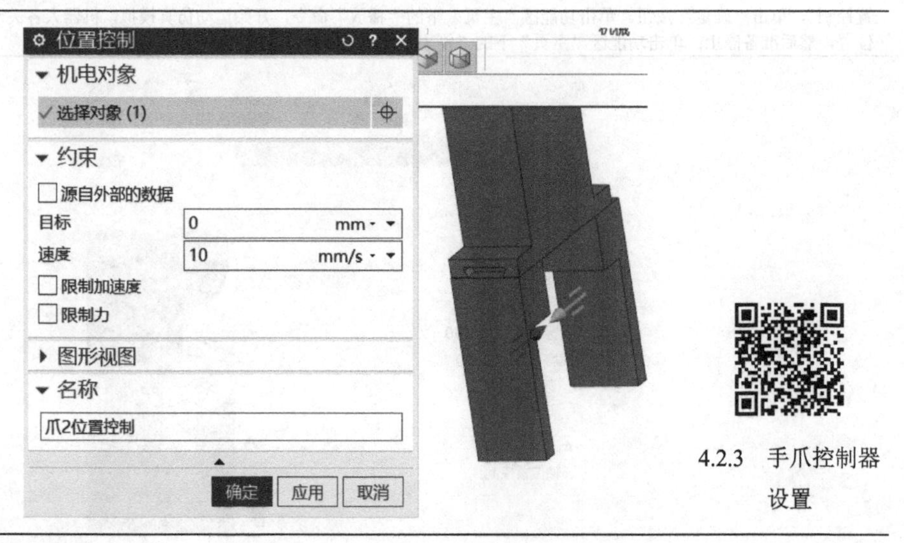 4.2.3 手爪控制器设置
数字资源：4.2.3 手爪控制器设置

4.2.4　位置控制器角路径选项

对比不同角路径选项的功能，现用机器人实例进行验证。

1. 角路径选项

旋转运动时显示，包括：沿最短路径、顺时针旋转、逆时针旋转和跟踪多圈。不同选项对应运动仿真效果不同。

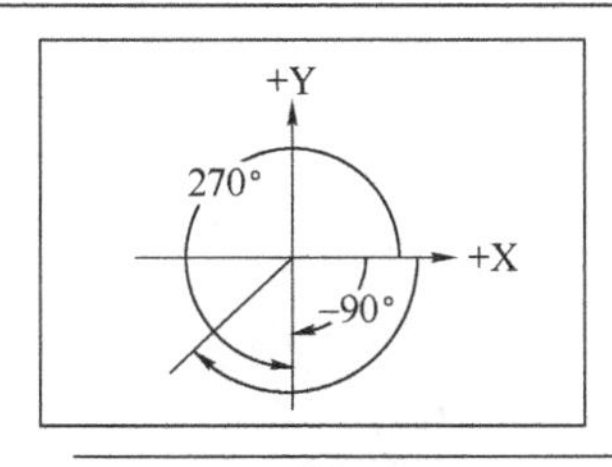

a) 沿最短路径按照劣角运动，且运动范围小于360°

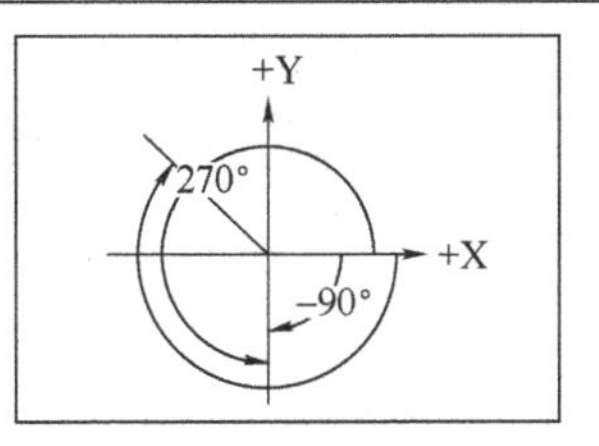

b) 顺时针旋转根据右手螺旋定则按照顺时针方向旋转，且运动范围小于360°

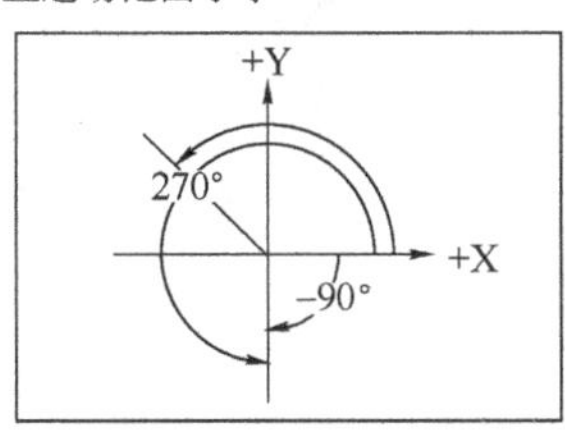

c) 逆时针旋转根据右手螺旋定则按照逆时针方向旋转，且运动范围小于360°

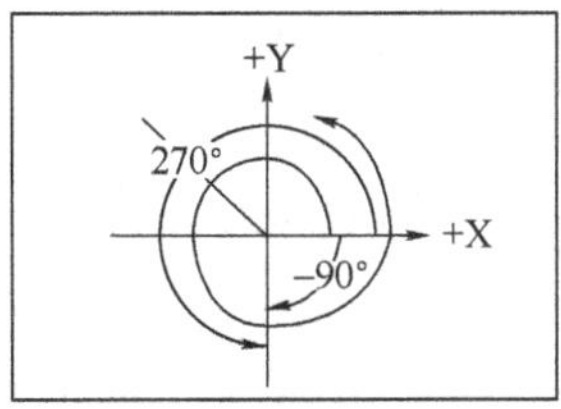

d) 跟踪多圈根据设置的目标位置运动，且运动范围可以大小360°

2. 角路径选项设置

（1）将“1 轴”～“5 轴”位置控制器的目标值设为 0°。“6 轴”位置控制器的“角路径选项”设置为“跟踪多圈”；单击功能区“主页”下的“播放”命令，开始运动仿真模拟，机器人手爪沿 6 轴转动一圈；单击功能区“主页”下的“停止”命令，结束仿真模拟。

（续）

（2）“6 轴”位置控制器的“角路径选项”设置为沿最短路径；单击功能区“主页”下的“播放”命令，开始运动仿真模拟，机器人手爪保持不动；单击功能区“主页”下的“停止”命令，结束仿真模拟。

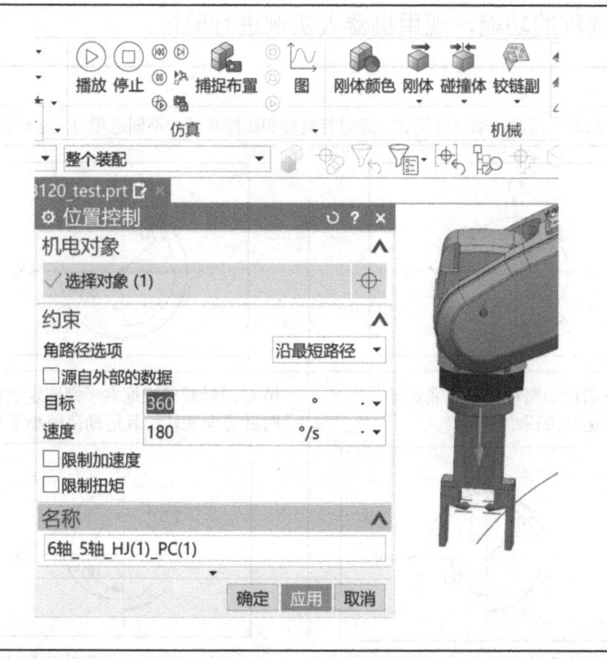

4.2.4 位置控制器角路径选项

数字资源：4.2.4 位置控制器角路径选项

任务 4.3 机器人路径规划

【情境分析】

线性运动是机器人以 TCP 为参照在选定的直角坐标系里做线性运动。线性运动模式是在手动示教机器人时最常用到的一种运动模式，它有三个特点：

- 以 TCP 为参照；
- 在直角坐标系里按照 XYZ 轴方向线性移动；
- 运动过程中不改变工具的姿态。

本任务中运用路径约束运动副控制机器人 TCP 点的运动路径，并通过反算机构驱动设置实现机器人路径优化，实现机器人路径规划仿真。

【知识和技能点】

4.3.1 路径约束运动副

本知识点是以机器人为例，介绍路径约束运动副的设置方法，如表 4-3-1 所示。

表 4-3-1 路径约束运动副设置步骤

1. “路径约束运动副”对话框

路径约束运动副定义：通过创建一系列路径上的点，控制刚体运按指定姿态运动到指定位置上，用于模拟机器人的运动路径。

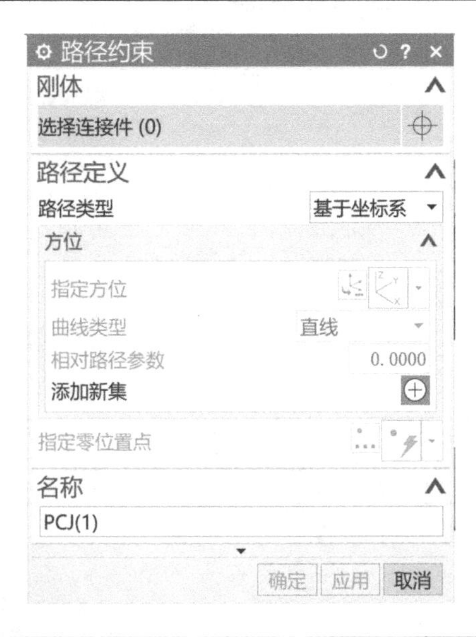

参数	定义
选择连接件	选择需要添加路径约束运动副的刚体
路径类型	选择所创路径的坐标系类型，包括基于坐标系和基于曲线
选择曲线	当路径类型为基于曲线时用以选择指定曲线
添加新集	添加运动路径上的点
名称	设置路径约束运动副名称

2. 路径约束运动副设置

（1）在左侧机电导航器中，取消勾选“1 轴”～“6 轴”的速度和位置控制器左侧的复选框。

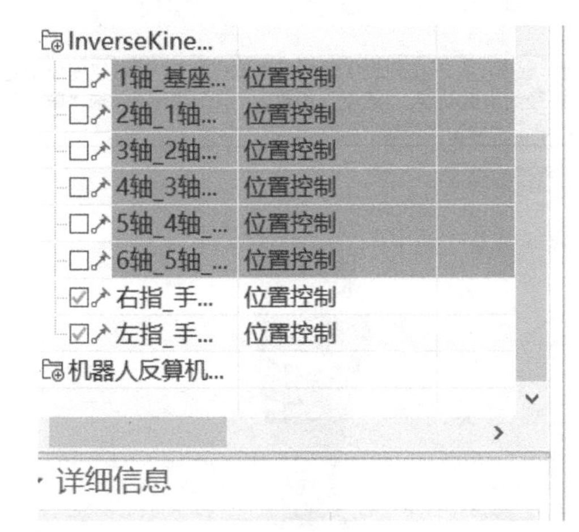

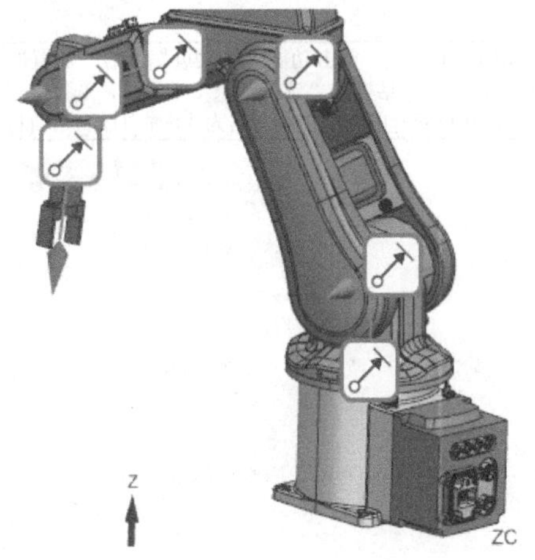

（续）

（2）单击功能区“主页”下的“长方体”命令，弹出块定义对话框。在“块”对话框的“指定点”中，定义默认坐标系下“XC：-1000mm，YC：200mm，ZC：200mm”，“尺寸”参数为“长度：100mm；宽度：100mm；高度：100mm”，单击“确定”按钮，创建工作台。

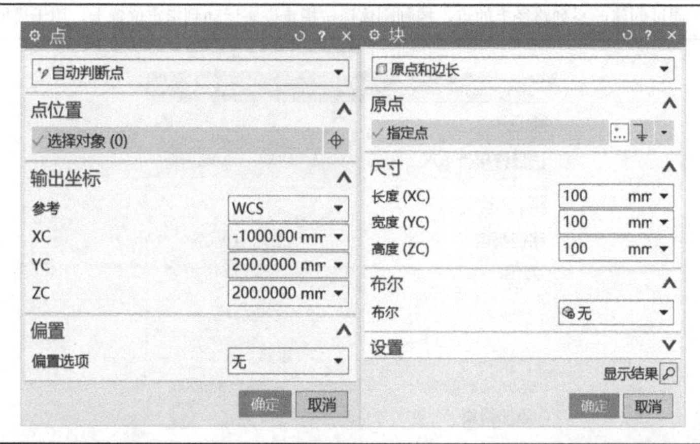

（3）在 MCD 平台上，单击功能区“主页”下的“运动副下拉菜单”命令，在下拉列表中选择“路径约束运动副”，弹出路径约束运动副定义对话框。在“路径约束运动副”对话框的“选择连接件”参数中，选择 6 轴刚体，“路径类型”参数中，选择基于坐标系，“曲线类型”参数为直线，“添加新集”参数中添加工作台的 4 个角点，“名称”命名为“6 轴_PCJ(1)”，单击“确定”按钮。

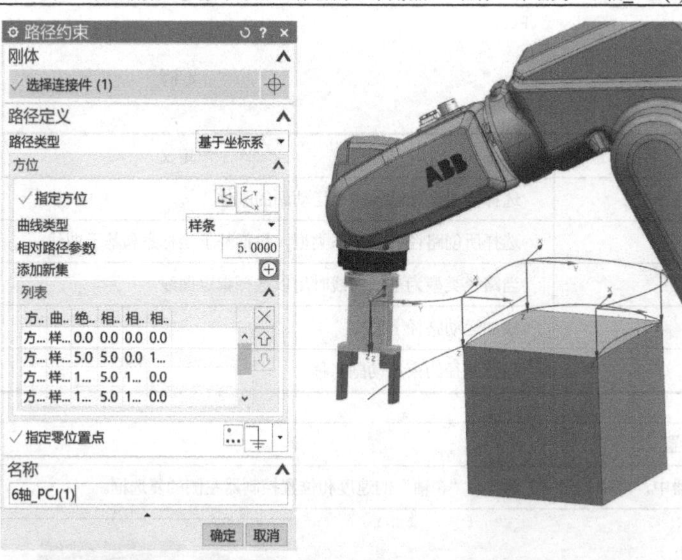

（4）在 MCD 平台上，单击功能区“主页”下的“位置控制”命令，在下拉列表中选择“速度控制”，弹出速度控制定义对话框。在“速度控制”对话框的“选择对象”参数中，选择 6 轴路径约束运动副，“速度”参数为“10°/s”，不勾选“限制加速度”和“限制力”，并将新建的速度控制命名为“6 轴_HJ(1)_SC(1)”，单击“确定”按钮。

（续）

（5）单击功能区“主页”下的“定制行为→轨迹生成器”命令，弹出轨迹生成器定义对话框。在“轨迹生成器”对话框的“选择对象”参数中，选择 6 轴刚体，“指定点”参数选择 6 轴中心点，“追踪率”设为 0.1s，并将新建的轨迹生成器命名“Tracer(1)”，单击“确定”按钮。
  4.3.1　路径约束运动副
（6）单击功能区“主页”下的“播放”命令，开始运动仿真模拟，机器人按照指定的路径进行线性运动；单击功能区“主页”下的“停止”命令，结束仿真模拟，显示机器人运动轨迹路径。
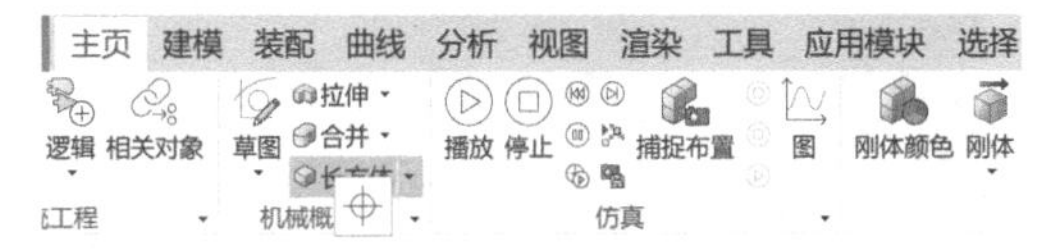
数字资源：4.3.1 路径约束运动副

【拓展学习】

4.3.2　反算机构驱动设置

通过拓展部分的学习，掌握以机器人为例的反算机构驱动的设置方法，并与路径约束运动副命令进行比较，如表 4-3-2 所示。

表 4-3-2　反算机构驱动设置步骤

1.“反算机构驱动”对话框
反算机构驱动定义：自动创建一系列的对象运动路径，并进行优化。
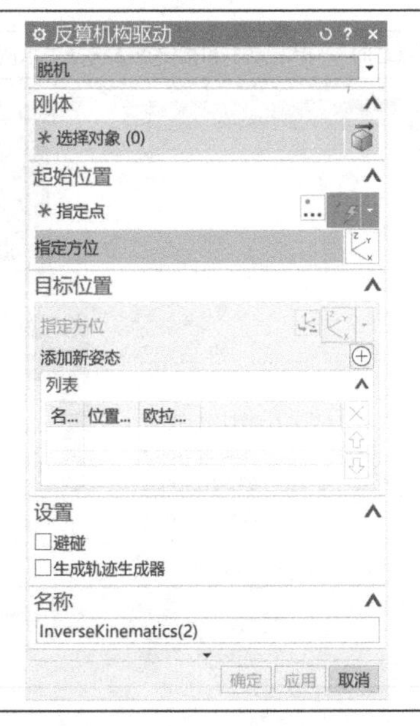

（续）

参数	定义
选择对象	选择需要添加反算机构驱动的刚体
起始位置	选择刚体初始参考点和初始参考方位
目标位置	添加刚体运动路径上的一系列点及对应的方位（欧拉角）
避碰	勾选时计算路径轨迹自动避障
生产轨迹生成器	勾选时运动结束后生产运动轨迹线
名称	设置反算机构驱动名称

2. 反算机构驱动定义

（1）在 MCD 平台上，单击功能区“主页”下的“位置控制”命令，在下拉列表中选择“反算机构驱动”，弹出反算机构驱动定义对话框。在“反算机构驱动”对话框的“选择对象”参数中，选择 6 轴刚体。

（2）在“点”对话框的下拉列表选择“两点之间”，指定点 1 和指定点 2 选择手爪两个点，单击“确定”按钮。

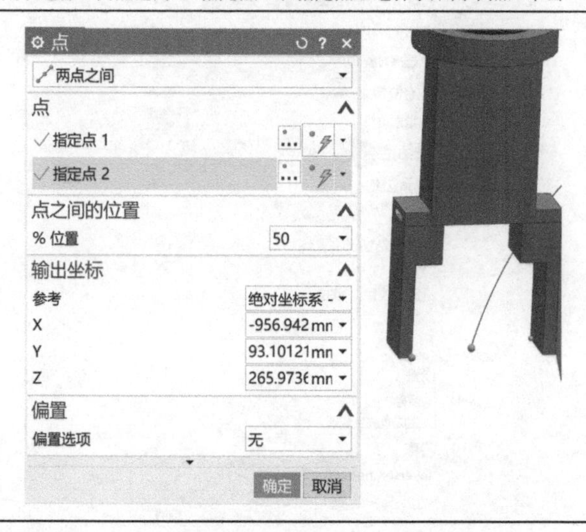

（续）

（3）在目标位置处添加轨迹点，依次添加工作台的四个角点，勾选“生产轨迹生成器”，名称设为“InverseKinematics”，单击“确定”按钮。

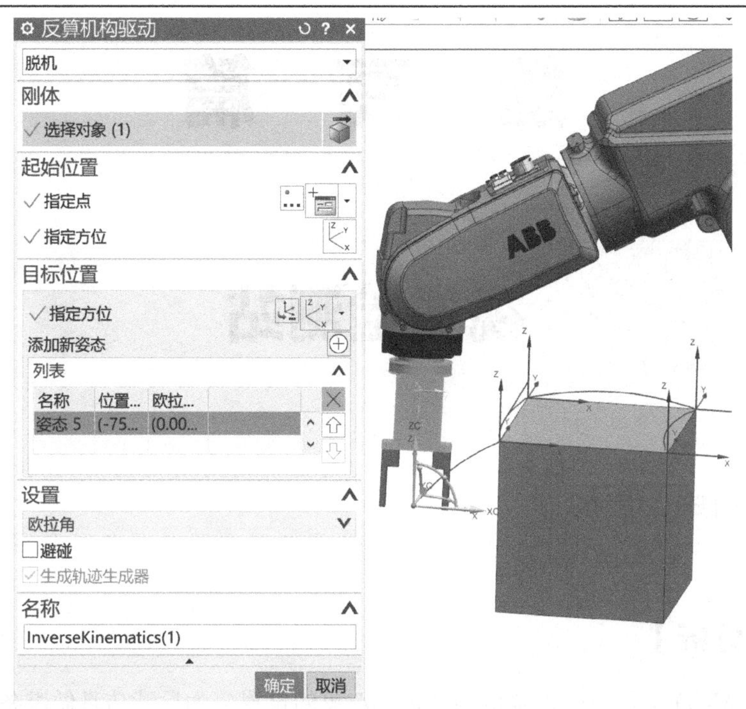

（4）取消勾选路径约束运动和速度控制左侧的复选框，单击功能区“主页”下的“播放”命令，开始运动仿真模拟，机器人按照指定的路径进行线性运动；单击功能区“主页”下的“停止”命令，结束仿真模拟，显示机器人优化后的运动轨迹。

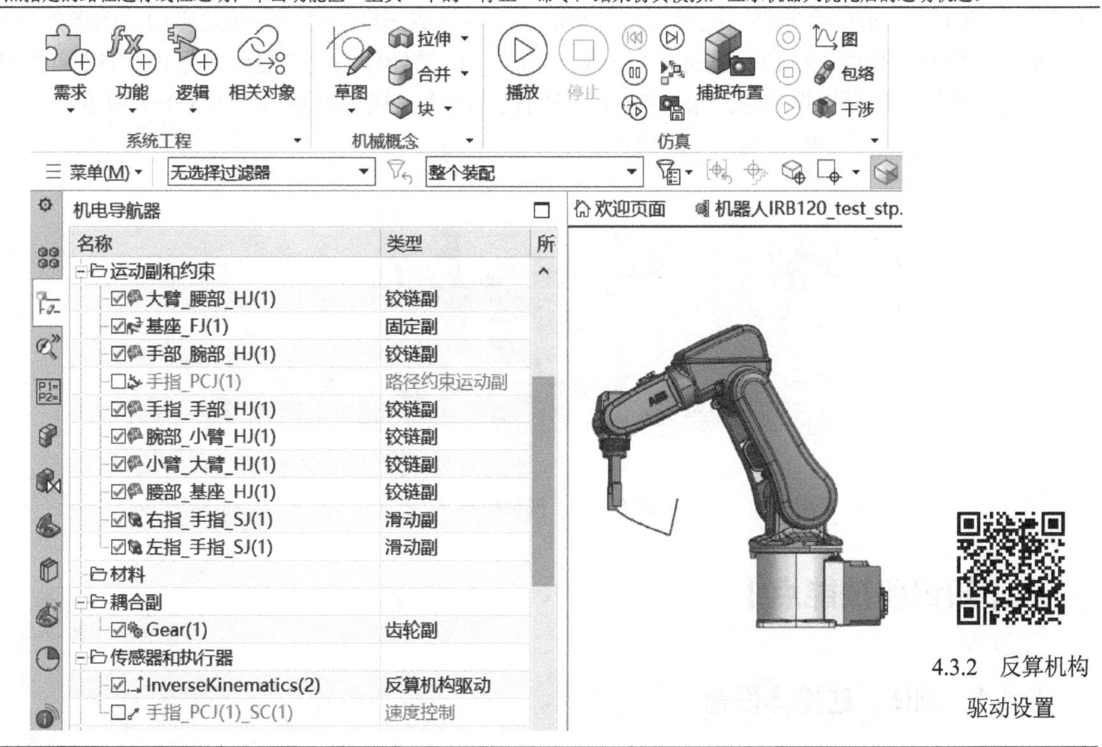

4.3.2　反算机构驱动设置

数字资源：4.3.2 反算机构驱动设置

提 高 篇

项目 5 视觉检测站

任务 5.1 机电对象设置

【情境分析】

本任务基于 MCD 平台完成视觉检测站机电对象的设置，为后续仿真做准备。

机器视觉系统是指通过机器视觉产品，即图像摄取装置，分 CMOS（互补金属氧化物半导体器件）和 CCD（电荷耦合器件）两种，将被摄取目标转换成图像信号并传输给专用的图像处理系统，把像素分布、亮度、颜色等信息转变成数字信号，图像处理系统对这些信号进行各种运算来抽取目标的特征，进而根据判别结果来控制现场的设备动作，视觉检测站如图 5-1-1 所示。

图 5-1-1 视觉检测站

【知识和技能点】

5.1.1 刚体、碰撞体设置

本知识点以视觉检测站为例，进一步介绍刚体、碰撞体的设置方法，如表 5-1-1 所示。

表 5-1-1　刚体、碰撞体设置步骤

1. 刚体设置
（1）打开“检测站”模型文件,单击功能区“主页”下的“刚体”命令，弹出刚体定义对话框。在“刚体”对话框的“选择对象”参数中，框选料盘零件，“质量属性”为“自动”，并将新建的刚体命名为“物料”，单击“确定”按钮。
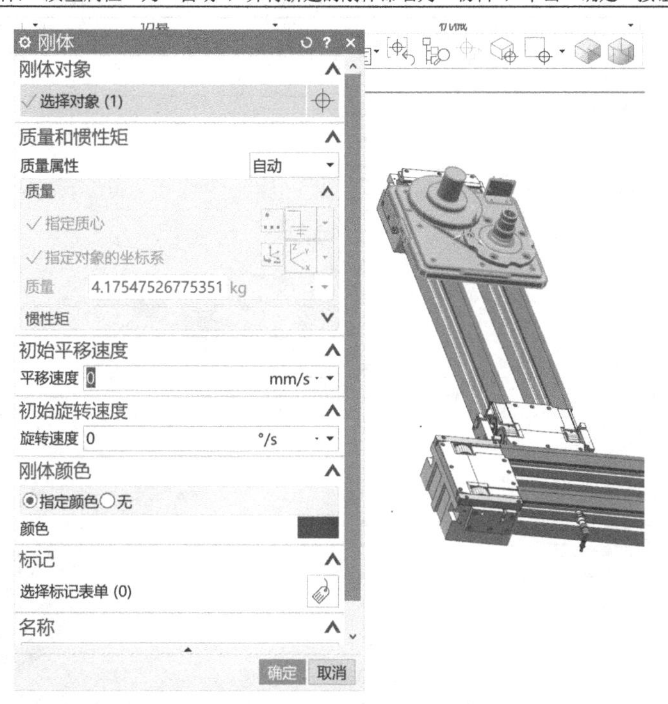
（2）在“刚体”对话框的“选择对象”参数中，过滤器设为“小平面体”，框选检测机构，“质量属性”为“用户定义”，并将新建的刚体命名为“检测机构”，单击“确定”按钮。
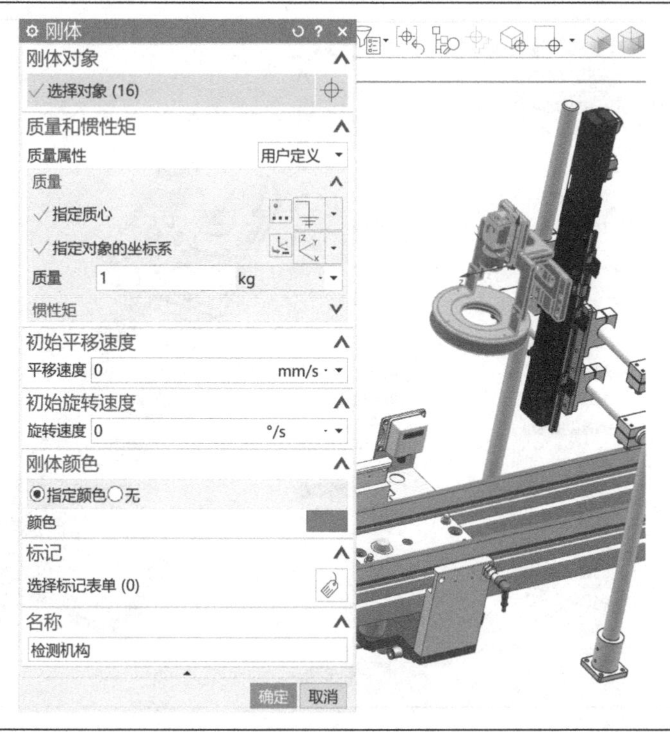

（续）

2．碰撞体设置

（1）单击功能区“主页”下的“碰撞体”命令，弹出碰撞体定义对话框。在“碰撞体”对话框的“选择对象”参数中，过滤器设为“实体”，框选底盘，“碰撞形状”为“方块”，“形状属性”为“自动”，“材料”为“默认材料”，单击“确定”按钮。

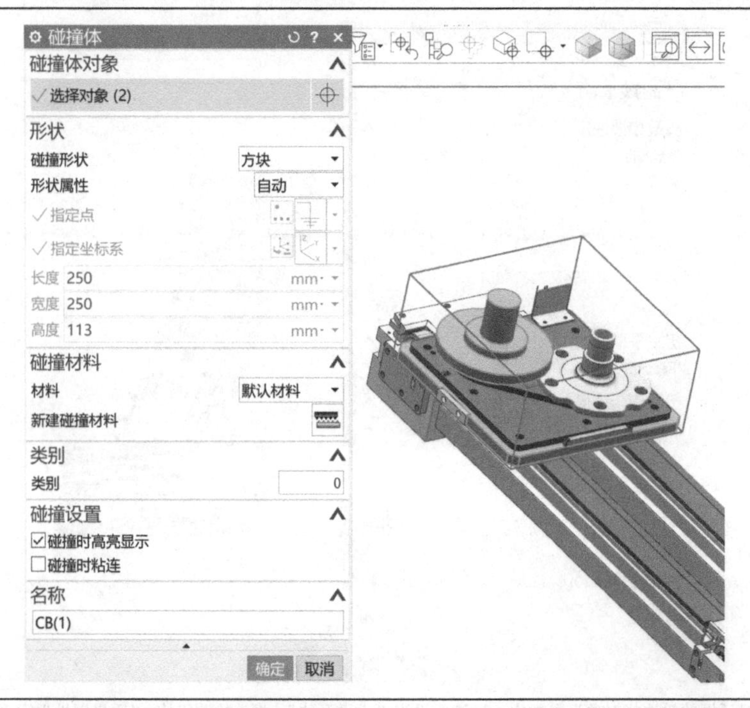

（2）在“碰撞体”对话框的“选择对象”参数中，过滤器设为“面”，框选垂直传输带上表面，“碰撞形状”为“方块”，“形状属性”为“自动”，“材料”为“默认材料”，单击“确定”按钮。

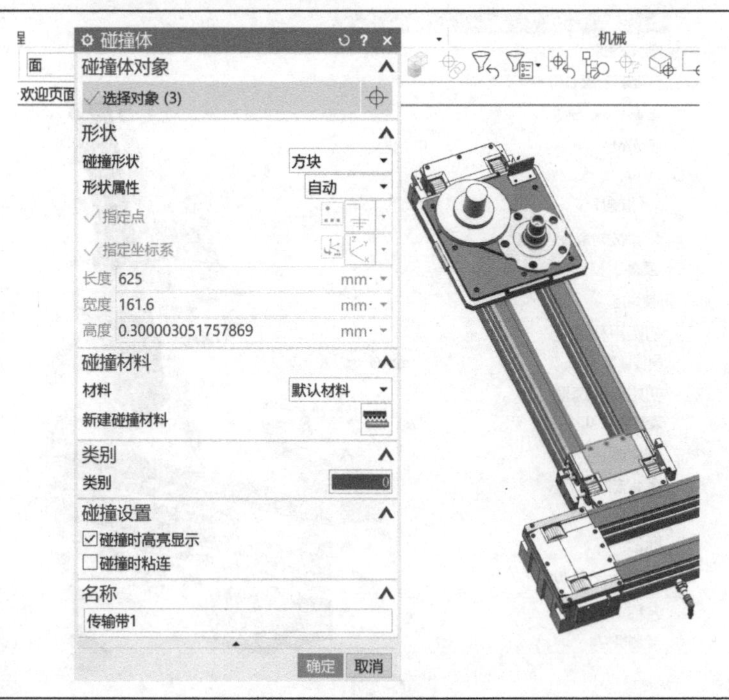

（续）

（3）在“碰撞体”对话框的“选择对象”参数中，过滤器设为“面”，框选水平传输带上表面，“碰撞形状”为“方块”，“形状属性”为“自动”，“材料”为“默认材料”，单击“确定”按钮。

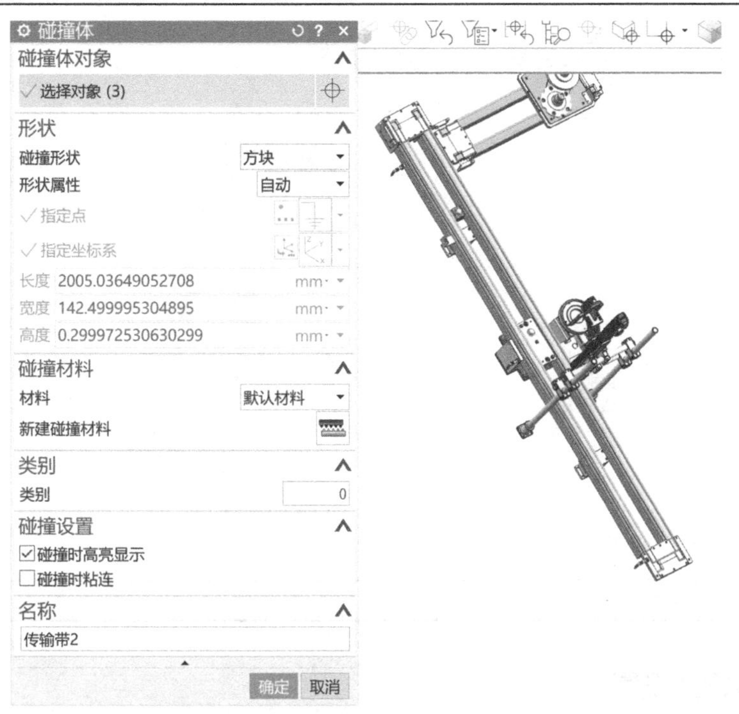

（4）将料盘零件隐藏，在“碰撞体”对话框的“选择对象”参数中，过滤器设为“面”，选择垂直传输带上部分端面，“碰撞形状”为“方块”，“材料”为“默认材料”，单击“确定”按钮。

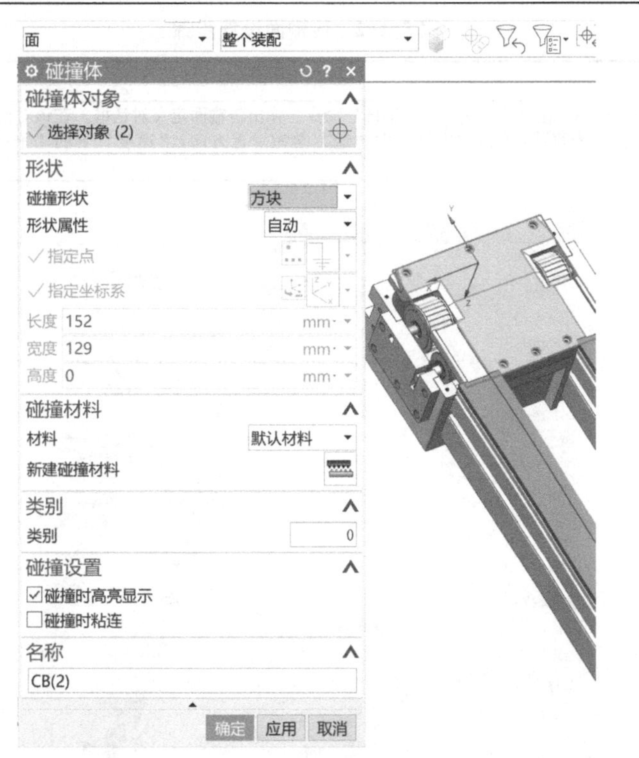

（续）

（5）在“碰撞体”对话框的“选择对象”参数中，过滤器设为“面”，选择垂直传输带下部分端面，“碰撞形状”为“方块”，“材料”为“默认材料”，单击“确定”按钮。

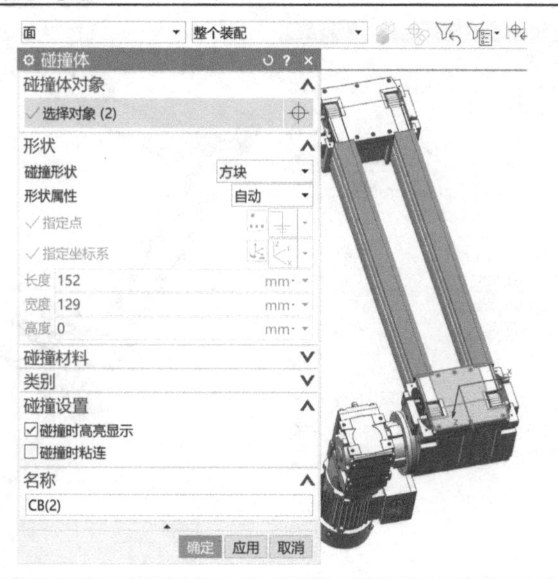

5.1.1 刚体碰撞体设置

数字资源：5.1.1 刚体碰撞体设置

5.1.2 传输面设置

本知识点以视觉检测站为例，进一步介绍传输面的设置方法，如表 5-1-2 所示。

表 5-1-2 传输面设置步骤

1. 垂直传输面设置

单击功能区“主页”下的碰撞下拉菜单，选择“传输面”命令，弹出传输面定义对话框。在该对话框的“选择面”中框选垂直传送带上平面，“运动类型”为直线，“指定矢量”中传送方向为垂直方向，“速度”下的“平行”为“100mm/s”，名称为“TS(1)”，单击“确定”按钮。

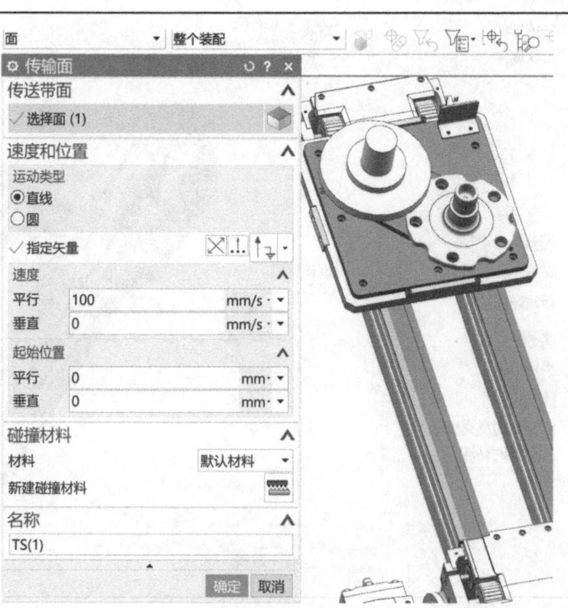

（续）

2．水平传输面设置

在“传输面”对话框的“选择面”中框选水平传输带上平面，“运动类型”为直线，“指定矢量”中传送方向为水平方向，“速度”下的“平行”为 0mm/s，“速度”下的“垂直”为-100mm/s，名称为“TS(2)”，单击“确定”按钮。

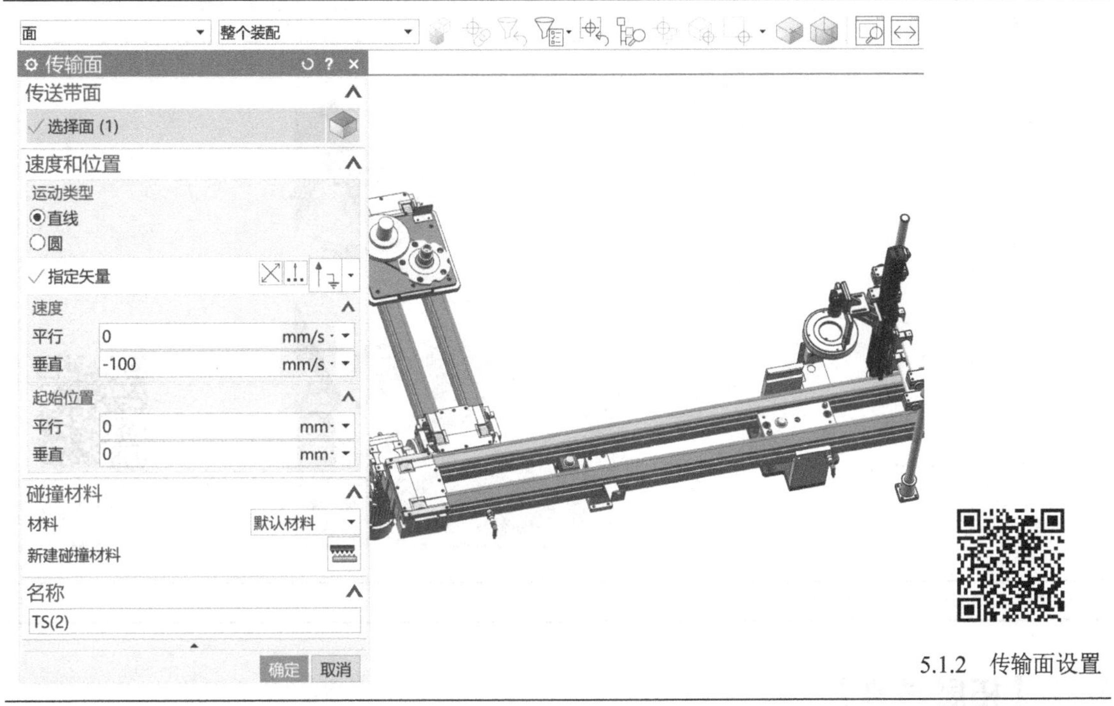

5.1.2　传输面设置

数字资源：5.1.2 传输面设置

5.1.3　碰撞传感器设置

本知识点以视觉检测站为例，进一步介绍碰撞传感器的设置方法，如表 5-1-3 所示。

表 5-1-3　碰撞传感器设置步骤

1．进料碰撞传感器设置

单击功能区“主页”下的“碰撞传感器”命令，弹出碰撞传感器定义对话框。在“碰撞传感器”对话框的“选择对象”中框选传输带进料传感器，“碰撞形状”为方块，“形状属性”为“用户定义”，选择指定点，并设置指定坐标系，输入合适的形状参数，“长度”为 120mm，宽度和高度为 10mm，名称为“CollisionSensor(1)”，单击“确定”按钮。

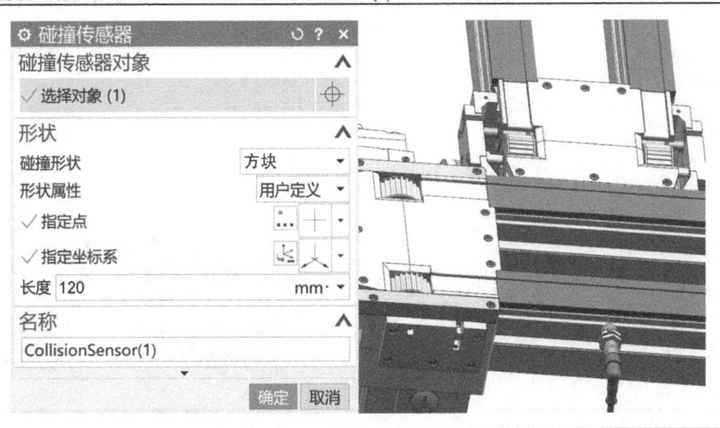

（续）

2．检测传感器设置
在“碰撞传感器”对话框的“选择对象”中框选传输带检测传感器，“碰撞形状”为方块，“形状属性”为“用户定义”，选择指定点，并设置指定坐标系，输入合适的形状参数，“长度”为 160mm，宽度和高度为 10mm，名称为“CollisionSensor(2)”，单击“确定”按钮。

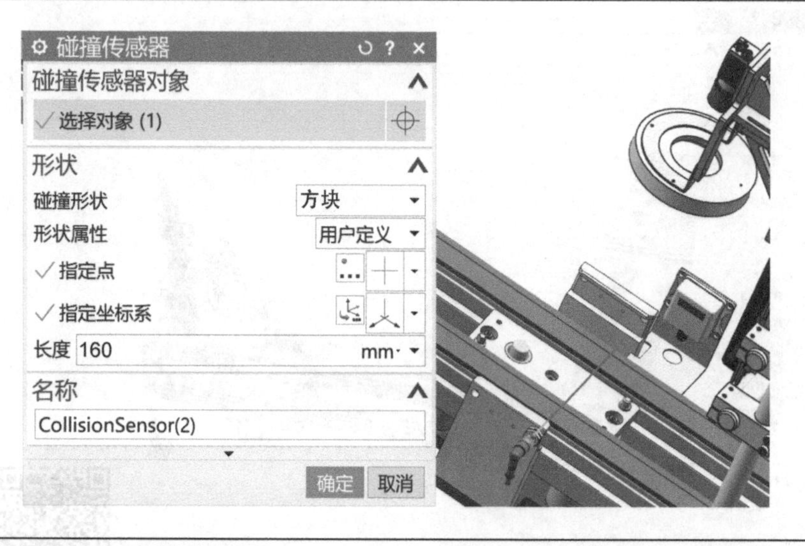

5.1.3 碰撞传感器设置

数字资源：5.1.3 碰撞传感器设置

【拓展学习】

5.1.4 传输面运动类型

拓展部分介绍传输面运动类型的设置方法，如表 5-1-4 所示。

表 5-1-4 传输面运动类型设置步骤

1．圆运动类型设置
（1）打开“传输带”模型文件，创建物料 1 和物料 2 刚体及对应的碰撞体，并选择圆形和矩形传输带的上表面，创建对应的碰撞体。

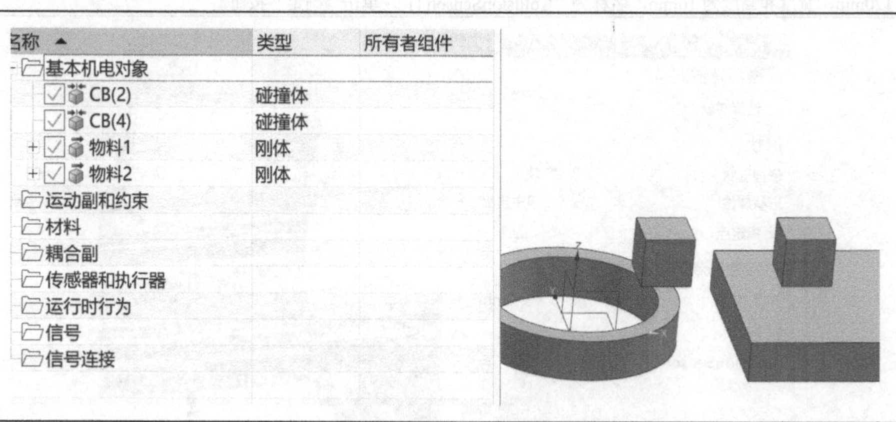

（续）

（2）单击功能区“主页”下的“碰撞”下拉菜单，选择“传输面”命令，弹出传输面定义对话框。在该对话框的“选择面”中框选圆形传输带上表面，“运动类型”为“圆”，“中心点”选择圆形传输带中心点，“中间半径”为 87.5mm，“中间速度”30mm/s，名称为“TS(1)”，单击“确定”按钮。

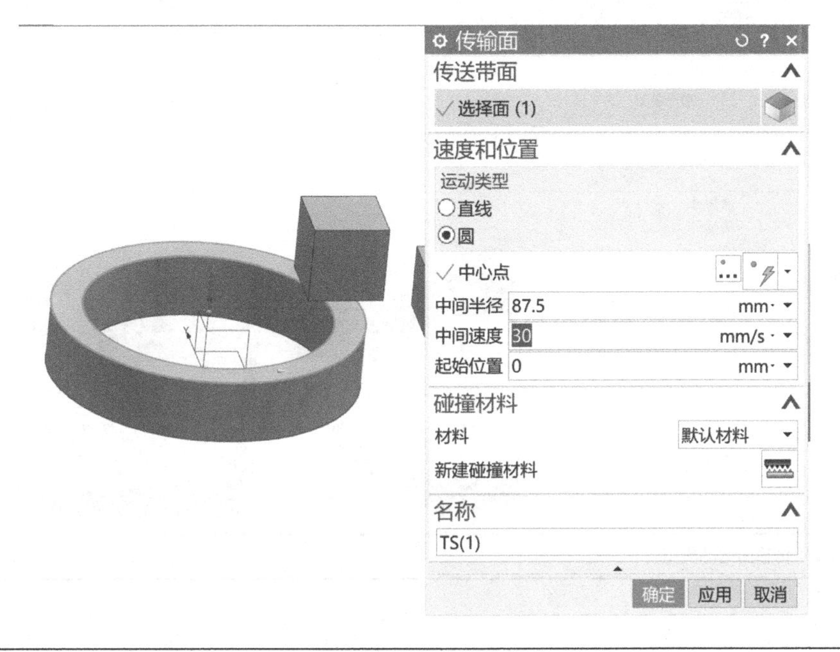

2. 垂直速度设置

（1）“传输面”对话框中“选择面”框选矩形传输带上表面，“运动类型”为“直线”，“指定矢量”选择矩形长边，“平行”为“40mm/s”，“垂直”为“-10mm/s”，名称为“TS(2)”，单击“确定”按钮。

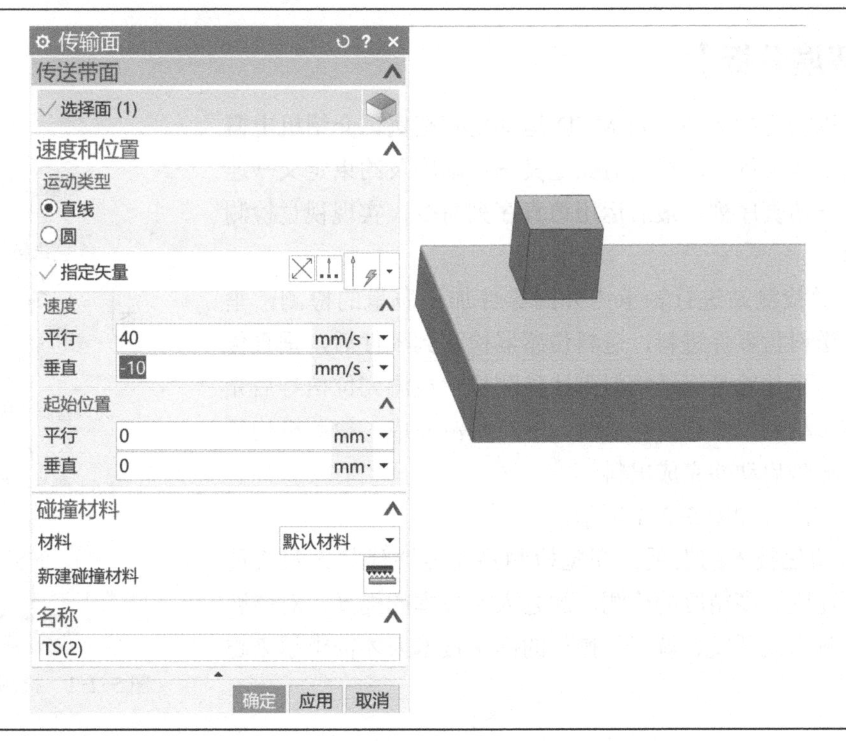

（续）

（2）单击功能区“主页”下的“播放”命令，开始运动仿真模拟：物料 1 沿圆形传输带进行逆时针运动，物料 2 沿矩形传输带进行对角线运动。单击功能区“主页”下的“停止”命令，结束仿真模拟，并显示机器人优化后的运动轨迹。

5.1.4 传输面运动类型

数字资源：5.1.4 传输面运动类型

任务 5.2 检测机构仿真序列设置

【情境分析】

本任务以视觉检测站作为 MCD 运动仿真范例，介绍机电概念设计仿真工作流程，即机电对象定义→运动副及约束定义→速度位置控制→仿真序列，最后运用仿真序列命令，实现视觉检测的运动仿真。

现用视觉检测站进行轴承内外圈零件加工质量的检测，垂直传输带运送料盘零件进料，进料传感器检测到零件后，垂直传输带停止，水平传输带运送物料到达检测位，检测到位信号后光源检测机构移动到位进行视觉检测，等待检测完成，检测机构复位，水平传输带启动并完成出料。

具体工作流程如图 5-2-1 所示。

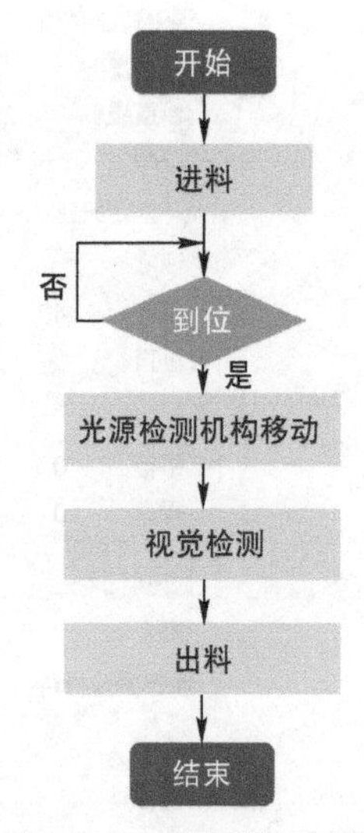

图 5-2-1 检测站流程

随着自动化技术的发展，视觉检测系统能够代替人眼实现生产线上高速度、高精度的检测，加之人工成本的提高，对能够从事视觉检测系统开发、调试、操作的高级技术人才需求越来越迫切。

【知识和技能点】

5.2.1　检测机构设置

本知识点以检测机构为例，进一步介绍检测机构的设置方法，如表 5-2-1 所示。

表 5-2-1　检测机构设置步骤

（1）单击功能区“主页”下的“铰链副”→“滑动副”命令，弹出滑动副定义对话框。在“滑动副”对话框的“连接件”参数中，框选刚体检测机构，基本件为空，轴矢量定义为垂直向下，偏置为 0mm，将新建的滑动副命名为“检测机构_SJ(1)”，单击“确定”按钮。

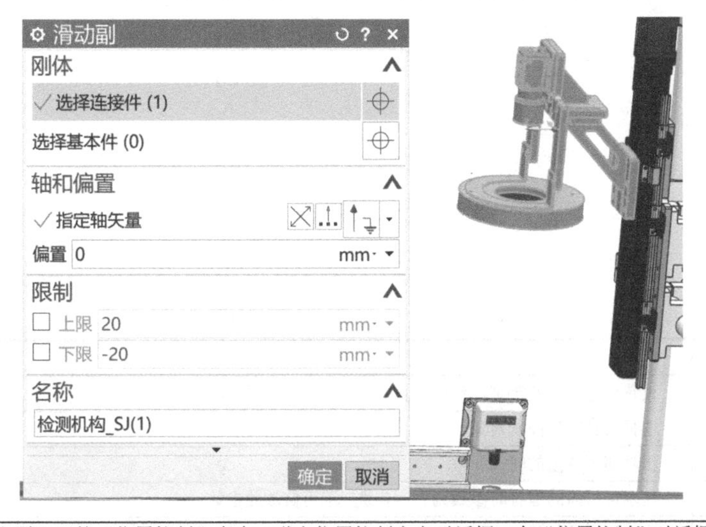

（2）单击功能区“主页”下的“位置控制”命令，弹出位置控制定义对话框。在“位置控制”对话框的“连接对象”参数中，框选滑动副检测机构，“目标”为 0mm，速度为 20mm/s，并将新建的位置控制命名为“检测机构_SJ(1)_PC(1)”，单击“确定”按钮。

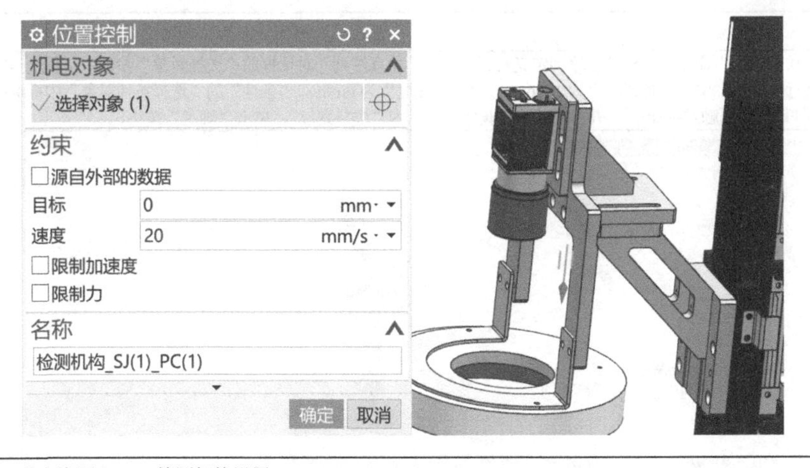

5.2.1　检测机构设置

数字资源：5.2.1 检测机构设置

5.2.2　仿真序列设置

本知识点以检测机构为例，介绍该仿真序列的设置方法，如表 5-2-2 所示。

表 5-2-2 仿真序列设置步骤

1．“仿真序列”对话框

“仿真序列”命令可以控制 MCD 中任何对象，并修改其中的参数，如凸轮轮廓、运动副、约束、速度/位置控制等。可以执行以下操作：

- 创建条件，触发对象参数更改；
- 创建条件，暂停仿真模拟；
- 与 PLC 输入、输出信号绑定，实现联调。

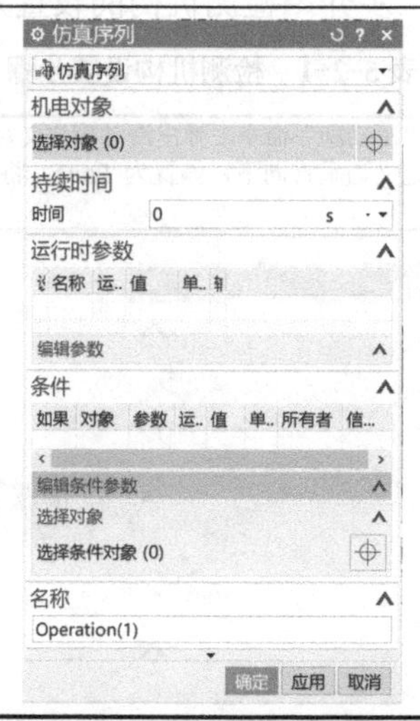

参数	定义
序列类型	设置创建序列的类型，包括仿真序列、暂停仿真序列
选择对象	选择仿真序列控制对象
时间	仿真序列持续的时间
运行时参数	显示可访问的运行时参数列表，勾选 示可修改此参数
选择对象	选择用于控制仿真序列执行的条件表达式对象
名称	设置仿真序列名称

2．仿真序列设置

（1）单击功能区“主页”下的“仿真序列”命令，弹出仿真序列定义对话框。在“仿真序列”对话框的“选择对象”参数中，框选传输面 TS(2)，持续“时间”为 0s，“运行时参数”中“平行速度”为 100mm/s，“垂直速度”为 0mm/s。“条件”的“选择条件对象”中框选碰撞传感器“CollisionSensor(1)”，条件设为“已触发==true”，并将新建的仿真序列命名为“进料到位”，单击“确定”按钮。

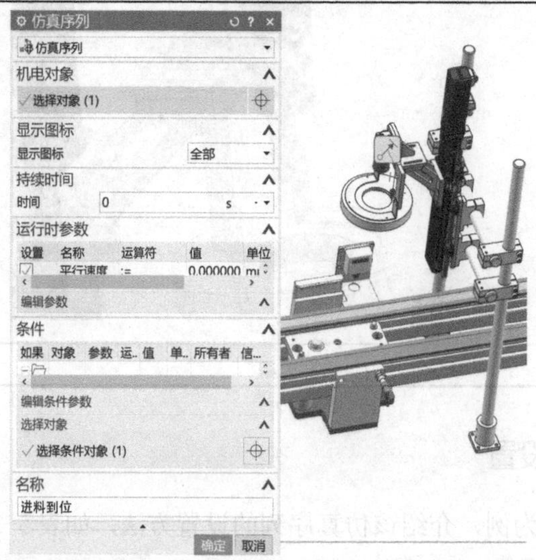

（续）

（2）在“仿真序列”对话框的“选择对象”参数中，框选传输面 TS(2)，“持续时间”为 0s，“运行时参数”中“平行速度”为 0mm/s，“垂直速度”为 0mm/s。“条件”的“选择条件对象”中框选碰撞传感器“CollisionSensor(2)”，条件设为“已触发==true”，并将新建的仿真序列命名为“检测到位”，单击“确定”按钮。

（3）在“仿真序列”对话框的“选择对象”参数中，框选位置控制检测机构，“持续时间”为 5s，“运行时参数”中“定位”为 50mm。“条件”的“选择条件对象”中框选碰撞传感器“CollisionSensor(2)”，条件设为“已触发==true”，并将新建的仿真序列命名为“检测机构运行”，单击“确定”按钮。

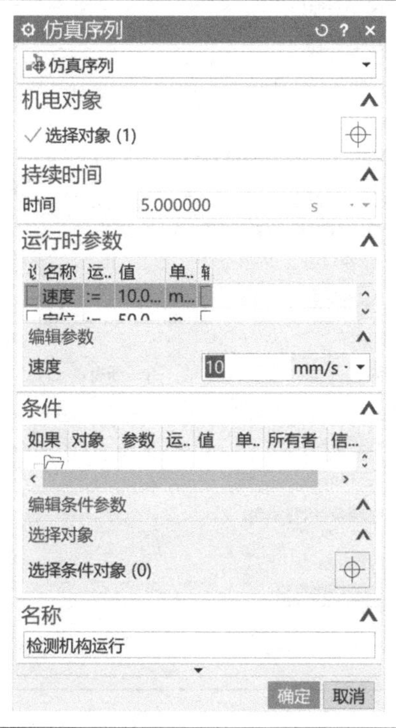

（续）

（4）在“仿真序列”对话框的“选择对象”参数为空，“持续时间”为 5s，将新建的仿真序列命名为“等待检测”，单击“确定”按钮。

（5）在“仿真序列”对话框的“选择对象”参数中，框选位置控制检测机构，“持续时间”为 0s，“运行时参数”中“定位”为 0mm，将新建的仿真序列命名为“检测机构复位”，单击“确定”按钮。

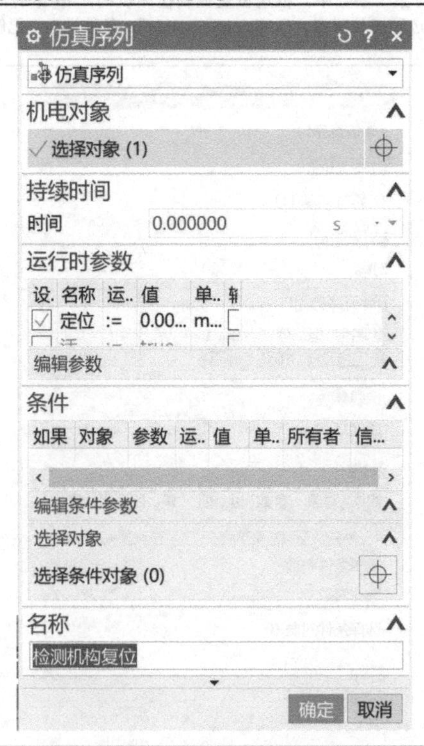

（续）

（6）在“仿真序列”对话框的“选择对象”参数中，框选传输面 TS(2)，“持续时间”为“0s”，“运行时参数”中“平行速度”为 100mm/s，将新建的仿真序列命名为“出料”，单击“确定”按钮。

（7）单击左侧导航栏“序列编辑器”，将仿真序列的“检测到位”“检测机构运行”“等待检测”“检测机构复位”和“出料”按工作流程排序并链接。

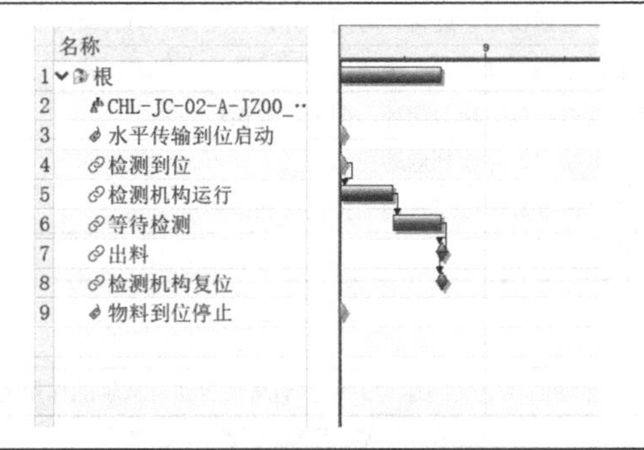

（8）单击功能区“主页”下的“播放”命令，开始运动仿真模拟，托盘物料沿垂直传输带进料，然后沿水平传输带到达检测位，光源检测机构移动到位进行检测，检测完毕后检测机构复位，水平传输带启动并完成出料。单击功能区“主页”下的“停止”命令，结束仿真模拟。

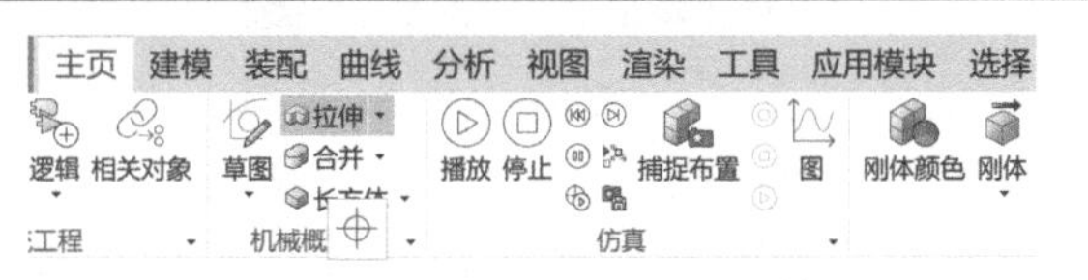

5.2.2　仿真序列设置

数字资源：5.2.2 仿真序列设置

【拓展学习】

5.2.3　凸轮运动副设置

拓展部分介绍凸轮运动副的设置方法，如表 5-2-3 所示。

表 5-2-3　凸轮运动副设置步骤

1. “运动曲线”对话框

“运动曲线”命令可定义主轴和从轴的运动关系。

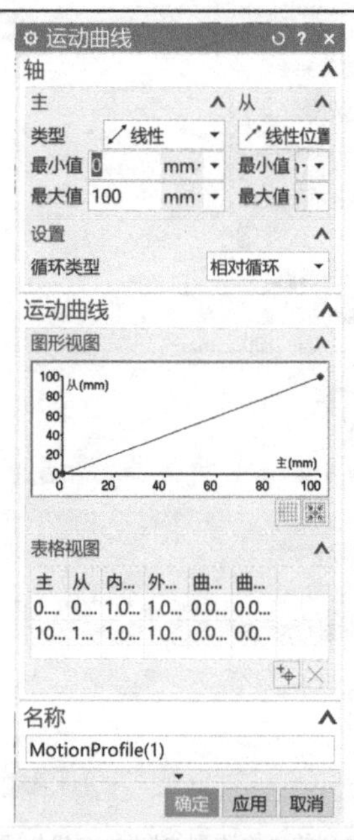

参数	定义
主轴	选择主轴的运动类型，包括线性、旋转和时间，并设置主轴运动的最大值和最小值
从轴	选择从轴的运动类型，包括线性位置、旋转位置、线性速度和选择速度，并设置从轴运动的最大值和最小值
循环类型	选择运动曲线的循环类型，包括相对循环、循环、非循环
图形视图	可通过鼠标右键添加运动点，并绘制运动曲线
表格视图	显示运动曲线各点的具体参数，可通过添加按钮添加运动点
名称	设置运动曲线的名称

2. “机械凸轮”对话框

机械凸轮连接主轴和从轴，主轴通过运动曲线定义的运动关系驱动从轴运动，从轴的作用力会通过机械凸轮反向传递给主轴。

（续）

参数	定义
选择主对象	选择作为主运动的运动副
选择从对象	选择作为从运动的运动副
曲线	选择定义好的运动曲线或重新创建
主/从偏移	设置主/从轴在运动曲线上的偏置
主/从比例因子	设置主/从轴传动比
滑动	是否允许轻微的滑动
根据曲线创建凸轮圆盘	是否根据定义好的运动曲线创建凸轮
名称	设置机械凸轮的名称

3．机械凸轮设置

（1）单击功能区“主页”下的“刚体”命令，弹出刚体定义对话框。在“刚体”对话框的“选择对象”参数中，框选连杆，“质量属性”为“自动”，并将新建的刚体命名为连杆，单击“确定”按钮。

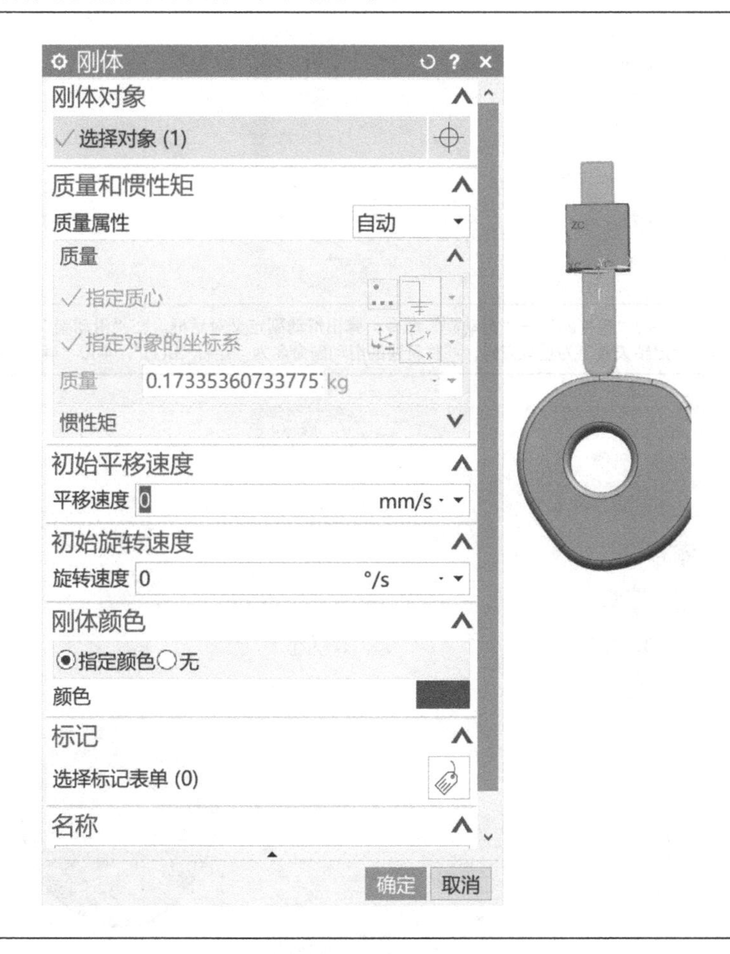

（续）

（2）在“刚体”对话框的“选择对象”参数中，框选凸轮，“质量属性”为“自动”，并将新建的刚体命名为凸轮，单击“确定”按钮。

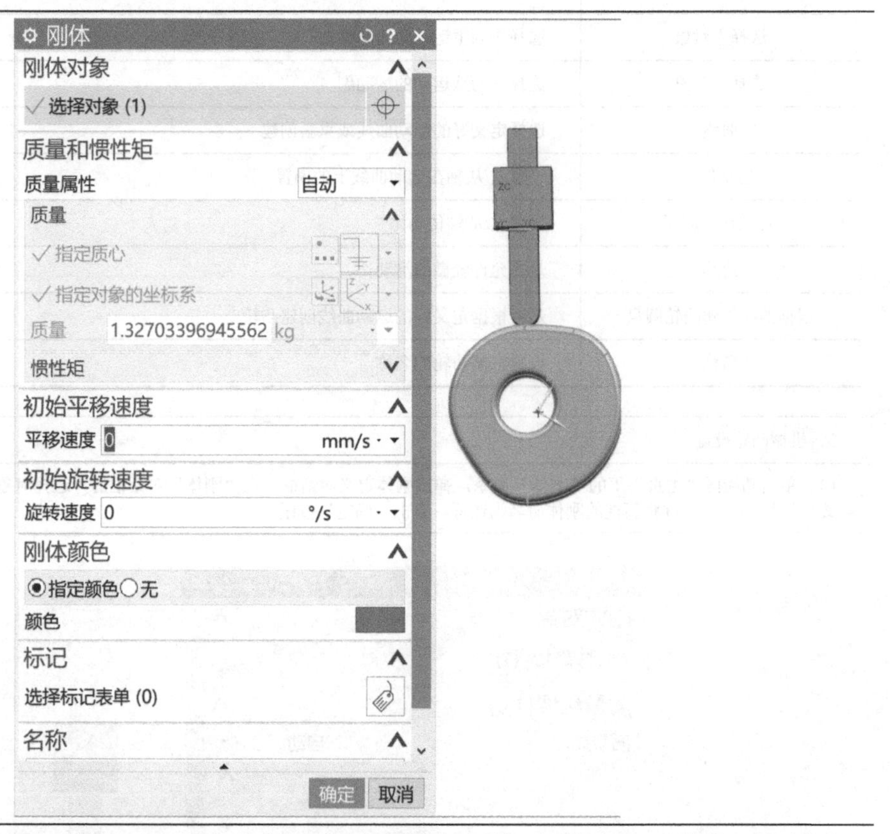

（3）单击功能区“主页”下的“铰链副”→“滑动副”命令，弹出滑动副定义对话框。在“滑动副”对话框的“选择连接件”参数中，框选连杆刚体，“指定轴矢量”为垂直方向，并将新建的滑动副命名为“连杆_SJ(1)”，单击“确定”按钮。

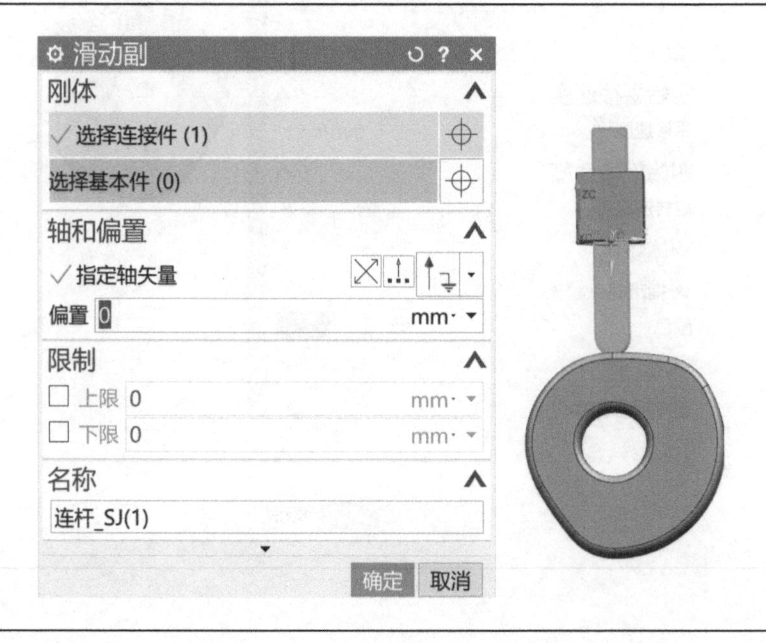

（续）

（4）单击功能区“主页”下的“铰链副”命令，弹出铰链副定义对话框。在“铰链副”对话框的“选择连接件”参数中，框选凸轮刚体，“指定轴矢量”为垂直凸轮方向，指定锚点为凸轮中心点，并将新建的铰链副命名为“凸轮_HJ(1)”，单击“确定”按钮。

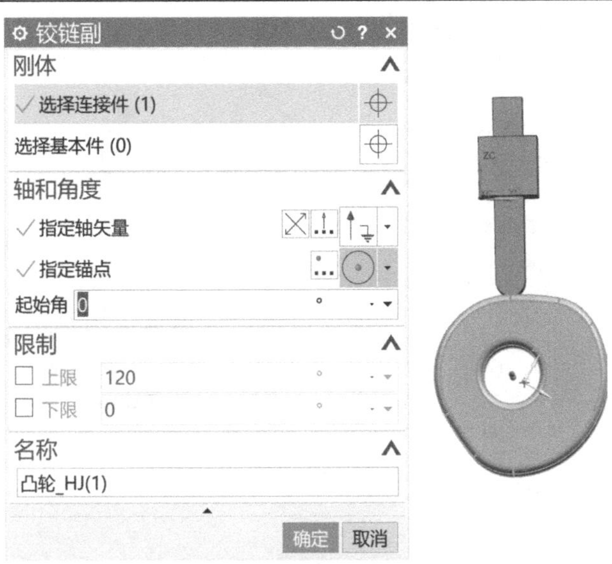

（5）单击功能区“主页”下的“约束”→“耦合副”→“运动曲线”命令，弹出运动曲线定义对话框。在运动曲线定义对话框中，主轴“类型”为旋转，“最小值”为 0°，“最大值”为 360°；从轴“类型”为线性位置，“最小值”为 0mm，“最大值”为 42.5mm；“运动曲线”添加 5 个控制点：0-0，47-12.5，196→12.5，240-0，360-0，并将新建的运动曲线命名为“MotionProfile(1)”，单击“确定”按钮。

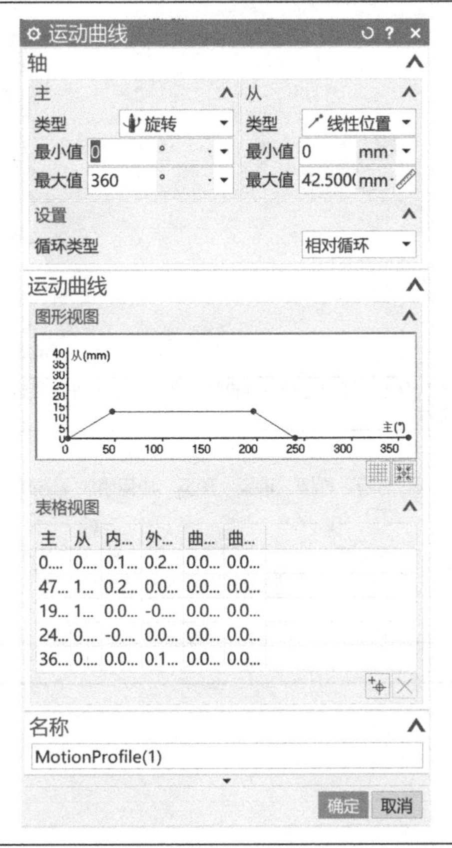

（续）

（6）单击功能区“主页”下的“约束”→“耦合副”→“机械凸轮”命令，弹出机械凸轮定义对话框。在“机械凸轮”对话框中，“选择主对象”选择铰链副凸轮，“选择从对象”选择滑动副连杆，“运动曲线”为新建的运动曲线 MotionProfile(1)，并将新建的机械凸轮命名为“MechanicalCam(1)”，单击“确定”按钮。

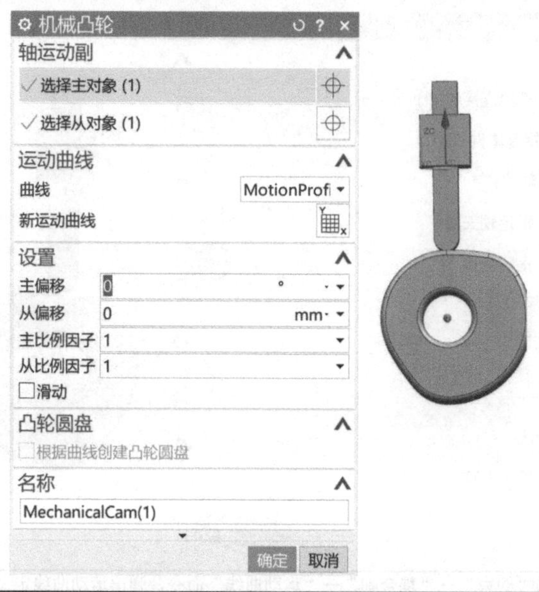

（7）单击功能区“主页”下的“位置控制”→“速度控制”命令，弹出速度控制定义对话框。在“速度控制”对话框中，“选择对象”为铰链副凸轮，“速度”为 30°/s，并将新建的速度控制命名为“凸轮_HJ(1)_SC(1)”，单击“确定”按钮。

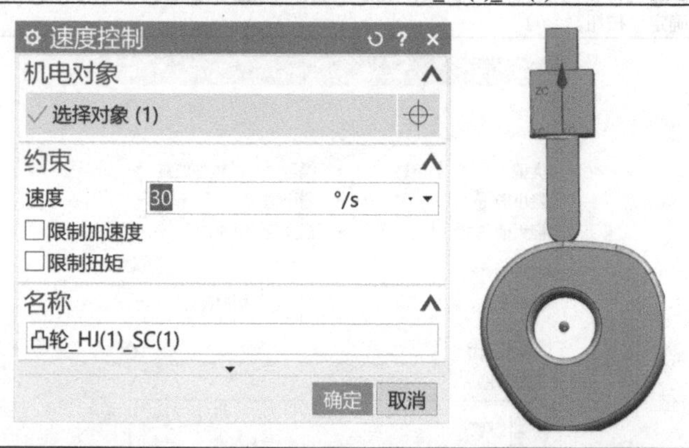

（8）单击功能区“主页”下的“播放”命令，开始运动仿真模拟，凸轮带动连杆按照运动曲线的轨迹做上下运动。单击功能区“主页”下的“停止”命令，结束仿真模拟。

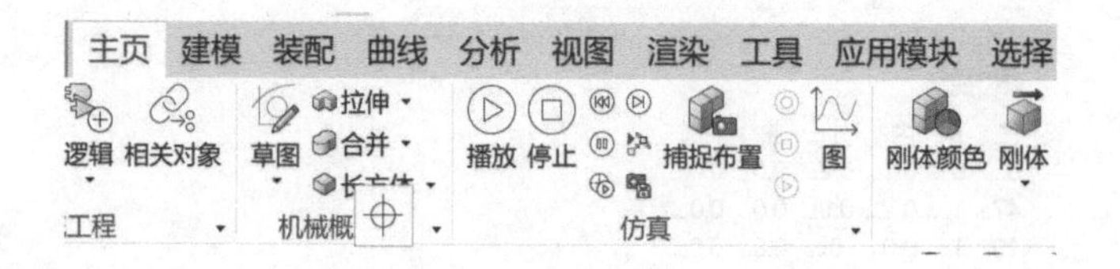

5.2.3　凸轮运动副

数字资源：5.2.3 凸轮运动副

项目 6　控制面板

任务 6.1　机电对象

【情境分析】

本任务根据控制面板结构，使用机电对象设置命令完成控制面板机电对象的设置，为后续仿真做准备。

机器人工作站都需配备控制面板上的按钮用于控制工作站的启动、停止、功能切换、状态显示等作用。图 6-1-1 所示为典型工作站面板，包括用于启动、切换的启停按钮，写字→示教→流水线功能切换的切换按钮，急停按钮和指示灯。

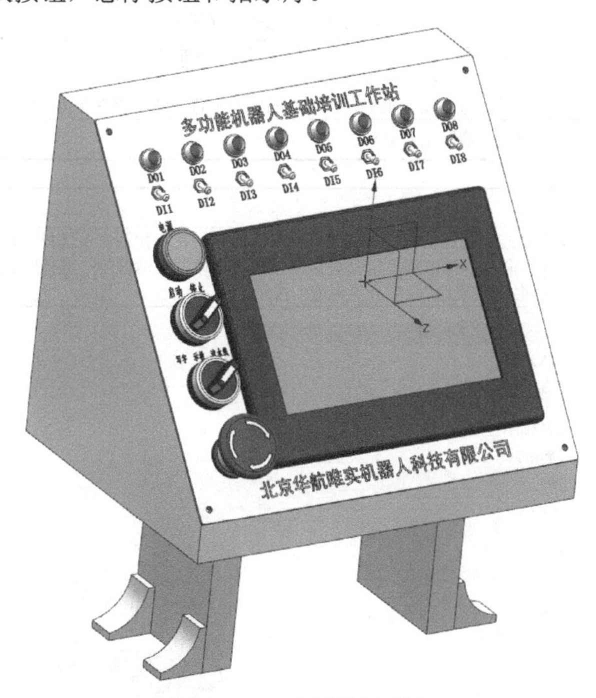

图 6-1-1　典型控制面板

【知识和技能点】

6.1.1　弹簧阻尼器设置

本知识点以面板按钮为例，介绍弹簧阻尼器的设置方法，如表 6-1-1 所示。

表 6-1-1 弹簧阻尼器设置步骤

1.“弹簧阻尼器”对话框

“弹簧阻尼器”命令通过使用弹簧力对关节施加力或扭矩，通过“松弛位置”处弹簧力为零。

参数	定义
选择对象	选择添加弹簧阻尼的运动副，包括铰链副或滑动副
参数	弹簧常数：设置弹簧产生单位位移量所需的力； 阻尼：设置弹簧的刚度阻尼； 松弛位置：设置阻尼系数为 0 的松弛位置，即不应有弹簧力的位置
名称	设置弹簧阻尼器名称

2. 机电对象设置

（1）打开“面板”模型文件，单击功能区“应用模块”下的“更多”命令，在下拉列表中选择“机电概念设计”，进入 MCD 环境。单击功能区“主页”下的“刚体”命令，弹出刚体定义对话框。在“刚体”对话框的“选择对象”参数中，框选旋钮，“质量属性”为“自动”，并将新建的刚体命名为“旋钮”，单击“确定”按钮。

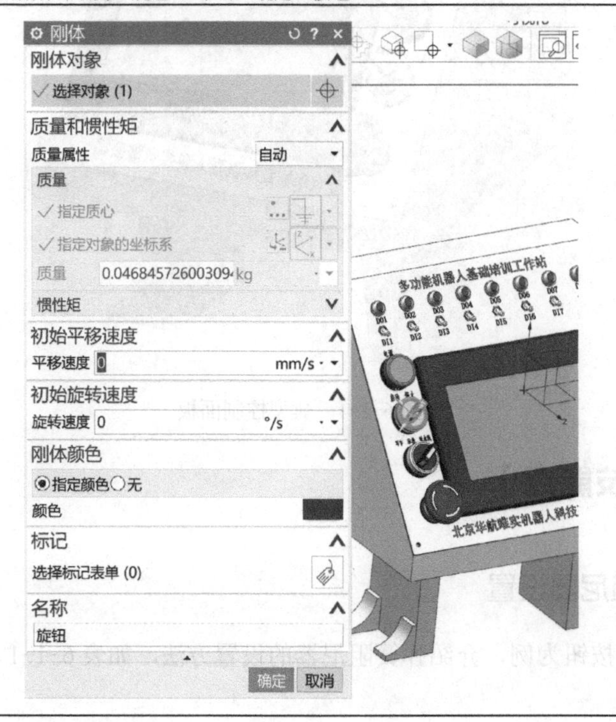

（续）

（2）在“刚体”对话框的“选择对象”参数中，框选急停按钮，“质量属性”为“自动”，并将新建的刚体命名为“急停按钮”，单击“确定”按钮。

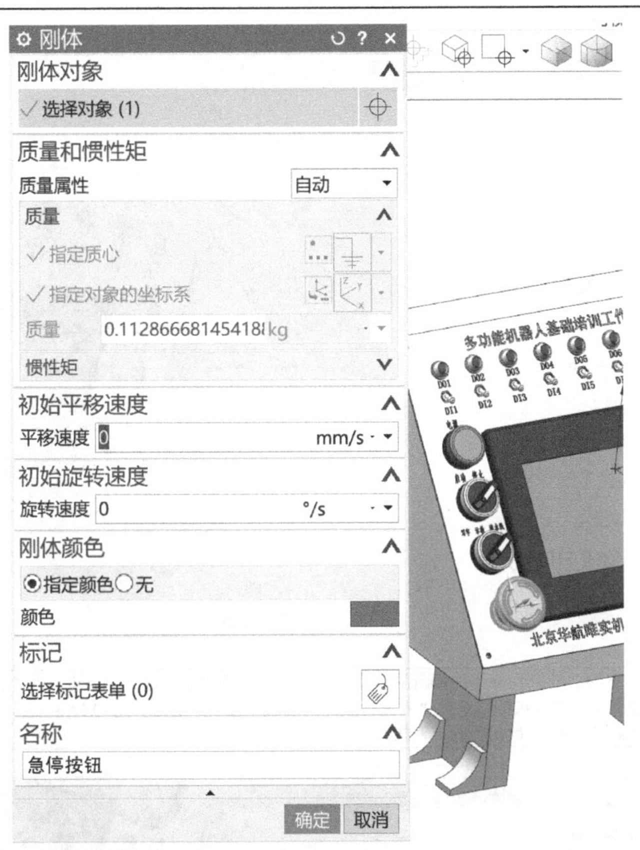

（3）单击功能区“主页”下的“铰链副”→“滑动副”命令，弹出滑动副定义对话框。在“滑动副”对话框的“选择连接件”参数中，框选刚体急停按钮，“指定轴矢量”设置为面板垂直面（反向），偏置为 0mm，上、下限为 20mm 和 0mm，并将新建的滑动副命名为“急停按钮_SJ(1)”，单击“确定”按钮。

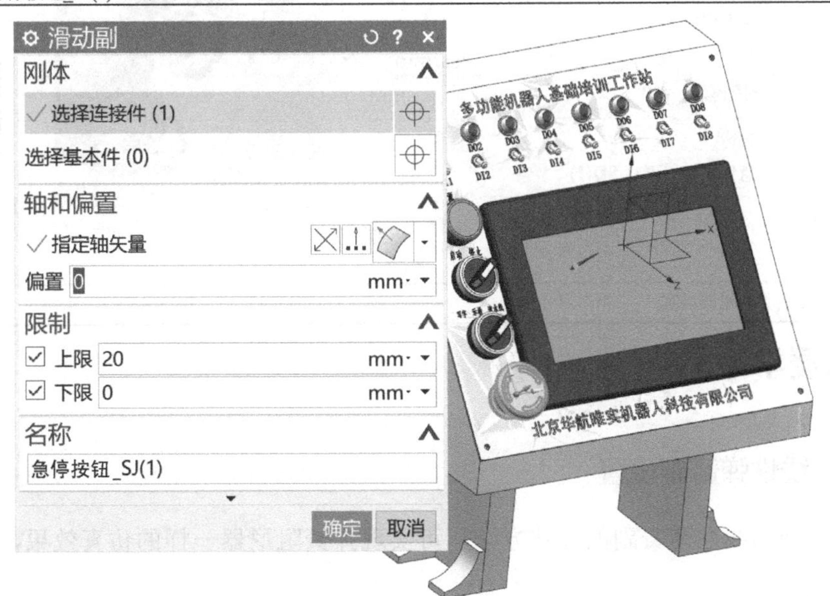

（续）

（4）单击功能区“主页”下的“铰链副”命令，弹出铰链副定义对话框。在“铰链副”对话框的“选择连接件”参数中，框选刚体旋钮，“指定轴矢量”设置为面板垂直面，“指定锚点”为中心点，起始角为 0°，上、下限为 120°和 0°，并将新建的铰链副命名为“旋钮_HJ(1)”，单击“确定”按钮。

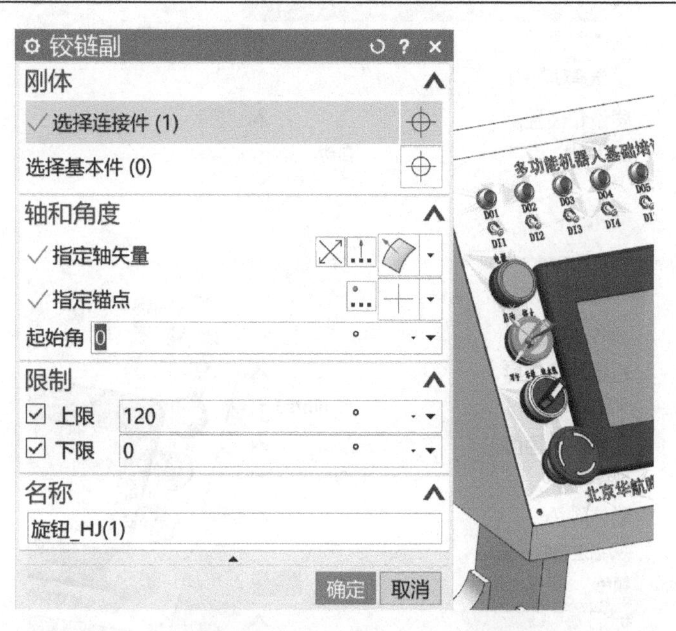

（5）单击功能区“主页”下的“约束”→“弹簧阻尼器”命令，弹出弹簧阻尼器定义对话框。在“弹簧阻尼器”对话框的“选择轴运动副”参数中，选择滑动副急停按钮，参数“弹簧常数”为 0.1N/mm，“阻尼”为 0.1N·s/mm，“松弛位置”为-10mm，将新建的弹簧阻尼器命名为“急停按钮”，单击“确定”按钮。

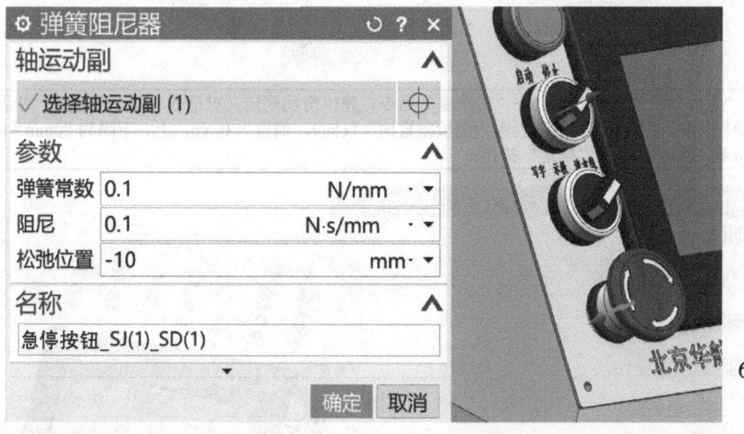

6.1.1 弹簧阻尼器设置

数字资源：6.1.1 弹簧阻尼器设置

【拓展学习】

6.1.2 线性弹簧副设置

拓展部分介绍线性弹簧副的设置方法，可实现弹簧阻尼器一样的仿真效果，如表 6-1-2 所示。

表 6-1-2 线性弹簧副设置步骤

1．“线性弹簧副”对话框

“线性弹簧副”命令用于设置线性弹簧力，“松弛位置”的弹簧力为零。

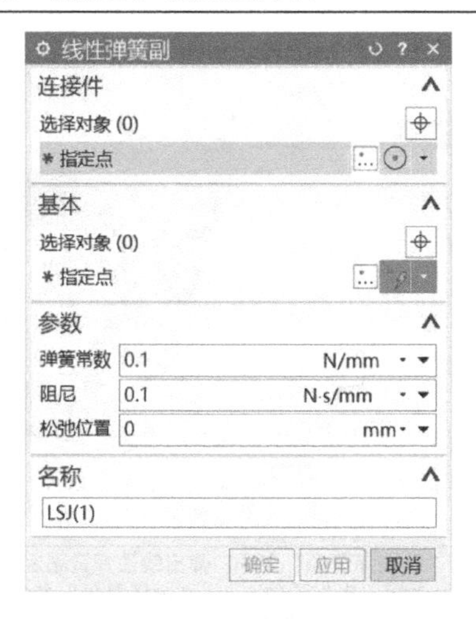

参数	定义
连接件	选择对象：选择需要连接到线性弹簧副的刚体； 指定点：选择中心点
基本	选择对象：选择连接件连接到的刚体，若为空，则连接件连接到背景； 指定点：选择中心点
参数	弹簧常数：设置弹簧产生单位位移所需的力； 阻尼：设置弹簧的刚度阻尼； 松弛位置：设置阻尼系数为0的松弛位置，即不应有弹簧力的位置
名称	设置线性弹簧副的名称

2．线性弹簧副设置

（1）在机电导航器中，取消弹簧阻尼器“急停按钮”前的勾选框，并将滑动副“急停按钮”的轴矢量方向设为反向，单击功能区“主页”下的“刚体”命令，弹出刚体定义对话框。在“刚体”对话框的“选择对象”参数中，框选面板，“质量属性”为“自动”，并将新建的刚体命名为“面板”，单击“确定”按钮。

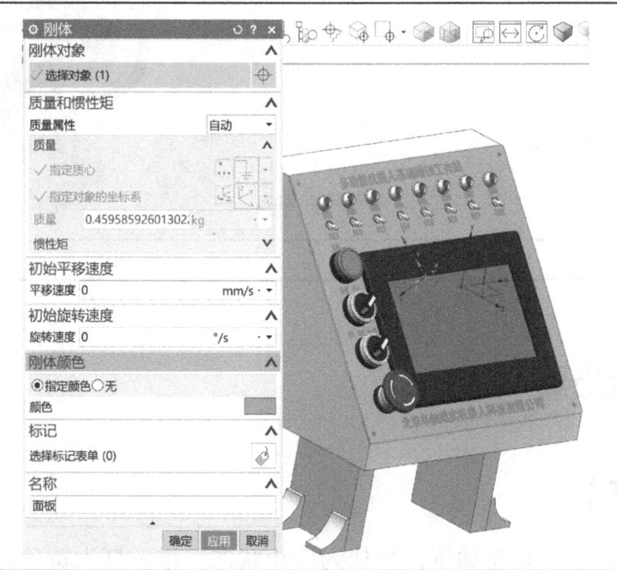

（续）

（2）单击功能区“主页”下的“铰链副→固定副”命令，弹出固定副定义对话框。在“固定副”对话框的“选择连接件”参数中，框选刚体面板，“选择基本件”为空，并将新建的固定副命名为“面板_FJ(1)”，单击“确定”按钮。

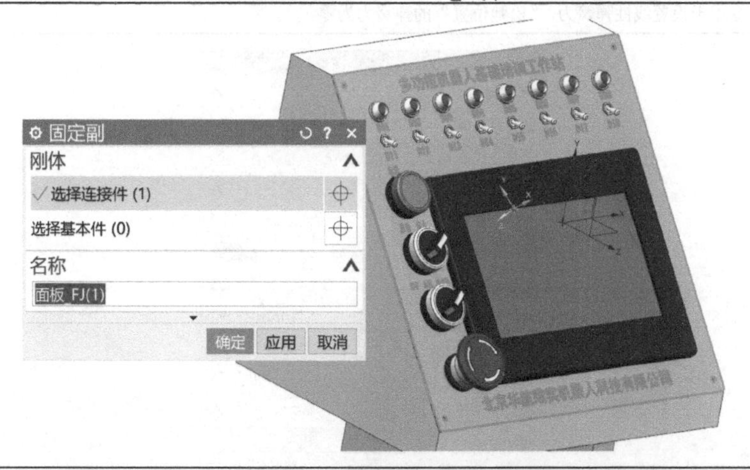

（3）单击功能区“主页”下的“约束”→“线性弹簧副”命令，弹出线性弹簧副定义对话框。在“线性弹簧副”对话框的连接件“选择对象”参数中，选择刚体急停按钮，“指定点”为中心点；“选择对象”参数中，选择刚体面板，“指定点”为中心点，“弹簧常数”为 0.1N/mm，“阻尼”为 0.1N·s/mm，“松弛位置”为 10mm，并将新建的线性弹簧副命名为“急停按钮_面板”，单击“确定”按钮。

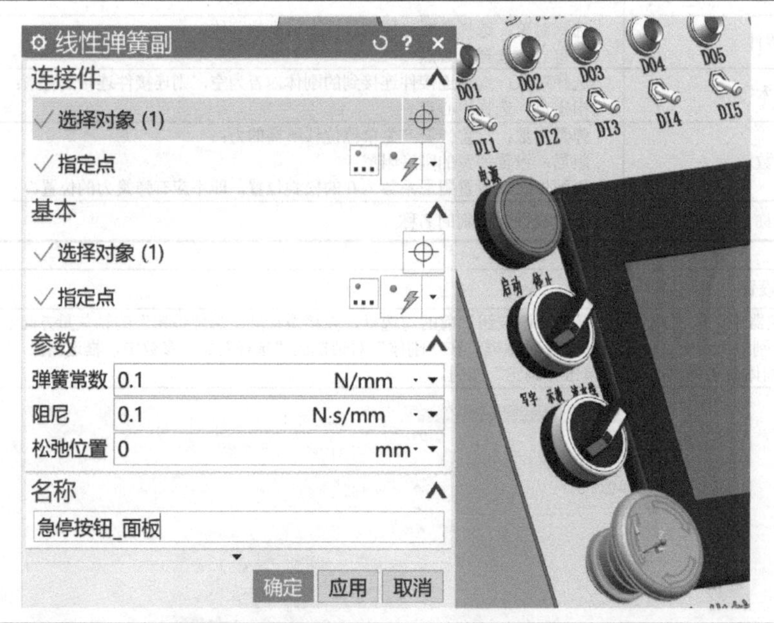

6.1.2 线性弹簧副

数字资源：6.1.2 线性弹簧副

任务 6.2 面板仿真

【情境分析】

工作站控制面板的工作状态如下：默认为停止状态、指示灯为黄色；当启停旋钮旋到启动位，工作站启动，指示灯为绿色；当启停旋钮旋到停止位，工作站停止，指示灯为黄色；急停按钮按下后，工作站急停，按钮保持，指示灯为红色；急停按钮复位后，工作站复位，指示灯变为绿色。

急停开关是主令控制电器的一种，当机器处于危险的状态时，通过急停开关切断其电源，停止设备运转，达到保护人身和设备安全的目的。在设备操作时，安全生产是第一位。

【知识和技能点】

6.2.1 显示更改器设置

本知识点以面板指示灯为例，介绍显示更改器的设置方法，如表 6-2-1 所示。

表 6-2-1　显示更改器设置步骤

1. “显示更改器”对话框

“显示更改器”命令用于在模拟过程中更改对象的显示特性，如颜色、透明度、可见性等。

参数	定义
选择对象	选择被更改显示特性的对象
执行模式	定义对象显示特性变化的频率
颜色	设置显示特性变化后对象的颜色
半透明	设置显示特性变化后对象的透明度
可见性	设置发显示特性变化后对象是否可见
名称	设置显示更改器名称

2. 显示更改器设置

（1）单击功能区“主页”→“定制行为”→“显示更改器”命令，弹出显示更改器定义对话框。在“显示更改器”对话框的“选择对象”参数中，框选指示灯，颜色为默认，并将新建的显示更改器命名为“指示灯”，单击“确定”按钮。

（续）

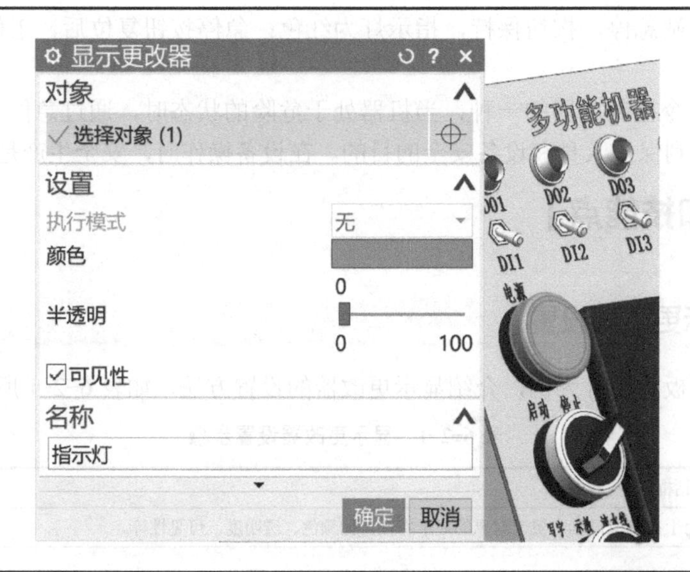

（2）单击功能区“主页”下的“仿真序列”命令，弹出仿真序列定义对话框。在“仿真序列”对话框的“选择对象”参数中，框选弹簧阻尼器急停按钮，“持续时间”为 0s，“运行时参数”中活动的为 true。“条件”的“选择条件对象”中框选滑动副急停按钮，条件设为“定位<1”，并将新建的仿真序列命名为“急停旋开”，单击“确定”按钮。

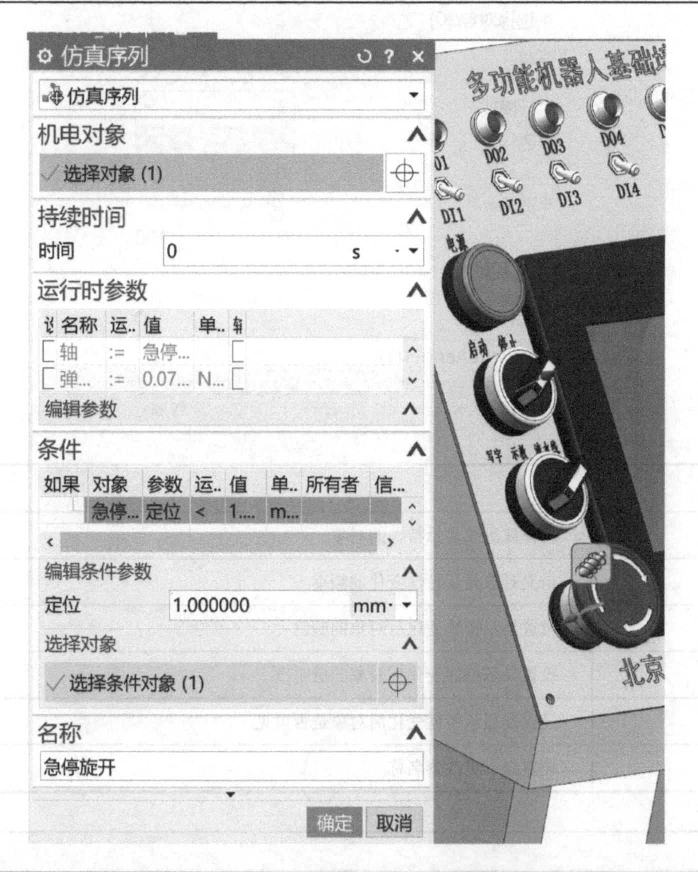

（3）在“仿真序列”对话框的“选择对象”参数中，框选弹簧阻尼器急停按钮，“持续时间”为 0s，“运行时参数”中活动的为 false。“条件”的“选择条件对象”中框选滑动副急停按钮，条件设为“定位>9”，并将新建的仿真序列命名为“急停按下”，单击“确定”按钮。

（续）

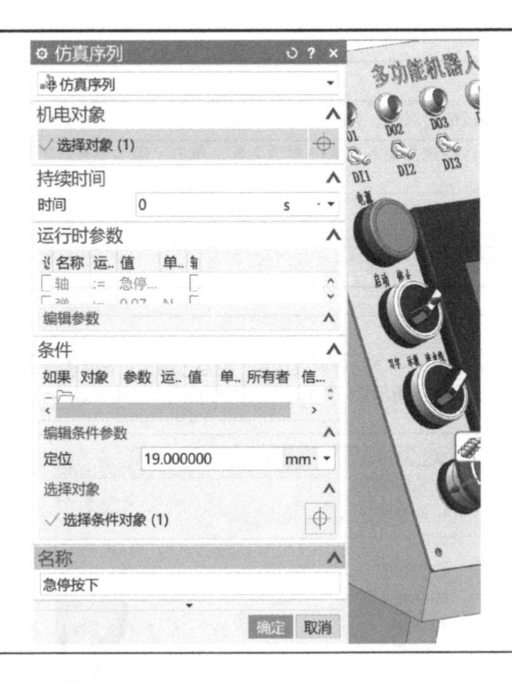

6.2.1　显示更改器设置

数字资源：6.2.1 显示更改器设置

6.2.2　运行时表达式设置

本知识点根据控制面板旋钮状态与指示灯颜色对应关系，介绍运行时表达式的设置方法，如表 6-2-2 所示。

表 6-2-2　运行时表达式设置步骤

1. “运行时表达式”对话框

“运行时表达式”命令在创建仿真过程中用公式定义某些特征。运行时表达式一般可以用来：

- 在仿真过程中为两个运行时参数建立数学关系，如：将轴 1 速度扩大两倍并赋值给轴 2；
- 在仿真过程中建立数学函数运算，如取最大和最小值；
- 建立条件语句赋值。

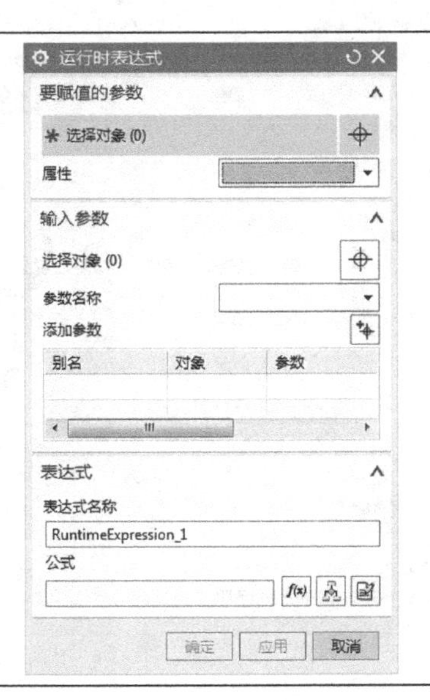

（续）

参数	定义
要赋值的参数	选择需要赋值的对象，并在“属性”列表中选择要赋值的参数
输入参数	选择对象，并选择输入对象的参数名称，单击‘添加参数’可将输入参数添加到参数列表中，可以多次添加。
表达式	表达式名称：创建的运行时表达式； 公式：输入表达式的公式；
名称	设置运行时表达式名称

2. 运行时表达式设置

（1）单击功能区“主页”下的“定制行为”→“运行时表达式”命令，弹出运行时表达式定义对话框。在“运行时表达式”对话框的“选择对象”参数中，框选显示更改器指示灯，“属性”为执行模式，并将新建的运行时表达式命名为“执行模式”，单击“确定”按钮。

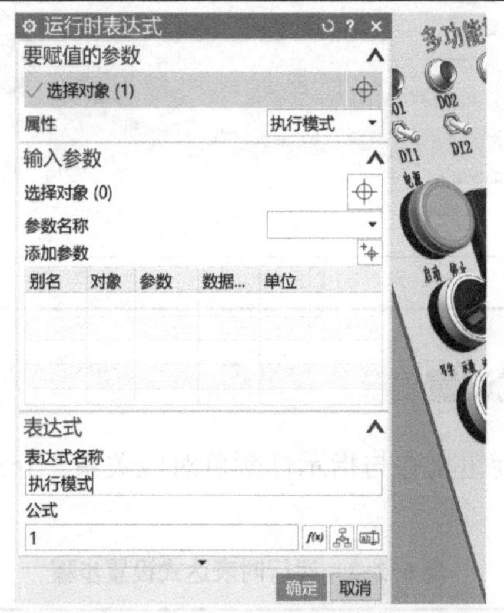

（2）在“运行时表达式”对话框的“选择对象”参数中，框选显示更改器指示灯，“属性”为颜色，“选择参数”为滑动副急停按钮，“参数”为定位，“别名”为 SJ_1；接着选择显示更改器指示灯，“参数”为颜色，“别名”为指示灯。运行时表达式命名为“急停”，公式为“If (SJ_1>5) Then (186) Else (指示灯)”，单击“确定”按钮。

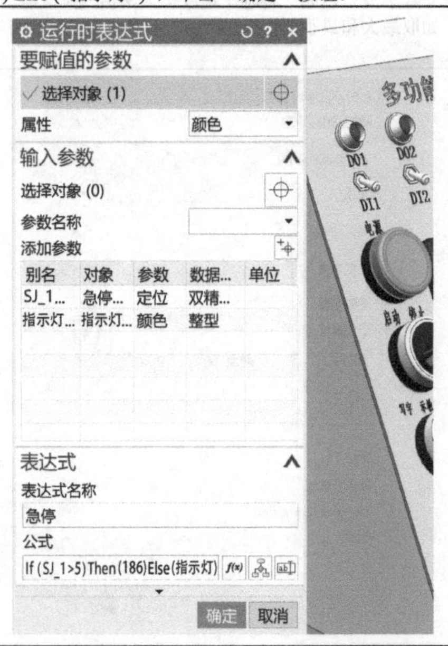

（续）

（3）单击功能区“主页”下的“仿真序列”命令，弹出仿真序列定义对话框。在“仿真序列”对话框的“选择对象”参数中，框选显示更改器指示灯，“持续时间”为 0s，“运行时参数”中“颜色”为 78。“条件”的“选择条件对象”中框选铰链副旋钮，条件设为“角度>350 Or 角度<10”，并将新建的仿真序列命名为“停止旋钮”，单击“确定”按钮。

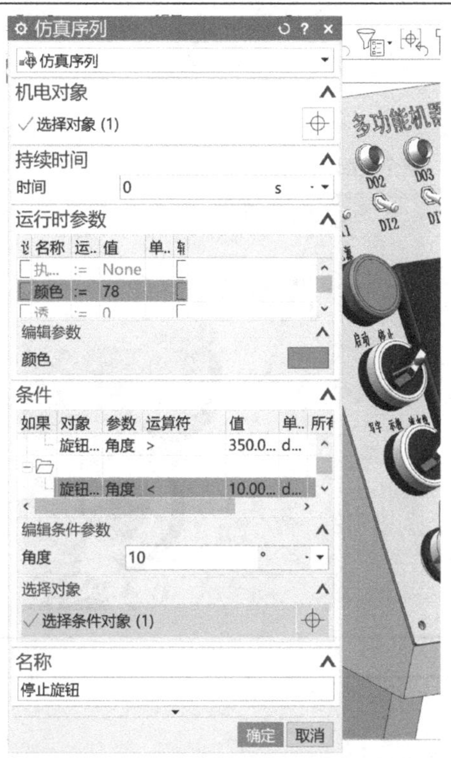

（4）在“仿真序列对话框”的“选择对象”参数中，框选显示更改器指示灯，“持续时间”为 0s，“运行时参数”中“颜色”为 36。“条件”的“选择条件对象”中框选铰链副旋钮，条件设为“角度<130 And 角度>110”，并将新建的仿真序列命名为“启动旋钮”，单击“确定”按钮。

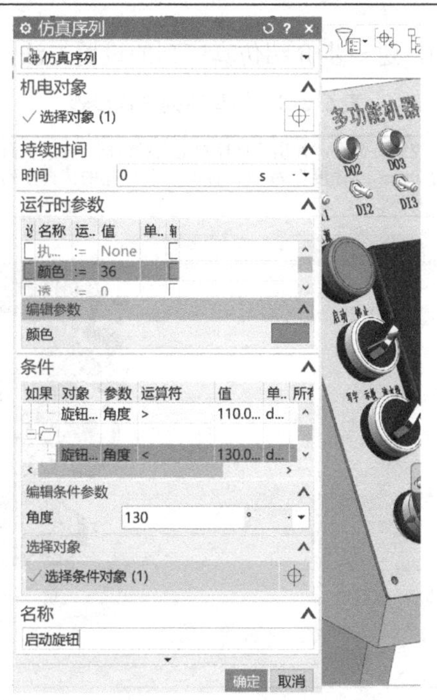

（续）

（5）单击功能区“主页”下的“播放”命令，开始运动仿真模拟，当旋钮旋至停止时指示灯为黄色；旋钮旋至启动时指示灯为绿色；急停按钮按下时指示灯为红色。单击功能区“主页”下的“停止”命令，结束仿真模拟。
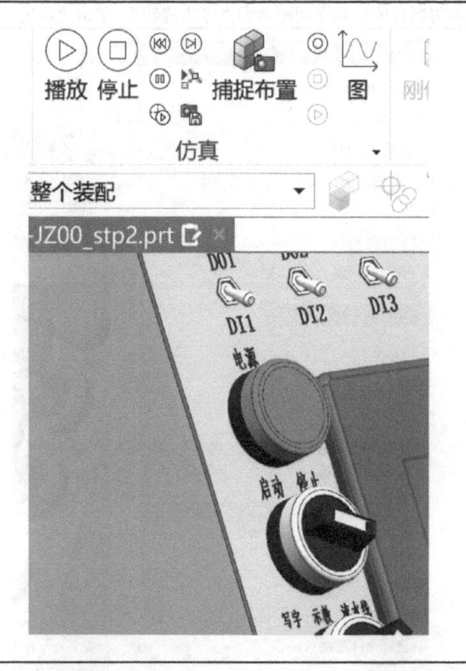
数字资源：6.2.2 运行时表达式设置

6.2.2 运行时表达式设置

【拓展学习】

6.2.3 仿真序列设置

拓展部分以控制面板为例，进一步介绍仿真序列的设置方法，如表 6-2-3 所示。

表 6-2-3 仿真序列设置步骤

（1）单击功能区“主页”下的“位置控制”命令，弹出位置控制定义对话框。在“位置控制”对话框的“选择对象”参数中，框选滑动副急停按钮，约束“目标”为 0mm，“速度”为 20mm/s，并将新建的仿真序列命名为“急停按钮 SJ(1)_PC(1)”，单击“确定”按钮。
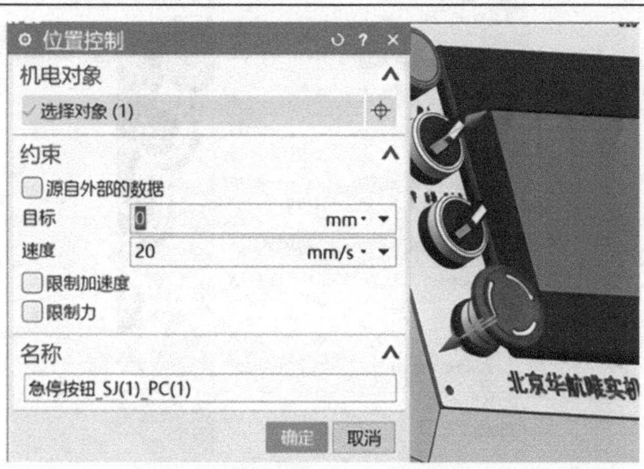

（续）

（2）单击功能区“主页”下的“仿真序列”命令，弹出仿真序列定义对话框。在“仿真序列”对话框的“选择对象”参数中，框选位置控制急停按钮，“持续时间”为 0s，“运行时参数”中活动的为 false。“条件”的“选择条件对象”中框选滑动副急停按钮，条件设为“定位！=0”，并将新建的仿真序列命名为“急停按下旋钮”，单击“确定”按钮。

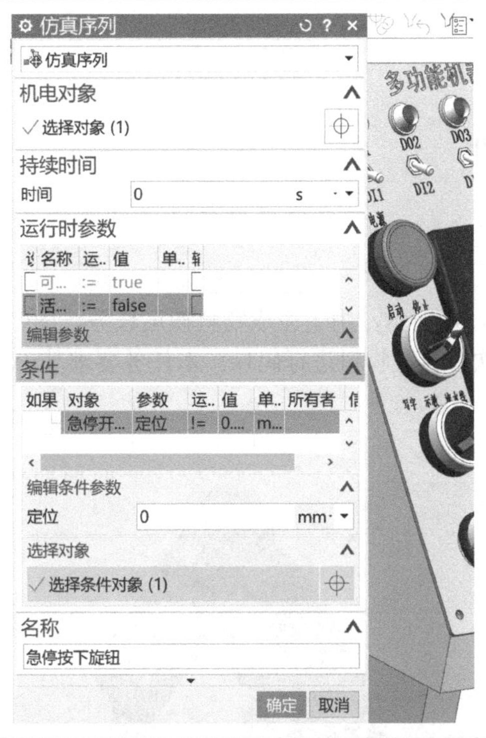

（3）在“仿真序列”对话框的“选择对象”参数中，框选位置控制急停按钮，“持续时间”为 0s，“运行时参数”中活动的为 true。“条件”的“选择条件对象”中框选滑动副急停按钮，条件设为“定位==0”，并将新建的仿真序列命名为“急停松开旋钮”，单击“确定”按钮。单击功能区“主页”下的“播放”命令，开始运动仿真模拟，单击功能区“主页”下的“停止”命令，结束仿真模拟。

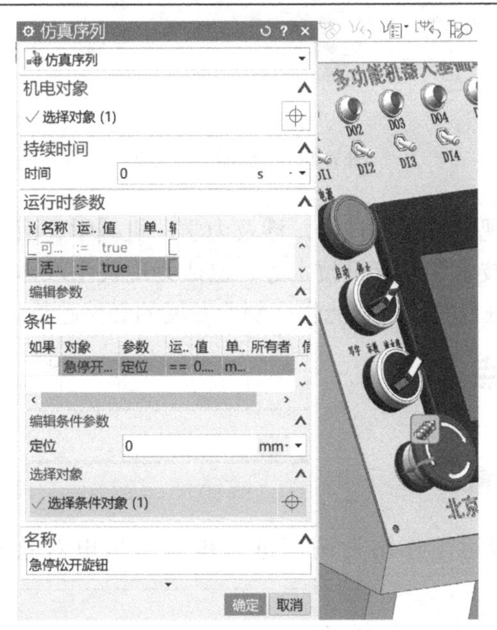

6.2.3 仿真序列

数字资源：6.2.3 仿真序列

项目 7　机器人搬运站

任务 7.1　路径规划

【情境分析】

机器人搬运站如图 7-1-1 所示，用于完成物料搬运任务，图中工作台上放置了棋盘，棋盘上有 9 个物料，机器人依次对棋盘物料进行码垛。本任务要求基于 UG 的 MCD 机电概念设计平台完成机器人搬运站路径规划。

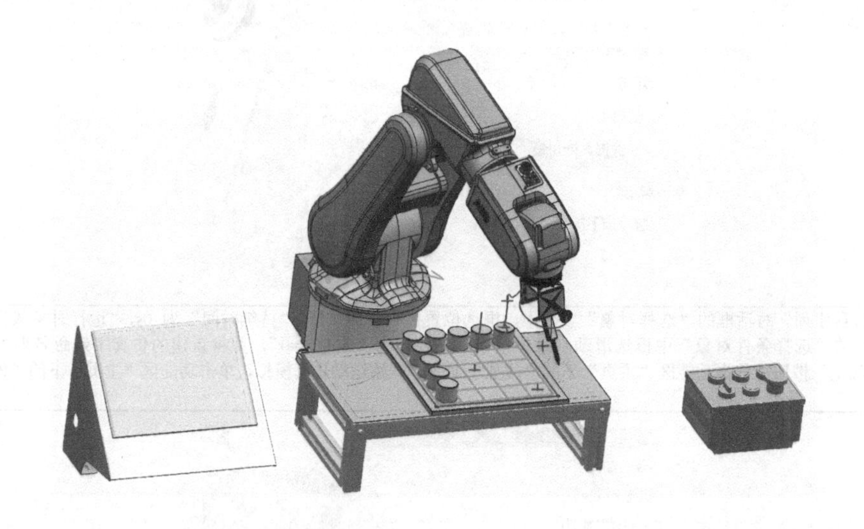

图 7-1-1　机器人搬运站

搬运机器人是近代出现的一项新技术，涉及力学、机械学、液压与气压技术、自动控制技术、传感器技术、单片机技术和计算机技术等，已成为现代生产体系中的一项重要组成部分。未来搬运机器人代替人工进行搬运是智能生产制造发展的必然趋势。

【知识和技能点】

7.1.1　机电对象设置

本知识点以机器人搬运工作站为例，进一步介绍机电对象的设置方法，如表 7-1-1 所示。

表 7-1-1　机电对象设置步骤

（1）打开文件“搬运工作站”模型文件，单击功能区“应用模块”下的“更多”命令，在下拉列表中选择“机电概念设计”，进入 MCD 环境。单击功能区“主页”下的“刚体”命令，弹出刚体定义对话框。在“刚体”对话框的“选择对象”参数中，框选棋盘，“质量属性”为“自动”，并将新建的刚体命名为“棋盘”，单击“确定”按钮。

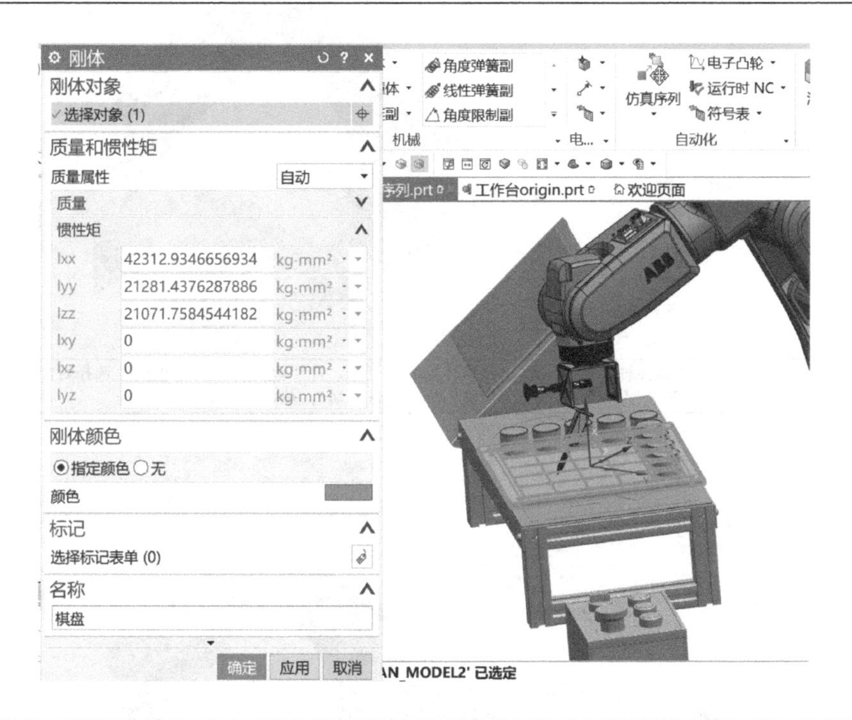

（2）在“刚体”对话框的“选择对象”参数中，框选物料 1，“质量属性”为“自动”，并将新建的刚体命名为“物料 1”，单击“确定”按钮，依次创建 9 个物料刚体。

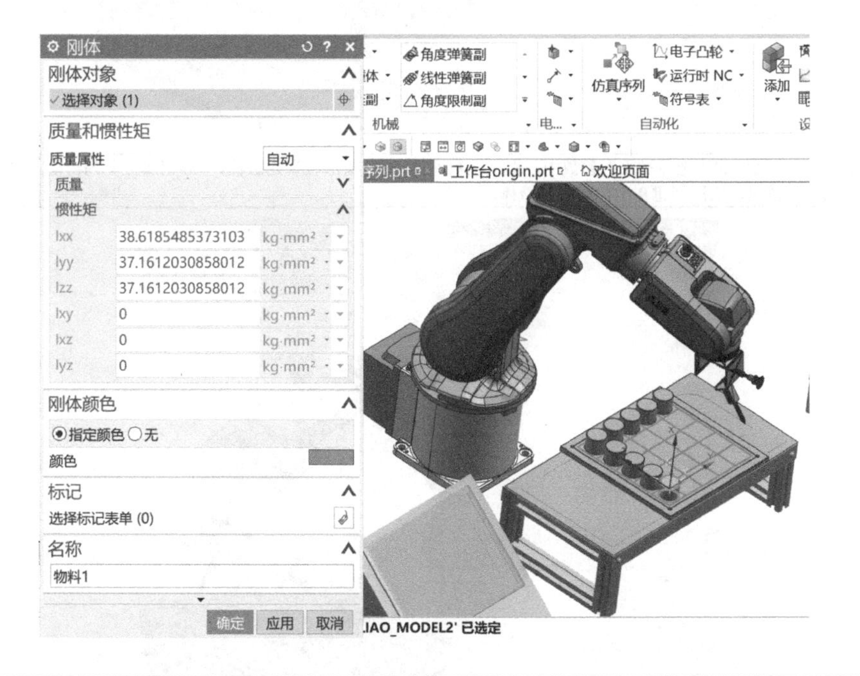

（3）在“刚体”对话框的“选择对象”参数中，框选基座，“质量属性”为“自动”，并将新建的刚体命名为“基座”，单击“确定”按钮，依次创建 6 个轴刚体。

（续）

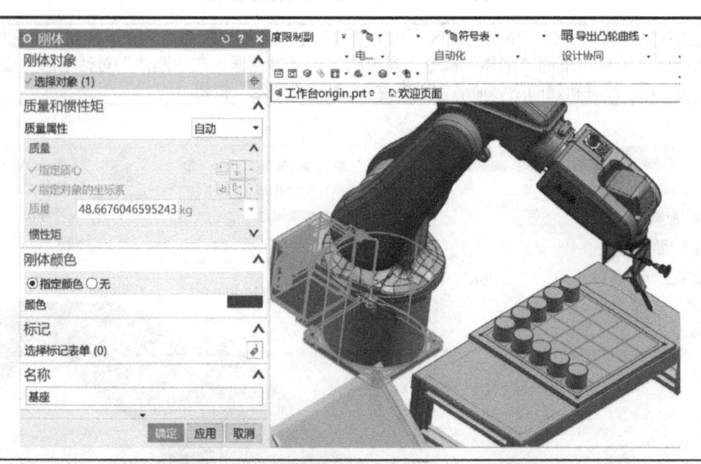

（4）单击功能区“主页”下的“碰撞体”命令，弹出碰撞体定义对话框。在“碰撞体”对话框的“选择对象”参数中，框选棋盘上表面，“碰撞形状”为方块，“形状属性”为自动，“材料”为“默认材料”，单击“确定”按钮。

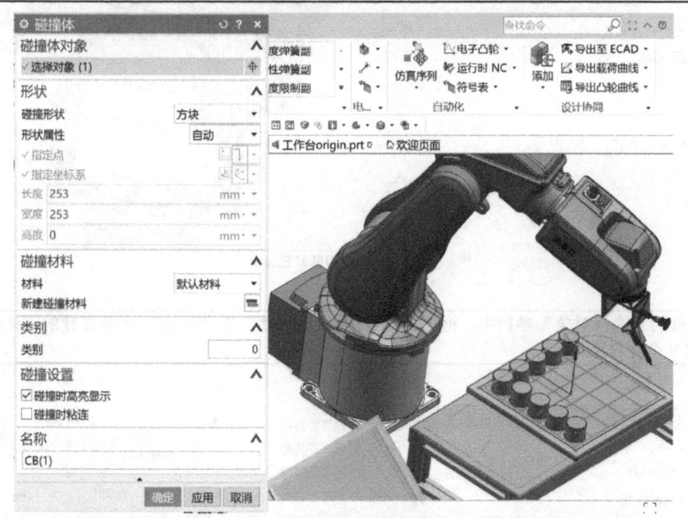

（5）在“碰撞体”对话框的“选择对象”参数中，框选物料实体，“碰撞形状”为圆柱，“形状属性”为自动，“材料”为“默认材料”，单击“确定”按钮，依次创建9个物料的碰撞体。

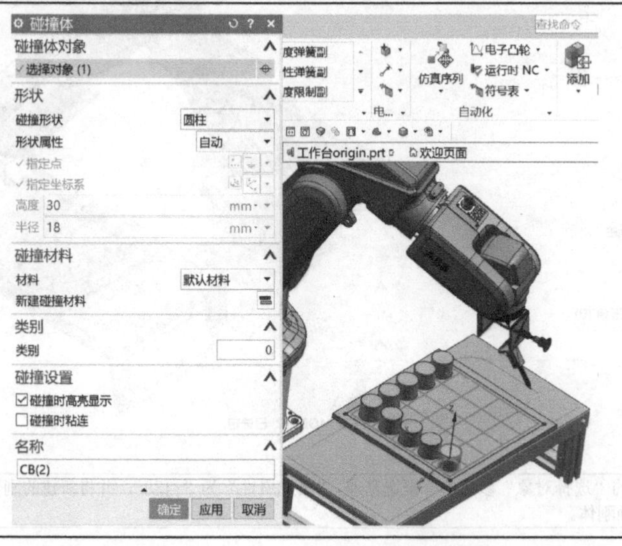

（续）

（6）在“碰撞体”对话框的“选择对象”参数中，框选吸盘实体，“碰撞形状”为圆柱，“形状属性”为自动，“材料”为“默认材料”，单击“确定”按钮。

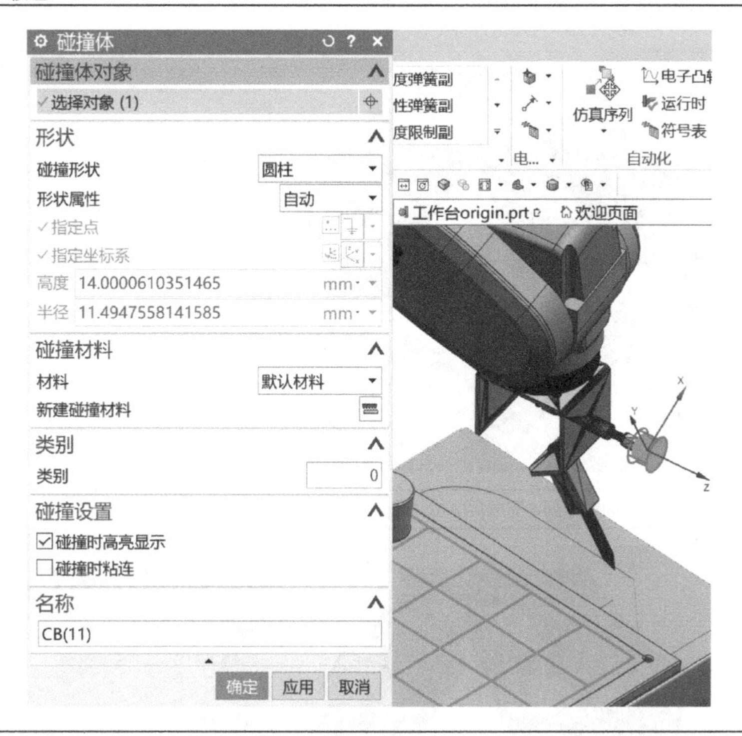

7.1.1 机电对象设置

数字资源：7.1.1 机电对象设置

7.1.2 运动副设置

本知识点以机器人搬运工作站为例，进一步介绍运动副的设置方法，如表 7-1-2 所示。

表 7-1-2 运动副设置步骤

（1）单击功能区“主页”下的“铰链副”→“固定副”命令，弹出固定副定义对话框。在“固定副”对话框的“选择连接件”参数中，框选基座刚体，“选择基本件”为空，并将新建的固定副命名为“基座_FJ(1)”，单击“确定”按钮。

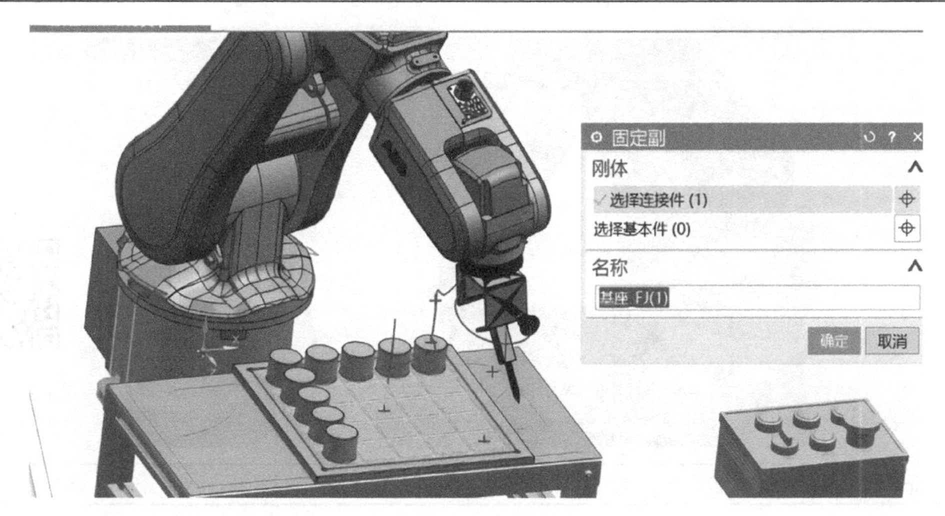

（续）

（2）单击功能区“主页”下的“铰链副”命令，弹出铰链副定义对话框。在“铰链副”对话框的“选择连接件”参数中，框选1轴刚体，“选择基本件”中框选基座刚体，“指定轴矢量”为垂直方向，“指定锚点”为中心点，并将新建的固定副命名为“1轴_基座HJ(1)”，单击“确定”按钮。

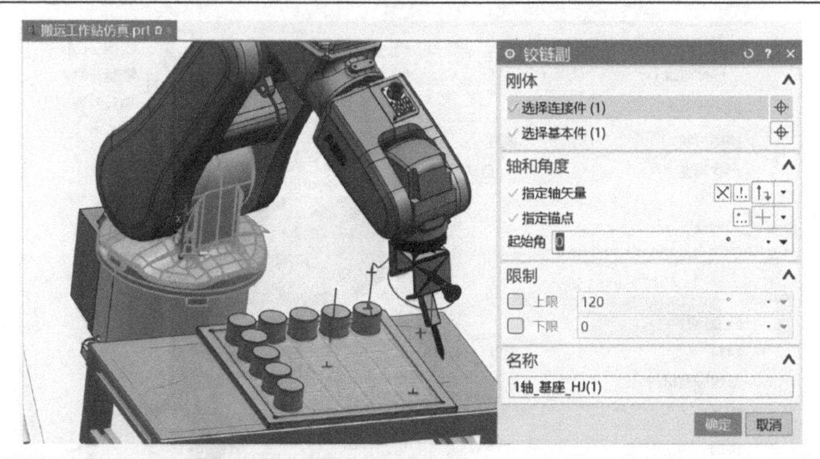

（3）按上述方法依次创建6个轴的铰链副，完成后单击“确定”按钮。

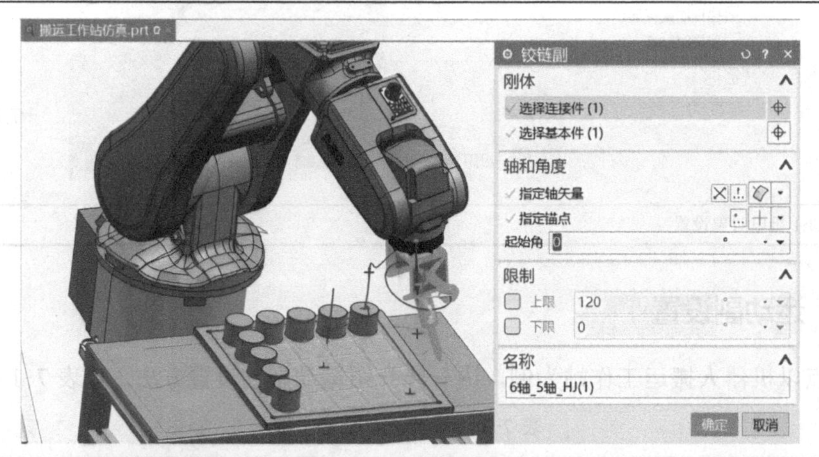

（4）单击功能区“主页”下的“铰链副”→“固定副”命令，弹出固定副定义对话框。在“固定副”对话框的“选择连接件”参数中，框选棋盘刚体，“选择基本件”为空，并将新建的固定副命名为“棋盘_FJ(1)”，单击“确定”按钮。

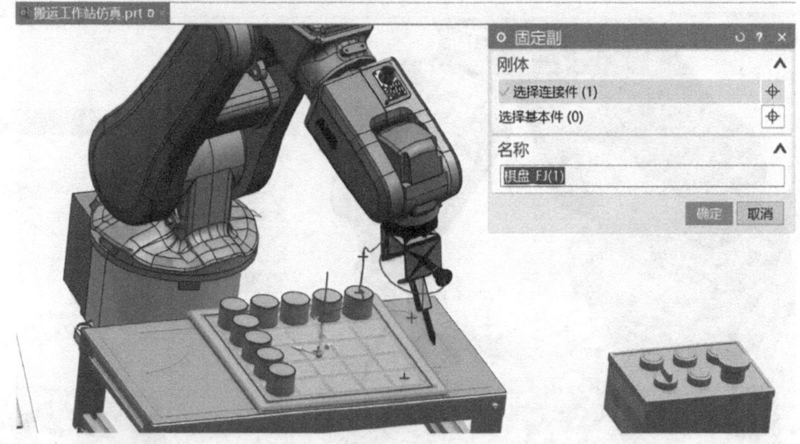

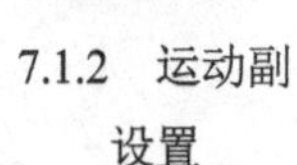

7.1.2 运动副设置

数字资源：7.1.2 运动副设置

7.1.3 运动路径规划

本知识点以机器人搬运工作站为例，进一步介绍用反算机构驱动实现机器人运动路径规划的设置方法，如表 7-1-3 所示。

表 7-1-3　运动路径规划设置步骤

（1）单击功能区“主页”下的“机械概念”→“点”命令，弹出点定义对话框。“点”对话框的类型为“圆弧中心”，“选择对象”参数中，框选物料上表面圆边，单击“确定”按钮。

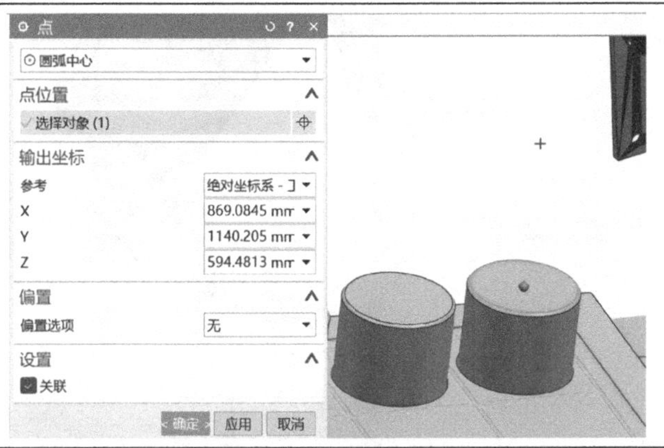

（2）“点”对话框的类型为“两点之间”，“指定点 1”“指定点 2”参数中选择棋盘上表面中心网格两角点，单击“确定”按钮。

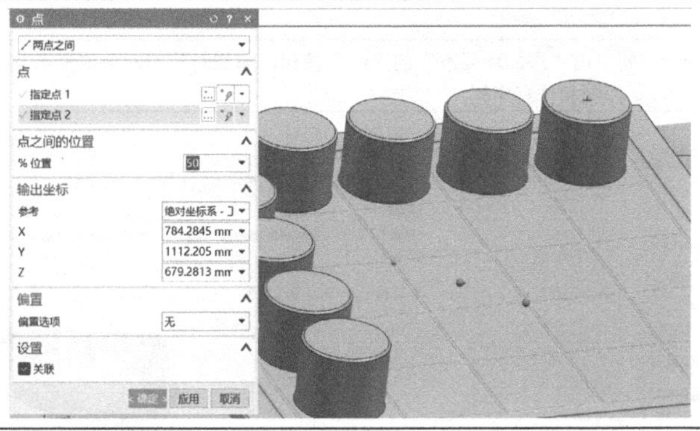

（3）单击功能区“主页”下的“位置控制”→“反算机构驱动”命令，弹出反算机构驱动定义对话框。在“反算机构驱动”对话框的“选择对象”参数中，框选 6 轴刚体，“指定点”选择吸盘中心点，“指定方位”为垂直于吸盘方向，在“目标位置”的“列表”中单击“添加”按钮，可添加当前点，并将新建的反算机构驱动命名为“路径规划”。

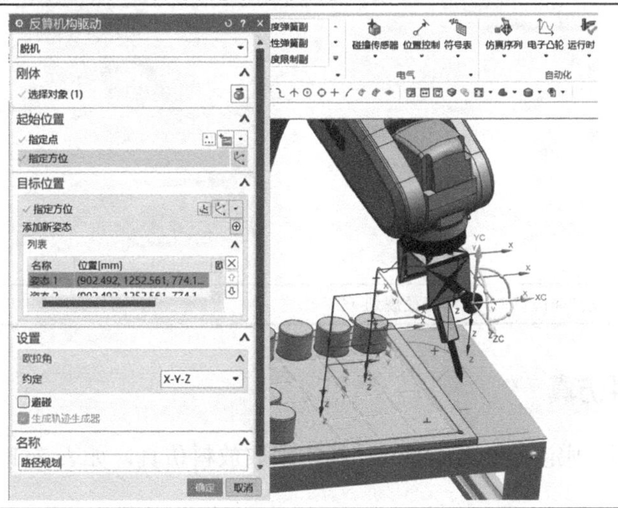

（续）

（4）在“目标位置”的“列表”中单击“添加新姿态”的“⊕”按钮，并沿 X 轴方向旋转 90°。

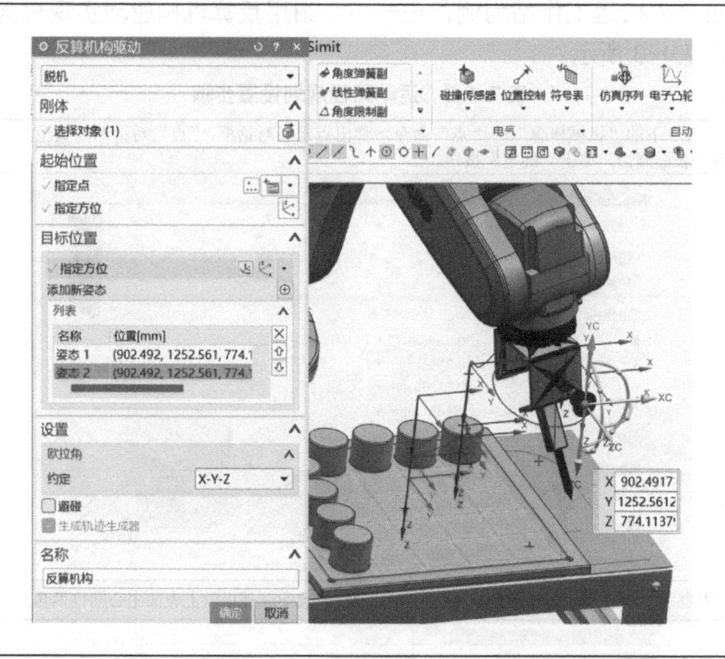

（5）在“目标位置”的“列表”处单击“添加新姿态”的“⊕”按钮，添加新建的两个位置点及中间路径，单击“确定”按钮完成反算机构定义，生成对应的位置控制和仿真序列。

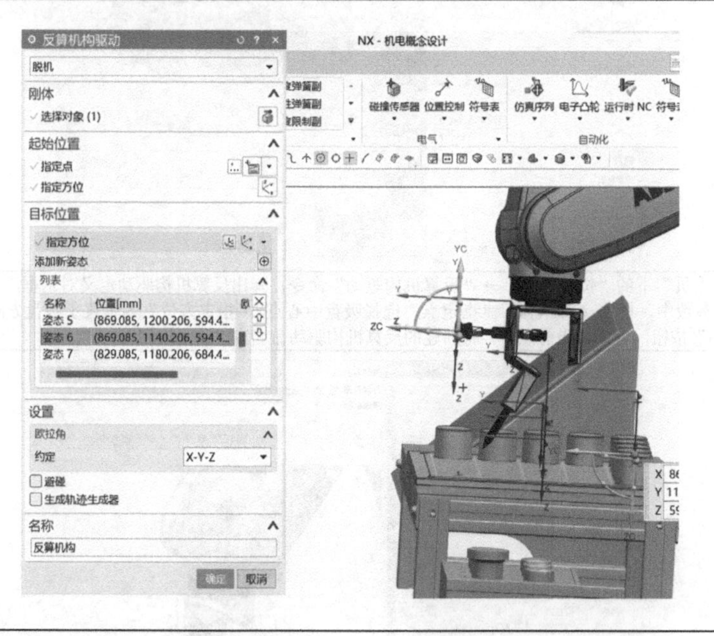

7.1.3 运动路径规划（1）

7.1.3 运动路径规划（2）

数字资源：7.1.3 运动路径规划（1）/7.1.3 运动路径规划（2）

7.1.4 取放料仿真

本知识点综合运用固定副和仿真序列功能实现取放料仿真，如表 7-1-4 所示。

表 7-1-4 取放料仿真设置步骤

1. 固定副设置
单击功能区“主页”下的“铰链副”→“固定副”命令，弹出固定副定义对话框。在“固定副”对话框的“选择连接件”参数为空，“选择基本件”参数中，框选刚体 6 轴，并将新建的固定副命名为“6 轴_FJ(1)”，单击“确定”按钮。
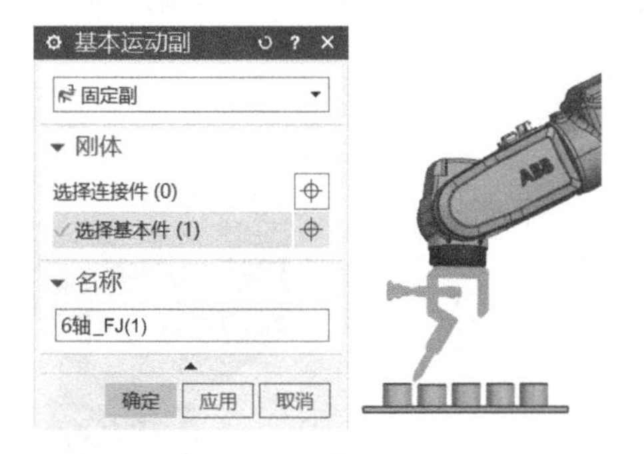
2. 取放料仿真
（1）单击功能区“主页”下的“碰撞传感器”命令，弹出碰撞传感器定义对话框。在“碰撞传感器”对话框中“选择对象”为棋盘，“碰撞形状”为方块，“形状属性”为“用户定义”，“指定点”选择物料上表面圆心点并上移 3mm，设置指定坐标系，长、宽、高分别为 1mm，并将新建的碰撞传感器命名为“取料传感器”，单击“确定”按钮。
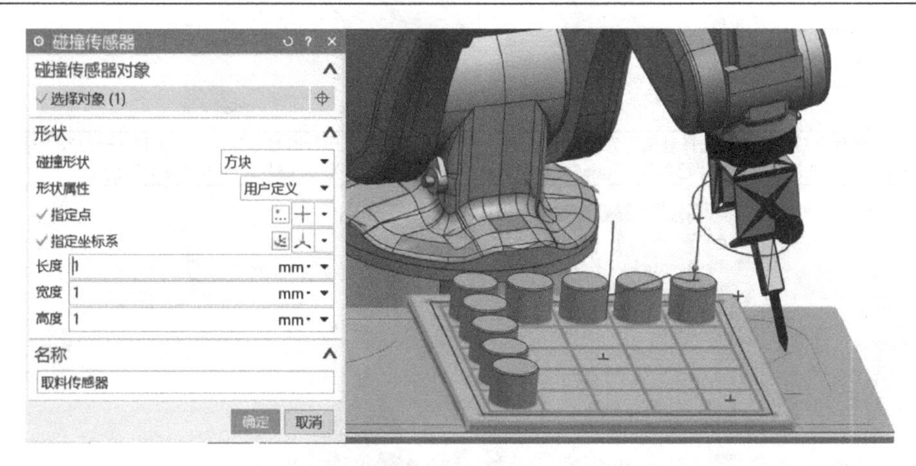
（2）在“碰撞传感器”对话框中“选择对象”为棋盘，“碰撞形状”为方块，“形状属性”为“用户定义”，“指定点”选择棋盘中间网格中心点，设置指定坐标系，长、宽、高分别为 10mm，并将新建的碰撞传感器命名为“放料传感器”，单击“确定”按钮。
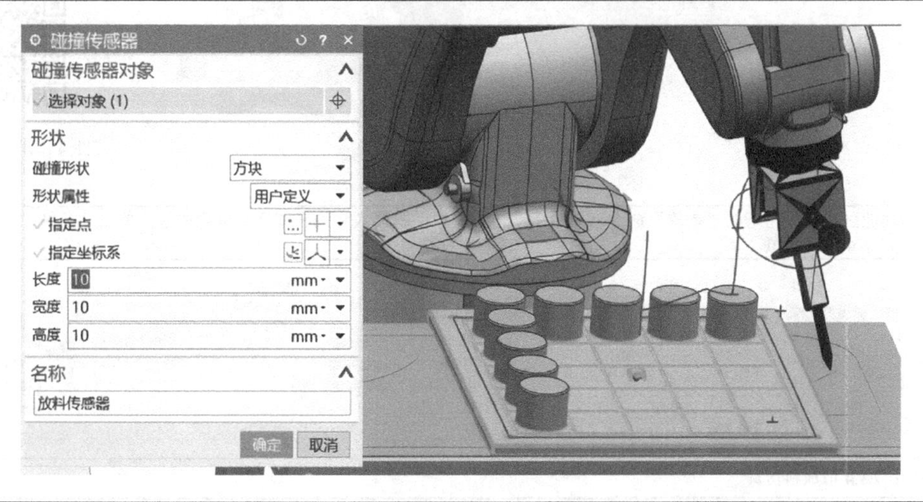

（续）

（3）单击功能区“主页”下的“仿真序列”命令，弹出仿真序列定义对话框。在“仿真序列”对话框中“选择对象”为固定副6轴，“时间”为0s，“运行时参数”中“连接件==物料9”，“对象”选择碰撞传感器取料传感器，“条件”设为“已触发==true”，并将新建的仿真序列命名为“取料”，单击“确定”按钮。

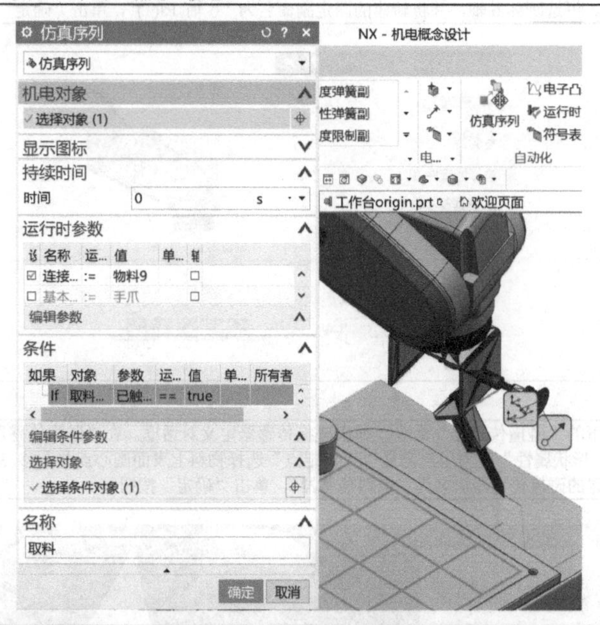

（4）在“仿真序列”对话框中“选择对象”为固定副6轴，“时间”为0s、“运行时参数”中“连接件==null”，“对象”选择碰撞传感器放料传感器，“条件”设为“已触发==true”，并将新建的仿真序列命名为“放料”，单击“确定”按钮。

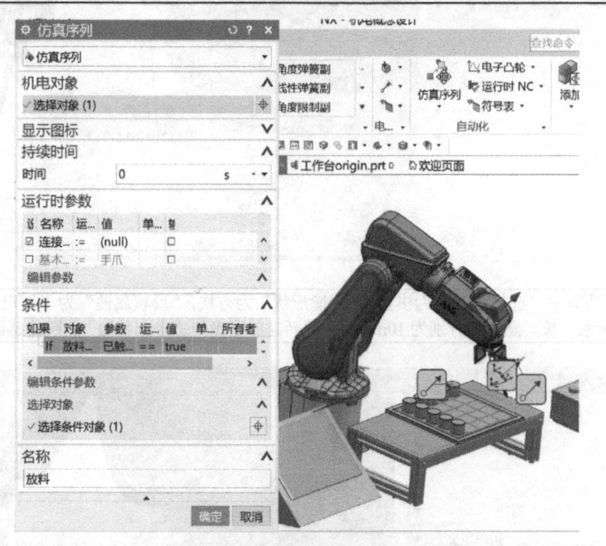

7.1.4　取放料仿真

（5）单击功能区“主页”下的“播放”命令，开始运动仿真模拟，机器人将物料搬运到棋盘中心。单击功能区“主页”下的“停止”命令，结束仿真模拟。

数字资源：7.1.4 取放料仿真

【拓展学习】

7.1.5　运动曲线设置

拓展部分介绍运动曲线的设置方法，实现机器人按设定路径的运动仿真，如表 7-1-5 所示。

表 7-1-5　运动曲线设置步骤

1．运动曲线设置

（1）单击功能区“主页”下的“约束”→“耦合副”→“运动曲线”命令，弹出运动曲线定义对话框。在“运动曲线”对话框中，主轴“类型”为“时间”，“最小值”为 0s，“最大值”为 10s；从轴“类型”为“旋转位置”，“最小值”为 0°，“最大值”为 360°；“循环类型”为“非循环”，“运动曲线”中添加 2 个控制点：(0,0)，(10,360)，并将新建的运动曲线命名为“1 轴”，单击“确定”按钮。

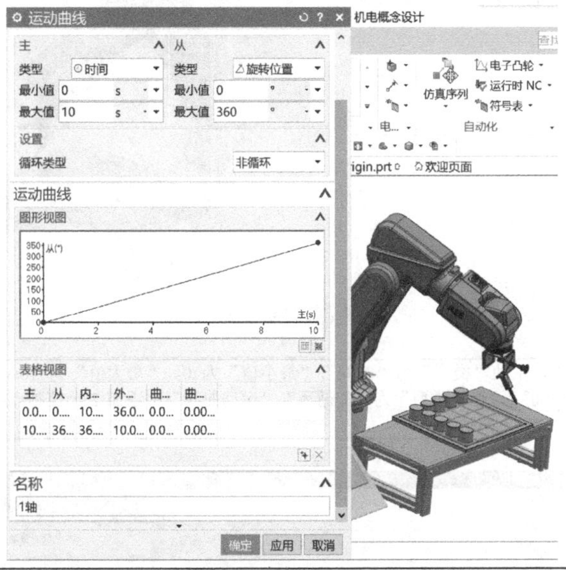

（2）在“运动曲线”对话框中，主轴“类型”为“时间”，“最小值”为 0s，“最大值”为 10s；从轴“类型”为“旋转位置”，“最小值”为-360°，“最大值”为 360°；“循环类型”为“非循环”，“运动曲线”中添加 2 个控制点：(0,0)，(10,-30)，并将新建的运动曲线命名为“2 轴”，单击“确定”按钮。

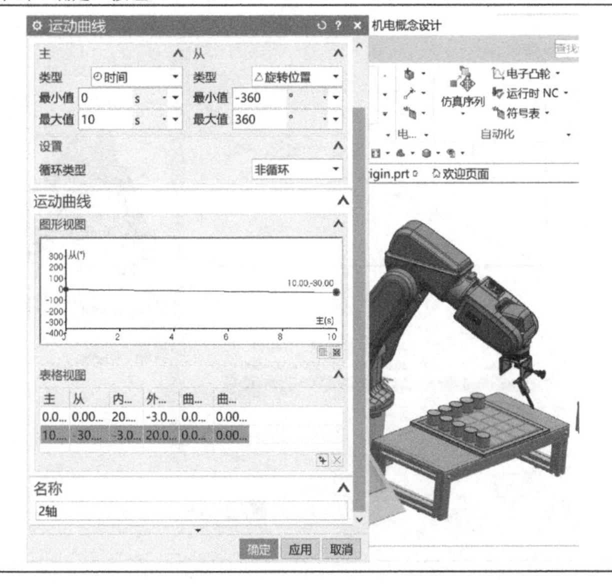

（续）

（3）在“运动曲线”对话框中，主轴“类型”为“时间”，“最小值”为 0s，“最大值”为 10s；从轴“类型”为“旋转位置”，“最小值”为-360°，“最大值”为 360°；“循环类型”为“非循环”，“运动曲线”中添加 2 个控制点：（0,0），（10,-30），并将新建的运动曲线命名为“3 轴”，单击“确定”按钮。

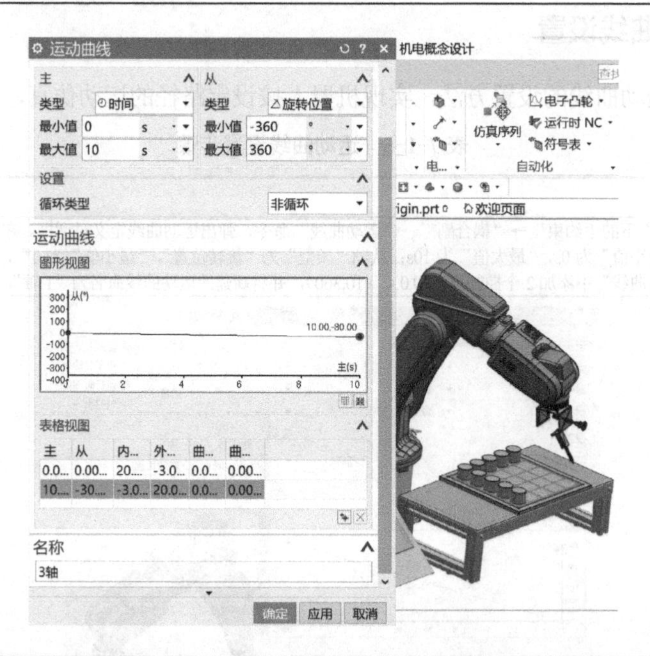

（4）在“运动曲线”对话框中，主轴“类型”为“时间”，“最小值”为 0s，“最大值”为 10s；从轴“类型”为“旋转位置”，“最小值”为 0°，“最大值”为 360°；“循环类型”为“非循环”，“运动曲线”中添加 2 个控制点：（0,0），（10,360），并将新建的运动曲线命名为“4 轴”，单击“确定”按钮。

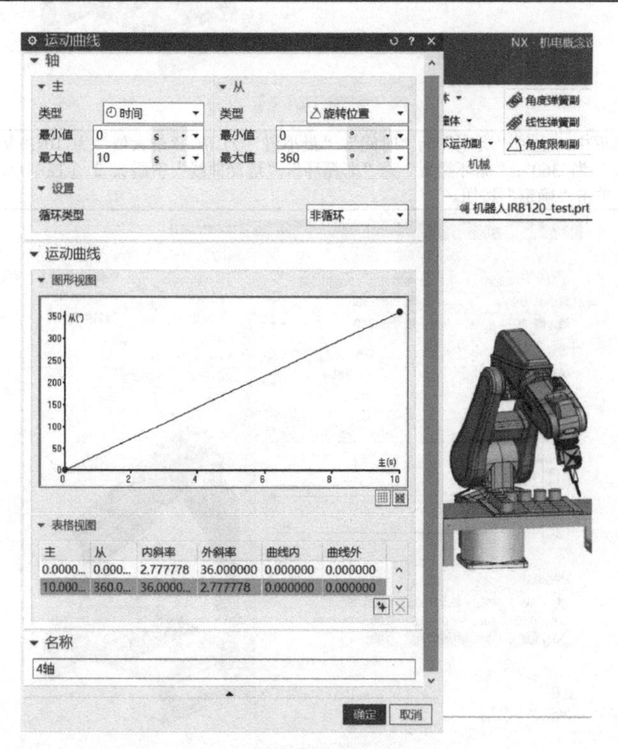

（续）

（5）在“运动曲线”对话框中，主轴“类型”为“时间”，“最小值”为 0s，“最大值”为 10s；从轴“类型”为“旋转位置”，“最小值”为 0°，“最大值”为 30°；“循环类型”为“非循环”，“运动曲线”中添加 2 个控制点：(0,0)，(10,30)，并将新建的运动曲线命名为“5 轴”，单击“确定”按钮。

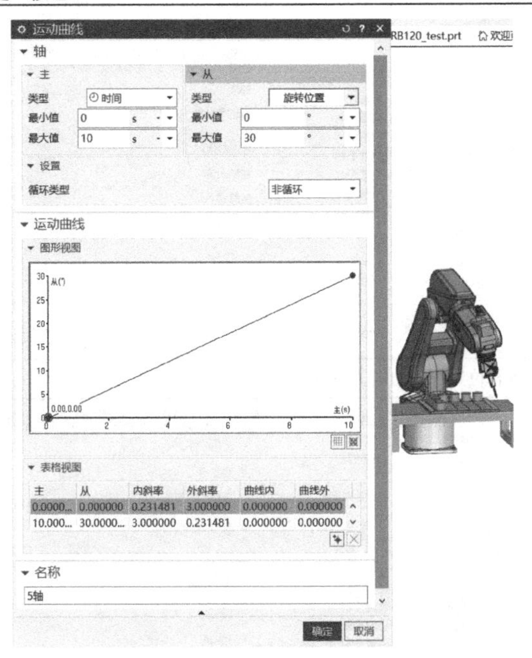

（6）在“运动曲线”对话框中，主轴“类型”为“时间”，“最小值”为 0s，“最大值”为 10s；从轴“类型”为“旋转位置”，“最小值”为 0°，“最大值”为 360°；“循环类型”为“非循环”，“运动曲线”中添加 2 个控制点：(0,0)，(10,360)，并将新建的运动曲线命名为“6 轴”，单击“确定”按钮。

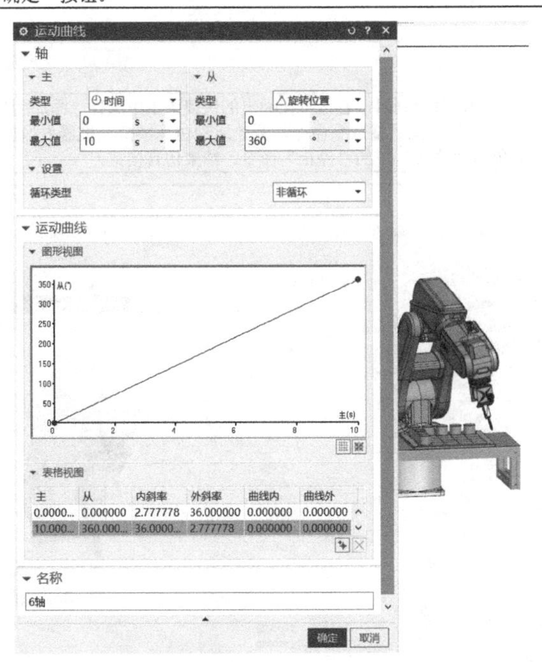

2．电子凸轮设置

（1）单击功能区“主页”下的“约束”→“耦合副”→“电子凸轮”命令，弹出电子凸轮定义对话框。在“电子凸轮”对话框中，“主类型”为“时间”，“选择从轴控制”选择位置控制 1 轴，“运动曲线”选择运动曲线 1 轴，其他保持默认设置，并将新建的电子凸轮命名为“ElectronicCam(1)”，单击“确定”按钮。

（续）

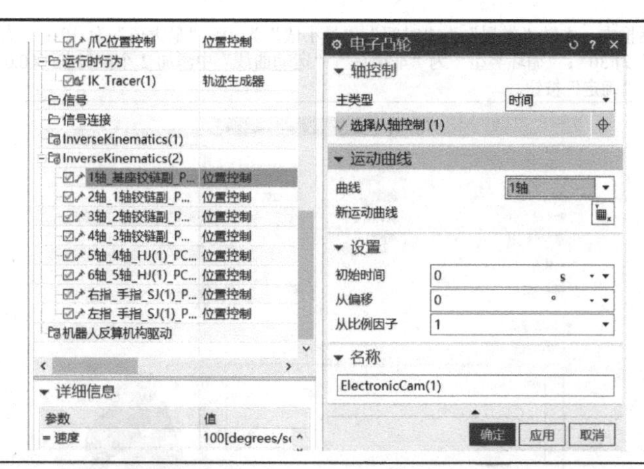

（2）用上述方法可依次创建 1～6 轴位置控制的电子凸轮。

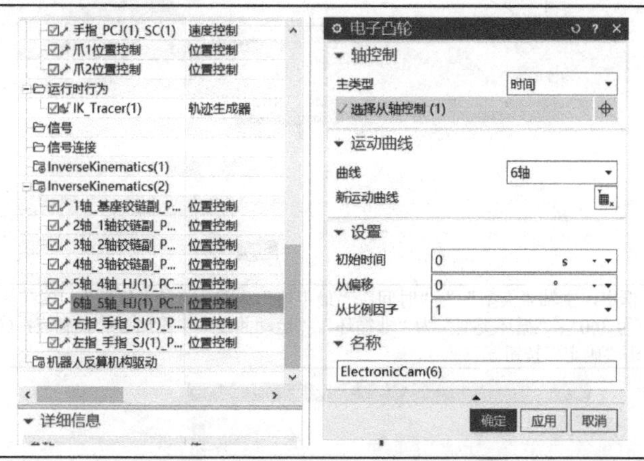

（3）在左侧机电导航器中选择 1～6 轴位置控制器，右击，在弹出的快捷菜单中选择“添加到察看器”命令，将 1～6 轴位置控制器添加到察看器中，单击功能区“主页”下的“播放”命令，开始运动仿真模拟，机器人根据运动曲线进行运动，在察看器中可以看到对应定位值的变化。单击功能区“主页”下的“停止”命令，结束仿真模拟。

7.1.5 运动曲线

数字资源：7.1.5 运动曲线

任务 7.2　信号适配器

【情境分析】

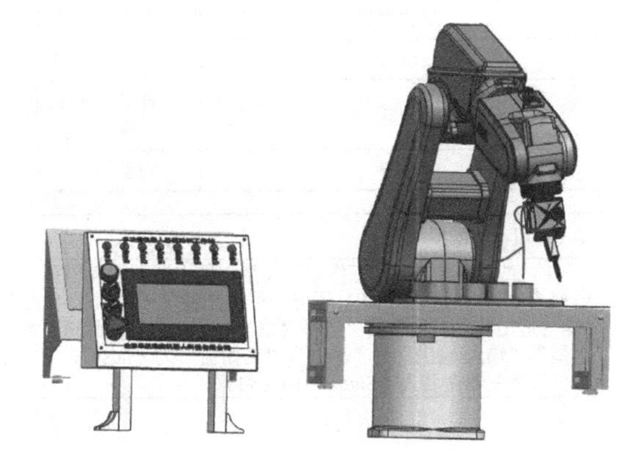

图 7-2-1　控制面板与机器人搬运站

实际工作过程中，搬运工作站通过控制面板上的启动按钮启动。当按下急停按钮时机器人停止工作，等待复位。本任务将控制面板与搬运工作站结合，通过信号适配器实现控制面板控制运动仿真，通过仿真难度的逐步加大，实现知识和技能循序渐进的提升。控制面板与机器人搬运站如图 7-2-1 所示。

【知识和技能点】

7.2.1　信号适配器设置

本知识点以机器人搬运工作站为例，介绍信号适配器的设置方法，如表 7-2-1 所示。

表 7-2-1　信号适配器设置步骤

1. “信号适配器”对话框
“信号适配器”命令用于在机电导航器中创建信号对象，和接收 OPC、PLCSIM Adv 等外部服务器信号，然后通过创建运行时公式，定义信号与机电对象参数之间的关系。
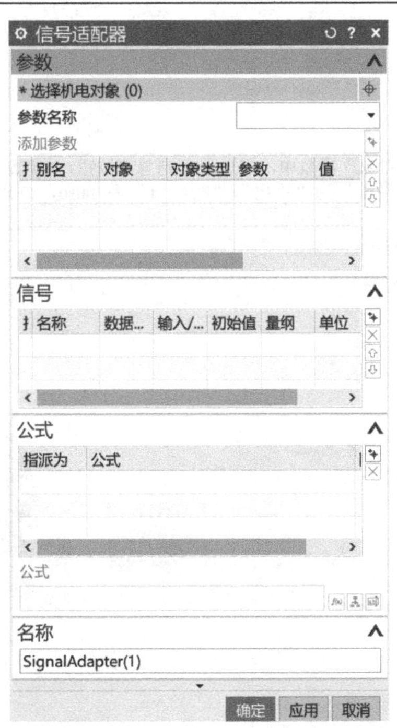

（续）

参数	定义
选择机电对象	选择要添加到信号适配器的参数的机电对象
参数名称	显示选择的机电对象所包含的参数
添加参数	在参数列表中显示添加的参数及其所有属性值，并允许更改这些值
信号	在信号列表中显示添加的信号及其所有属性值，并允许更改这些值
公式	在公式列表中显示已勾选“指派为”的信号和参数分配的公式，公式输入方法包括手动编辑、插入函数、条件语句和扩展文本
名称	设置信号适配器名称

2. 信号适配器设置

（1）在“机器人搬运工作站”模型文件中装配面板模型。单击功能区“应用模块”下的“更多”命令，在下拉列表中选择“机电概念设计”，进入 MCD 环境。单击功能区“主页”下的“符号表”→“信号适配器”命令，弹出信号适配器定义对话框。在“信号适配器”对话框的“选择对象”参数中，框选铰链副旋钮，参数名称为角度，在信号列表中新建启动信号，数据类型为“布尔型”，“输入/输出”为“输出”，“初始值”为“false”，公式定义为“If (HJ1>60&HJ1<130) Then (true) Else (false)”，并将新建的信号适配器命名为“SignalAdapter(1)”。	
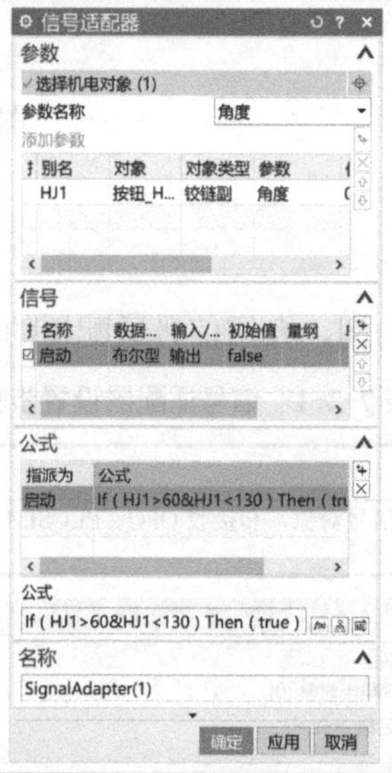	
（2）在“信号适配器”对话框的“选择对象”参数中，框选滑动副急停按钮，“参数名称”为“定位”，在信号列表中新建急停信号，“数据类型”为“布尔型”，“输入/输出”为“输出”，“初始值”为 false，公式定义为“ If (SJ1>10) Then (true) Else (false)”，单击“确定”按钮。	
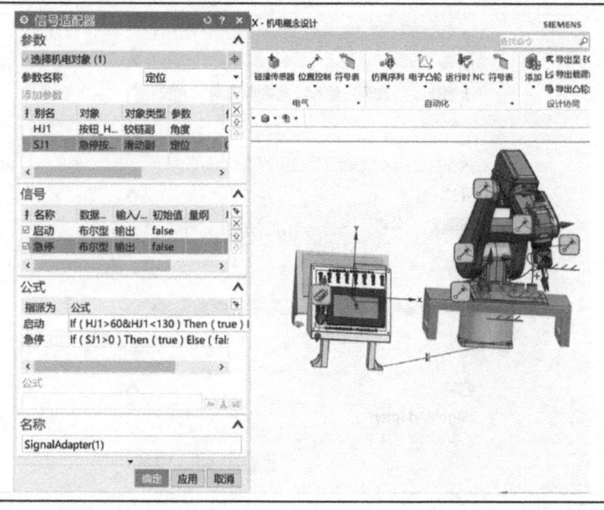	

（续）

（3）弹出“将信号名称添加到符号表”对话框，单击“确定”按钮。
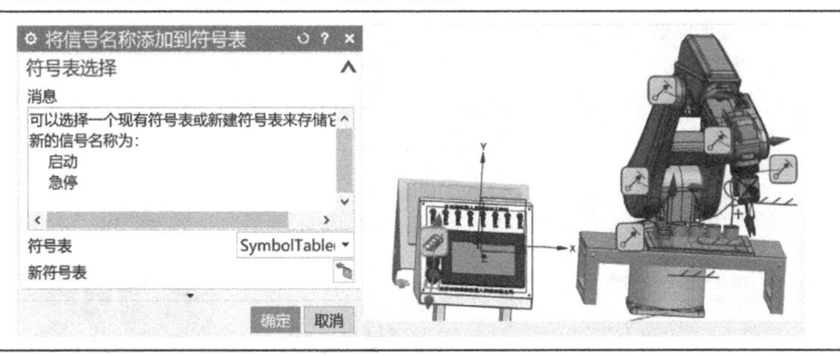
数字资源：7.2.1 信号适配器设置

7.2.1 信号适配器设置

7.2.2 仿真序列设置

本知识点以机器人搬运站为例，进一步介绍仿真序列的设置方法，如表 7-2-2 所示。

表 7-2-2 仿真序列设置步骤

（1）单击左侧序列编辑器导航栏，将各轴仿真序列排序并链接。
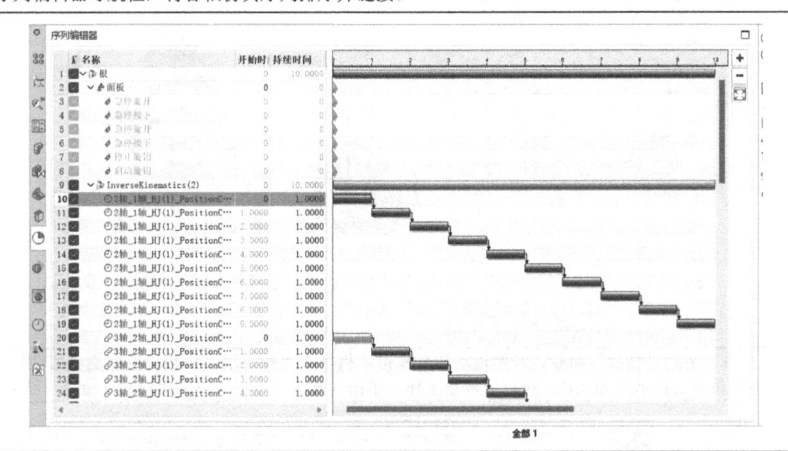
（2）双击轴起始的仿真序列，弹出仿真序列定义对话框。在“仿真序列”对话框的“选择条件对象”参数中，框选启动信号，条件定义为“值==true”，单击“确定”按钮。
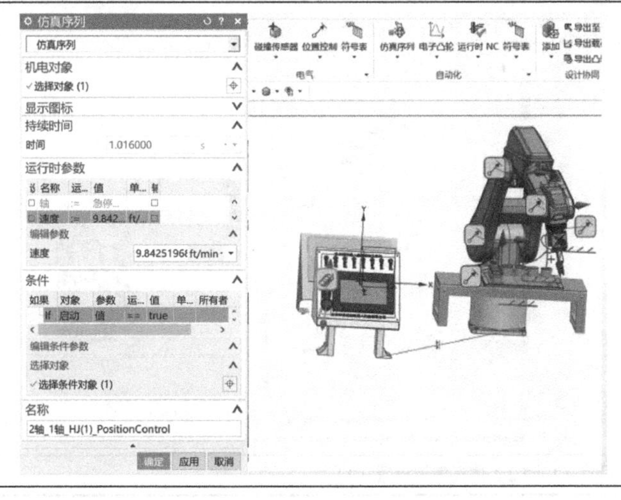

（续）

（3）依次对各个轴起始的仿真序列定义条件对象，单击“确定”按钮完成设置。

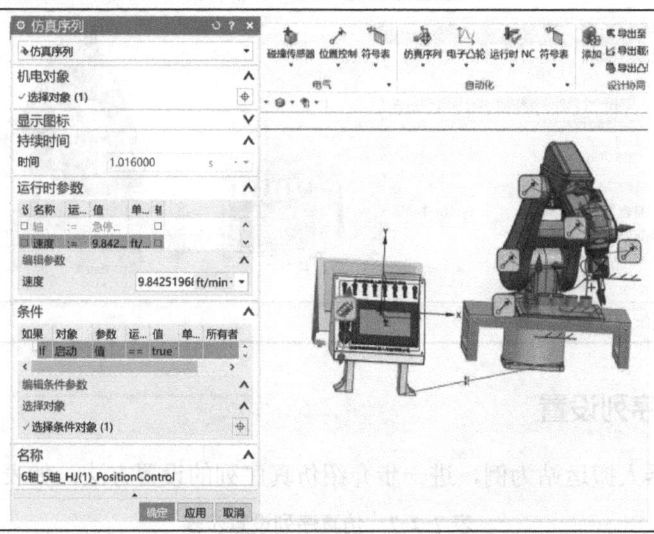

（4）单击功能区“主页”下的“仿真序列”命令，弹出仿真序列定义对话框。在“仿真序列”对话框中类型选择“暂停仿真序列”，“对象”选择急停，“条件”设为“值==true”，并将新建的仿真序列命名为“急停”，单击“确定”按钮。

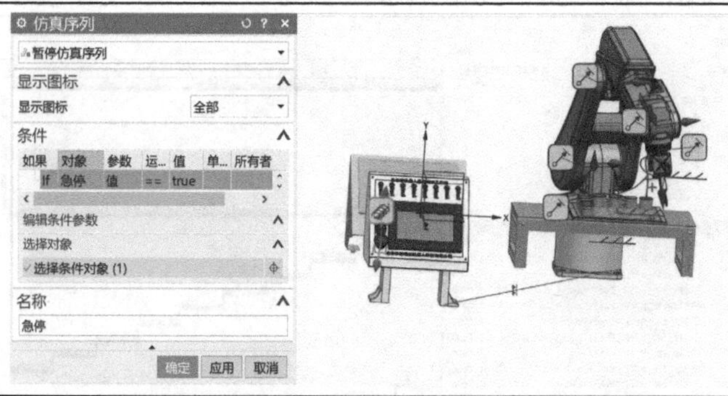

（5）单击功能区“主页”下的“播放”命令，开始运动仿真模拟，机器人保持不动，当启动按钮旋至启动指示灯为绿色时，机器人开始搬运，按下急停按钮后指示灯为红色，机器人停止工作。单击功能区“主页”下的“停止”命令，结束仿真模拟。

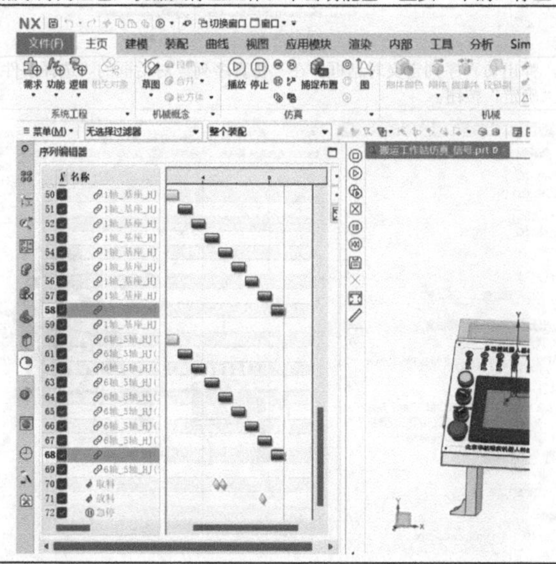

7.2.2 仿真序列设置（1）

7.2.2 仿真序列设置（2）

数字资源：7.2.2 仿真序列设置（1）/7.2.2 仿真序列设置（2）

【拓展学习】

7.2.3 简易机械手控制面板仿真设置

通过“信号适配器”命令，使控制面板控制简易机械手运动，以扩展仿真功能，如表 7-2-3 所示。

表 7-2-3　简易机械手控制面板仿真设置步骤

（1）在“简易机械手”模型文件中装配面板模型。单击功能区“应用模块”下的“更多”命令，在下拉列表中选择“机电概念设计”，进入 MCD 环境。单击“菜单”→“首选项”→“机电概念设计”命令，弹出“机电概念设计首选项”对话框，在该对话框的“重力加速度”参数中，修改为“Gx:9806.65，Gy:0，Gz:0”，单击“确定”按钮。

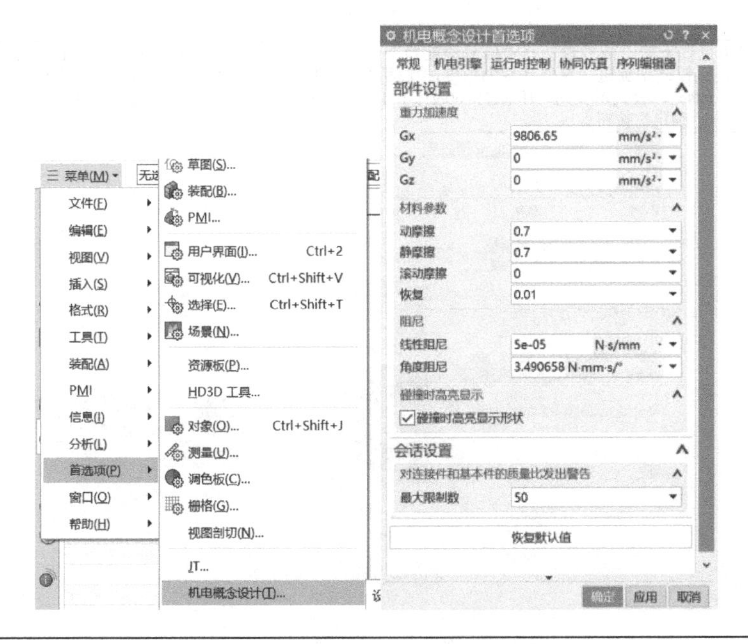

（2）双击速度控制齿轮 1 弹出“速度控制”对话框，在该对话框中“速度”设为 0°/s，单击“确定”按钮。

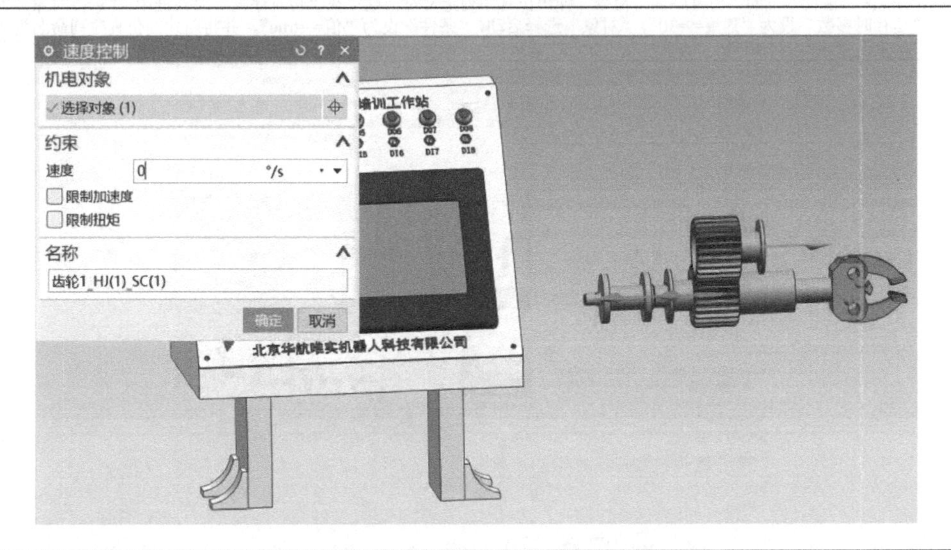

（续）

（3）双击位置控制齿条弹出“位置控制”对话框，在该对话框中“目标”设为0° /s，单击“确定”按钮。

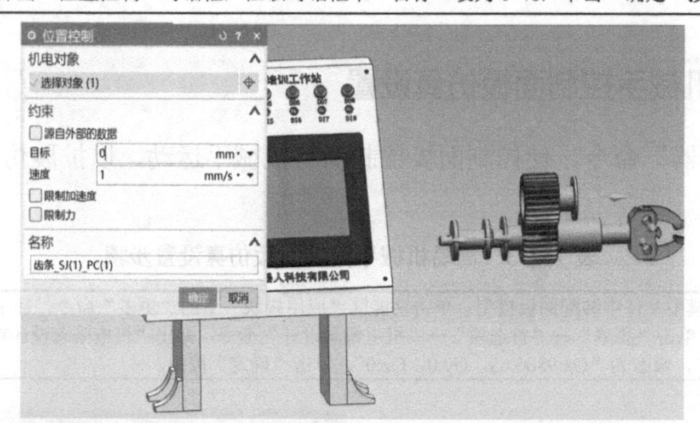

（4）单击功能区“主页”下的“符号表”→“信号适配器”命令，弹出信号适配器定义对话框。在“信号适配器”对话框的“选择对象”参数中，框选铰链副旋钮，参数名称为角度，在信号列表中新建启动信号，数据类型为“布尔型”，“输入/输出”为“输出”，“初始值”为“false”，公式定义为“If (HJ1>60&HJ1<130) Then (true) Else (false)”，并将新建的信号适配器命名为“SignalAdapter(1)”，单击“确定”按钮。

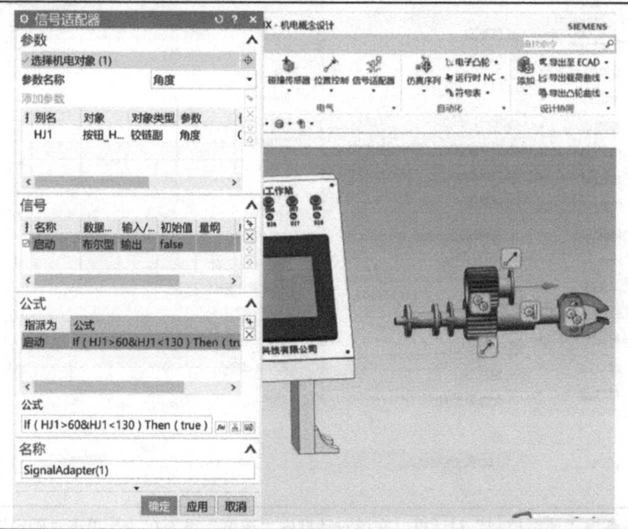

（5）单击功能区“主页”下的“仿真序列”命令，弹出仿真序列定义对话框。在“仿真序列”对话框中，“选择对象”为速度控制齿轮 1，“运行时参数”设为“速度==30”，“对象”选择启动，“条件”设为“值==true”，并将新建的仿真序列命名为“齿轮启动”，单击“确定”按钮。

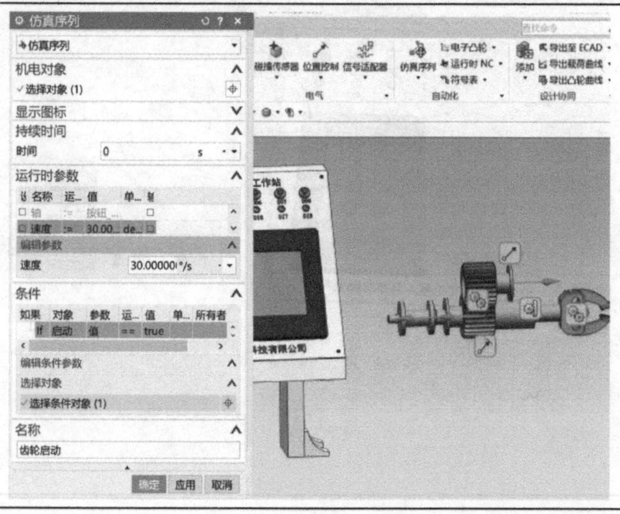

（续）

（6）在“仿真序列”对话框中，“选择对象”为位置控制齿条，“运行时参数”设为“定位==-10”，“对象”选择启动，“条件”设为“值==true”，并将新建的仿真序列命名为“齿条启动”，单击“确定”按钮。

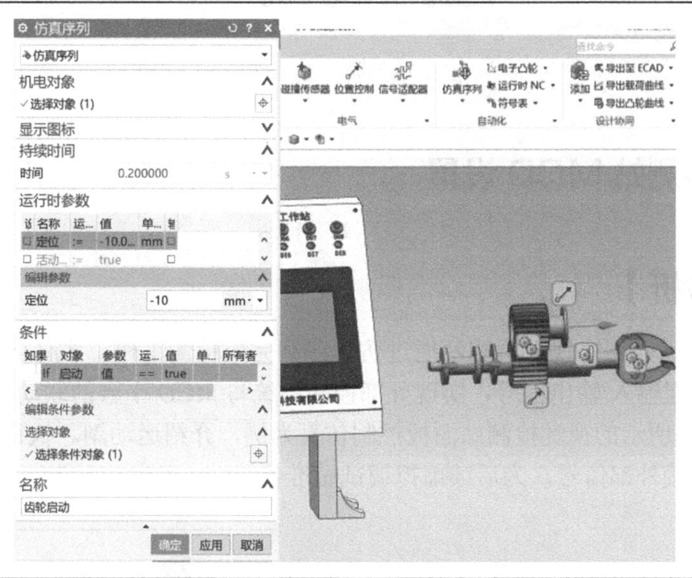

（7）单击功能区“主页”下的“播放”命令，开始运动仿真模拟，扭尾机械手保持不动，当启动按钮旋至启动后指示灯为绿色，扭尾机械手开始运动。单击功能区“主页”下的“停止”命令，结束仿真模拟。

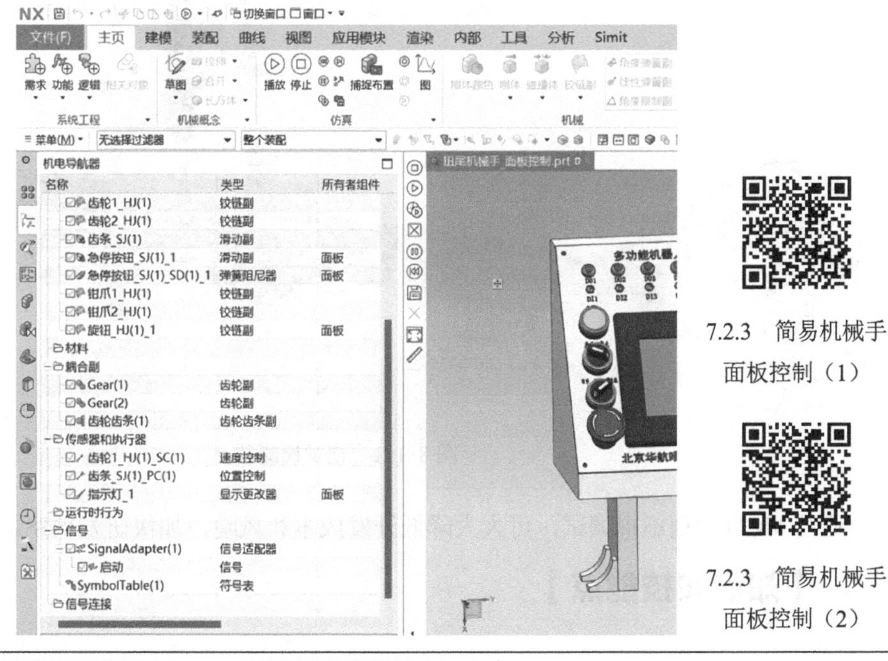

7.2.3　简易机械手面板控制（1）

7.2.3　简易机械手面板控制（2）

数字资源：7.2.3 简易机械手面板控制（1）　7.2.3 简易机械手面板控制（2）

项目 8　虚拟调试

任务 8.1　检测站 MCD 设置

【情境分析】

前面的任务中已介绍过视觉检测站通过仿真序列完成检测工作，本任务中添加面板组件，通过信号适配器创建输入/输出信号，实现外部控制系统与 MCD 平台的联动。

现以图 8-1-1 所示的视觉检测站面板控制仿真为例，介绍运动副、执行器等参数与信号之间的关系，然后对接外部信号，为后续虚拟调试做准备。

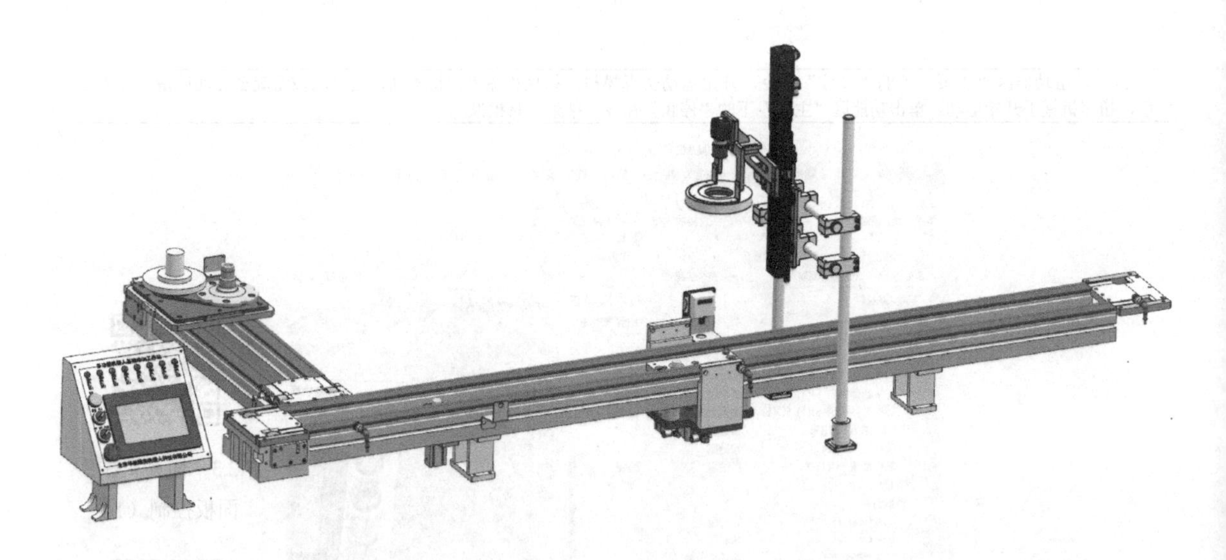

图 8-1-1　视觉检测站

通过 MCD 实现虚拟调试，可大大降低开发成本和风险，加快研发效率。

【知识和技能点】

8.1.1　信号适配器设置

本知识点以视觉检测站为例，进一步介绍信号适配器的设置方法，如表 8-1-1 所示。

表 8-1-1　信号适配器设置步骤

1. 碰撞传感器设置

打开“视觉检测站”模型文件，添加面板组件，并在水平传输带末端添加传感器模型。单击功能区“应用模块”下的“更多”命令，在下拉列表中选择“机电概念设计”，进入 MCD 环境。单击功能区“主页”下的“碰撞传感器”命令，弹出碰撞传感器定义对话框，新建碰撞传感器并命名为“出料传感器”，单击“确定”按钮。

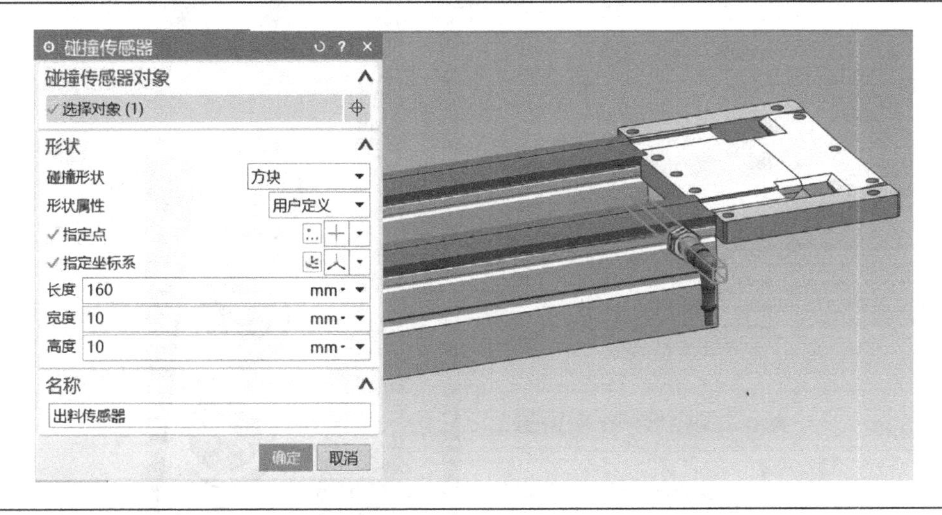

2. 信号适配器设置

（1）单击功能区“主页”下的“符号表”-“信号适配器”命令，弹出信号适配器定义对话框。在“信号适配器”对话框的“对象”参数中，框选碰撞传感器进料传感器，参数名称为“已触发”，“别名”为“sensor1”，在信号列表中新建“进料信号”，“数据类型”为“布尔型”“输入/输出”为“输出”，“初始值”为“false”，公式定义为“If (sensor1) Then (true) Else (false)”。依次选择检测传感器在信号列表中新建“检测信号”，选择出料传感器在信号列表中新建“出料信号”，并将新建的信号适配器命名为“SignalAdapter(1)”。

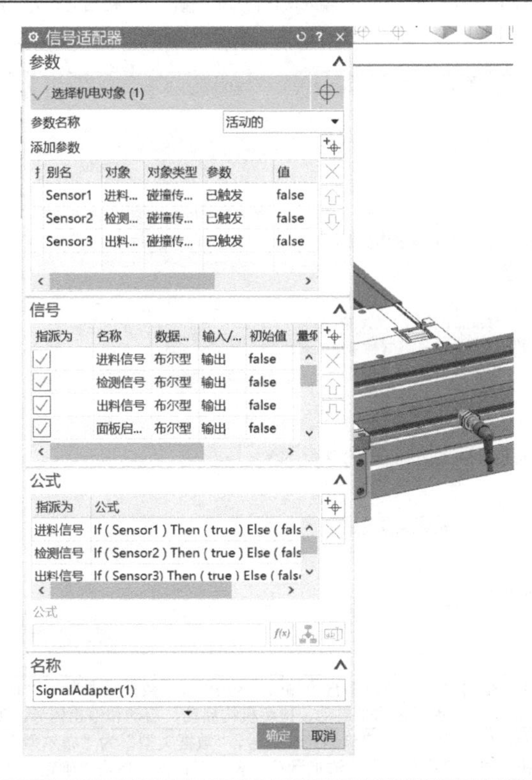

（续）

（2）在“信号适配器”对话框的“对象”参数中，框选铰链副旋钮，参数名称为“角度”，“别名”为“HJ1”，在信号列表中新建面板启动信号，“数据类型”为布尔型，“输入/输出”为“输出”，“初始值”为“false”，公式定义为“If (HJ1>110&HJ1<130) Then (true) Else (false)”。

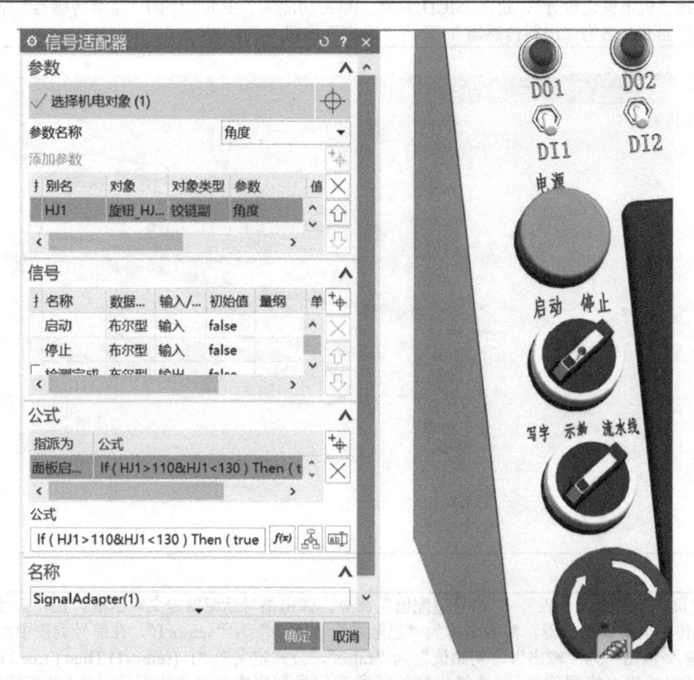

（3）在“信号适配器”对话框的“选择对象”参数中，框选滑动副急停按钮，参数名称为“定位”，“别名”为“SJ1”，在信号列表中新建面板急停信号，“数据类型”为“布尔型”，“输入/输出”为“输出”，“初始值”为“false”，公式定义为“ If (SJ1>10) Then (true) Else (false)”。

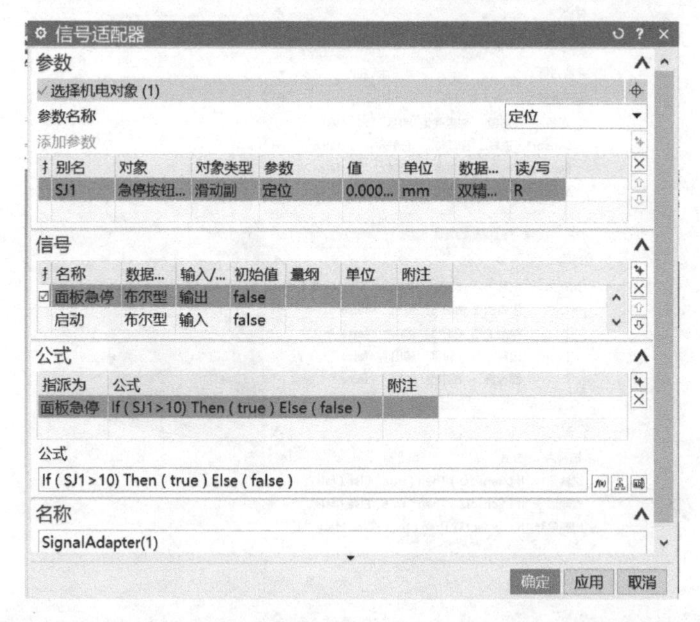

（4）在“信号适配器”对话框中，信号列表中新建垂直传输带启动信号，“数据类型”为“布尔型”，“输入/输出”为“输入”，“初始值”为“false”；用该方法可依次创建水平传输带启动、检测机构启动、启动和停止信号，见下页左图。

（5）在“信号适配器”对话框中，信号列表中新建检测完成信号，“数据类型”为“布尔型”，“输入/输出”为“输出”，“初始值”为“false”，单击“确定”按钮，弹出“将信号名称添加到符号表”对话框，单击“确定”按钮，见下页右图。

（续）

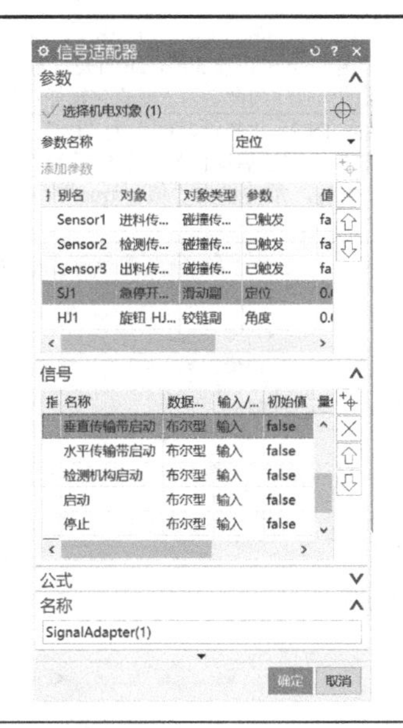

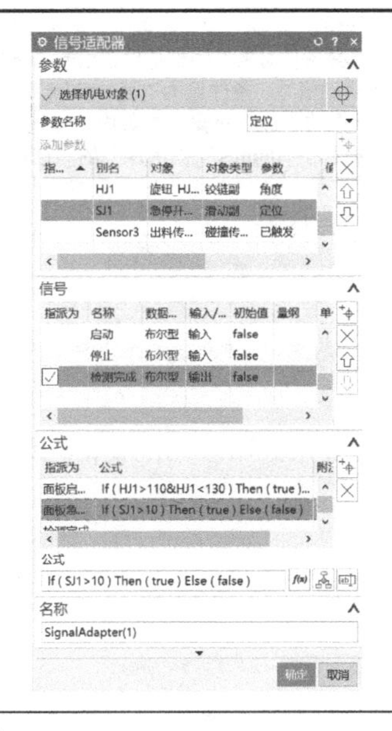

8.1.1　信号适配器设置（1）

8.1.1　信号适配器设置（2）

数字资源：8.1.1 信号适配器设置（1）/8.1.1 信号适配器设置（2）

8.1.2　仿真序列设置

本知识点以检测站为例，进一步介绍仿真序列的设置方法，如表 8-1-2 所示。

表 8-1-2　仿真序列设置步骤

（1）单击功能区“主页”下的“仿真序列”命令，弹出仿真序列定义对话框。在“仿真序列”对话框的“选择对象”参数中，框选显示传输面 TS(1)，“持续时间”为“0s”，“运行时参数”中“平行速度”为“100mm/s”。“条件”的“对象”中框选启动信号，条件设为“值==true”，添加组，组间关系为“And”，“条件”的“选择条件对象”中框选垂直传输带启动信号，条件设为“值==true”，并将新建的仿真序列命名为“垂直传输启动”，单击“确定”按钮。

（续）

（2）在“仿真序列”对话框的“选择对象”参数中，框选显示传输面 TS(1)，“持续时间”为“0s”，“运行时参数”中“平行速度”为“0mm/s”。“条件”的“选择条件对象”中框选停止信号，条件设为“值==true”，添加组，组间关系为“Or”，“条件”的“选择条件对象”中框选垂直传输带启动信号，条件设为“值==false”，并将新建的仿真序列命名为“垂直传输停止”，单击“确定”按钮。

（3）在“仿真序列”对话框的“选择对象”参数中，框选显示传输面 TS(2)，“持续时间”为“0s”，“运行时参数”中“平行速度”为“100mm/s”，垂直速度为“0mm/s”。“条件”的“选择条件对象”中框选启动信号，条件设为“值==true”，添加组，组间关系为“And”，“条件”的“选择条件对象”中框选水平传输带启动信号，条件设为“值==true”，并将新建的仿真序列命名为“水平传输启动”，单击“确定”按钮。

步骤（2）对应的图：

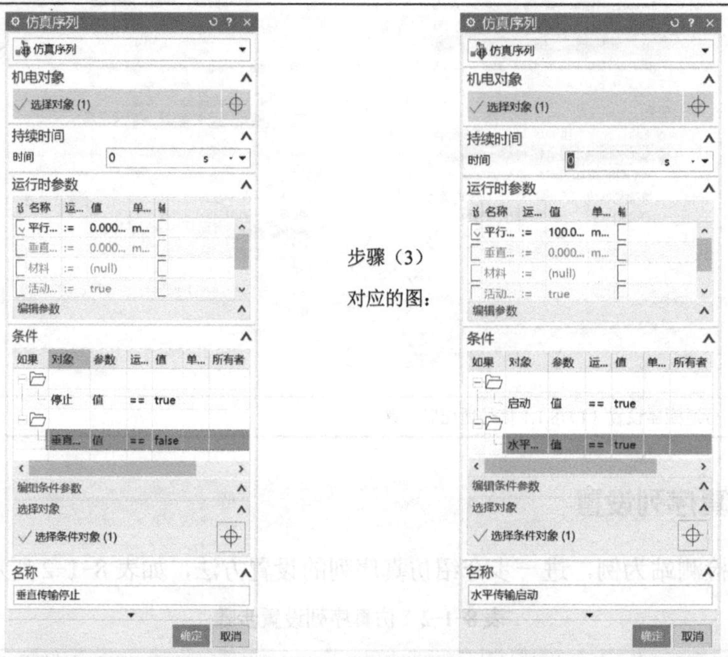

（4）在“仿真序列”对话框的“选择对象”参数中，框选显示传输面 TS(2)，“持续时间”为“0s”，“运行时参数”中“平行速度”为“0mm/s”。“条件”的“对象”中框选停止信号，条件设为“值==true”，添加组，组间关系为“Or”，“条件”的“选择条件对象”中框选水平传输带启动信号，条件设为“值==false”，并将新建的仿真序列命名为“水平传输停止”，单击“确定”按钮。

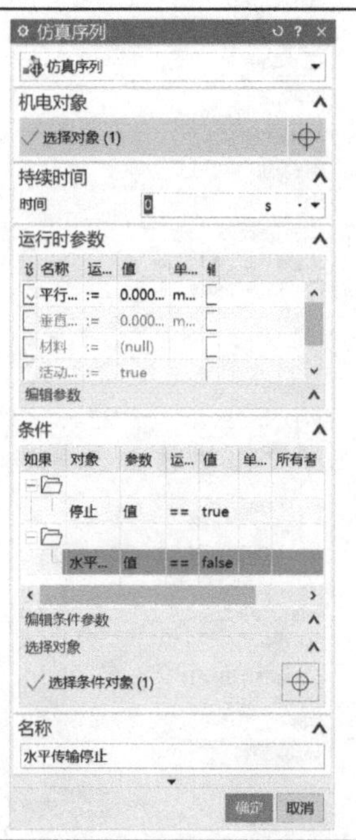

（续）

（5）在左侧序列编辑器中双击“检测机构运行”仿真序列，在“仿真序列”对话框中修改条件，“选择条件对象”框选启动信号，条件设为“值==true”，添加组，组间关系为“And”，“条件”的“选择条件对象”中框选检测机构启动信号，条件设为“值==true”，单击“确定”按钮。

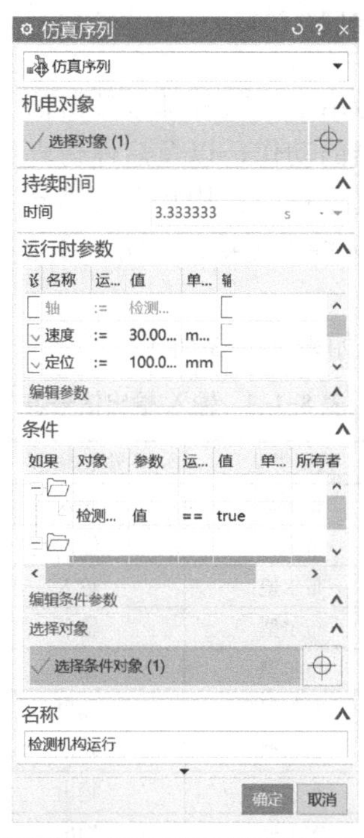

（6）单击功能区“主页”下的“仿真序列”命令，弹出仿真序列定义对话框。在“仿真序列”对话框的“选择对象”参数中，框选检测完成信号，“持续时间”为“0s”，“运行时参数”中“值”为“true”，将新建的仿真序列命名为“检测完成”，单击“确认”按钮，将仿真序列按照图中排序并链接，同时删除不需要的仿真序列（“水平传输到位启动”“水平传输停止”“水平传输重启动”“检测机构复位”和“物料到位停止”）。删除其余的仿真序列。

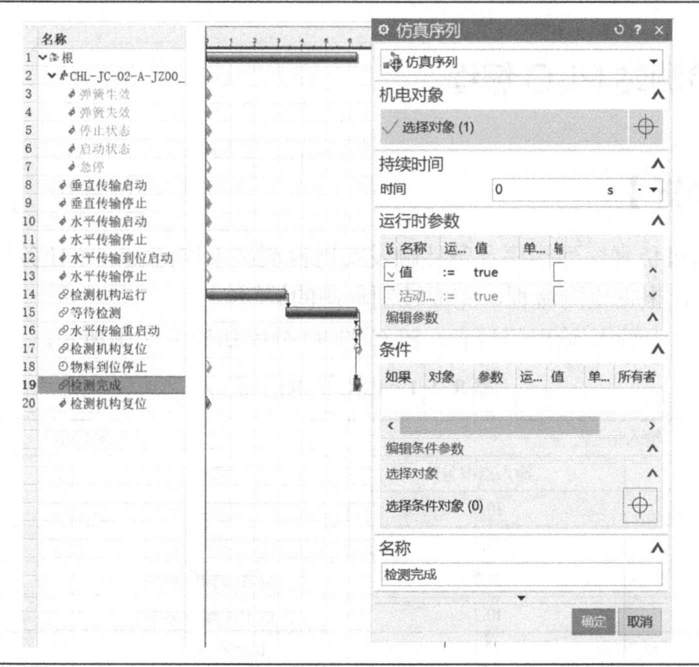

8.1.2　仿真序列设置（1）

8.1.2　仿真序列设置（2）

数字资源：8.1.2 仿真序列设置（1）/8.1.2 仿真序列设置（2）

【拓展学习】

8.1.3 检测站输入/输出信号

机电概念设计平台的输入信号用于接收外部服务器信号，主要实现控制运动副、执行器的动作，以及启停仿真序列等功能；输出信号用于将仿真过程中机构状态反馈到外部服务器，为外部控制程序的输入提供支持，如图 8-1-2 所示。

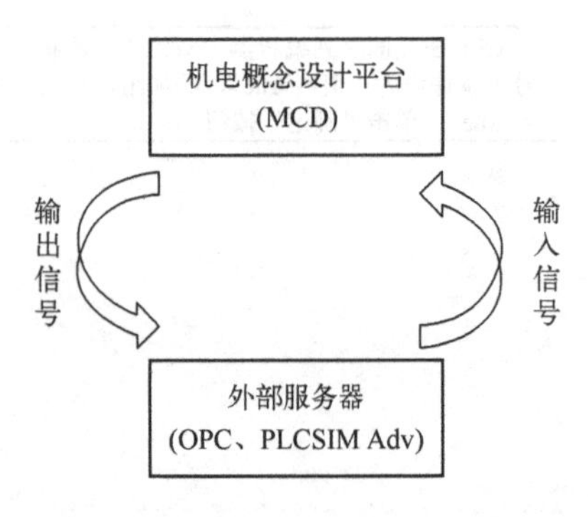

图 8-1-2 输入/输出信号

视觉检测站输入/输出信号列表如表 8-1-3 所示。

表 8-1-3 输入/输出信号表

序号	名称	数据类型	输入/输出	初始值	是否指派为
1	启动	布尔型	输入	false	否
2	停止	布尔型	输入	false	否
3	垂直传输带启动	布尔型	输入	false	否
4	水平传输带启动	布尔型	输入	false	否
5	检测机构启动	布尔型	输入	false	否
6	进料	布尔型	输出	false	是
7	检测	布尔型	输出	false	是
8	出料	布尔型	输出	false	是
9	面板启动	布尔型	输出	false	是
10	面板急停	布尔型	输出	false	是
11	检测完成	布尔型	输出	false	否

任务 8.2 检测站 PLC 编程

【情境分析】

前面已介绍通过仿真序列排序及条件触发实现检测站工作流程，本任务使用 S7-1500 硬件和博途 V15.1 软件，根据检测流程，完成控制程序的编写。

对应 MCD 平台中输入/输出信号表，PLC 的 IO 分配如表 8-2-1 所示。

表 8-2-1 PLC 的 IO 分配表

输入信号		输出信号	
名称	输入点编号	名称	输出点编号
面板启动	I0.0	启动	Q0.0
面板急停	I0.1	停止	Q0.1
进料	I0.2	垂直传输带启动	Q0.2
检测	I0.3	水平传输带启动	Q0.3
出料	I0.4	检测机构启动	Q0.4
检测完成	I0.5		

将检测站工作流程划分为若干个顺序相连的阶段，称为步，步用内部辅助继电器 M 来代表，实现工作站自动地有序地操作，检测站顺序功能图如图 8-2-1 所示。

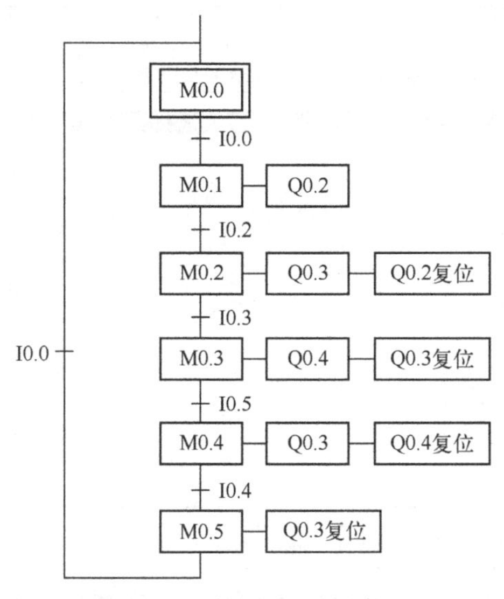

图 8-2-1　检测站顺序功能图

【知识和技能点】

8.2.1　程序变量设置

本知识点以检测站控制程序为例，介绍程序变量的操作，如表 8-2-2 所示。

表 8-2-2　程序变量设置步骤

1. 创建程序
启动软件 TIA Portal，在启动画面中单击“创建新项目”命令，弹出“创建新项目”对话框，项目名称为“检测站”，路径修改为工作路径，单击“创建”按钮，在“设备”导航栏中单击“添加新设备”命令，弹出“添加新设备”对话框，选择“控制器”→“SIMATIC S7-1500”→“CPU”→“CPU 1511-1 PN”→“6ES7 511-1AK00-0AB0”，单击“确定”按钮。

（续）

2. I/O 变量创建

（1）在“设备”导航栏中单击“PLC_1”→“PLC 变量”→“默认变量表”命令，弹出“默认变量表”对话框，根据 IO 分配表，新建输入/输出变量：面板启动→I0.0；面板急停→I0.1；进料→I0.2；检测→I0.3；出料→I0.4；检测完成→I0.5；启动→Q0.0；停止→Q0.1；垂直传输带启动→Q0.2；水平传输带启动→Q0.3；检测机构启动→Q0.4。

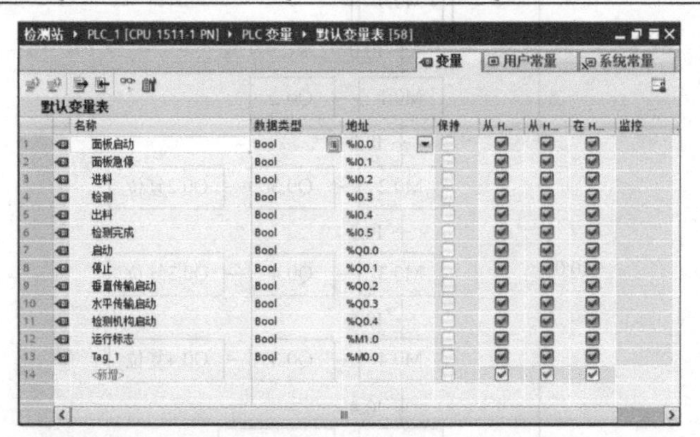

	名称	数据类型	地址	保持	从 H...	从 H...	在 H...	监控
1	面板启动	Bool	%I0.0	☐	☑	☑	☑	
2	面板急停	Bool	%I0.1	☐	☑	☑	☑	
3	进料	Bool	%I0.2	☐	☑	☑	☑	
4	检测	Bool	%I0.3	☐	☑	☑	☑	
5	出料	Bool	%I0.4	☐	☑	☑	☑	
6	检测完成	Bool	%I0.5	☐	☑	☑	☑	
7	启动	Bool	%Q0.0	☐	☑	☑	☑	
8	停止	Bool	%Q0.1	☐	☑	☑	☑	
9	垂直传输启动	Bool	%Q0.2	☐	☑	☑	☑	
10	水平传输启动	Bool	%Q0.3	☐	☑	☑	☑	
11	检测机构启动	Bool	%Q0.4	☐	☑	☑	☑	
12	运行标志	Bool	%M1.0	☐	☑	☑	☑	
13	Tag_1	Bool	%M0.0	☐	☑	☑	☑	
14	<新增>			☐	☑	☑	☑	

（2）添加数据块 DB，命名为“数据块_1”，添加变量“Step”，类型为“int”。

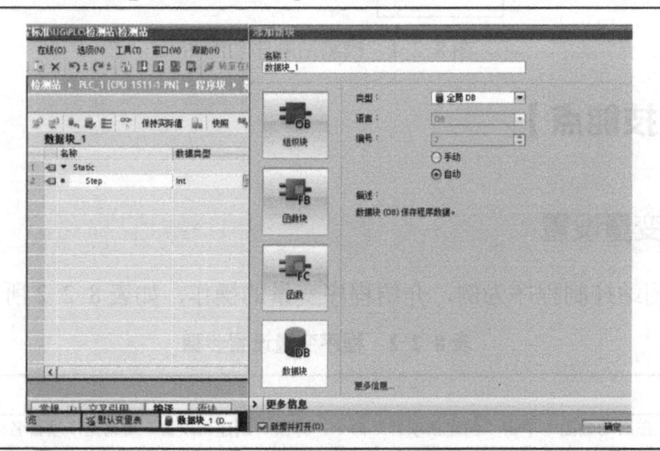

8.2.1 程序变量设置

数字资源：8.2.1 程序变量设置

8.2.2 控制程序编写

本知识点以检测站控制程序为例，介绍 PLC 控制程序的编写方法，如表 8-2-3 所示。

表 8-2-3 控制程序编写步骤

（1）在“设备”导航栏中单击“PLC_1”→“程序块”→“Main[OB1]”命令，弹出“程序编辑”对话框，在该对话框中输入“M0.0 启动”程序段指令，当“I0.0”为上升沿，并且“I0.1”为“0”，“M1.0”置“1”，并当前为“0”步时从“0”步跳到“1”步。

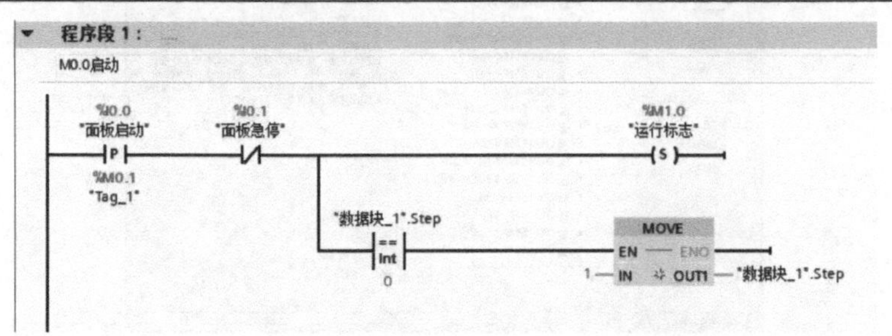

（续）

（2）在程序编辑窗口输入“初始复位”程序段指令，当“0”步时，将“Q0.2”“Q0.3”“Q0.4”复位。

初始复位

"数据块_1".Step == Int 1
%Q0.2 "垂直传输启动" (R)
%Q0.3 "水平传输启动" (R)
%Q0.4 "检测机构启动" (R)

（3）在程序编辑窗口输入“停止”程序段指令，当“I0.0”为0或“I0.1”为1时，“M1.0”复位。

停止

%I0.0 "面板启动"
%I0.1 "面板急停"
%M1.0 "运行标志" (R)

（4）在程序编辑窗口输入“启动停止输出”程序段指令，当“M1.0”为1时，“Q0.0”输出，“Q0.1”反向输出。

启动停止输出

%M1.0 "运行标志"
%Q0.0 "启动" ( )
%Q0.1 "停止" (/)

（5）在程序编辑窗口输入“急停”程序段指令，当“I0.1”为1时，转到“0”步。

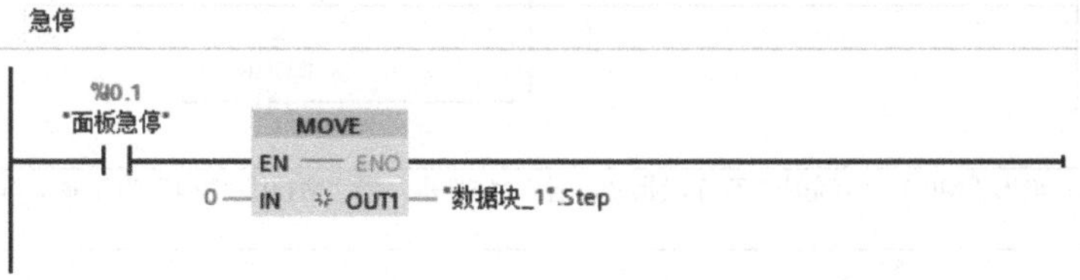

急停

%I0.1 "面板急停"
MOVE EN ENO
0 IN OUT1 "数据块_1".Step

（6）在程序编辑窗口输入“M0.1启动进料”程序段指令，进入“1”步，当“M1.0”为1，“Q0.2”置1，并转到“2”步。

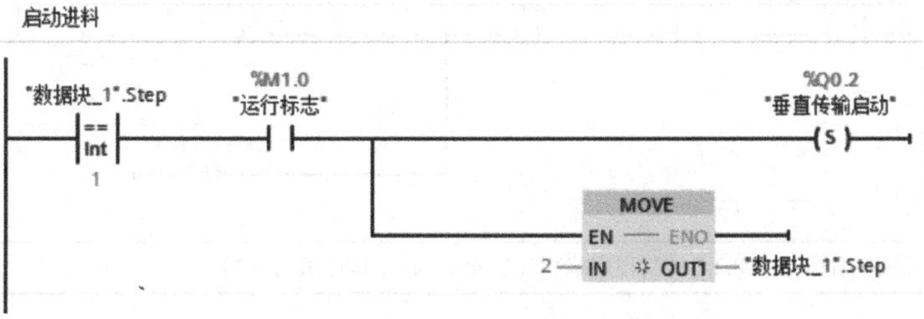

启动进料

"数据块_1".Step == Int 1
%M1.0 "运行标志"
%Q0.2 "垂直传输启动" (S)
MOVE EN ENO
2 IN OUT1 "数据块_1".Step

（续）

（7）在程序编辑窗口输入“M0.2 启动水平”程序段指令，进入“2”步，当“M1.0”“I0.2”为 1 时，“Q0.2”复位，“Q0.3”置 1，并转到“3”步。

启动水平

"数据块_1".Step == Int 2
%M1.0 "运行标志"
%I0.2 "进料"
%Q0.3 "水平传输启动" (S)
MOVE EN ENO 3 IN OUT1 "数据块_1".Step
%Q0.2 "垂直传输启动" (R)

（8）在程序编辑窗口输入“M0.3 启动检测”程序段指令，进入“3”步，当“M1.0”“I0.3”为 1 时，“Q0.3”复位，“Q0.4”置 1，并转到“4”步。

启动检测

"数据块_1".Step == Int 3
%M1.0 "运行标志"
%I0.3 "检测"
%Q0.4 "检测机构启动" (S)
MOVE EN ENO 4 IN OUT1 "数据块_1".Step
%Q0.3 "水平传输启动" (R)

8.2.2 控制程序编写（1）

（9）在程序编辑窗口输入“M0.4 启动出料”程序段指令，进入“4”步，当“M1.0”“I0.5”为 1 时，“Q0.4”复位，“Q0.3”置 1，并转到“5”步。

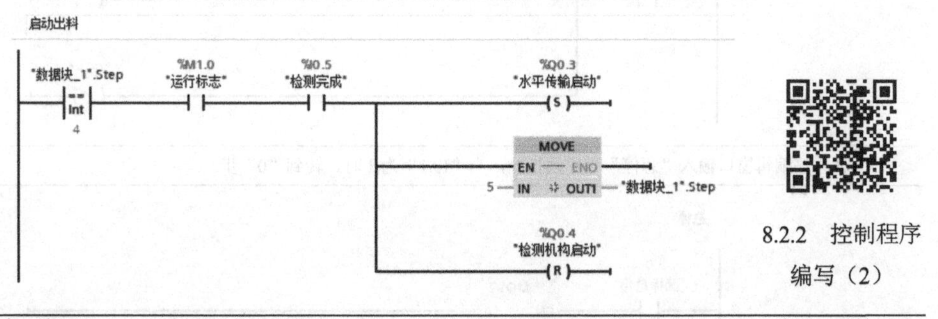

8.2.2 控制程序编写（2）

（10）在程序编辑窗口输入“M0.5 出料完成”程序段指令，进入“5”步，当“M1.0”“I0.4”为 1 时，“Q0.3”复位，并转回到“0”步，完成一个循环。

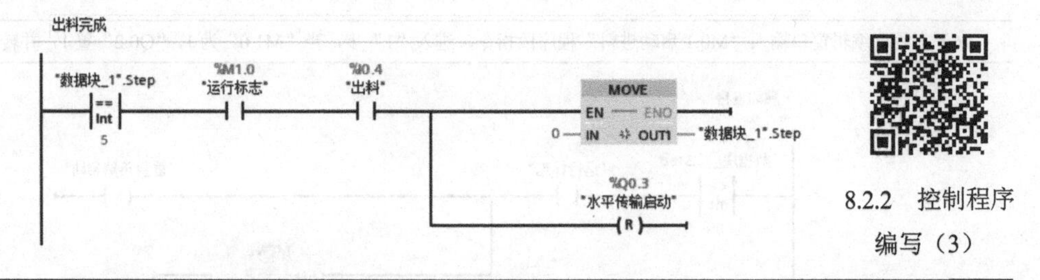

8.2.2 控制程序编写（3）

数字资源：8.2.2 控制程序编写（1）/8.2.2 控制程序编写（2）/8.2.2 控制程序编写（3）

【拓展学习】

8.2.3 PLC 基础指令

（1）扫描操作数的信号上升沿指令|P|

此指令用于扫描操作数 1 的信号状态是否从“0”变为 1，并与操作数 2 中保存的上一次扫描信号状态进行比较。

如图 8-2-2 所示，当“Tagin_1”“Tagin_2”“Tagin_3”“Tagin_5”为 1，且“Tagin_4”由 0 变为 1 时，“Tagin_Out”为 1。

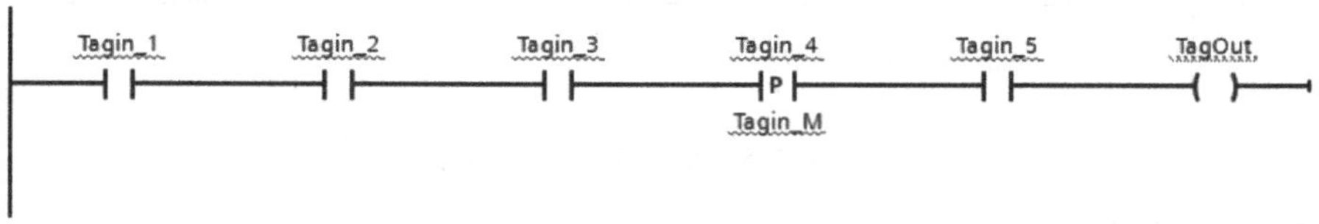

图 8-2-2 |P|指令

（2）信号上升沿置位操作数（P）

此指令用于当输入线圈从“0”变为“1”时，置位操作数 1，并将操作数 2 保存至输入端的 RLO 边沿存储位。

如图 8-2-3 所示，当“Tagin_1”和“Tagin_2”从“0”更改为“1”(信号上升沿)，将操作数“Tag_Out”置位一个周期。

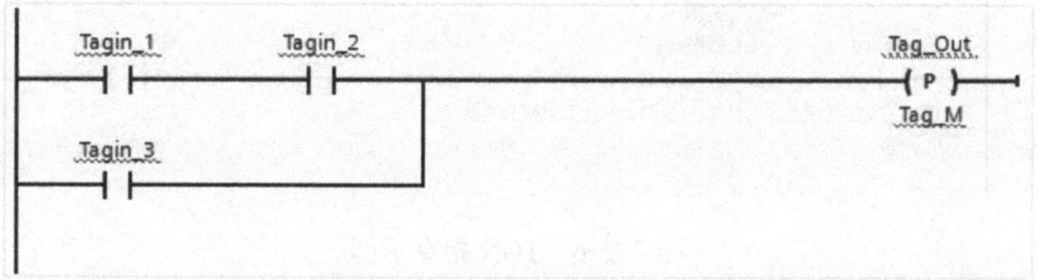

图 8-2-3 （P）指令示例

（3）扫描 RLO 的信号上升沿

此指令当 CLK 端输入端从“0”到“1”，“Q”端输出一个扫描周期的能流，并比较能流（RLO）当前状态与边沿存储位中上一次查询的信号状态。

如图 8-2-4 所示，当“Tagin_3”从“0”到“1”时，程序跳转到程序标签“CAS1”处。

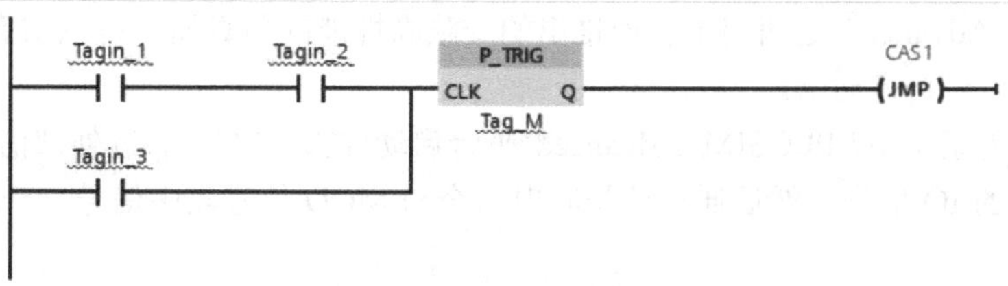

图 8-2-4 P_TRIG 指令示例

（4）移动值指令

移动值指令，当“EN”端值为 1 时执行指令，将“IN”端数据传入“OUT”端，“ENO”输出端为 1。

当满足下列条件之一，“ENO”输出端为 0：

1）使能输入 EN 的信号状态为 0；

2）IN 参数数据类型与 OUT 参数的数据类型不对应。

如图 8-2-5 所示，当“Tagin”为“1”，执行指令，将“Tagin_Value”的内容复制到“TagOut_Value”，并将“TagOut”置为“1”。

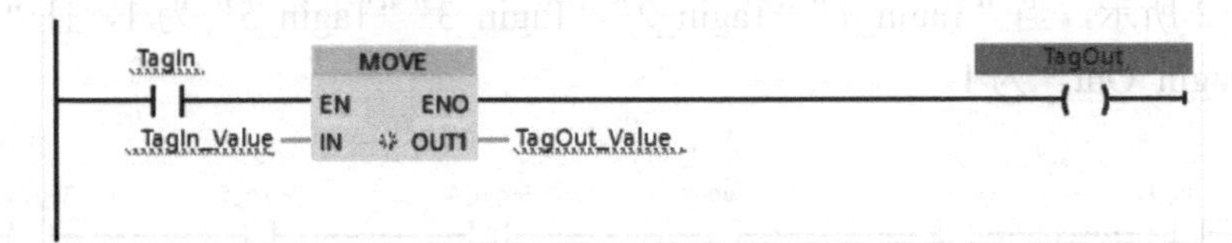

图 8-2-5　MOVE 指令示例

（5）接通延时指令

此指令当“IN”端从“0”变为“1”时，启动计时器计时，当时间超出设定时间“PT”后，“Q”输出端变为“1”。只要“IN”端仍为“1”，“Q”输出端保存置位，当“IN”端从“1”变为“0”，复位 Q”输出端。

如图 8-2-6 所示，当“Tag_Start”从“0”变为“1”,计时超过“Tag_PresetTime”时，“Tag_Status”置为 1，并保持。当前时间存入“Tag_ElapsedTime”。

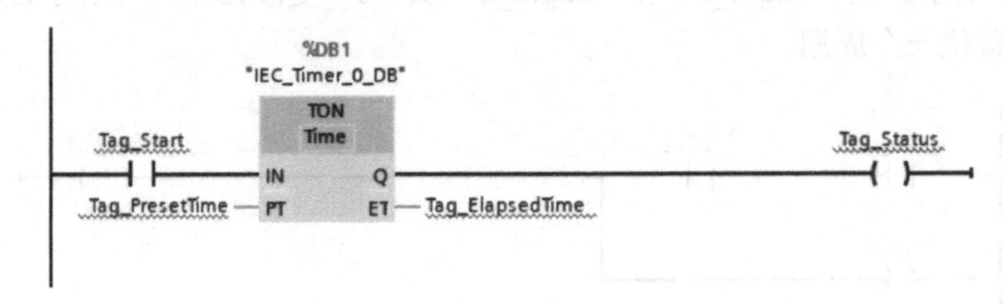

图 8-2-6　TON 指令示例

任务 8.3　检测站虚拟调试

【情境分析】

S7-PLCSIM Advanced 是西门子公司推出的一款高性能的仿真器，可以仿真一般的 PLC 逻辑控制程序，还可以仿真通信。

本任务中首先基于 S7-PLCSIM Advanced 平台启动虚拟 PLC，通过外部信号配置命令导入 PLC 程序中指定的 IO 信号，然后通过信号映射命令与 MCD 信号表中信号一一对应，实现 PLC 的虚拟调试。

虚拟调试就是通过把虚拟世界的产线模型与物理世界的真实控制设备进行连接，然后对复杂生产系统进行功能测试，从而缩短产品上市时间，降低成本，提高生产力。

【知识和技能点】

8.3.1　PLCSIM 设置

本知识点通过检测站虚拟调试，介绍 PLCSIM 软件的设置方法，如表 8-3-1 所示。

表 8-3-1　PLCSIM 设置步骤

1. PLCSIM 启动

启动 S7-PLCSIM Advanced 软件，在弹出的 S7-PLCSIM Advanced V3.0 对话框中，“Instance name”中虚拟命名 PLC，单击“Start”按钮，启动软 PLC，指示灯为绿色。

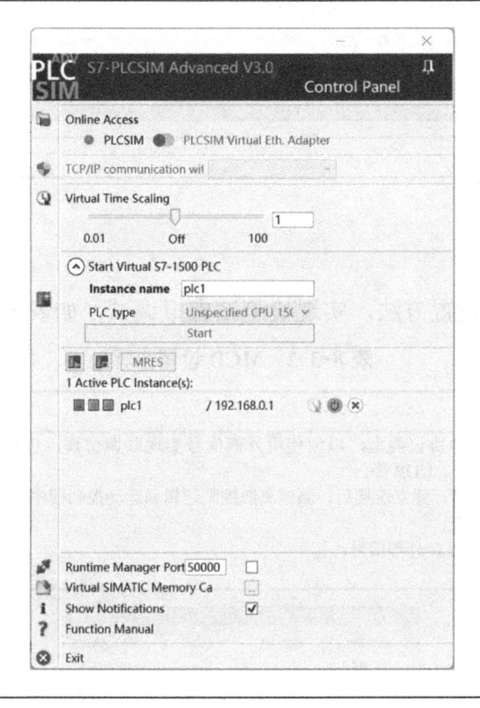

2. PLC 程序下载

（1）打开 PLC 程序“检测站”，在设备导航栏中，右击“检测站”，在弹出的快捷菜单中单击“属性”命令。在弹出的“检测站”对话框的“保护”页面下，勾选“块编译时支持仿真”，单击“确定”按钮。

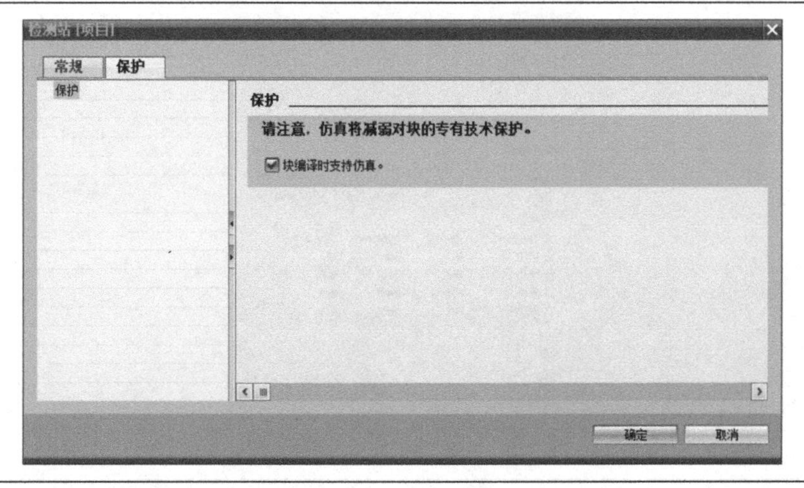

（续）

（2）选择“PLC_1”，分别单击“编译”→“下载到设备”按钮，在“下载预览”对话框中，单击“装载”按钮，在“下载结果”对话框中，确认下载结果信息，单击“完成”按钮。

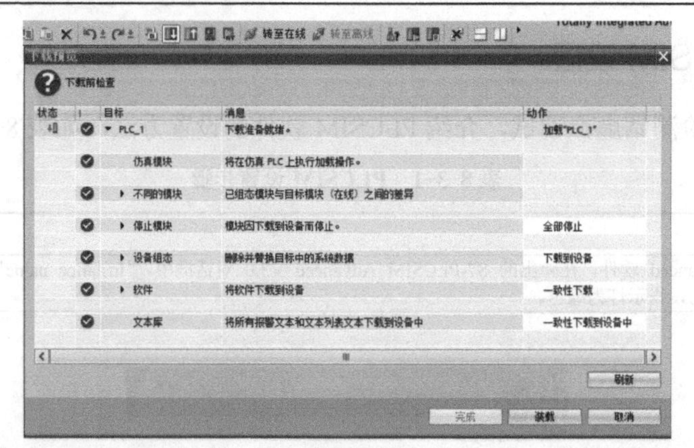

8.3.1 PLCSIM 设置

数字资源：8.3.1 PLCSIM 设置

8.3.2 MCD 设置

本知识点是介绍 MCD 设置方法，实现检测站虚拟调试，如表 8-3-2 所示。

表 8-3-2 MCD 设置步骤

1. 外部信号配置

“外部信号配置”命令可以建立多种协议类型，以便使用外部信号实现联调仿真，包括 MATLAB、OPC DA、OPC UA、PLCSIM Adv、PROFINET、SHM、TCP、UDP 等。

PLCSIM Adv 协议用于实现“软在环”，建立连接后，测试离散控制逻辑和运动控制程序，包含以下步骤：

- 设置虚拟 PLC 环境和 MCD 信号表；
- 使用“外部信号配置”命令导入 PLC 外部信号；
- 使用信号映射命令映射 MCD 信号。

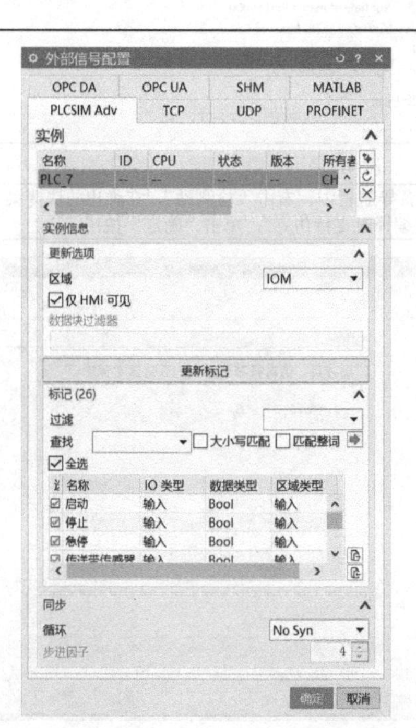

（续）

参数	定义
实例	显示所有在 PLCSIM Advanced 中注册的 PLC 实例，从中选择所需要的 PLC 实例
实例信息	实例信息包括： ● 更新选项　搜索特定标记信号； ● 区域　指定所需的标记类型； ● 仅 HMI 可见　过滤 HMI 可见的标记； ● 数据块过滤器　仅从用户定义的数据块中搜索标记，未指定表示从所有数据块中搜索
更新标记	更新特定实例，并在标记表中显示所有标记信息
循环	设置 MCD 信号与 PLCSIM Advanced 信号同步的属性

2.“信号映射”对话框

“信号映射”命令可将 MCD 信号与外部信号进行手动映射或取消映射，并指定需要映射的 MCD 信号和外部信号类型。使用“信号映射”命令可执行以下操作：

- 打开“外部信号配置”对话框以创建新配置；
- 检查 MCD 信号表或外部信号映射的次数；
- 搜索配置中的信号；
- 同时连接和断开多个信号。

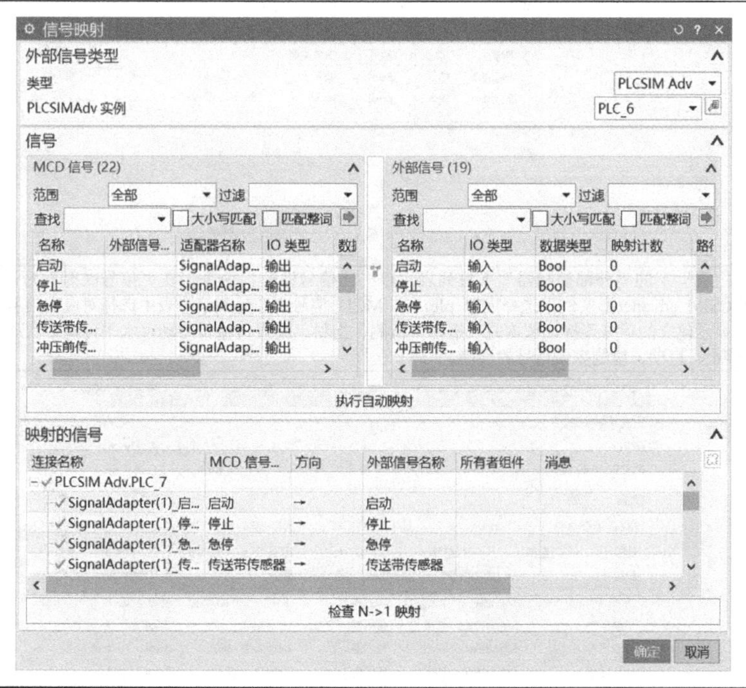

参数	定义
类型	选择所需映射外部信号类型，包括 MATLAB、OPC DA、OPC UA、PLCSIM Adv、PROFINET、SHM、TCP 和 UDP 等
PLCSIM Advanced 实例	选择所需软 PLC 实例
信号	包含 MCD 信号表和外部信号表： ● MCD 信号表显示 MCD 中创建信号的名称、适配器名称、IO 类型、映射计数、所有者组件； ● 外部信号表显示所有可选的外部信号的名称、适配器名称、IO 类型、映射计数、路径
映射的信号	显示 MCD 信号和外部信号之间建立的连接，包含信息：连接名称、MCD 信号名称、方向、外部信号名称、所有者组件、消息
检查 N->1 映射	确认只有一个信号映射到 MCD 输入信号

（续）

3．MCD 设置

（1）打开文件“检测站”模型文件，单击功能区“应用模块”下的“更多”命令，在下拉列表中选择“机电概念设计”，进入 MCD 环境，单击功能区“主页”下的“外部控制器”下拉列表，单击“外部信号配置”命令，在“外部信号配置”对话框中，单击“PLCSIM Adv”标签，实例列表中选择虚拟 PLC，“更新选项”中区域为“IO”，单击“更新标记”按钮，在标记表中显示虚拟 PLC 的所有信号，勾选“全选”，单击“确定”按钮。

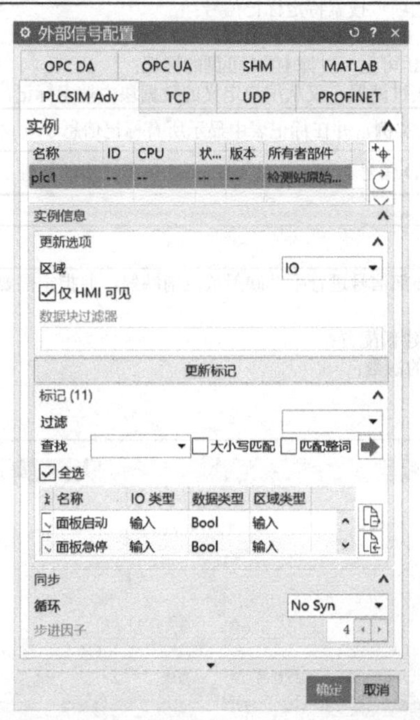

（2）单击功能区“主页”下的“外部控制器”下拉列表，单击“信号映射”命令。在“信号映射”对话框中，“类型”选择“PLCSIM Adv”，“PLCSIM advanced 实例”选择虚拟 plc，在 MCD 信号表和外部信号表中选择对应的信号，单击“映射信号”，“映射的信号”列表中显示建立的信号连接，依次完成进料、检测、出料、垂直传输带启动、水平传输带启动、检测机构启动、面板启动、面板急停、停止、启动、检测完成信号的连接。

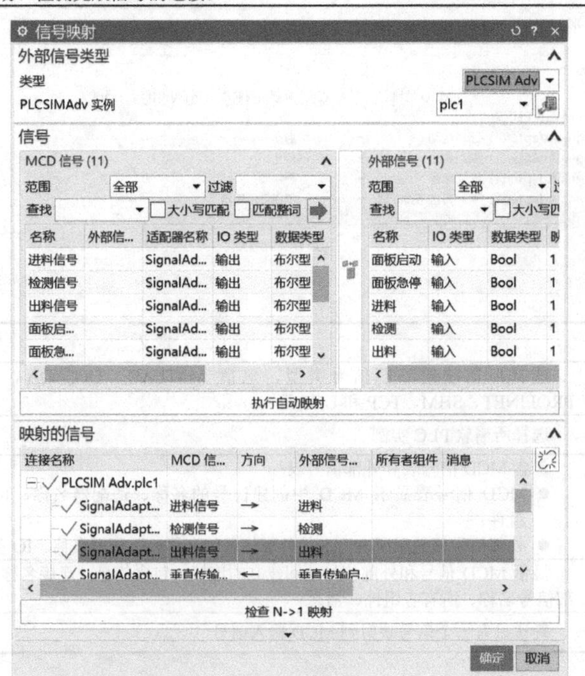

（续）

（3）单击功能区“主页”下的“播放”命令，开始运动仿真模拟，同时在博途软件中单击“启动 CPU”命令并进行在线监控，实现 MCD 与 PLC 联动虚拟调试，按下启动按钮启动，检测站开始依次完成进料、检测、出料，同时监控 PLC 程序的运行，当“停止”按钮按下，程序暂停，再按启动按钮可继续运行，当急停按钮按下，程序运行中断，无法恢复；单击功能区“主页”下的“停止”命令，同时在博途软件中单击“停止 CPU”命令，结束检测站虚拟调试。

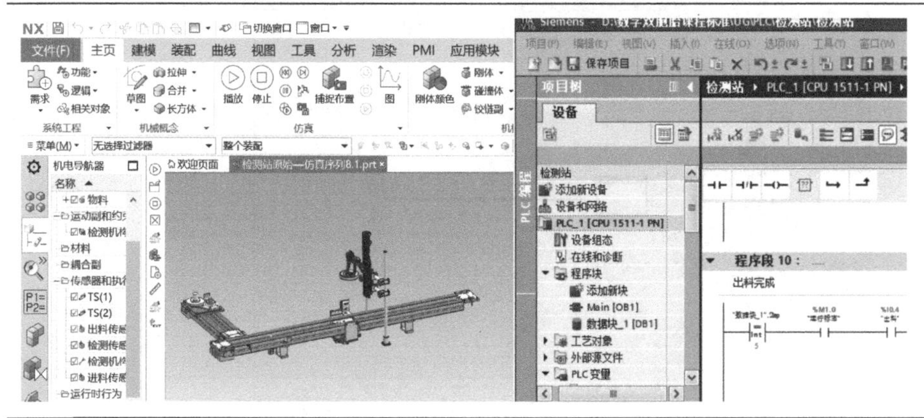

8.3.2　MCD 设置

数字资源：8.3.2MCD 设置

【拓展学习】

8.3.3　HMI 组态编程

拓展部分介绍 HMI 组态编程方法，完成检测站人机交互界面的制作，如表 8-3-3 所示。

表 8-3-3　HMI 组态编程步骤

（1）打开 PLC 程序“检测站”，在“设备”导航栏中单击“添加新设备”命令，弹出“添加新设备”对话框，选择“HMI”→“SIMATIC 精智面板”→“7"显示器”→“TP700 Comfort”→“6AV2 124-0GC01-0AX0”，单击“确定”按钮。

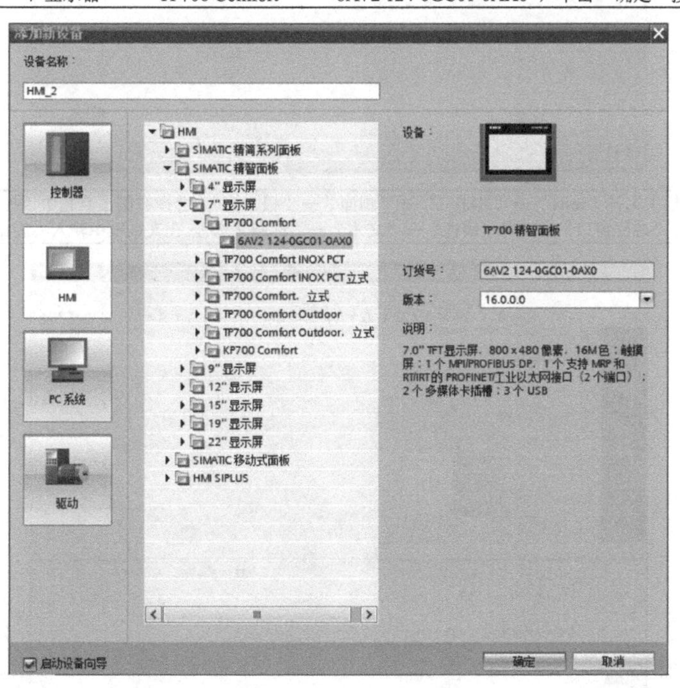

（续）

（2）在弹出的“HMI 设备向导”对话框中单击“PLC 链接”命令，在“选择 PLC”列表中选择之前创建的“PLC_1”，单击“下一步”按钮。

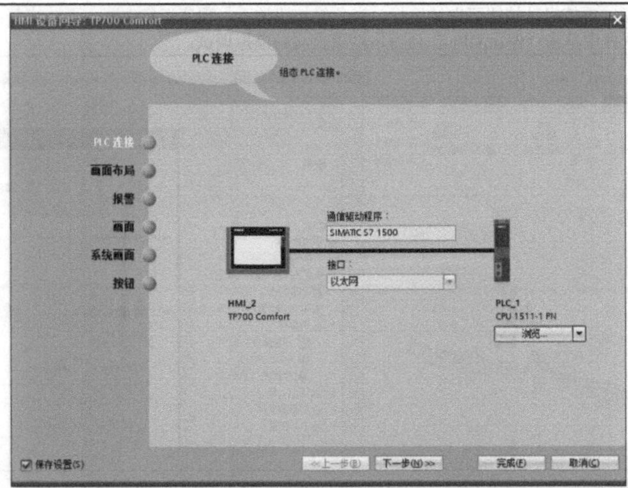

（3）对于后续的“画面布局”“报警”“画面”“系统画面”“按钮”都保持默认设置，单击“完成”按钮。

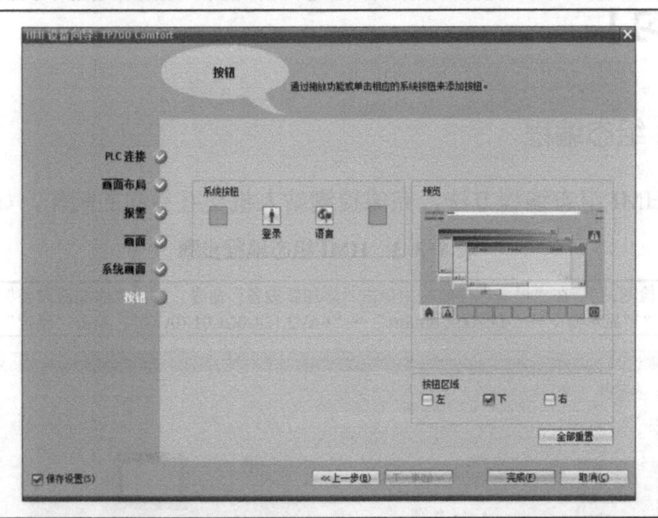

（4）在“设备”导航栏中选择“test1”→“HMI_1”→“画面”→“根画面”，选择右侧工具箱中“控件”→“开关”，将其拖动到根画面，在画面下方“巡视窗口”中选择“属性”→“文本”→“标题文本”，在文本框中输入“旋钮”。

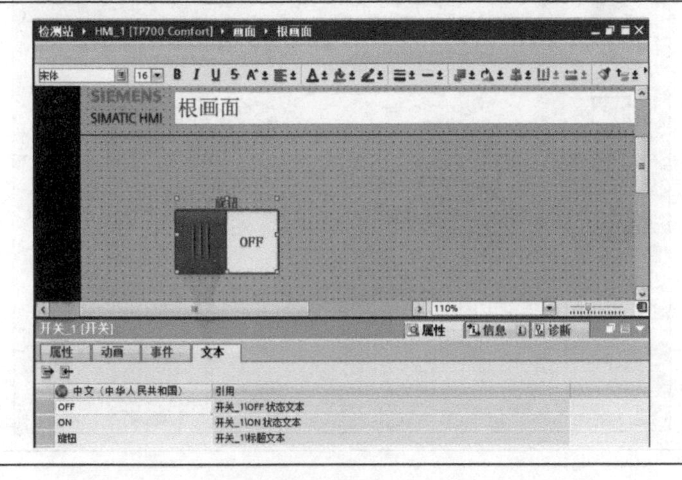

（续）

（5）在画面下方“巡视窗口”中选择“属性”→“事件”→“打开”，添加函数“置位位”，变量选择“PLC”→“默认变量表”→“面板启动”。

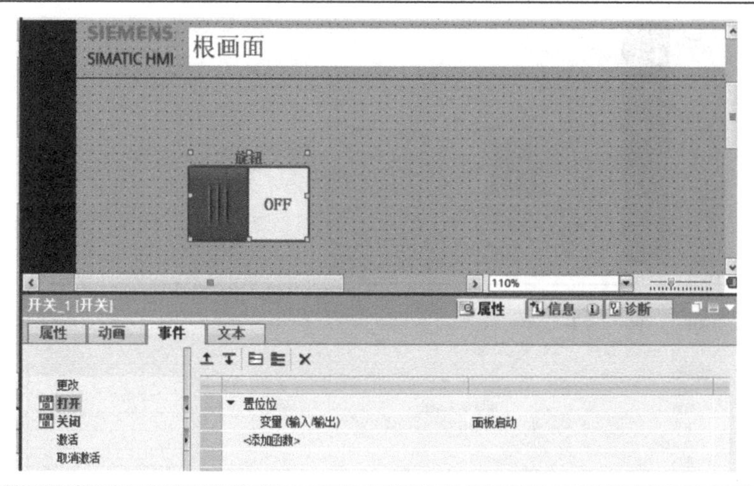

（6）在画面下方“巡视窗口”中选择“属性”→“事件”→“关闭”，添加函数添加“复位位”，变量选择“PLC”→“默认变量表”→“面板启动”。

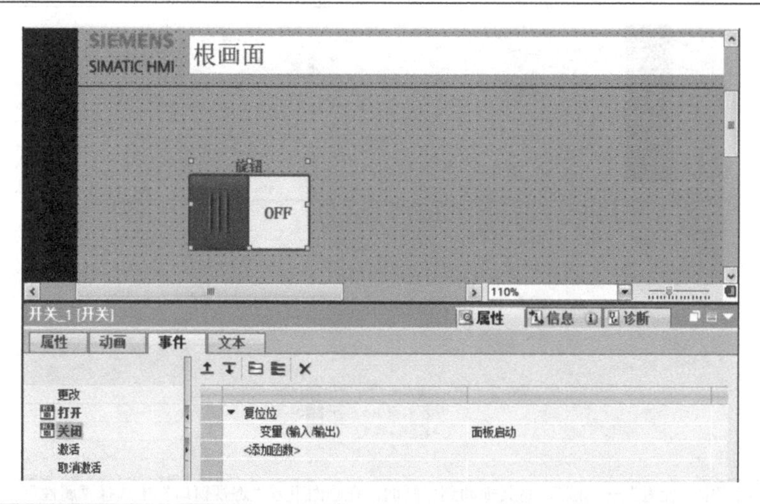

（7）选择右侧工具箱中“控件”→“按钮”，将其拖动到根画面，在画面下方“巡视窗口”中选择“属性”→“文本”，“OFF状态文本”为“急停”，“ON状态文本”为“急停”。

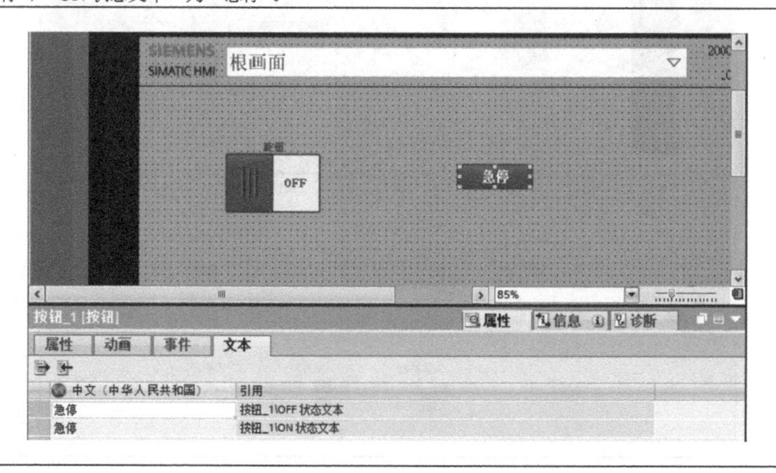

（续）

（8）在画面下方“巡视窗口”中选择“属性”→“事件”→“单击”，添加函数“取反位”，变量选择“PLC”→“默认变量表”→“面板急停”。

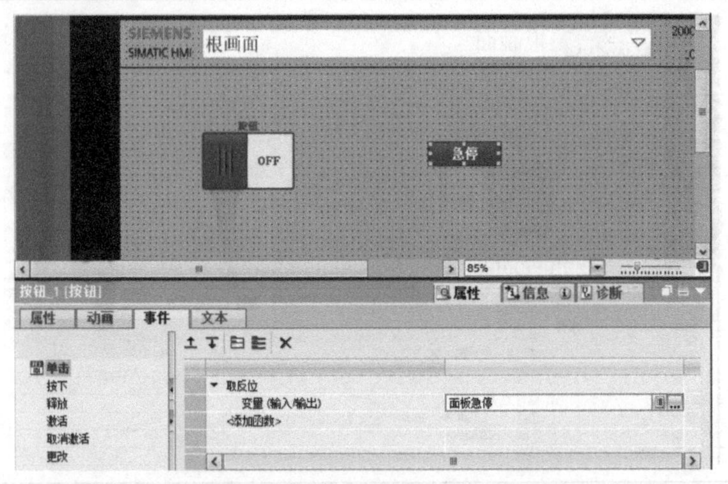

（9）选择右侧工具箱中“元素”→“圆”，将其拖动到根画面，在画面下方“巡视窗口”中选择“属性”→“动画”，添加外观动画，“变量名称”为“面板启动”，“范围”列表中0对应颜色（255,102,0），1对应颜色（0,255,0）。

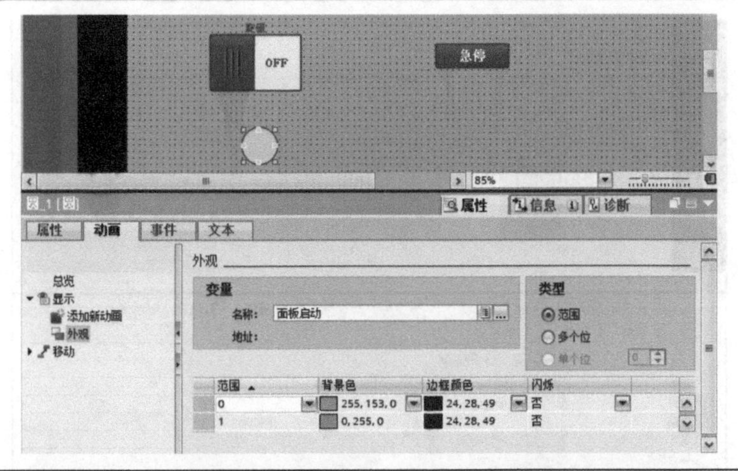

（10）选择右侧工具箱中“元素”→“圆”，将其拖动到根画面，在画面下方“巡视窗口”中选择“属性”→“动画”，添加外观动画，“变量名称”为“面板急停”，“范围”列表0对应颜色（217,217,217），1对应颜色（255,0,0）。

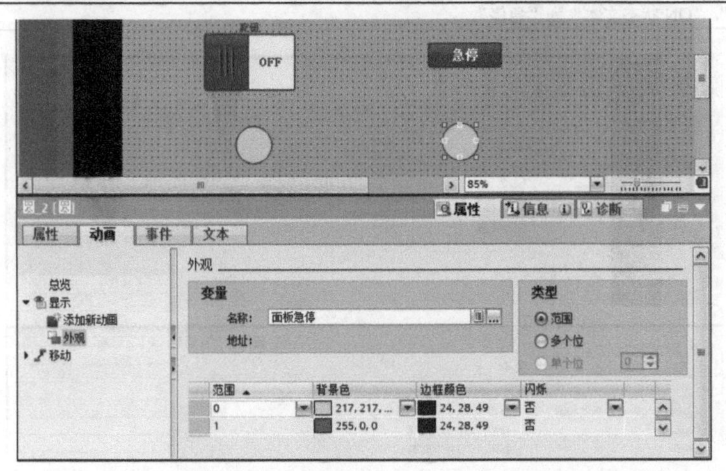

（续）

（11）选择“HMI_1”，分别单击“编译”“启动仿真”按钮，启动并运行 HMI 程序。

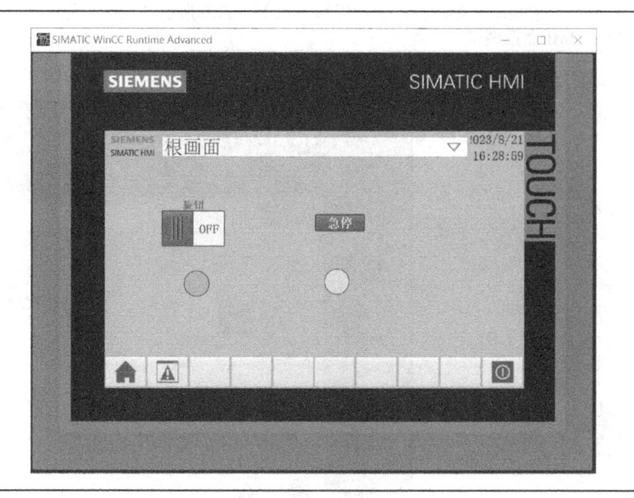

8.3.3　HMI 组态编程（1）

8.3.3　HMI 组态编程（2）

数字资源：8.3.3 HMI 组态编程（1）　8.3.3 HMI 组态编程（2）

8.3.4　HMI 虚拟调试

本节介绍用 HMI 程序控制检测站仿真运动，扩展虚拟调试功能，如表 8-3-4 所示。

表 8-3-4　HMI 虚拟调试步骤

（1）打开“检测站”模型，在左侧机电导航器中双击信号映射连接，在“信号映射”对话框的映射的信号列表中，依次断开面板启动和面板急停信号。

（续）

（2）单击功能区“主页”下的“播放”命令，开始运动仿真模拟，同时启动 HMI 程序，实现 MCD 与 HMI 联合虚拟调试，单击启动旋钮开关，左侧指示灯变绿，检测站开始运行，当急停按钮按下，右侧指示灯变红，程序运行中断；单击功能区“主页”下的“停止”命令，结束检测站 HMI 虚拟调试。

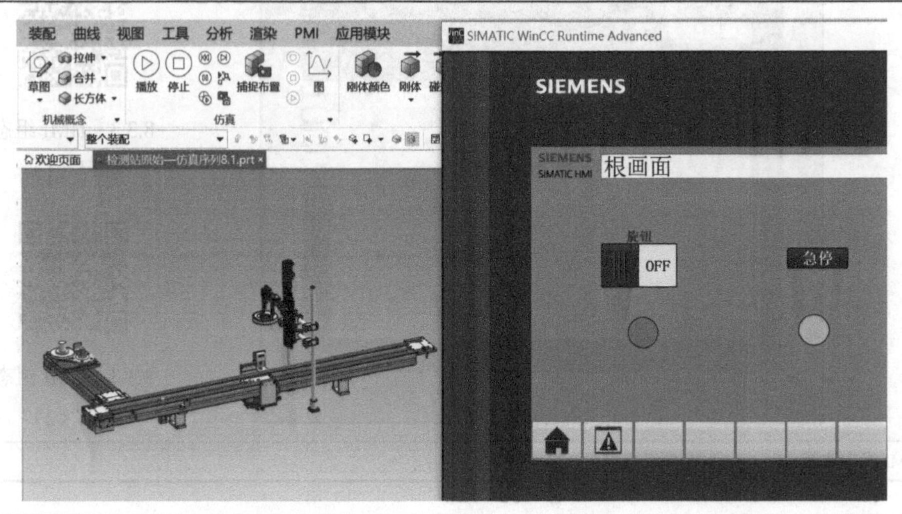

8.3.4 HMI 虚拟调试

数字资源：8.3.4HMI 虚拟调试

强 化 篇

项目 9 机器人系统集成仿真

任务 9.1 工业机器人集成系统的设计

【情境分析】

本任务以工业机器人系统集成平台作为案例，该平台用于全国职业院校技能大赛“机器人系统集成”赛项和工业机器人集成应用职业技能等级标准。如图 9-1-1 所示，该系统加工对象为轮毂，依次完成出库、打磨、视觉检测、入库等操作。通过本项目培养学生 MCD 综合应用能力，通过对智能制造单元集成系统的功能需求和控制系统架构分析，培养学生元件选型、工艺方案制定等系统方案设计的能力。

图 9-1-1 轮毂产品

【知识和技能点】

9.1.1 工业机器人集成系统的组成

如图 9-1-2 所示，工业机器人集成系统包括：1 执行单元、2 工具单元、3 仓储单元、4 加工单元、5 打磨单元、6 检测单元、7 分拣单元和 8 总控单元 8 个模块。

- 执行单元：为了满足工作台运行需求，将工业机器人安装在伺服模组的滑台上，通过伺服滑台的移动来弥补工业机器人臂长的缺陷。
- 工具单元：包括轮辐夹爪、轮毂夹爪、轮毂内圈夹爪、吸盘工具、轮毂外圈夹爪、端面打磨工具、侧面打磨工具等 7 个不同工具，机器人通过更换工具实现不同工艺操作。
- 仓储单元：采用立体仓库的方式存放多个不同轮毂产品，并自动完成出入库操作。
- 加工单元：基于 SINUMERIK 828D 紧凑型数控系统，支持车、铣工艺的应用。完成数控系统编程后，等待工业机器人取件并将工件放置在加工平台后，按照既定的轨迹进行加工，加工完成后由工业机器人取走加工工件，继续等待下一次加工请求。
- 打磨单元：由定位模组、翻转模组和清理模组三大部分组成，实现轮毂零件的夹紧定位、翻转、碎屑清理等功能。

- 检测单元：对加工工件进行颜色和二维码等功能检测，得到所需数据，进行工件分类。
- 分拣单元：由带传动模组、龙门分拣模组和成品分拣仓组成，采用变频技术来启动带传动电机运行，使成品根据现场的要求自动进行分拣处理。
- 总控单元：放置了一个控制面板，分配了四个自定义按钮和一个急停按钮，还有一个电源总开关，其中四个自定义按钮用以控制整个工作站的自动运行，也可以自定义编程。

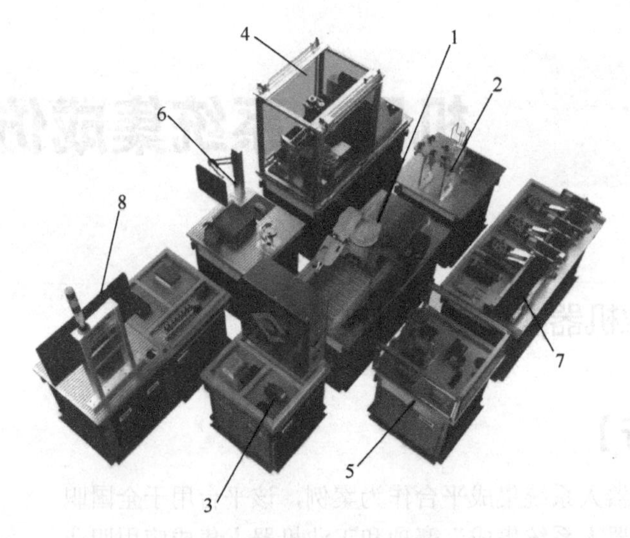

图 9-1-2 工业机器人集成系统

1—执行单元 2—工具单元 3—仓储单元 4—加工单元 5—打磨单元 6—检测单元 7—分拣单元 8—总控单元

9.1.2 工业机器人集成系统的控制

工业机器人系统集成平台以模块化设计为原则，每个单元安装在可自由移动的独立台架上，远程 IO 模块通过工业以太网实现信号监控和控制协调，以满足不同工艺流程要求。其中总控单元是整个工作站的心脏。接通总电源后，多个低压断路器依次控制不同的模块的电源，担负着工作站的各个模块的工作动力，桌面上安装的两块西门子 PLC 和工业级网络交换机控制着各个模块间的通信，保证各个模块的正常运行。每个单元均可以与其他单元进行组装，可自由组合成适合不同功能要求的布局。

智能制造单元系统集成是利用工业以太网将原有设备层、现场层、应用层将控制结构扁平化，实现控制与设备间的直接通信、多类型设备间的信息兼容和系统间的大数据交换，同时在总控端连接到云平台，实现数据远程监控和流程控制，如图 9-1-3 所示。

9.1.3 工业机器人集成系统的工艺流程

参考国赛“机器人系统集成”赛项的赛题，轮毂零件在工业机器人系统集成平台所需的加工工序如下。

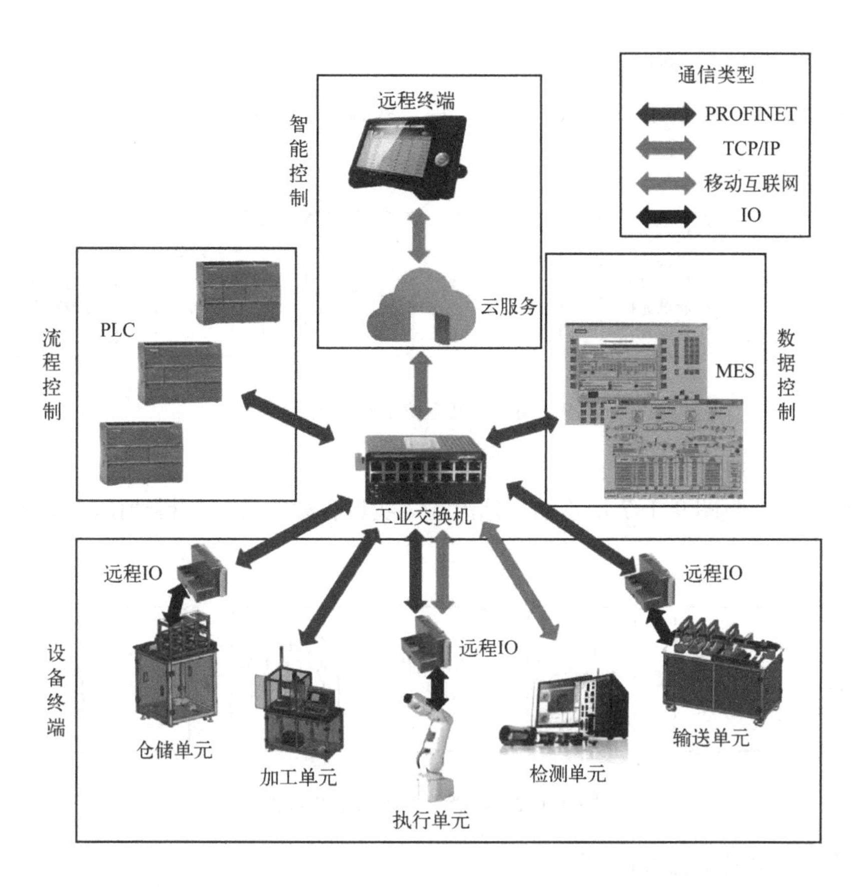

图 9-1-3　工业机器人集成系统的控制

（1）仓储取料工艺流程

在仓储单元中按照图 9-1-4 所示的工艺流程，实现轮毂零件的取料动作，将轮毂零件由指定的仓位托盘上取出。

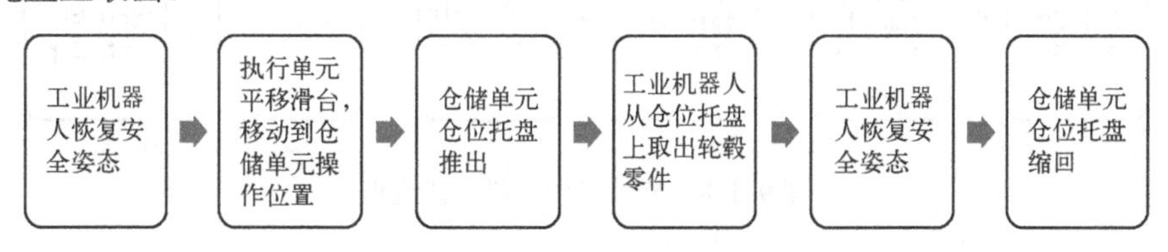

图 9-1-4　仓储取料工艺流程

（2）仓储放料工艺流程

在仓储单元中按照图 9-1-5 所示的工艺流程，实现轮毂零件的放料动作，将轮毂零件放置到指定的仓位托盘上。

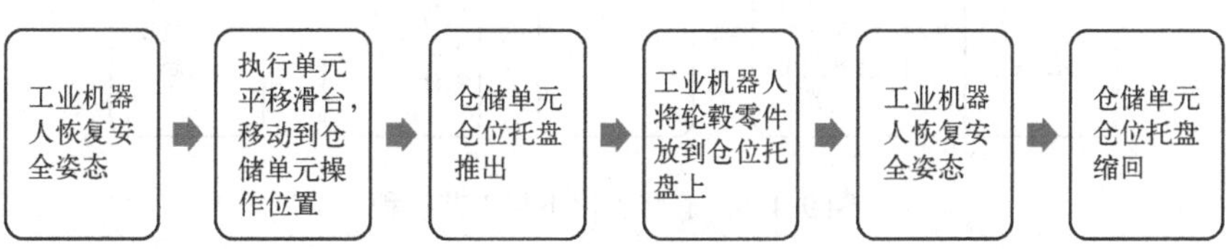

图 9-1-5　仓储放料工艺流程

（3）打磨工位上料工艺流程

在打磨单元中按照图 9-1-6 所示的工艺流程，实现轮毂零件的上料动作， 将轮毂零件放置到打磨工位上。

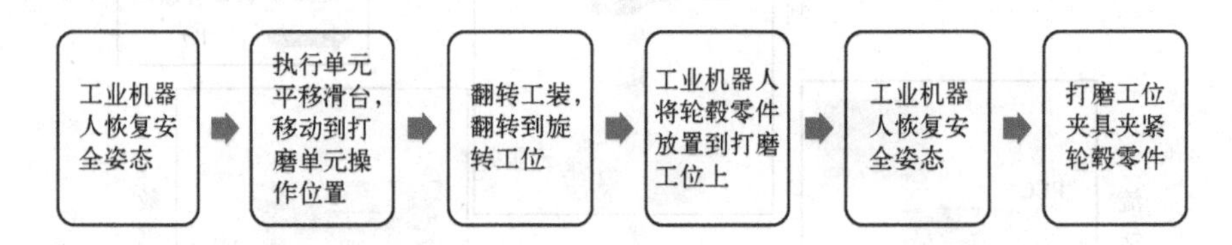

图 9-1-6　打磨工位上料工艺流程

（4）打磨工位下料工艺流程

在打磨单元中按照图 9-1-7 所示的工艺流程，实现轮毂零件的下料动作， 将轮毂零件从打磨工位取出。

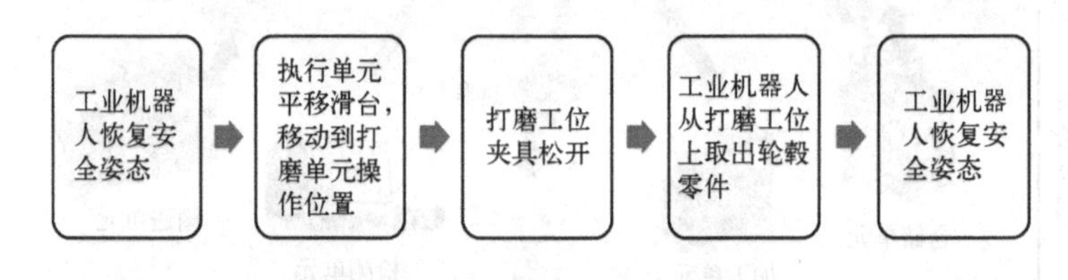

图 9-1-7　打磨工位下料工艺流程

（5）旋转工位上料工艺流程

在打磨单元中按照图 9-1-8 所示的工艺流程，实现轮毂零件的上料动作，将轮毂零件放置到旋转工位上。

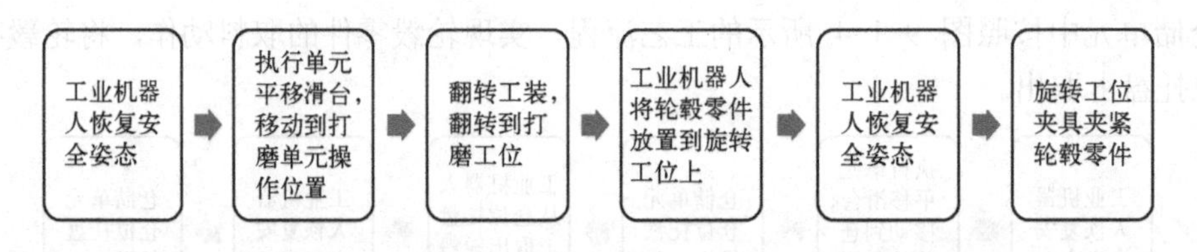

图 9-1-8　旋转工位上料工艺流程

（6）旋转工位下料工艺流程

在打磨单元中按照图 9-1-9 所示的工艺流程，实现轮毂零件的下料动作，将轮毂零件从旋转工位取出。

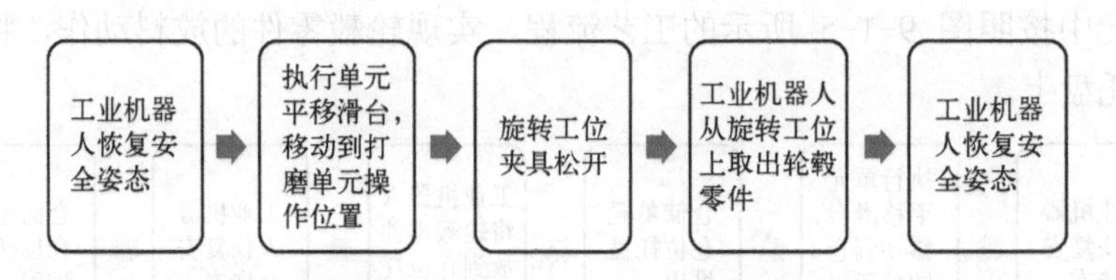

图 9-1-9　旋转工位下料工艺流程

（7）用翻转工装翻转轮毂工艺流程

在打磨单元中按照图 9-1-10 所示的工艺流程，实现轮毂零件的翻转动作，将轮毂零件通过翻转工装由打磨工位翻转到旋转工位。

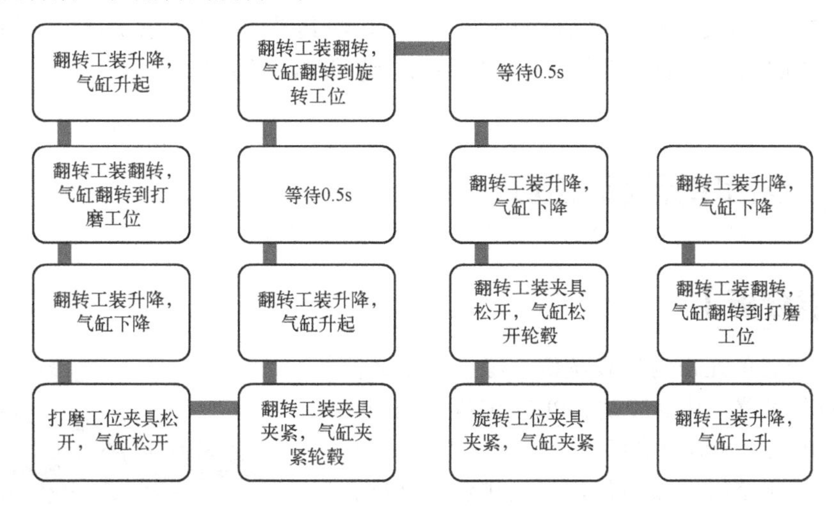

图 9-1-10 翻转工装中翻转轮毂工艺流程

【拓展学习】

9.1.4 PLC 的选型原则

（1）机型选择

PLC 按结构可分为整体型和模块型两大类。其中整体型 PLC 的 I/O 点固定，多用于小型控制系统；模块型 PLC 提供多种 I/O 板卡（插卡），功能拓展灵活，多用于中大型控制系统。PLC 机型选择的基本原则是在功能满足要求的前提下，选择最可靠、维护使用最方便及性价比最优的机型。

对于大型企业系统来说，相同机型可互为备用的同时，也便于备件的采购和管理。此外，统一的功能及编程方法有利于培训和功能的开发。

（2）输入/输出点数确定

在生产现场中，PLC 通过与被控对象进行信息交互，根据 I/O 接口模块采集和传输参数信息实现对被控对象的控制。

确定输入/输出点数是确定 PLC 规模的重要依据。还需增加至少 10%～20%的备用量。

（3）存储器类型及容量选择

PLC 系统所用的存储器分为可读/写的随机存储器（RAM）、只读存储器（ROM），可擦除可编程的 PROM、EPROM 及 EEPROM。存储容量随机器的大小而变化，一般小型机的最大存储容量低于 6KB，中型机的最大存储容量可达 64KB，大型机的最大存储容量可达上兆字节。使用时可以根据需要来选用合适的机型，必要时可专门进行存储器的扩充设计。

（4）软件选择

不同品牌的 PLC，其应编程软件的功能也大相径庭。不同的 PLC 编程软件使用不相同的指令集。一个应用系统可用的指令集，直接影响实现控制程序所需的时间。故在进行 PLC 选择时，其编程软件的性能也应进行考虑。

（5）环境适应性

PLC 的生产厂商根据工业控制现场的应用需求，将其设计成能在恶劣环境下稳定可靠地工作。但不同种类的 PLC 都有相应的工作环境要求，选用时，应予以考虑。

任务 9.2 仓储单元运动仿真

【情境分析】

本任务以仓储单元作为仿真案例，综合运用之前介绍的机电对象设置、仿真序列、PLC 编程等知识，实现轮毂产品出入库的运动仿真。

仓储单元用于临时存放零件，由工作台、立体仓库、远程 IO 模块等组件构成，如图 9-2-1 所示。立体仓库为双层六仓位结构，每个仓位可存放一个零件；仓位托板可推出，方便工业机器人以不同方式取放零件；每个仓位均设置有传感器和指示灯，可检测当前仓位是否存放有零件并将状态显示出来；仓储单元所有气缸动作和传感器信号均由远程 IO 模块通过工业以太网传输到总控单元。

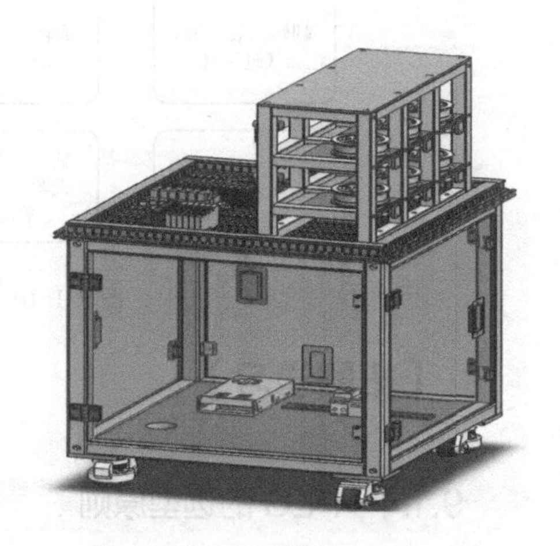

图 9-2-1 仓储单元

【知识和技能点】

9.2.1 仓储单元机电对象设置

本知识点介绍刚体设置命令的应用，完成仓储单元的机电对象设置，如表 9-2-1 所示。

表 9-2-1 仓储单元机电对象设置步骤

1. 刚体对象定义
（1）打开文件“智能制造单元总装配.prt”，单击功能区“应用模块”下的“更多”命令，在下拉列表中选择“机电概念设计”，进入 MCD 环境。
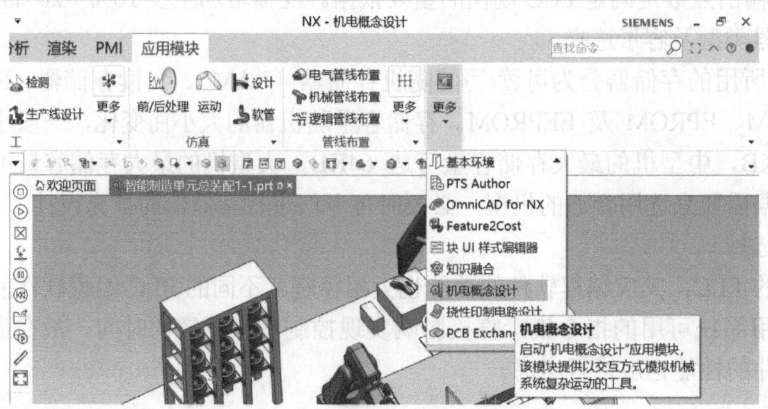

（续）

（2）单击功能区“主页”下的“刚体”命令，弹出刚体定义对话框。

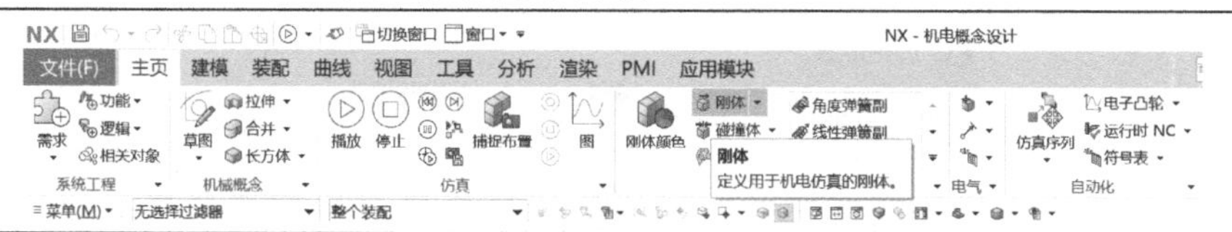

（3）在“刚体”对话框的“选择对象”参数中，框选库位 1 中的底座，“质量属性”为“自动”，并将新建的刚体命名为“料库1”，单击“确定”按钮。

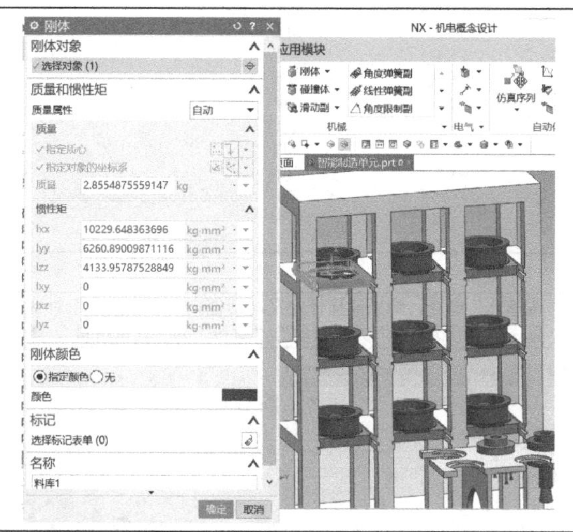

（4）用上述方法可依次完成 9 个料库底座刚体的新建，在“机电导航器”→“基本机电对象”中显示料库 1～料库 9。

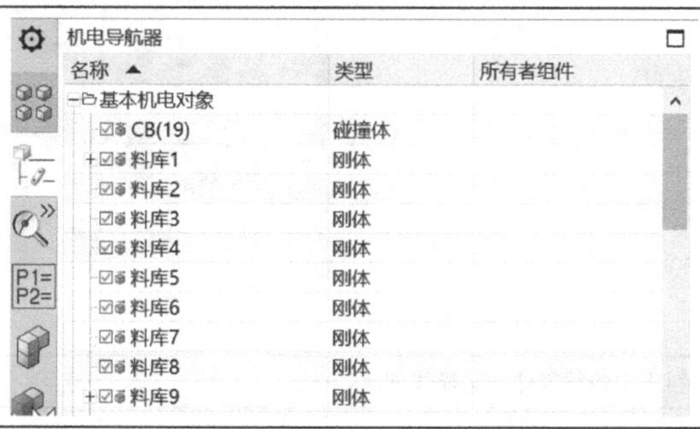

（5）单击功能区“主页”下的“刚体”命令，弹出刚体定义对话框，在“刚体”对话框的“选择对象”参数中选择工位 1 的轮毂零件，“质量属性”为“自动”，并将新建的刚体命名为“轮毂 1”，单击“确定”按钮。

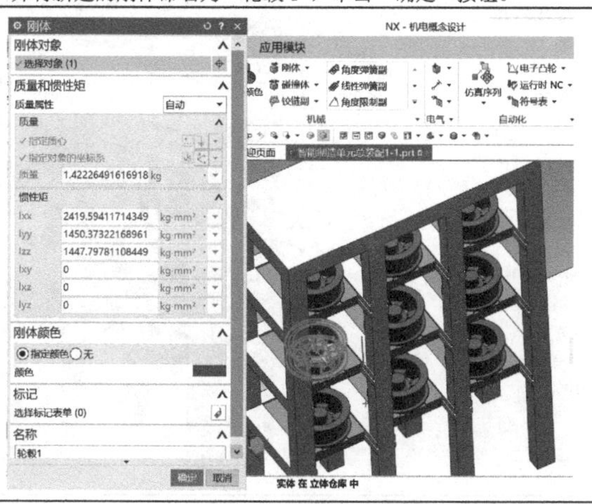

（续）

（6）用上述方法可依次完成9个料库中轮毂零件刚体的新建，在“机电导航器”→“基本机电对象”中显示轮毂1～轮毂9。

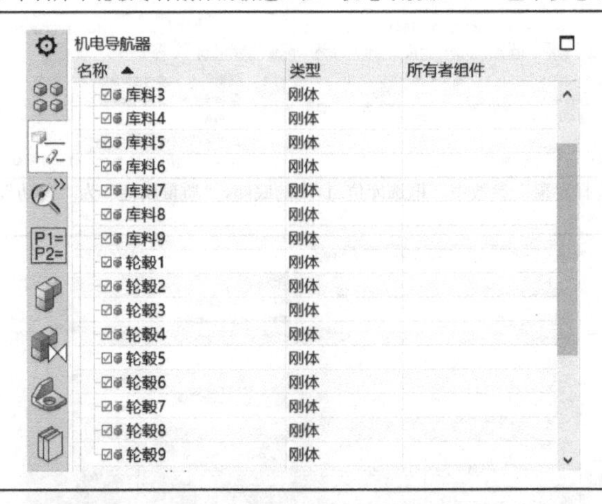

2. 碰撞体定义

（1）单击功能区“主页”下的“碰撞体”命令，弹出碰撞体定义对话框。在“碰撞体”对话框的“选择对象”参数中选择库位1中的轮毂零件，“碰撞形状”为“圆柱”，“形状属性”为“自动”，“材料”为“默认材料”，单击“确定”按钮。

（2）用上述方法可依次完成9个料库中轮毂零件的碰撞体创建。

（续）

（3）单击功能区“主页”下的“碰撞体”命令，弹出碰撞体定义对话框。在该对话框的“选择对象”参数中选择库位1中的底盘上表面，“碰撞形状”为“圆柱”，“形状属性”为“自动”，“材料”为“默认材料”，单击“确定”按钮。

（4）用上述方法可完成9个料库底盘上表面碰撞体的创建。

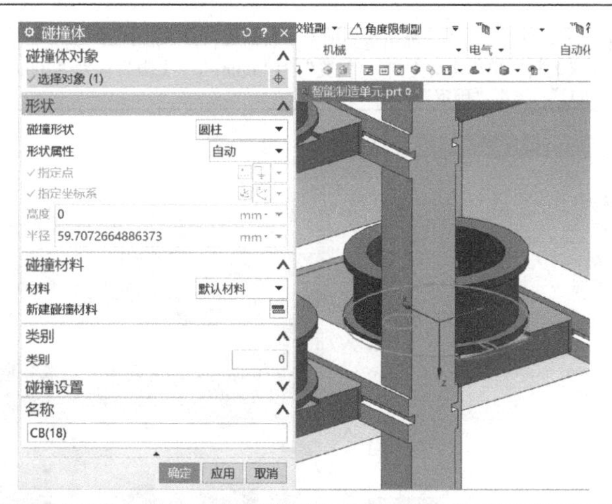

（5）在“碰撞体”对话框的“选择对象”参数中选择工具支撑架上表面，“碰撞形状”为“方块”，“形状属性”为“自动”，“材料”为“默认材料”，单击“确定”按钮。

（续）

（6）在“碰撞体”对话框的“选择对象”参数中选择吸盘工具圆柱面，“碰撞形状”为“圆柱”，“形状属性”为“自动”，“材料”为“默认材料”，单击“确定”按钮在吸盘工具圆柱面上创建碰撞体。

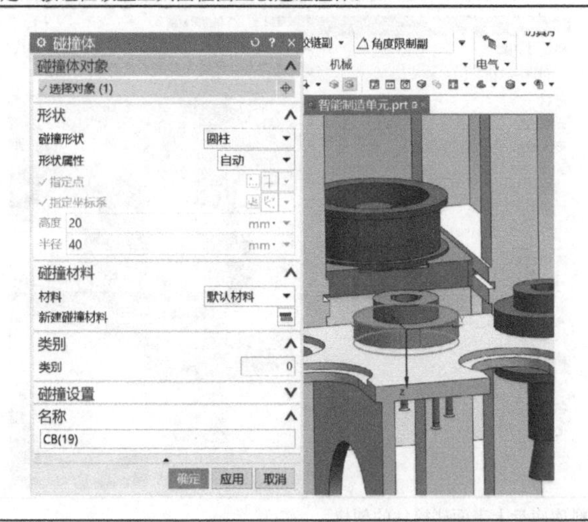

3．运动副设置

（1）单击功能区“主页”下的“滑动副”命令，弹出滑动副定义对话框。在“滑动副”对话框的“连接件”参数中，框选刚体料库 1，基本件为空，轴矢量定义为料库出库运动方向，“偏置”为“0mm”，“上限”设为“200mm”，“下限”为“0mm”，并将新建的滑动副命名为“料库 1_SJ(1)”，单击“确定”按钮。

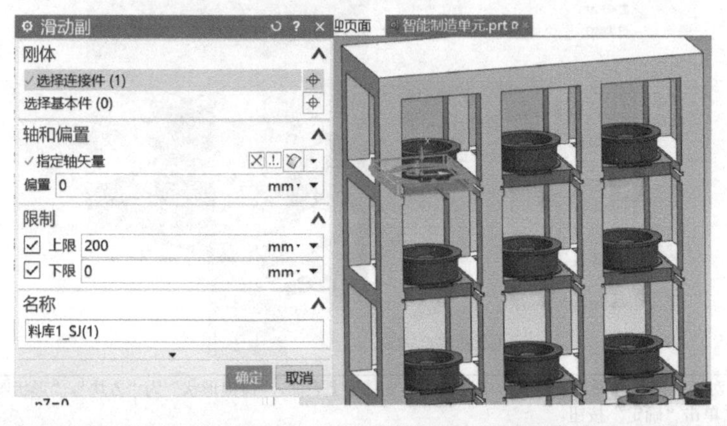

（2）用上述方法可依次完成 9 个料库滑动副的创建，在“机电导航器”→“运动副和约束”中显示创建的料库 1～料库 9 的滑动副。

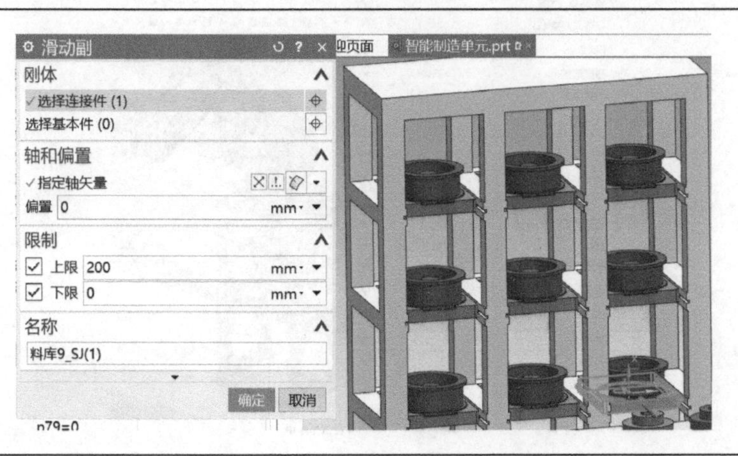

（续）

4．位置控制设置
（1）单击功能区“主页”下的“位置控制”命令，弹出位置控制定义对话框。在“位置控制”对话框的“选择对象”参数中，框选滑动副料库1，目标为“0mm”，速度为“80mm/s”，并将新建的位置控制命名为“料库1_SJ(1)_PC(1)”，单击“确定”按钮。

（2）用上述方法可依次完成9个料库位置控制创建，在“机电导航器”→“传感器和执行器”中显示创建的料库1～料库9位置控制。
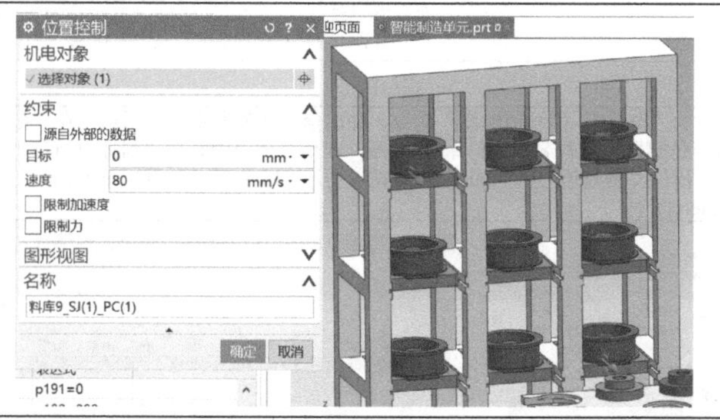
数字资源：9.2.1 仓储单元机电对象设置

9.2.1　仓储单元机电对象设置

9.2.2　仓储单元出入库信号设置

本知识点介绍碰撞传感器设置、信号设置、仿真序列等命令的应用，完成仓储单元出入库信号的设置，如表9-2-2所示。

表9-2-2　仓储单元出入库信号设置步骤

1．碰撞传感器设置
（1）单击功能区“主页”下的“碰撞传感器”命令，弹出碰撞传感器定义对话框。在“碰撞传感器”对话框的“选择对象”框选料库1底座，“形状”为“方块”，“形状属性”为“自动”，名称为“料库1”，单击“确定”按钮。
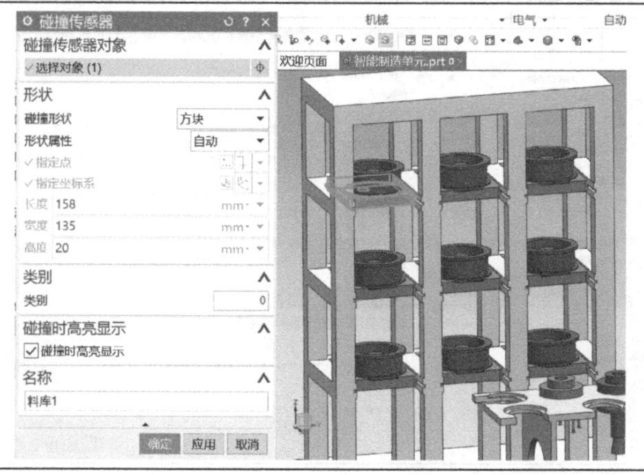

（续）

（2）用上述方法可依次完成 9 个料库底座碰撞传感器的创建，在“机电导航器”→“传感器和执行器”中显示创建的料库 1～料库 9 碰撞传感器。

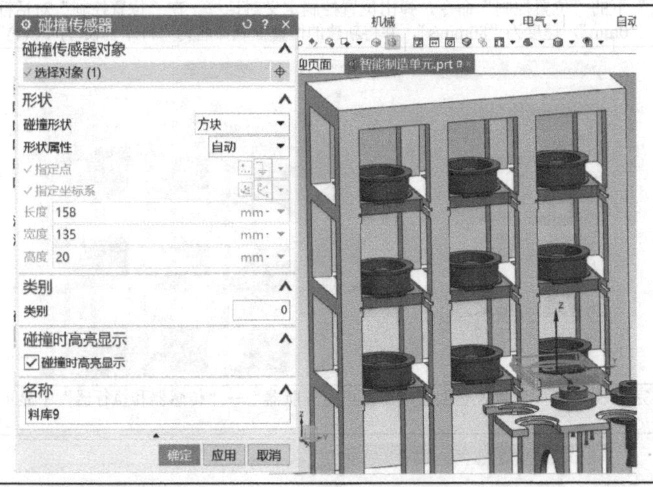

2．信号设置

（1）单击功能区“主页”下的“符号表-信号适配器”命令，弹出信号适配器定义对话框。在“信号适配器”对话框的“选择对象”参数中，框选料库 1 碰撞传感器，参数名称为料库 1 检测，在信号列表中新建“料库 1 有料”信号，“数据类型”为“布尔型”，“输入/输出类型”为“输出”，“初始值”为“false”，公式定义为“If (料库 1 检测) Then (true) Else (false)”，并将新建的信号适配器命名为“SignalAdapter(1)”。

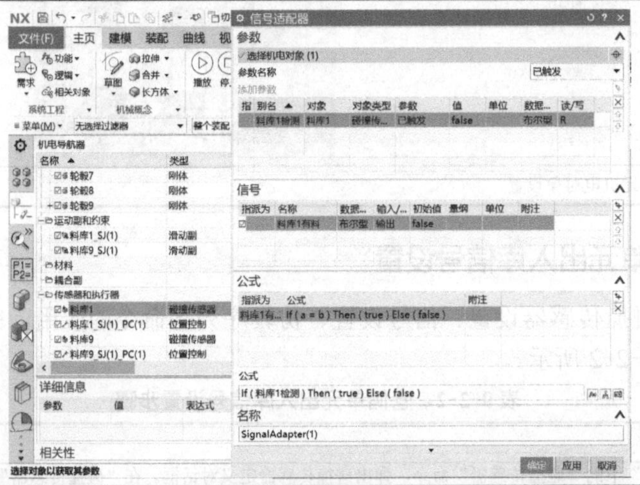

（2）按上述方法可依次完成 9 个料库有料信号的创建，在“机电导航器”→“信号”中显示创建的料库 1～料库 9 有料的信号。

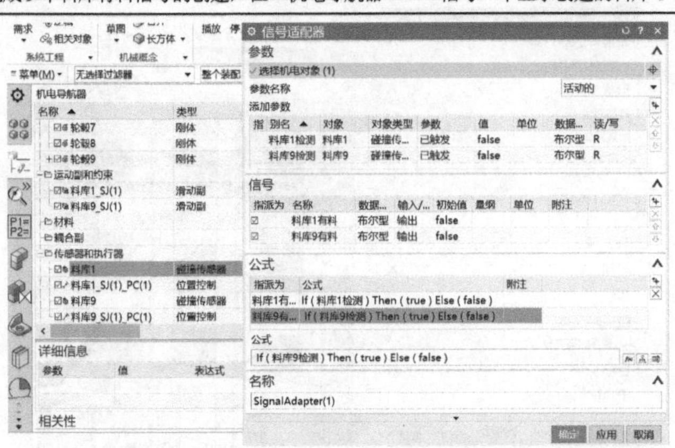

（续）

（3）单击功能区“主页”下的“符号表”-“信号适配器”命令，弹出信号适配器定义对话框。在“信号适配器”对话框的“选择对象”参数中，框选料库1滑动副，“参数名称”为“定位”，在信号列表中新建“料库1出库到位”信号，“数据类型”为“布尔型”，“输入/输出”为“输出”，“初始值”为“false”，公式定义为“If (料库1位置>149) Then (true) Else (false)”。

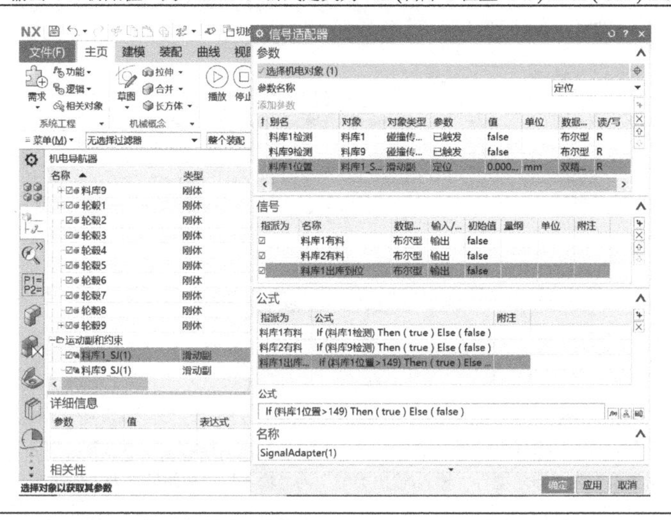

（4）按上述方法可依次完成9个料库出库到位信号的创建。

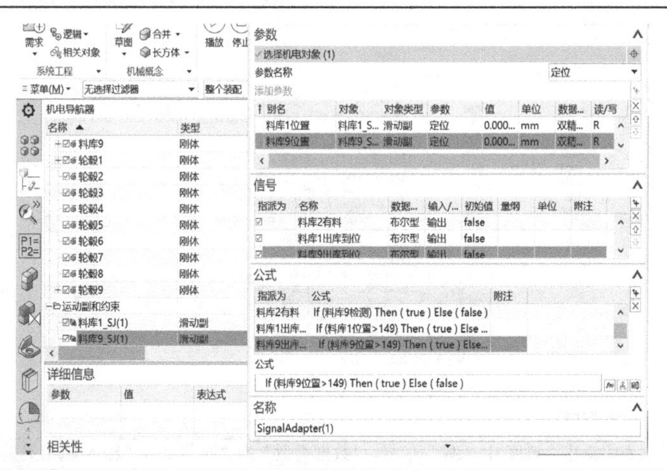

（5）在信号列表中新建“料库1入库到位”信号，“数据类型”为“布尔型”，“输入/输出类型”为“输出”，“初始值”为“false”，公式定义为“If (料库1位置<0.1) Then (true) Else (false)”。

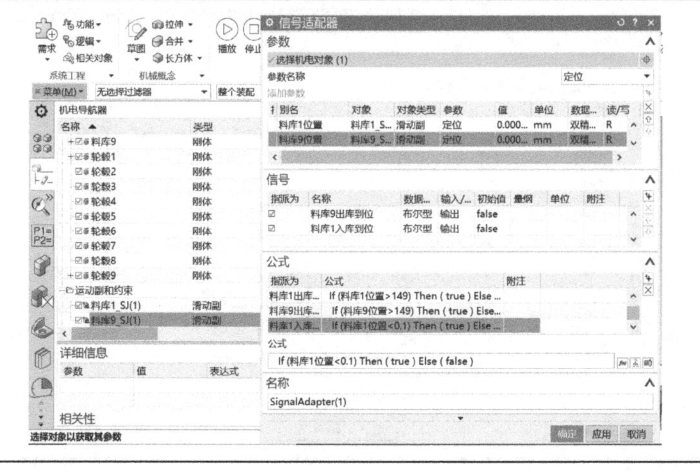

（续）

（6）按上述方法可依次完成 9 个料库入库到位信号的创建，单击“确定”按钮，在“机电导航器”→“信号”中显示创建的料库 1～料库 9 出入库到位信号。

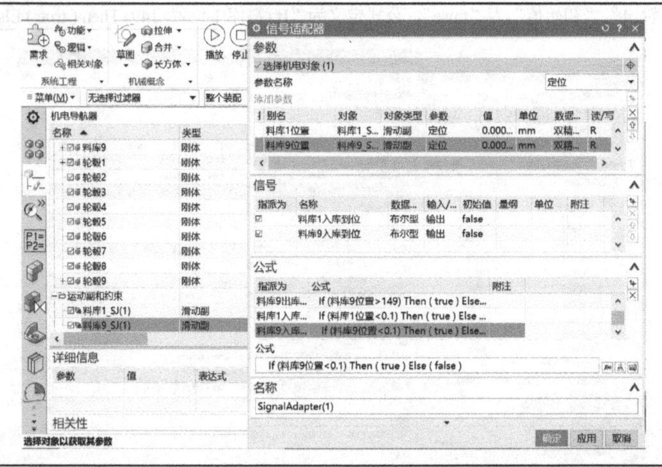

（7）单击功能区“主页”下的“符号表”→“信号适配器”命令，弹出信号适配器定义对话框。在该对话框的信号列表中新建“料库 1 出库”信号，“数据类型”为“布尔型”，“输入/输出类型”为“输入”，“初始值”为“false”，依次完成料库 1～料库 9 出库信号的创建。

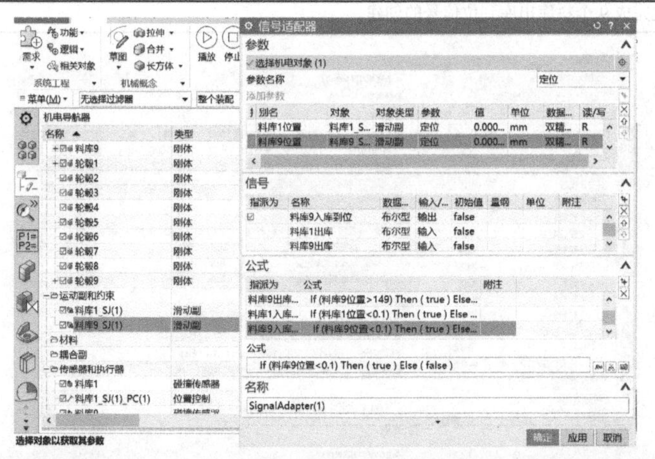

（8）在该对话框的信号列表中新建“料库 1 入库”信号，“数据类型”为“布尔型”，“输入/输出类型”为“输入”，“初始值”为“false”，依次完成 9 个料库入库信号创建，单击“确定”按钮，在“机电导航器”→“信号”中显示创建的料库 1～料库 9 的出、入库信号。

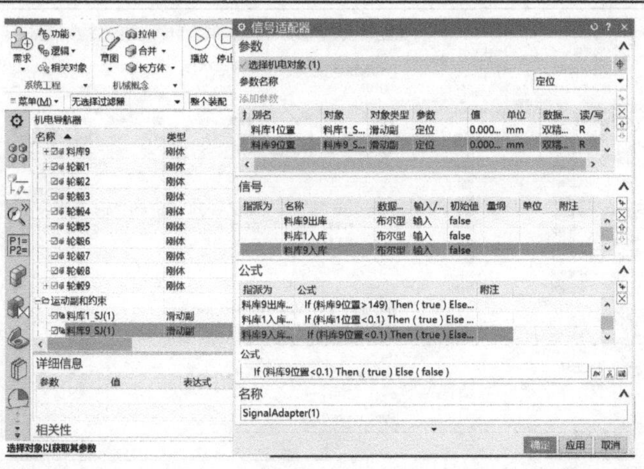

（续）

3．仿真序列设置

（1）单击功能区“主页”下的“仿真序列”命令，弹出仿真序列定义对话框。在“仿真序列”对话框的“选择对象”参数中，框选料库 1 位置控制器，“运行时参数”中“定位”为“150”。“条件”的“选择条件对象”中框选信号“料库 1 出库”，条件设为“值==true”，并将新建的仿真序列命名为“料库 1 出库”，单击“确定”按钮。

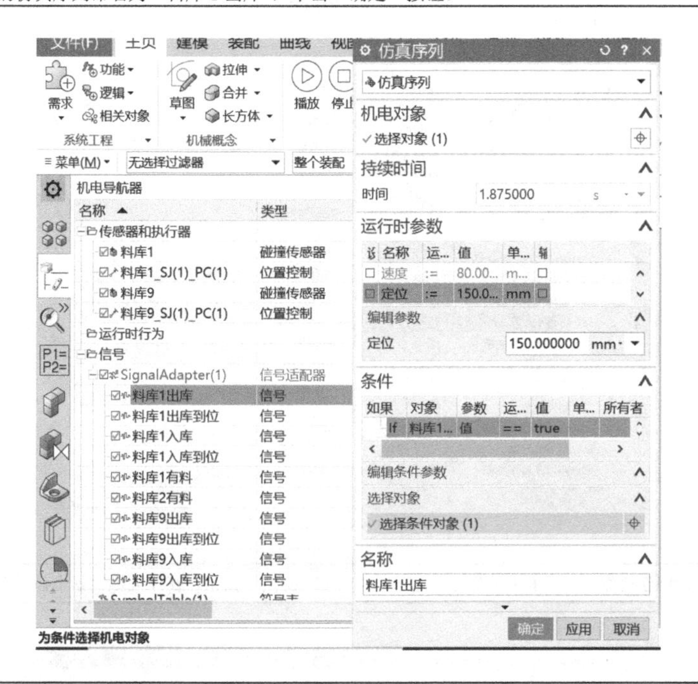

（2）用上述方法可依次创建料库 1 出库～料库 9 出库的仿真序列，在序列编辑器中显示创建好的仿真序列。

（3）在“仿真序列”对话框的“选择对象”参数中，框选料库 1 位置控制器，“运行时参数”中“定位”为“0”。“条件”的“选择条件对象”中框选信号“料库 1 入库”，条件设为“值==true”，并将新建的仿真序列命名为“料库 1 入库”，单击“应用”按钮。

（续）

（4）用上述方法可依次创建料库1～料库9入库的仿真序列，单击“确定”按钮，在序列编辑器中显示创建好的仿真序列。

9.2.2　仓储单元出入库信号设置

数字资源：9.2.2 仓储单元出入库信号设置

9.2.3　仓储单元控制程序编写

本知识点介绍使用 TIA Portal 软件，进行仓储单元控制程序的编写，如表 9-2-3 所示。

表 9-2-3 仓储单元控制程序编写步骤

1．创建程序

启动软件 TIA Portal，在启动界面中单击“创建新项目”命令，弹出“创建新项目”对话框，项目名称为“机器人系统集成控制程序”，路径修改为工作路径，单击“创建”按钮，在“设备”导航栏中单击“添加新设备”命令，弹出“添加新设备”对话框，选择“控制器”→“SIMATIC S7-1500”→“CPU”→“CPU 1511-1 PN”→“6ES7 511-1AK00-0AB0”，单击“确定”按钮。

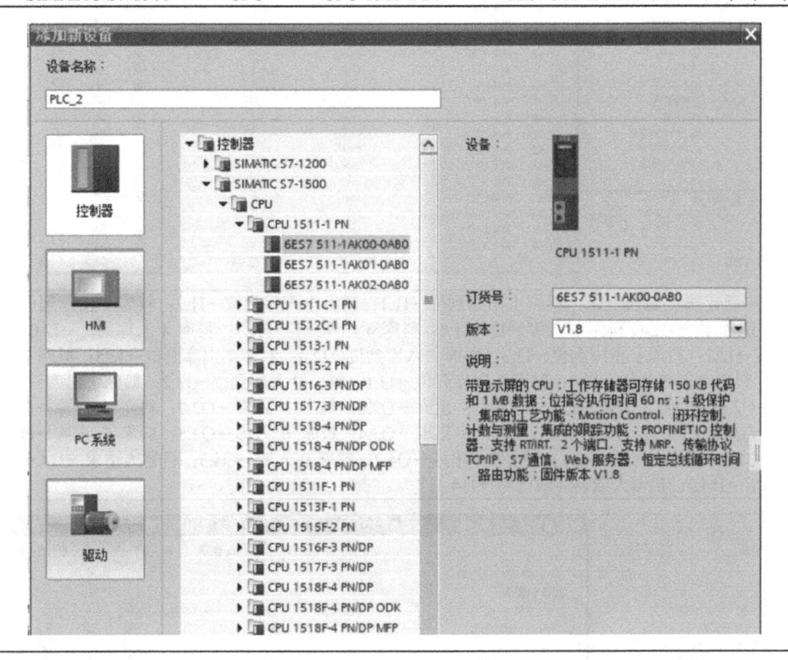

2．创建变量

变量创建相关知识点如下。

1）程序数据。

在变量表中定义数据的属性，包括数据类型及存储地址。

在用户程序中，可使用预定义的数据类型，并将这些数据类型添加到用户自定义数据类型中。

此时，可使用以下数据类型：

- 基本数据类型（BOOL、INT、FLOAT、DATE、TOD、LTOD、CHAR、WCHAR）；
- 复杂数据类型（DT、LDT、DTL、STRING、WSTRING、ARRAY、STRUCT）；
- 用户自定义数据类型（UDT）；
- 指针；
- 参数类型；
- 系统数据类型；
- 硬件数据类型。

2）变量表。

PLC 变量表包是对整个 CPU 范围有效的变量和符号常量的定义。系统会为项目中使用的每个 CPU 自动创建一个 PLC 变量表。

在项目树中，项目的每个 CPU 都有“PLC 变量”文件夹，包含：

- “所有变量表”含有全部的 PLC 变量、用户常量和 CPU 系统常量，该表不能删除或移动。
- “默认变量表”默认变量表包含 PLC 变量、用户常量和系统常量。项目中每个 CPU 均有一个标准变量表。该表不能删除、重命名或移动。
- “用户定义变量表”（可选），可以根据需要为每个 CPU 创建多个用户自定义变量表，用以对变量分组。可以对用户定义变量表重命名、整理合并为组或删除。

变量创建的具体步骤如下：

（1）在“设备”导航栏中单击“PLC_1”→“PLC 变量”→“默认变量表”命令，弹出“默认变量表”对话框，根据 IO 分配表，新建输入/输出变量：料库 1 有料→I0.0；料库 2 有料→I0.1；料库 3 有料→I0.2；料库 4 有料→I0.3；料库 5 有料→I0.4；料库 6 有料→I0.5；料库 7 有料→I0.6；料库 8 有料→I0.7；料库 9 有料→I1.0；料库 1 绿灯→Q0.0；料库 1 红灯→Q0.1；料库 2 绿灯→Q0.2；料库 2 红灯→Q0.3；料库 3 绿灯→Q0.4；料库 3 红灯→Q0.5；料库 4 绿灯→Q0.6；料库 4 红灯→Q0.7；料库 5 绿灯→Q1.0；料库 5 红灯→Q1.1；料库 6 绿灯→Q1.2；料库 6 红灯→Q1.3；料库 7 绿灯→Q1.4；料库 7 红灯→Q1.5；料库 8 绿灯→Q1.6；料库 8 红灯→Q1.7；料库 9 绿灯→Q2.0；料库 9 红灯→Q2.1。

（续）

	名称	数据类型	地址
12	料库2绿灯	Bool	%Q0.2
13	料库2红灯	Bool	%Q0.3
14	料库3绿灯	Bool	%Q0.4
15	料库3红灯	Bool	%Q0.5
16	料库4绿灯	Bool	%Q0.6
17	料库4红灯	Bool	%Q0.7
18	料库5绿灯	Bool	%Q1.0
19	料库5红灯	Bool	%Q1.1
20	料库6绿灯	Bool	%Q1.2
21	料库6红灯	Bool	%Q1.3
22	料库7绿灯	Bool	%Q1.4
23	料库7红灯	Bool	%Q1.5
24	料库8绿灯	Bool	%Q1.6
25	料库8红灯	Bool	%Q1.7
26	料库9绿灯	Bool	%Q2.0
27	料库9红灯	Bool	%Q2.1

（2）在默认变量表中新建输入/输出变量：料库 1 出库到位→I1.1；料库 1 入库到位→I1.2；料库 2 出库到位→I1.3；料库 2 入库到位→I1.4；料库 3 出库到位→I1.5；料库 3 入库到位→I1.6；料库 4 出库到位→I1.7；料库 4 入库到位→I2.0；料库 5 出库到位→I2.1；料库 5 入库到位→I2.2；料库 6 出库到位→I2.3；料库 6 入库到位→I2.4；料库 7 出库到位→I2.5；料库 7 入库到位→I2.6；料库 8 出库到位→I2.7；料库 8 入库到位→I3.0；料库 9 出库到位→I3.1；料库 9 入库到位→I3.2；料库 1 出库→Q2.2；料库 1 入库→Q2.3；料库 2 出库→Q2.4；料库 2 入库→Q2.5；料库 3 出库→Q2.6；料库 3 入库→Q2.7；料库 4 出库→Q3.0；料库 4 入库→Q3.1；料库 5 出库→Q3.2；料库 5 入库→Q3.3；料库 6 出库→Q3.4；料库 6 入库→Q3.5；料库 7 出库→Q3.6；料库 7 入库→Q3.7；料库 8 出库→Q4.0；料库 8 入库→Q4.1；料库 9 出库→Q4.2；料库 9 入库→Q4.3；机器人请求→I14.0；机器人取料完成→I14.1；机器人放料请求→I14.2；机器人取料完成信号→I14.3。

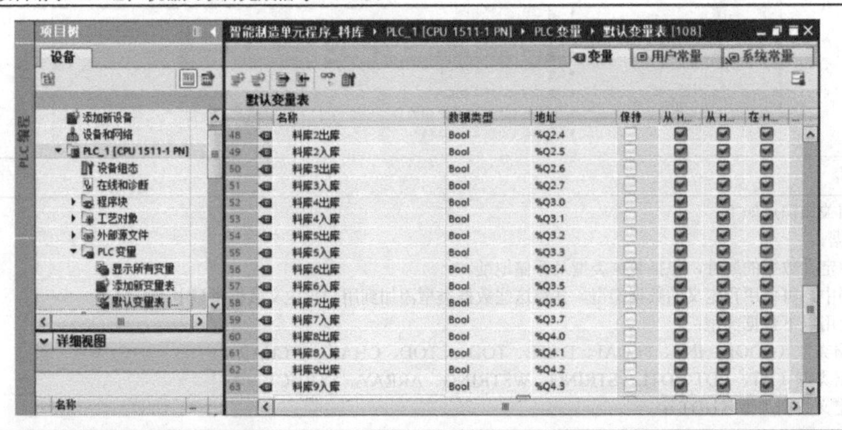

（3）在默认变量表中新建寄存器变量：仓储允入→M0.0；料库 1 允入→M0.1；料库 2 允入→M0.2；料库 3 允入→M0.3；料库 4 允入→M0.4；料库 5 允入→M0.5；料库 6 允入→M0.6；料库 7 允入→M0.7；料库 8 允入→M1.0；料库 9 允入→M1.1；料库 1 取出记忆→M1.2；料库 2 取出记忆→M1.3；料库 3 取出记忆→M1.4；料库 4 取出记忆→M1.5；料库 5 取出记忆→M1.6；料库 6 取出记忆→M1.7；料库 7 取出记忆→M2.0；料库 8 取出记忆→M2.1；料库 9 取出记忆→M2.2；取料工位号→MW5。

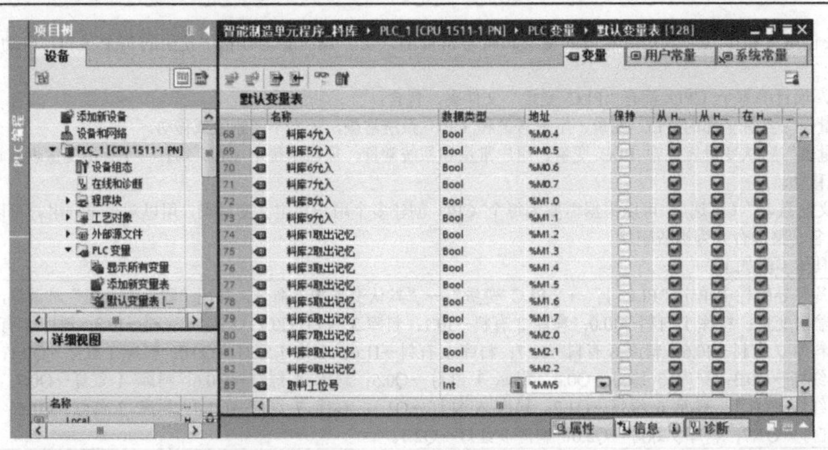

（续）

3. PLC 程序编写

PLC 常用指令如下。

1）-| |--：常开触点。

常开触点的激活取决于相关操作数的信号状态。

- 当操作数的信号状态为“1”时，常开触点将关闭（激活），同时输出的信号状态置位为输入的信号状态；
- 当操作数的信号状态为“0”时，不会激活常开触点，同时该指令输出的信号状态复位为“0”。

两个或多个常开触点串联时，将逐位进行“与”运算。串联时所有触点都闭合后才会产生信号流。

常开触点并联时，将逐位进行“或”运算。并联时有一个触点闭合就会产生信号流。

2）--|/|--：常闭触点。

常闭触点的激活取决于相关操作数的信号状态。

- 当操作数的信号状态为“1”时，常闭触点将打开（激活），同时该指令输出的信号状态复位为“0”；
- 当操作数的信号状态为“0”时，不会激活常闭触点，同时将该输入的信号状态传输到输出。

两个或多个常闭触点串联时，将逐位进行“与”运算。串联时所有触点都闭合后才产生信号流。

常闭触点并联时，将进行“或”运算。并联时有一个触点闭合就会产生信号流。

3）--|NOT|--：取反 RLO。

使用“取反 RLO”指令可对逻辑运算结果（RLO）的信号状态进行取反。如果该指令输入的信号状态为“1”，则指令输出的信号状态为“0”。如果该指令输入的信号状态为“0”，则指令输出的信号状态为“1”。

4）--( )--: 线圈。

可以使用“赋值”指令来置位指定操作数的位。如果线圈输入的逻辑运算结果（RLO）的信号状态为“1”，则将指定操作数的信号状态置位为“1”。如果线圈输入的信号状态为“0”，则指定操作数的位将复位为“0”。

该指令不会影响 RLO 的信号状态。线圈输入的 RLO 的信号状态将直接发送到输出。

5）--(S)--: 置位输出。

使用“置位输出”指令，可将指定操作数的信号状态置位为“1”。仅当线圈输入的逻辑运算结果（RLO）为“1”时，才执行该指令。如果信号流通过线圈（RLO=“1”），则指定的操作数置位为“1”。如果线圈输入的 RLO 为“0”（没有信号流过线圈），则指定操作数的信号状态将保持不变。

6）--(R)--: 复位输出。

使用“复位输出”指令将指定操作数的信号状态复位为“0”。仅当线圈输入的逻辑运算结果（RLO）为“1”时，才执行该指令。如果信号流通过线圈（RLO=“1”），则指定的操作数复位为“0”。如果线圈输入的 RLO 为“0”（没有信号流过线圈），则指定操作数的信号状态将保持不变。

7）CMP ==：等于。

使用“等于”指令判断第一个比较值（<操作数 1>）是否等于第二个比较值（<操作数 2>）。

如果满足比较条件，则指令返回逻辑运算结果（RLO）“1”。如果不满足比较条件，则指令返回 RLO“0”。

该指令的 RLO 通过以下方式与整个程序段中的 RLO 进行逻辑运算：

- 串联比较指令时，将执行“与”运算；
- 并联比较指令时，将进行“或”运算。

8）MOVE：移动值。

使用“移动值”指令将 IN 输入操作数中的内容传送给 OUT1 输出操作数中。始终沿地址序号升序方向进行传送。

如果满足下列条件之一，使能输出 ENO 返回的信号状态为“0”：

- 使能输入 EN 的信号状态为“0”；
- IN 参数的数据类型与 OUT1 参数的指定数据类型不对应。

PLC 程序编写的步骤如下：

（1）当工位上的光电传感器感应到轮毂时，I0.0 接通，输出显示料库 1 绿色指示灯 Q0.0；

当工位上的光电传感器没有感应到轮毂时，I0.0 断开，停止输出显示料库 1 绿色指示灯 Q0.0，同时利用取反指令 RLO，输出显示料库 1 红色指示灯 Q0.1。

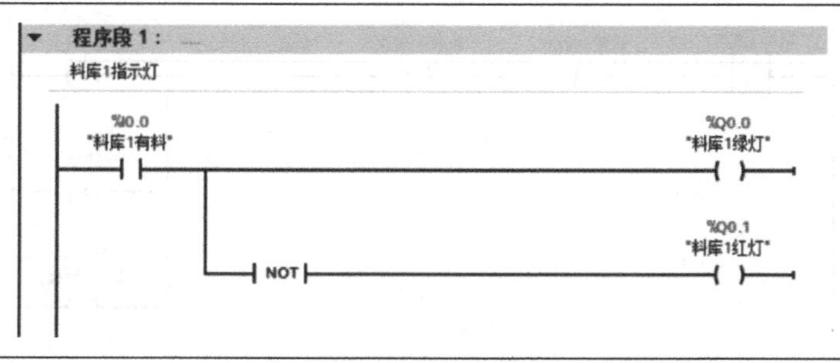

（续）

（2）用上述方法可依次完成料库 1～料库 9 指示灯的语句块编程。

料库9指示灯
%I1.0
"料库9有料"
%Q2.0
"料库9绿灯"
NOT
%Q2.1
"料库9红灯"

（3）当料库 1 上的光电传感器感应到轮毂时，取料工位号 MW5 为 0，I0.0 接通，此时若机器人请求 I14.0 接通，则置位输出料库 1 伸缩气缸 Q2.2 和料库 1 取出记忆 M1.2，并将 MW5 置 1；当工位 1 伸缩气缸推出到位时，气缸伸出到位信号 I1.1 闭合，PLC 向机器人发送工位 1 允许取料信号 M0.1 和仓储单元允许进入信号 M0.0，并将 Q2.2 复位。

%MW5
"取料工位号"
==
Int
0
%I0.0
"料库1有料"
%I14.0
"机器人请求"
%Q2.2
"料库1出库"
S
%M1.2
"料库1取出记忆"
S
MOVE
EN — ENO
1 — IN
OUT1 — %MW5 "取料工位号"

%MW5
"取料工位号"
==
Int
0
%I0.0
"料库1有料"
%I14.0
"机器人请求"
%I1.1
"料库1出库到位"
%M0.1
"料库1允入"
S
%M0.0
"仓储允入"
S
%Q2.2
"料库1出库"
R

（4）用上述方法可依次完成料库 1～料库 9 出库的语句块编程。

%MW5
"取料工位号"
==
Int
0
%I1.0
"料库9有料"
%I14.0
"机器人请求"
%Q4.2
"料库9出库"
S
%M2.2
"料库9取出记忆"
S
MOVE
EN — ENO
9 — IN
OUT1 — %MW5 "取料工位号"

%MW5
"取料工位号"
==
Int
0
%I1.0
"料库9有料"
%I14.0
"机器人请求"
%I3.1
"料库9出库到位"
%M1.1
"料库9允入"
S
%M0.0
"仓储允入"
S
%Q4.2
"料库9出库"
R

（续）

（5）当机器人发送取料完成信号 I4.1 给 PLC 时，I4.1 接通，并且取料工位号 MW5 为 1 时，输出料库 1 伸缩气缸入库 Q2.3 置位、料库 1 允许取料信号 M0.1 和仓储单元允许进入信号 M0.0 复位；当料库 1 伸缩气缸缩回到位，I1.2 接通时，将 Q2.3 复位。

（6）用上述方法可依次完成料库 1～料库 9 的取料完成语句块编程。

（7）当机器人请求放回轮毂时，I4.2 接通，料库 1 轮毂取出记忆 M1.2 接通，此时若取料工位号 MW5 为 1 并且料库 1 检测传感器检测到工位无轮毂时，I0.0 不接通，则置位输出料库 1 伸缩气缸 Q2.2；

当料库 1 伸缩气缸推出到位时，料库 1 出库到位信号 I1.1 闭合，PLC 给机器人发送料库 1 允许取料信号 M0.1 和仓储单元允许进入信号 M0.0，同时复位料库 1 取出记忆 M1.2 和料库 1 出库 Q2.2。

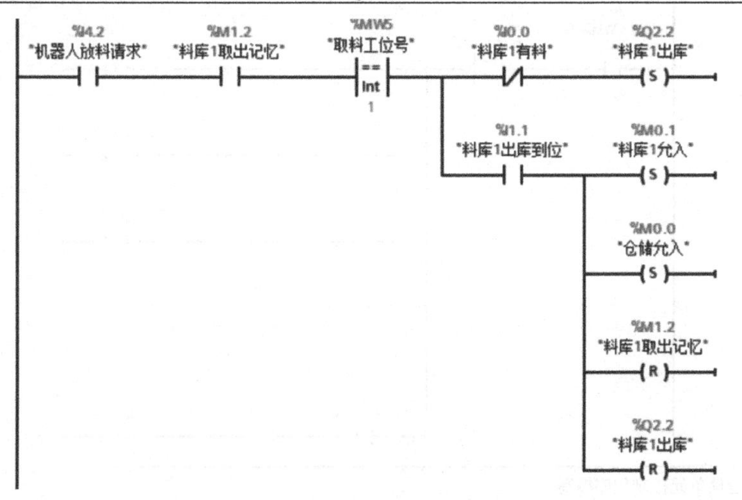

（续）

（8）用上述方法可依次完成料库 1～料库 9 放料语句块的编程。

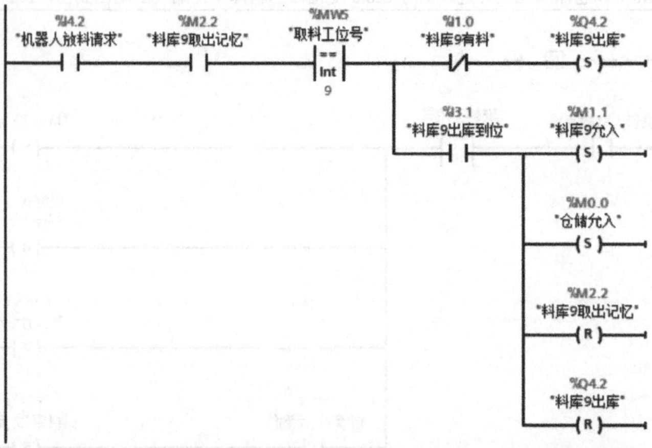

（9）当机器人发送机器人取料完成信号 I4.3 给 PLC 时，I4.3 接通，取料工位号 MW5 为 1 时，输出料库 1 伸缩气缸入库 Q2.3、复位料库 1 允许取料信号 M0.1 和仓储单元允许进入信号 M0.0，并将取料工位号复位 0；当料库 1 伸缩气缸回缩到位时，将 Q2.3 复位。

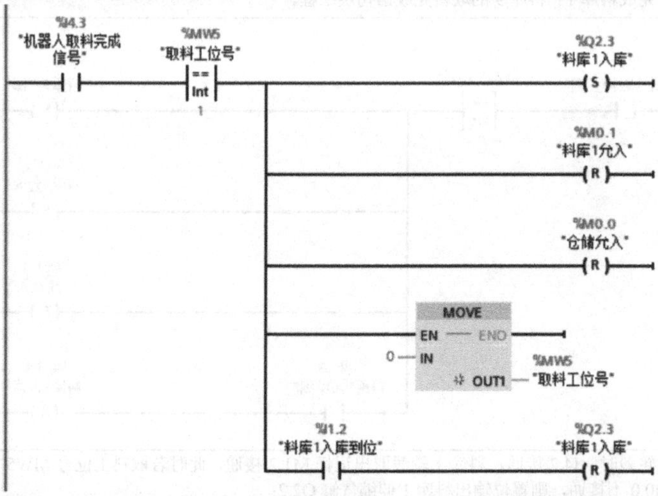

（10）用上述方法可依次完成料库 1～料库 9 放料完成语句块的编程。

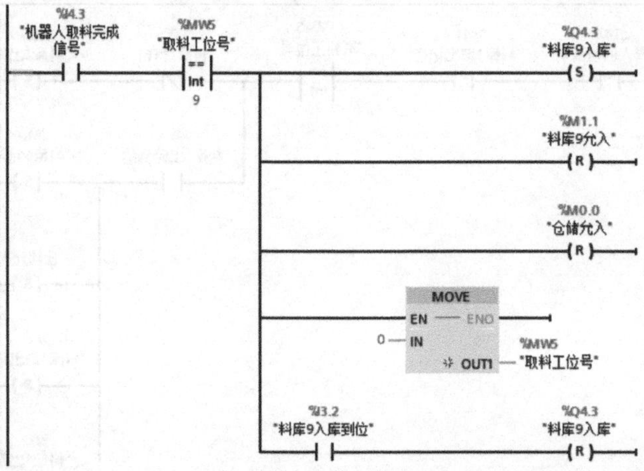

9.2.3　仓储单元控制程序编写

数字资源：9.2.3 仓储单元控制程序编写

【拓展学习】

9.2.4　仓储单元程序优化

配置机器人的 IO 信号，手动实现仓储单元 6 个料仓的推出和缩回。

（1）任务分析

6 个料仓的推出和缩回共 12 个动作，如果以一个信号控制一个动作，需要 12 个信号，即需为机器人配置 12 个 DO（数字量输出）信号，同时也需要 12 个 PLC 的 IO 端口来实现。那么是否有更好的办法实现料仓的控制？

（2）优化方案

建立一个输出信号组 GO1，设置信号组由 4 个 DO 组成，GO1 的范围值可为（0～15），这样通过合理编写机器人和 PLC 程序，设定 1～6 分别为 6 个料仓的推出信号，7～12 分别为 6 个料仓的缩回信号，同时还可以设定 0 为所有料仓的缩回信号，13 为所有料仓的输入信号。通过以上信号配置，不仅能够实现既定功能，还能使机器人和 PLC 的信号数量大大减少，避免设备硬件资源的浪费。

任务 9.3　打磨加工单元运动仿真

【情境分析】

本任务以打磨加工单元作为仿真案例，综合运用之前介绍的机电对象设置、仿真序列、PLC 编程等知识，实现轮毂产品打磨加工的运动仿真。

打磨加工单元如图 9-3-1 所示，由定位模组、翻转模组和清理模组三大部分组成。定位模组由多个手指气缸和一个旋转气缸组成，手指气缸在加工时起到固定作用，而旋转气缸是为了保证不同的加工需求而设置；翻转模组由多个不同的气缸组成，通过合理的分配可以起到代替人工进行翻转加工工件的作用；清理模组是由一个封闭的容器和清理枪组成，完成工件碎屑的清理工作。

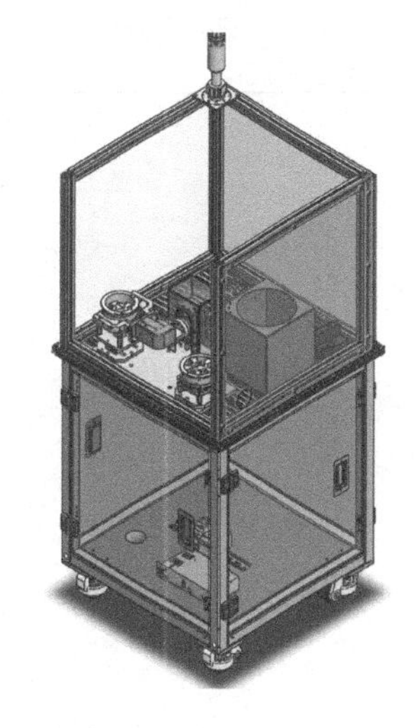

图 9-3-1　打磨加工单元

机器人将加工好的工件放置在一号定位模组中定位，进行打磨加工处理，处理完成后由翻转模组翻转并放置在二号定位模组中定位，继续进行打磨加工处理，处理完成后，由工业机器人搬运至清理模组中进行碎屑清理。

【知识和技能点】

9.3.1　打磨加工单元机电对象设置

本知识点介绍打磨加工单元机电对象设置操作，如表 9-3-1 所示。

表 9-3-1　打磨加工单元机电对象设置步骤

1．刚体对象定义

（1）单击功能区“主页”下的“刚体”命令，弹出刚体定义对话框。在该对话框的“选择对象”参数中，框选翻转手爪基座，“质量属性”为“自动”，并将新建的刚体命名为“翻转机构”，单击“确定”按钮。

（2）在“刚体”对话框的“选择对象”参数中，框选翻转左爪，“质量属性”为“自动”，并将新建的刚体命名为“左爪”，单击“确定”按钮。

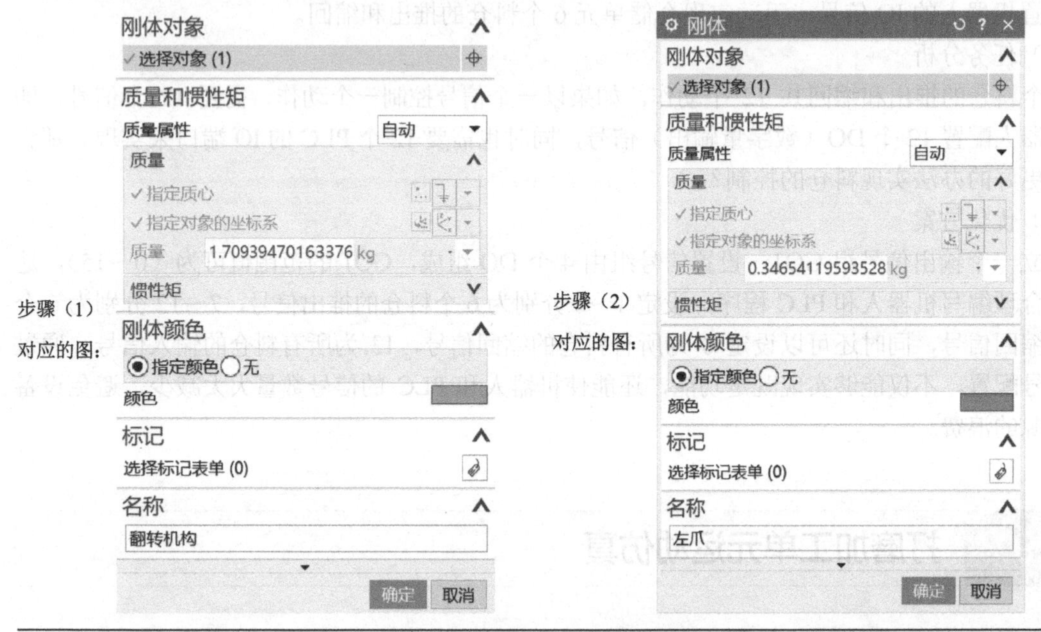

（3）在“刚体”对话框的“选择对象”参数中，框选翻转右爪，“质量属性”为“自动”，并将新建的刚体命名为“右爪”，单击“确定”按钮。

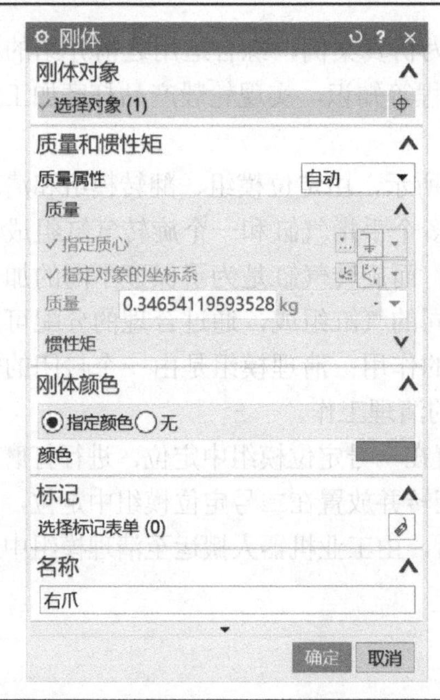

2．碰撞体定义

（1）单击功能区“主页”下的“碰撞体”命令，弹出碰撞体定义对话框。在“碰撞体”对话框的“选择对象”参数中选择一号定位模组的上表面，“碰撞形状”为“圆柱”，“形状属性”为“自动”，“材料”为“默认材料”，并将新建的碰撞体命名为“一号定位”，单击“确定”按钮。

（续）

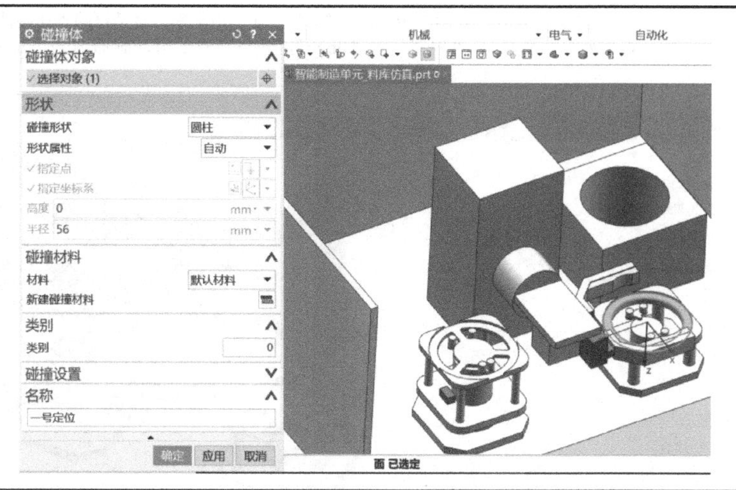

（2）在“碰撞体”对话框的“选择对象”参数中选择二号定位模组的上表面，“碰撞形状”为“圆柱”，“形状属性”为“自动”，“材料”为“默认材料”，并将新建的碰撞体命名为“二号定位”，单击“确定”按钮。

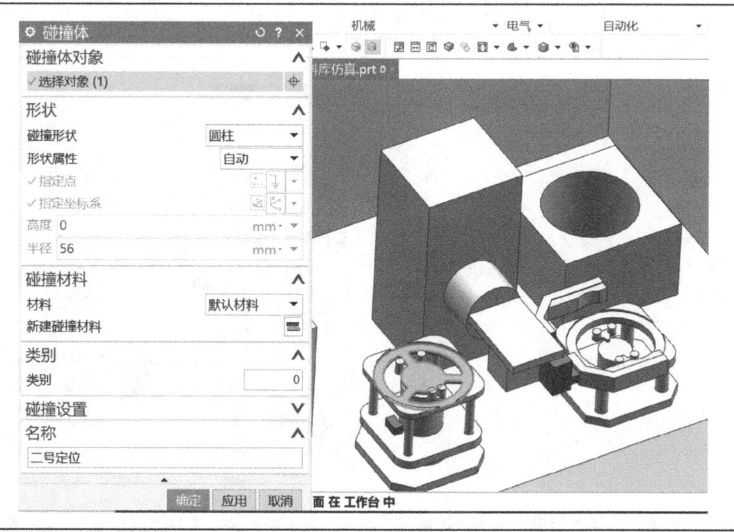

3．运动副设置

（1）单击功能区“主页”下的“铰链副”命令，弹出铰链副定义对话框。在“铰链副”对话框的“连接件”参数中，框选刚体翻转机构，基本件为空，“指定轴矢量”定义为翻转垂直面，“指定锚点”为旋转中心点，“起始角”为“0°”，并将新建的铰链副命名为“翻转机构_HJ(1)”，单击“确定”按钮。

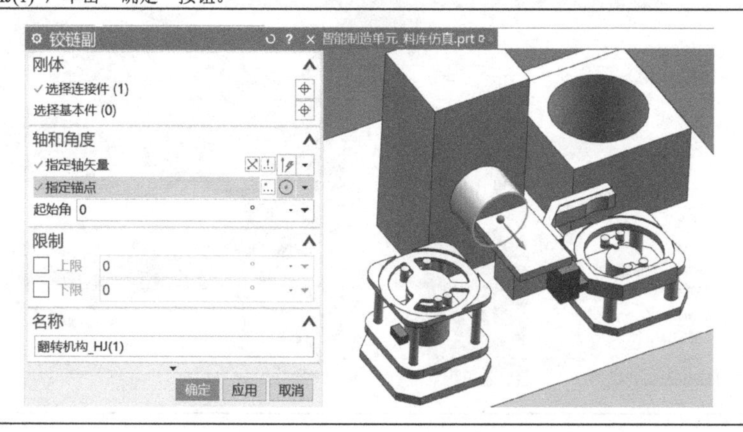

（续）

（2）单击功能区“主页”下的“滑动副”命令，弹出滑动副定义对话框。在“滑动副”对话框的“连接件”参数中，框选刚体左爪，基本件为空，轴矢量定义为夹爪夹紧方向，“偏置”为“0mm”，并将新建的滑动副命名为“左爪_SJ(1)”，单击“应用”按钮。

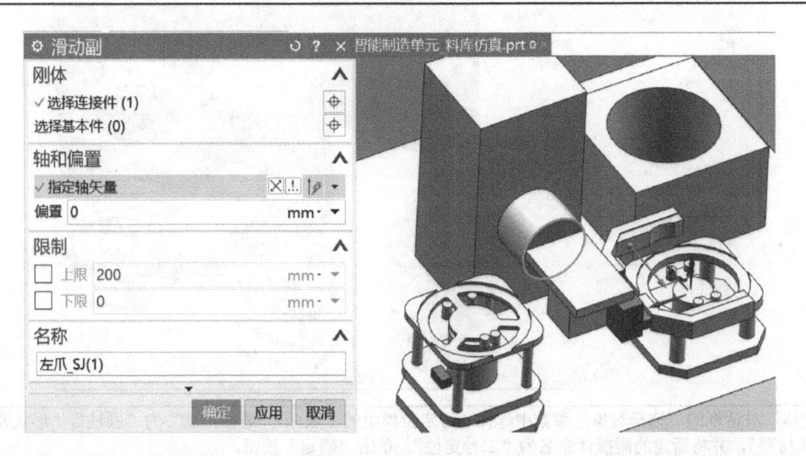

（3）在“滑动副”对话框的“连接件”参数中，框选刚体右爪，基本件为空，轴矢量定义为夹爪夹紧方向，“偏置”为“0mm”，并将新建的滑动副命名为“右爪_SJ(1)”，单击“确定”按钮。

（4）在 MCD 平台下，单击功能区“主页”下的“铰链副”命令，在下拉列表中选择“固定副”，弹出固定副定义对话框。“固定副”对话框的“选择连接件”参数为空，“选择基本件”参数中框选左爪刚体，并将新建的固定副命名为“左爪_FJ(1)”，单击“确定”按钮。

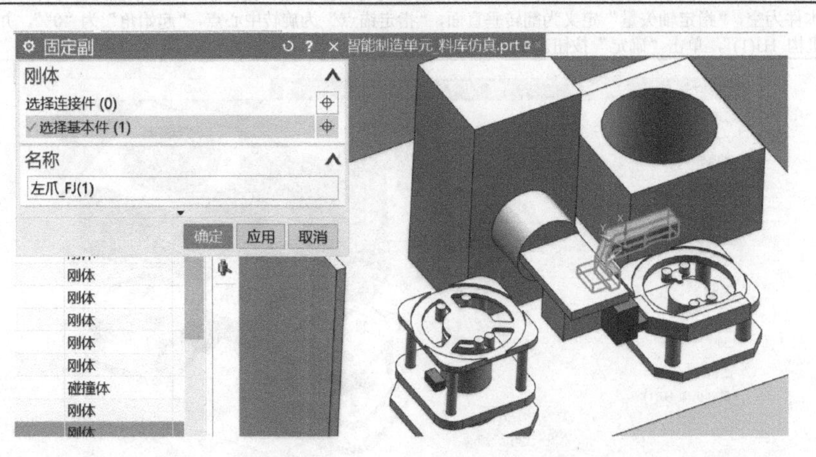

（续）

（5）单击功能区“主页”下的“机械”→“耦合副”→“齿轮”命令，弹出齿轮定义对话框。在“齿轮”对话框的“选择主对象”参数中，框选左爪滑动副，“选择从对象”参数中，框选右爪滑动副，“主倍数”和“从倍数”都设为 1，并将新建的齿轮副定义为“Gear(1)”，单击“确定”按钮。

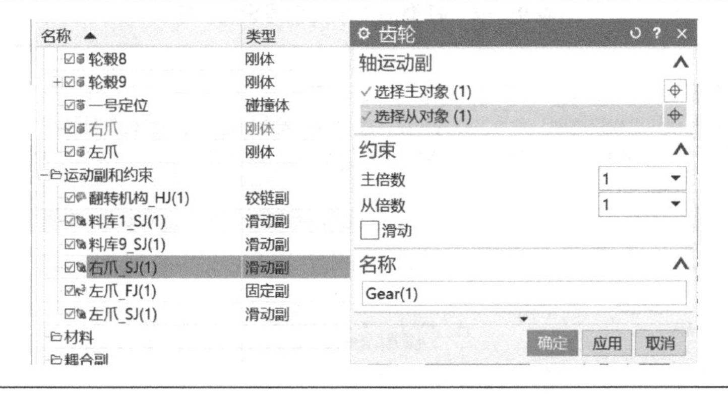

4．位置控制设置

（1）单击功能区“主页”下的“位置控制”命令，弹出位置控制定义对话框。在“位置控制”对话框的“选择对象”参数中，框选滑动副左爪，“目标”为“0mm”，“速度”为“80mm/s”，并将新建的位置控制命名为左爪_SJ(1)_PC(1)，单击“确定”按钮。

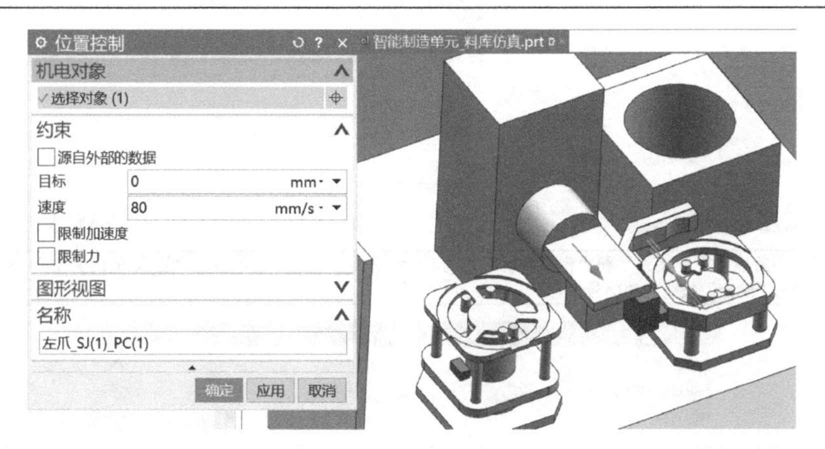

（2）在“位置控制”对话框的“选择对象”参数中，选择铰链副翻转机构，“角路径选项”为“跟踪多圈”，不勾选“源自外部的数据”，“目标”参数为“0°”，“速度”参数为“80°/s”，不勾选“限制加速度”和“限制扭矩”，并将新建的位置控制命名为“翻转机构_HJ(1)_PC(1)”，单击“确定”按钮。

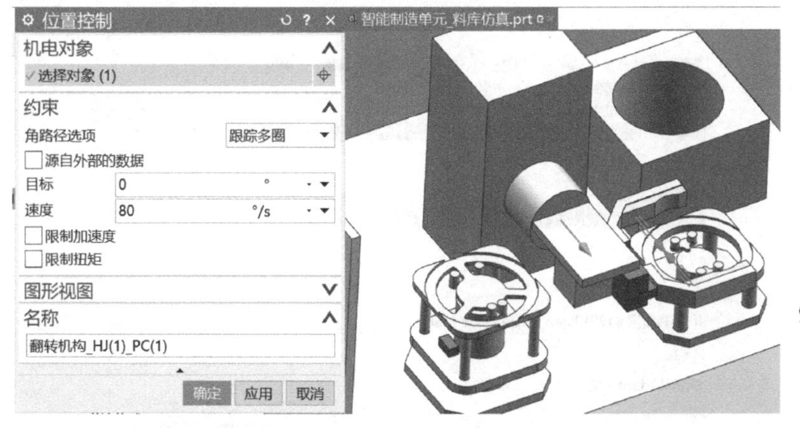

9.3.1　打磨加工单元机电对象设置

数字资源：9.3.1 打磨加工单元机电对象设置

9.3.2 打磨加工单元信号设置

本知识点介绍打磨加工单元的信号设置操作，如表 9-3-2 所示。

表 9-3-2 打磨加工单元信号设置步骤

1. 信号设置

（1）单击功能区“主页”下的“符号表”→“信号适配器”命令，弹出信号适配器定义对话框。在“信号适配器”对话框的“选择对象”参数中，框选翻转机构铰链副，参数名称为角度，在信号列表中新建“翻转到位”信号，“数据类型”为“布尔型”，“输入/输出类型”为“输出”，“初始值”为“false”，公式定义为“If (翻转角度>179) Then (true) Else (false)”，并将新建的信号适配器命名为“SignalAdapter(2)”。

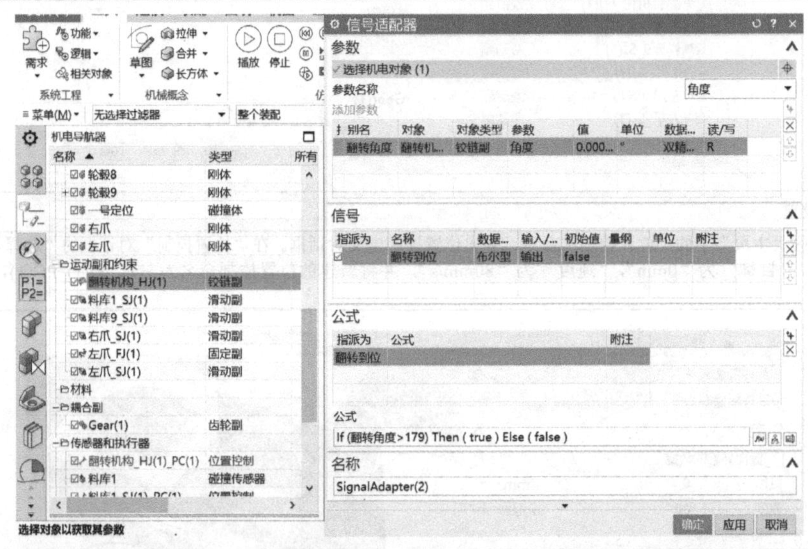

（2）在信号列表中新建“定位夹紧”和“定位翻转”信号，“数据类型”为“布尔型”，“输入/输出类型”为“输入”，“初始值”为“false”，单击“确定”按钮创建信号表。

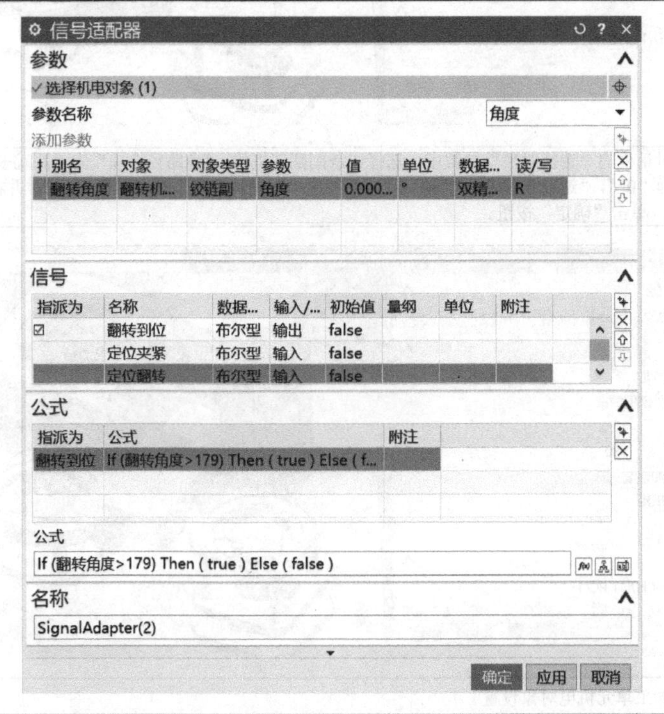

（续）

2．仿真序列设置

（1）单击功能区“主页”下的“仿真序列”命令，弹出仿真序列定义对话框。在“仿真序列”对话框的“选择对象”参数中，框选左爪位置控制器，“运行时参数”中定位为“0”。“条件”的“选择条件对象”中框选信号“定位夹紧”，条件设为“值==false”，并将新建的仿真序列命名为“定位松开”，单击“确定”按钮。

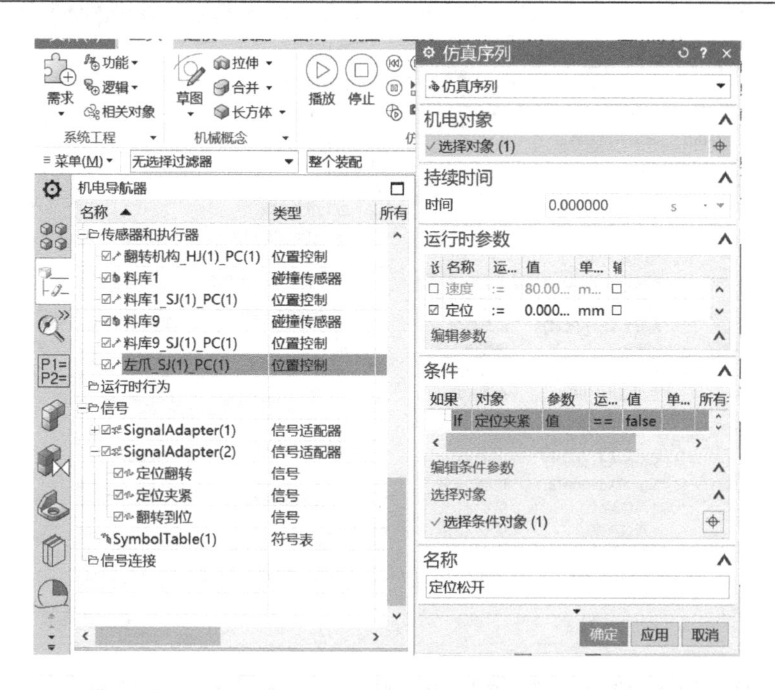

（2）在“仿真序列”对话框的“选择对象”参数中，框选左爪位置控制器，“运行时参数”中定位 20。“条件”的“选择条件对象”中框选信号“定位夹紧”，条件设为“值==true”，并将新建的仿真序列命名为“定位夹紧”，单击“确定”按钮。

（续）

（3）在“仿真序列”对话框的“选择对象”参数中，框选翻转机构控制器，“运行时参数”中定位为“0°”。“条件”的“选择条件对象”中框选信号“定位翻转”，条件设为“值==false”，并将新建的仿真序列命名为“翻转一号工位”，单击“确定”按钮。

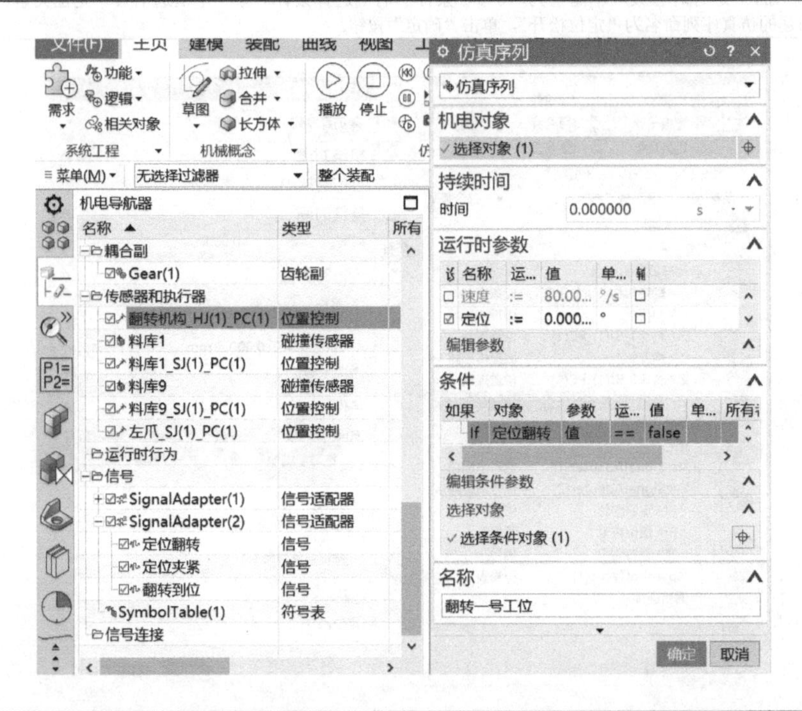

（4）在“仿真序列”对话框的“选择对象”参数中，框选翻转机构控制器，“运行时参数”中定位为“180°”。“条件”的“选择条件对象”中框选信号“定位翻转”，条件设为“值==true”，并将新建的仿真序列命名为“翻转二号工位”，单击“确定”按钮。

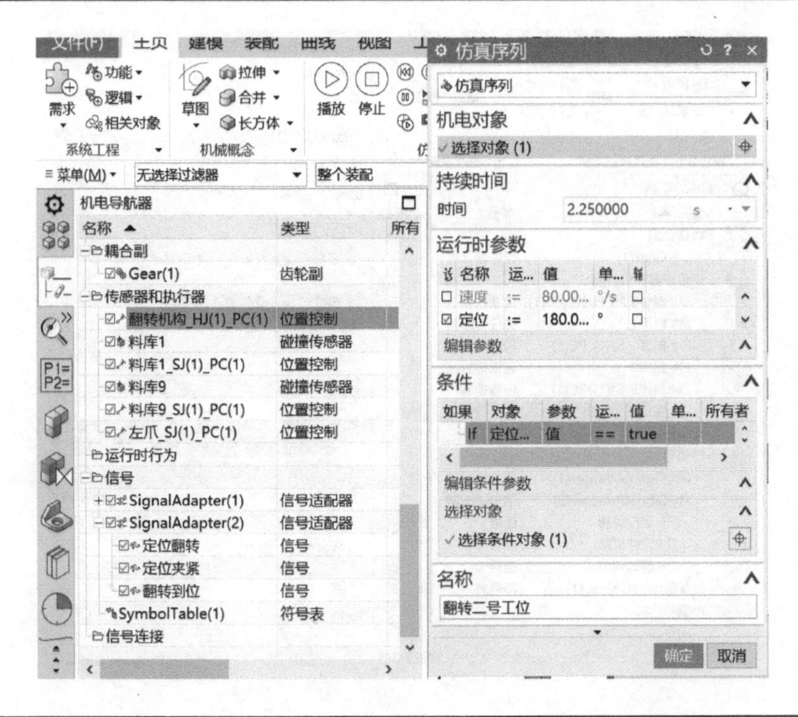

（续）

（5）在“仿真序列”对话框的“选择对象”参数中，框选左爪固定副，“运行时参数”中连接件框选轮毂刚体。“条件”的“选择条件对象”中框选信号“定位夹紧”，条件设为“值==true”，并将新建的仿真序列命名为“固定副定位夹紧”，单击“确定”按钮。

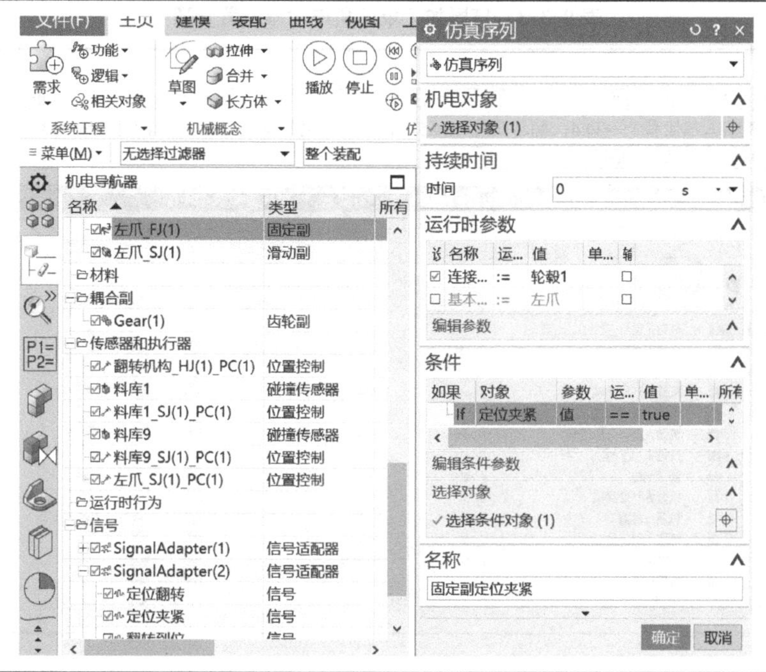

（6）在“仿真序列”对话框的“选择对象”参数中，框选左爪固定副，“运行时参数”中定位为“0”。“条件”的“连接件”为空，条件设为“值==false”，并将新建的仿真序列命名为“固定副定位松开”，单击“确定”按钮。

9.3.2 打磨加工单元信号设置

数字资源：9.3.2 打磨加工单元信号设置

9.3.3 打磨加工单元控制程序编写

本知识点介绍打磨加工单元控制程序的编写，如表 9-3-3 所示。

表 9-3-3 打磨加工单元机电对象设置步骤

1．变量创建

在“设备”导航栏中单击“PLC_1”→“PLC 变量”→“默认变量表”命令，弹出“默认变量表”对话框，根据 IO 分配表，新建输入/输出变量：机器人放工位一→I4.4；翻转到位→I4.5；机器人打磨完成→I4.6；机器人打磨→Q4.4；机器人取工位二→Q4.5；夹爪夹紧→Q4.6；夹爪翻转→Q4.7。

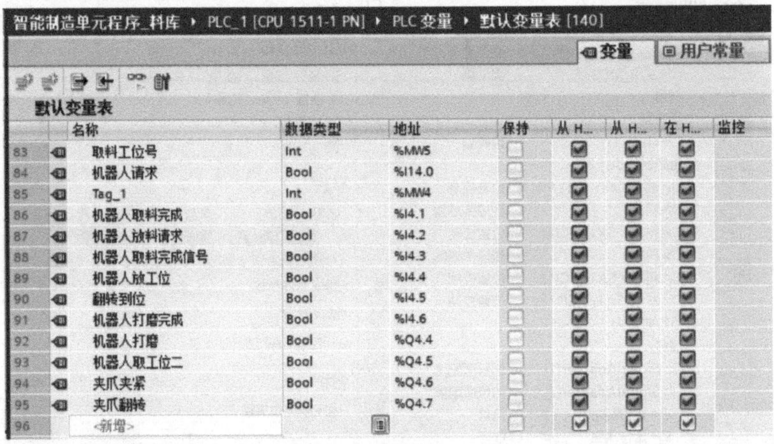

智能制造单元程序_料库 ▸ PLC_1 [CPU 1511-1 PN] ▸ PLC 变量 ▸ 默认变量表 [140]

变量 | 用户常量

默认变量表

	名称	数据类型	地址	保持	从 H...	从 H...	在 H...	监控
83	取料工位号	Int	%MW5	☐	☑	☑	☑	
84	机器人请求	Bool	%I14.0	☐	☑	☑	☑	
85	Tag_1	Int	%MW4	☐	☑	☑	☑	
86	机器人取料完成	Bool	%I4.1	☐	☑	☑	☑	
87	机器人放料请求	Bool	%I4.2	☐	☑	☑	☑	
88	机器人取料完成信号	Bool	%I4.3	☐	☑	☑	☑	
89	机器人放工位	Bool	%I4.4	☐	☑	☑	☑	
90	翻转到位	Bool	%I4.5	☐	☑	☑	☑	
91	机器人打磨完成	Bool	%I4.6	☐	☑	☑	☑	
92	机器人打磨	Bool	%Q4.4	☐	☑	☑	☑	
93	机器人取工位二	Bool	%Q4.5	☐	☑	☑	☑	
94	夹爪夹紧	Bool	%Q4.6	☐	☑	☑	☑	
95	夹爪翻转	Bool	%Q4.7	☐	☑	☑	☑	
96	<新增>			☐	☑	☑	☑	

2．PLC 程序编写

PLC 常用的 TON 指令也叫接通延时指令。

使用“接通延时”（Generate on-delay）指令将 Q 输出设置为延时设定的时间 PT。当输入 IN 的逻辑运算结果（RLO）从“0”变为“1”（信号上升沿）时，启动该指令。指令启动时，预设的时间 PT 开始计时。超出时间 PT 之后，输出 Q 的信号状态将变为“1”。只要启动但输入仍为“1”，输出 Q 就保持置位。启动输入的信号状态从“1”变为“0”时，将复位输出 Q。在启动输入时检测到新的信号上升沿，则该定时器功能将再次启动。

可以在 ET 输出查询当前的时间值。该定时器从 T#0s 开始计时，达到持续时间值 PT 后结束。只要输入 IN 的信号状态变为“0”，则输出 ET 就复位。

每次调用“接通延时”指令，必须将其分配给用于存储指令数据的 IEC 定时器。

PLC 程序编写具体步骤如下：

（1）机器人将轮毂产品放入工位一时，I4.4 接通，输出夹爪夹紧信号 Q4.6；延时 0.1s，输出机器人打磨信号 Q4.4。

%I4.4 "机器人放工位" —| |— ... %Q4.6 "夹爪夹紧" —(S)—

%DB1 "IEC_Timer_0_DB" TON Time：IN，PT = T#0.1s；Q → %Q4.4 "机器人打磨" —(S)—；ET — T#0ms

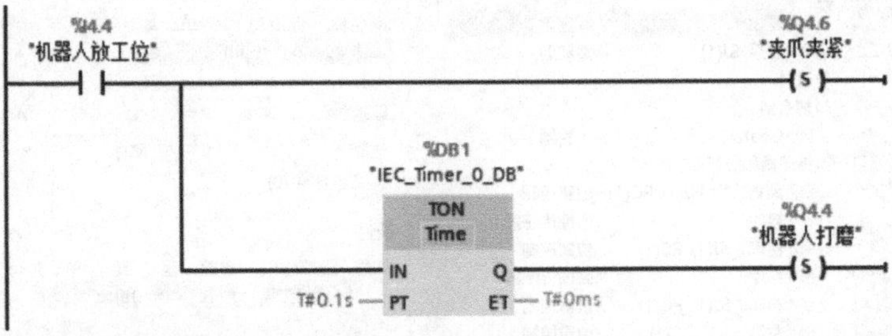

（2）机器人打磨完成后，I4.6 接通，复位机器人打磨信号 Q4.4；输出夹爪翻转信号 Q4.7。

%I4.6 "机器人打磨完成" —| |— ... %Q4.4 "机器人打磨" —(R)—；%Q4.7 "夹爪翻转" —(S)—

（续）

（3）机器人打磨完成信号 I4.6 和夹爪翻转到位信号 I4.5 接通，复位夹爪夹紧信号 Q4.6；延时 0.1s，输出机器人取工位二信号 Q4.5。

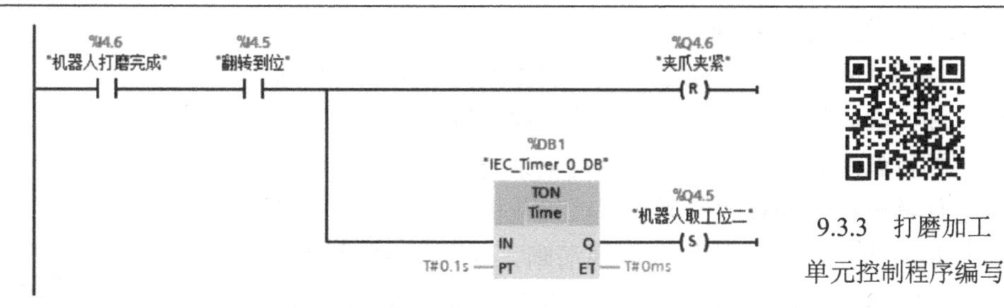

9.3.3　打磨加工单元控制程序编写

数字资源：9.3.3 打磨加工单元控制程序编写

【拓展学习】

9.3.4　位置传感器分类

位置传感器是用来检测位置和反映某种状态的开关，输出用于判定某一个指定位置和某种状态的开关量，例如到位信号的检测。位置传感器有接触式和接近式两种，现以工作站中接近式位置传感器为例进行介绍。

接近式位置传感器（接近开关）用来判别在某一范围内是否有物体，能将检测对象的移动信息和存在信息转换为电气信号。常见的接近开关有：电感式接近开关、电容式接近开关、霍尔接近开关、光电式接近开关、多普勒式接近开关、超声波接近开关和光纤接近开关。其具体的功能如表 9-3-4 所示。

表 9-3-4　接近开关分类特性

名称	功能特性
电感式接近开关	导电物体在靠近接近开关时，物体内部产生涡流。这个涡流反作用到接近开关，使开关内部电路参数发生变化，传感器由此识别有无导电物体移近，进而控制开关的通或断。这种接近开关所能检测的物体必须是导体
电容式接近开关	这种开关的测量头通常是构成电容器的一个极板，而另一个极板是开关的外壳。这个外壳在测量过程中通常是接地或与设备的机壳相连接。当有物体靠近接近开关时，不论它是否为导体，由于它的接近，总会使电容的介电常数发生突变，从而使电容量发生变化，使得与测量头相连的电路状态也随之发生变化，由此控制开关的接通或断开。这种接近开关检测的对象，不限于导体，可以是绝缘的液体或粉状物等
霍尔接近开关	霍尔元件是一种磁敏元件。利用霍尔元件做成的开关称为霍尔开关。当磁性物件移近霍尔开关时，开关检测面上的霍尔元件因霍尔效应而使开关内部电路状态发生变化，传感器由此识别磁性物体是否存在，进而控制开关的通或断。这种接近开关的检测对象必须是磁性物体
光电式接近开关	利用光电效应做成的开关称为光电开关。将发光器件与光电器件按一定方向装在同一检测头内。当有反光面（被检测物体）接近时，光电器件接收到反射光后便有信号输出，传感器由此"感知"有物体接近
多普勒式接近开关	当观察者或系统与波源的距离发生改变时，接收到的波的频率会发生偏移，这种现象称为多普勒效应，声呐和雷达就是利用这个原理制成的。利用多普勒效应可制成超声波接近开关、微波接近开关等。当有物体移近时，接近开关接收到的反射信号会产生多普勒频移，传感器由此识别出有无物体接近

任务 9.4　视觉检测单元运动仿真

【情境分析】

本任务以视觉检测单元作为仿真案例，综合运用前面介绍的机电对象设置、仿真序列、

PLC 编程等知识，实现轮毂产品视觉检测的运动仿真。

该模块主要由欧姆龙 L440 高速处理器、欧姆龙 FS 系列 CCD 相机、变焦镜头、光源系统和 12in 高清显示屏组成。

如图 9-4-1 所示，视觉检测模块主要是对加工工件进行颜色和二维码等检测，得到需要的数据后进行工件分类。如果想要得到准确的数据，需要对视觉系统进行正确操作，先将工件移至相机的有效检测范围，工业机器人记录该位置，调整相机焦距和光圈使相机成像清晰，然后分别设置需要检测的参数，视觉控制器与工业机器人的数据交互参数后，完成视觉相机配置。

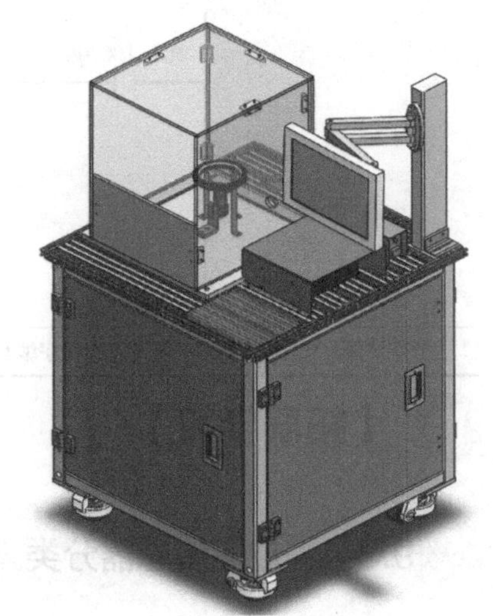

图 9-4-1 视觉检测单元

【知识和技能点】

9.4.1 视觉检测单元机电对象设置

本知识点介绍视觉检测单元的机电对象设置操作，如表 9-4-1 所示。

表 9-4-1 视觉检测单元机电对象设置步骤

1. 刚体对象定义

（1）单击功能区“主页”下的“刚体”命令，弹出刚体定义对话框。在“刚体”对话框的“选择对象”参数中，框选机器人底座，“质量属性”为“自动”，并将新建的刚体命名为“底座”，单击“确定”按钮。

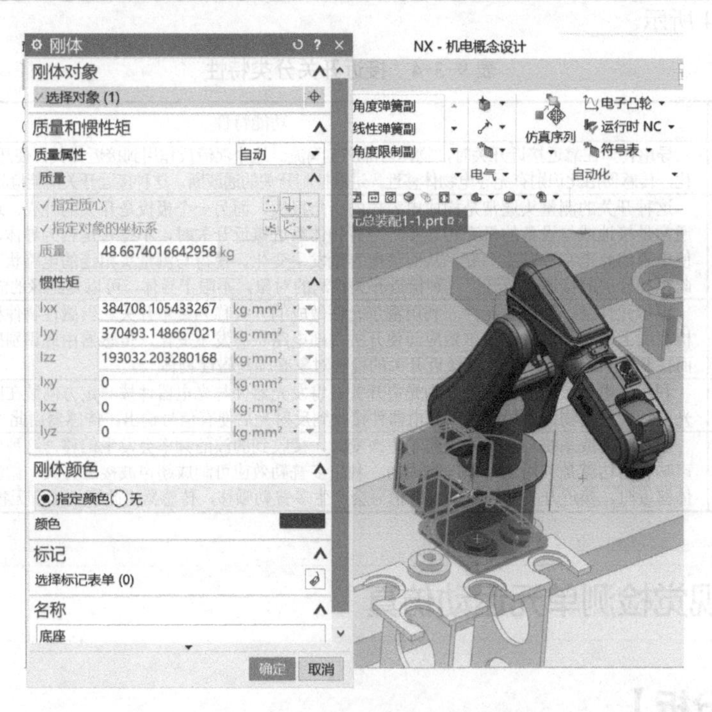

（续）

（2）在“刚体”对话框的“选择对象”参数中，框选机器人腰部，“质量属性”为“自动”，并将新建的刚体命名为“腰部”，单击“确定”按钮。

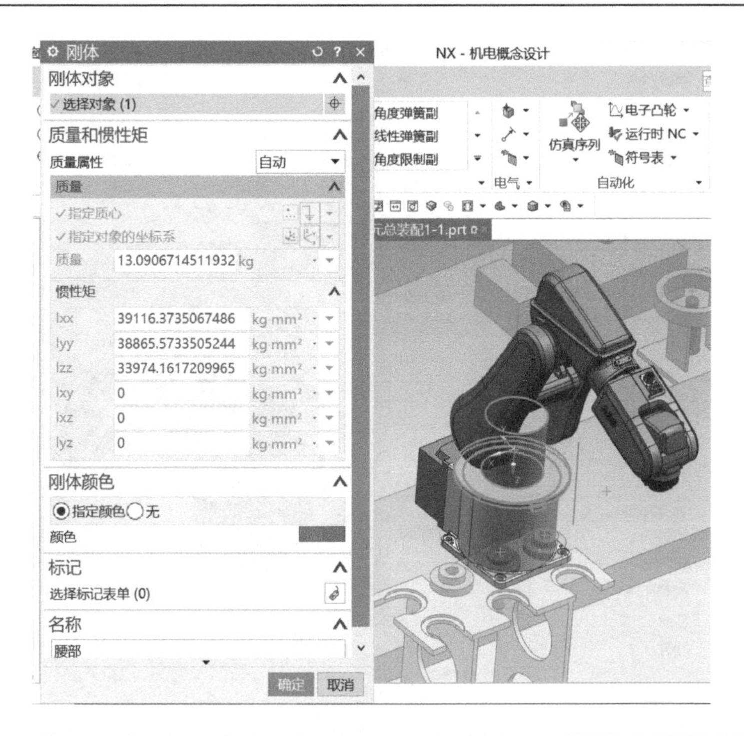

（3）在“刚体”对话框的“选择对象”参数中，框选机器人大臂，“质量属性”为“自动”，并将新建的刚体命名为“大臂”，单击“确定”按钮。

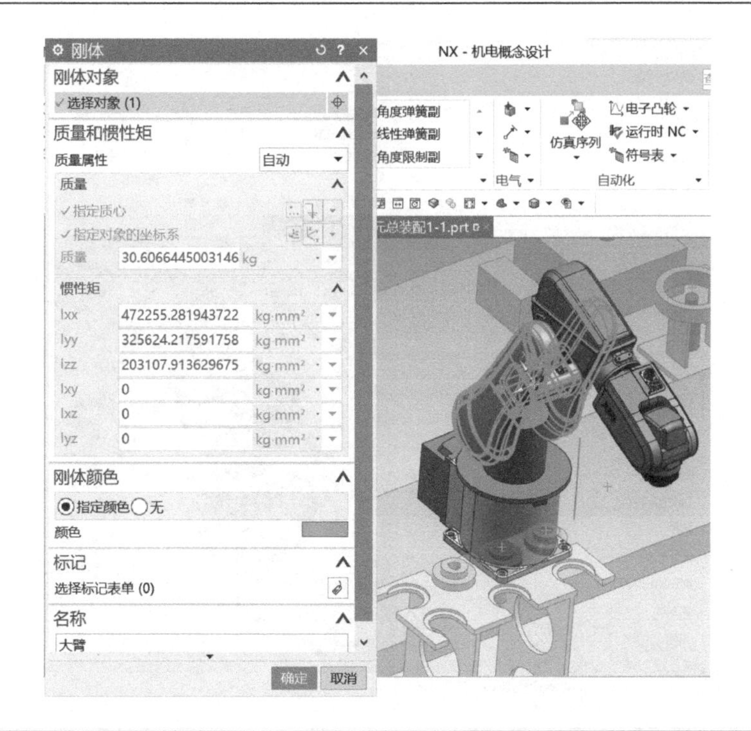

（续）

（4）在“刚体”对话框的“选择对象”参数中，框选机器人小臂，“质量属性”为“自动”，并将新建的刚体命名为“小臂”，单击“确定”按钮。

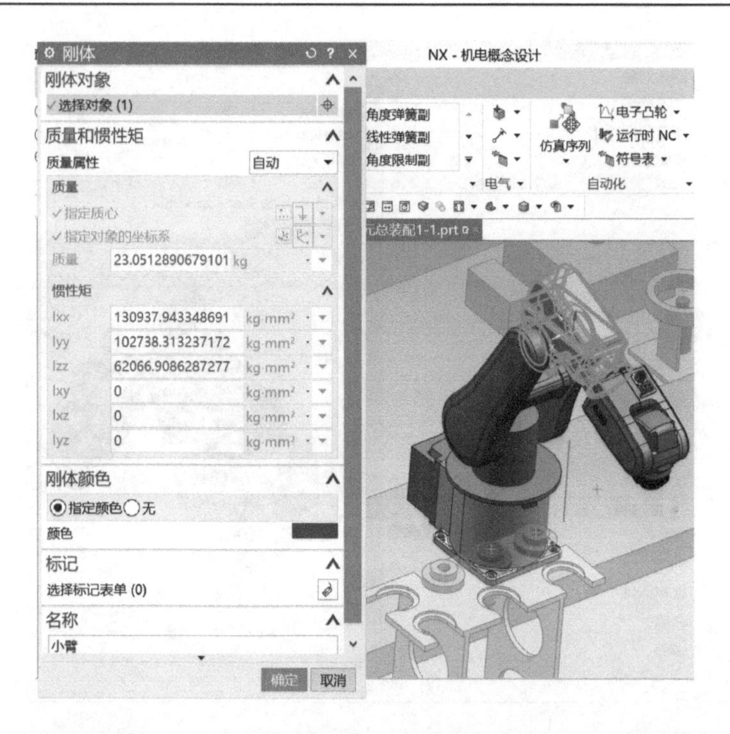

（5）在“刚体”对话框的“选择对象”参数中，框选机器人腕部，“质量属性”为“自动”，并将新建的刚体命名为“腕部”，单击“确定”按钮。

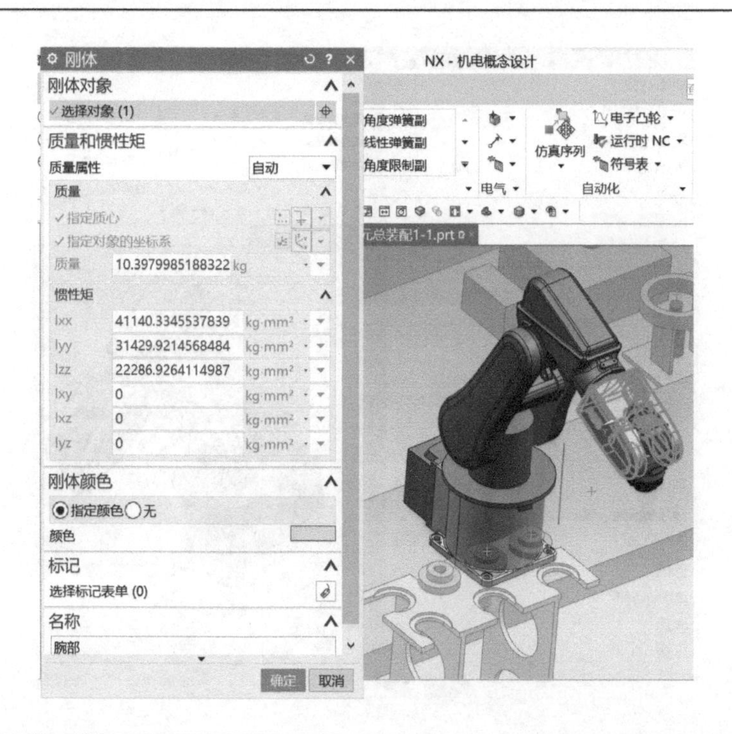

（续）

（6）在“刚体”对话框的“选择对象”参数中，框选机器人手部，“质量属性”为“自动”，并将新建的刚体命名为“手部”，单击“确定”按钮。

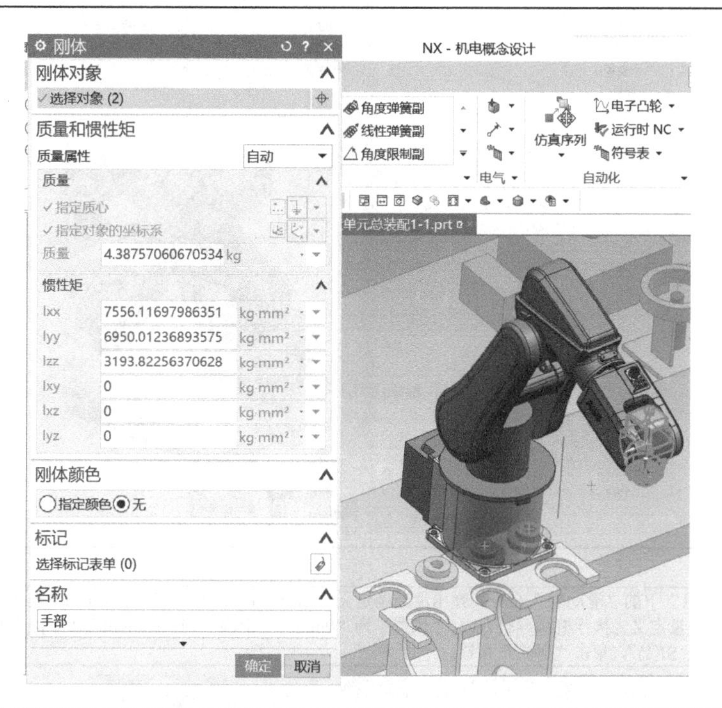

（7）在“刚体”对话框的“选择对象”参数中，框选吸盘工具，“质量属性”为“自动”，并将新建的刚体命名为“吸盘工具”，单击“确定”按钮。

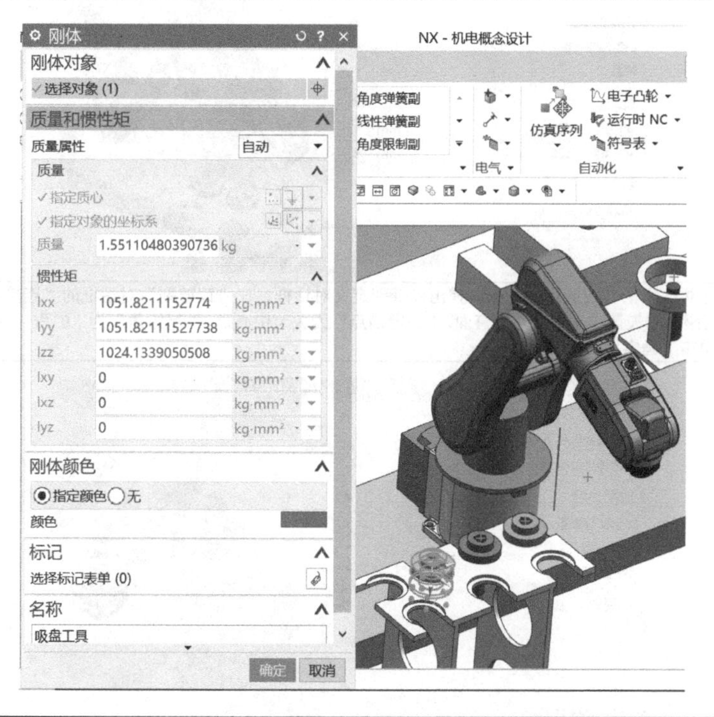

（8）在“刚体”对话框的“选择对象”参数中，框选端面打磨工具，“质量属性”为“自动”，并将新建的刚体命名为“打磨工具”，单击“确定”按钮。

（续）

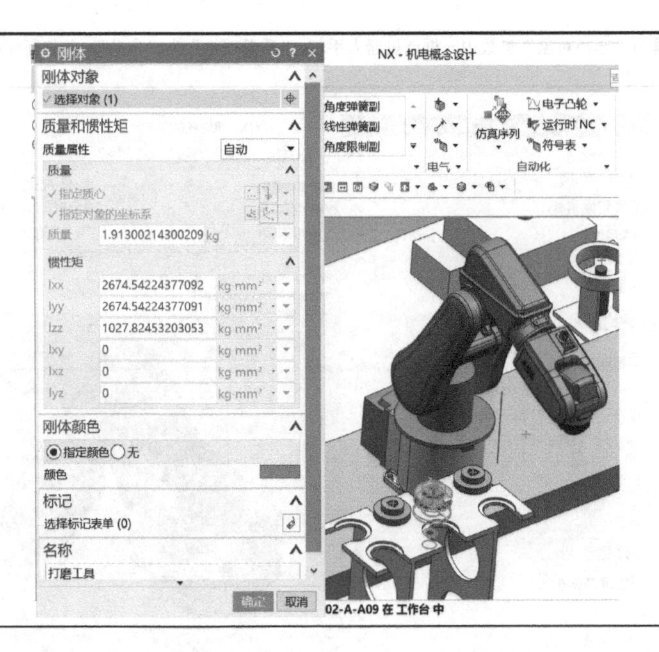

2. 运动副设置

（1）单击功能区“主页”下的“滑动副”命令，弹出滑动副定义对话框。在“滑动副”对话框的“连接件”参数中，框选刚体底座，基本件为空，轴矢量定义为执行机构导轨方向，“偏置”为“0mm”，“上限”为“900mm”，“下限”为“-500mm”，并将新建的滑动副命名为“底座_SJ(1)”，单击“确定”按钮。

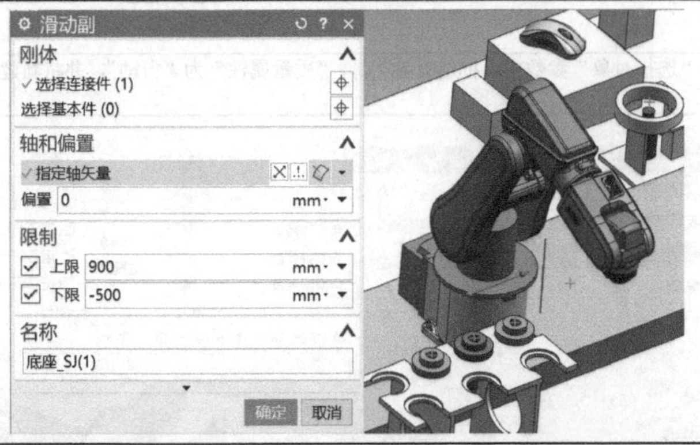

（2）单击功能区“主页”下的“铰链副”命令，弹出铰链副定义对话框。在“铰链副”对话框的“连接件”参数中，框选刚体腰部，基本件为刚体底座，轴矢量定义为底座垂直面，“指定锚点”为关节中心点，“起始角”为“0°”，并将新建的铰链副命名为“腰部_底座_HJ(1)”，单击“确定”按钮。

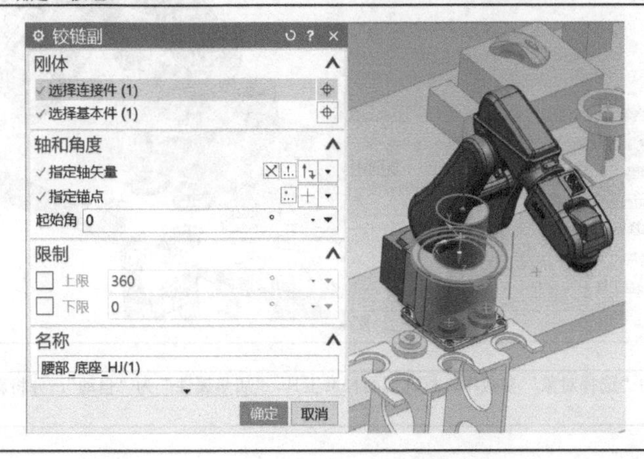

（续）

（3）在“铰链副”对话框的“连接件”参数中，框选刚体大臂，基本件为刚体腰部，轴矢量定义为连接垂直面，“指定锚点”为关节中心点，“起始角”为“0°”，并将新建的铰链副命名为“大臂_腰部_HJ(1)”，单击“确定”按钮。

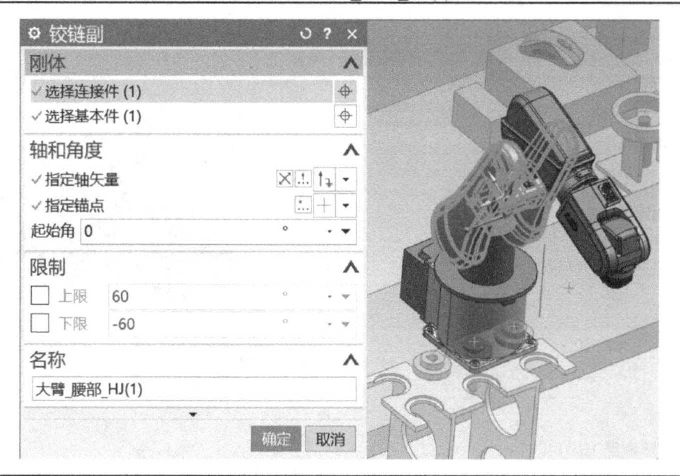

（4）在“铰链副”对话框的“连接件”参数中，框选刚体小臂，基本件为刚体大臂，轴矢量定义为连接垂直面，“指定锚点”为关节中心点，“起始角”为“0°”，并将新建的铰链副命名“为小臂_大臂_HJ(1)”，单击“确定”按钮。

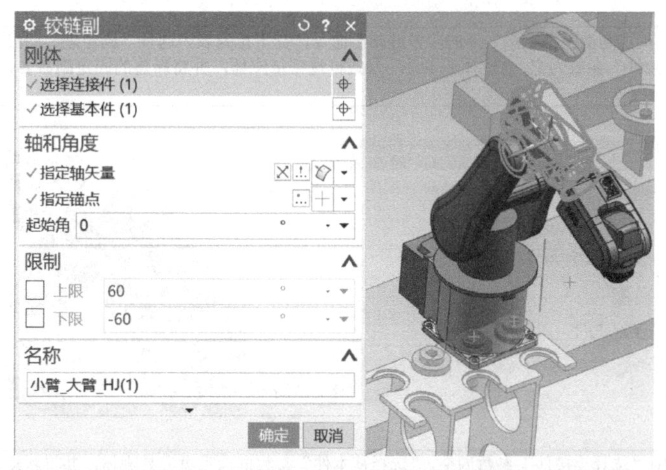

（5）在“铰链副”对话框的“连接件”参数中，框选刚体腕部，基本件为刚体小臂，轴矢量定义为连接垂直面，“指定锚点”为关节中心点，“起始角”为“0°”，并将新建的铰链副命名为“腕部_小臂_HJ(1)”，单击“确定”按钮。

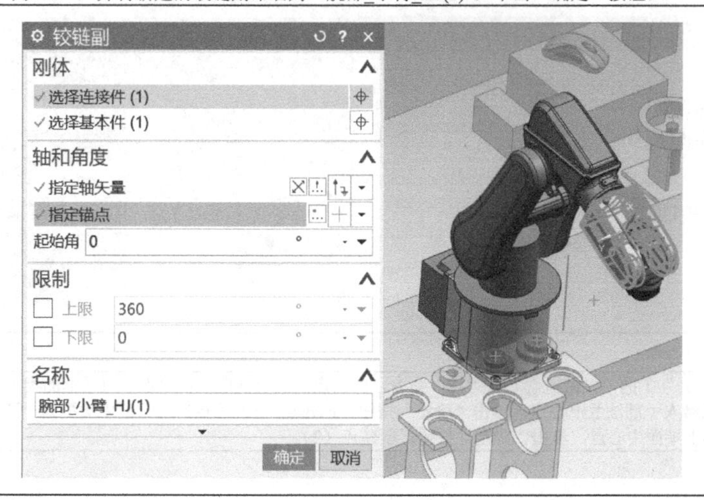

（续）

（6）在“铰链副”对话框的“连接件”参数中，框选刚体手部，基本件为刚体腕部，轴矢量定义为连接垂直面，“指定锚点”为关节中心点，“起始角”为“0°”，并将新建的铰链副命名为“手部_腕部_HJ(1)”，单击“确定”按钮。

（7）在 MCD 平台下，单击功能区“主页”下的“铰链副”命令，在下拉列表中选择“固定副”，弹出固定副定义对话框。“固定副”对话框中“选择连接件”参数为空，“选择基本件”参数框选手部刚体，并将新建的固定副命名为“手部_FJ(1)”固定副，单击“确定”按钮。

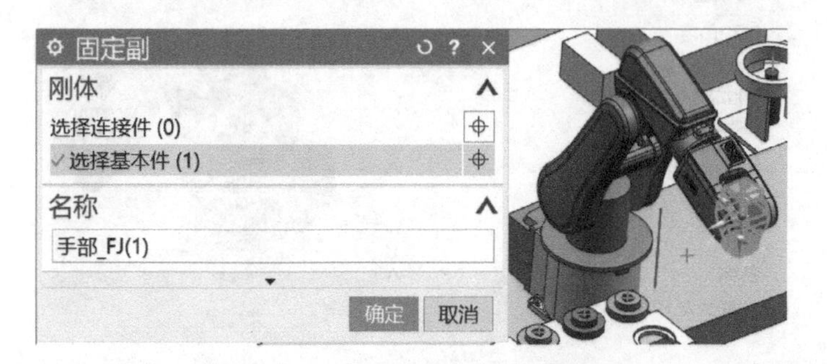

（8）“固定副”对话框中“选择连接件”参数为空，“选择基本件”参数框选吸盘夹具刚体，并将新建的固定副命名为“吸盘夹具_FJ(1)”固定副，单击“确定”按钮。

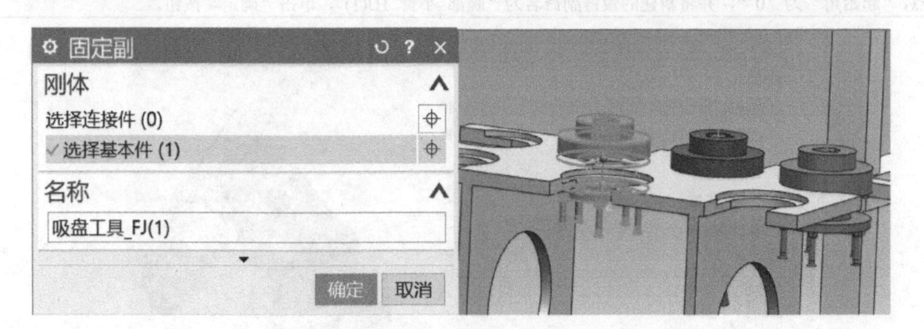

3．机器人轨迹设置

（1）单击功能区“主页”下的“机械概念”→“点”命令，弹出点定义对话框。在“点”对话框的类型为“圆弧中心”，“选择对象”参数中，框选机器人手部法兰中心点，单击“确定”按钮，创建点（1）；“点”对话框中类型为“圆弧中心”，“选择对象”参数中，框选吸盘工具上端面中心点，单击“确定”按钮，创建点（2）。

（续）

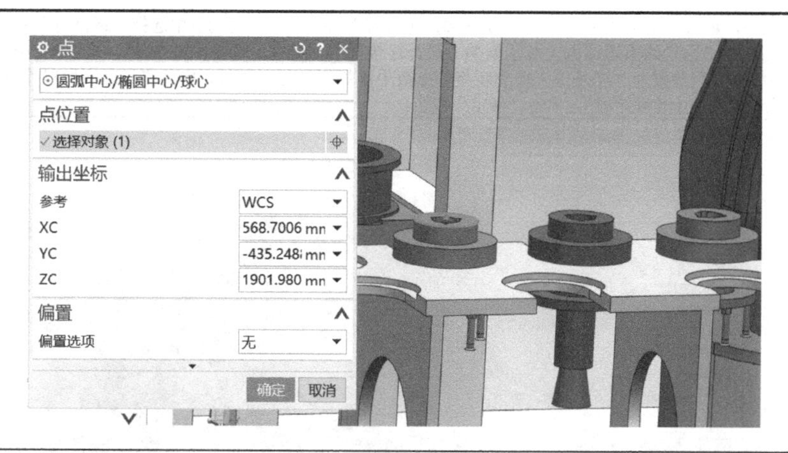

（2）在 MCD 平台下，单击功能区“主页”下的“运动副下拉菜单”命令，在下拉列表中选择“路径约束运动副”，弹出路径约束运动副定义对话框。在“路径约束运动副”对话框的“选择连接件”参数中，选择手部刚体，在“路径约束运动副”对话框的“路径类型”参数中，选择“基于坐标系”，“曲线类型”参数为样条，“添加新集”参数中添加新建的点（1）、中间路径点、取吸盘工具过渡点、点（2），“名称”命名为“取吸盘工具路径”，单击“确定”按钮。

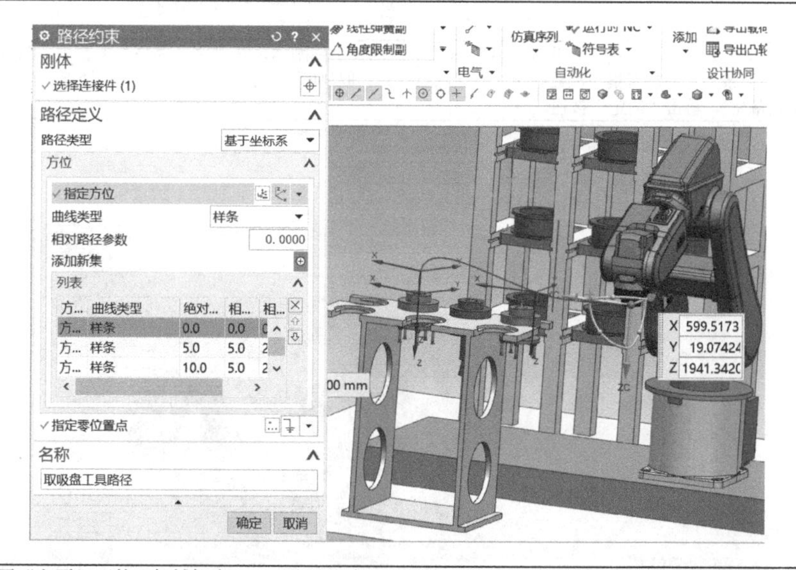

（3）单击功能区“主页”下的“机械概念”→“点”命令，弹出点定义对话框。“点”对话框的类型为“圆弧中心”，“选择对象”参数中，框选库料 1 的轮毂零件上端面中心点，分别沿 X 方向偏移+150，沿 Z 轴偏移+93（测量得吸盘工具高度值），单击“确定”按钮可创建点（3）。

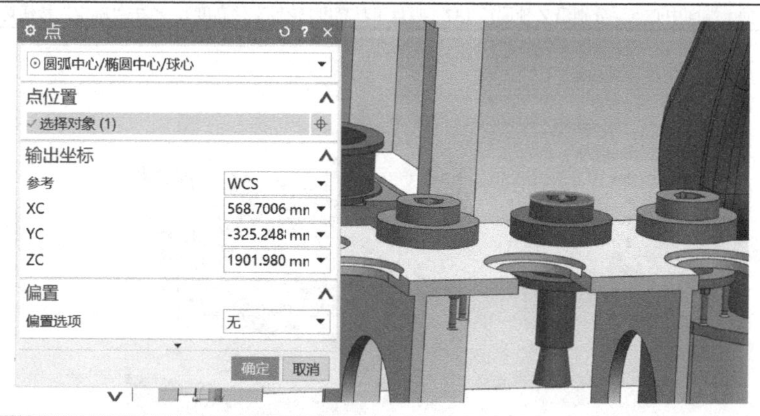

（续）

（4）在 MCD 平台下，单击功能区“主页”下的“运动副下拉菜单”命令，在下拉列表中选择“路径约束运动副”，弹出路径约束运动副定义对话框。在“路径约束运动副”对话框的“选择连接件”参数中，选择手部刚体，在“路径类型”参数中，选择“基于坐标系”，“曲线类型”参数为“样条”，“添加新集”参数中添加新建的点（2）、中间路径点、取料库 1 轮廓过渡点、点（3），“名称”命名为“取库料 1 轮毂路径”，单击“确定”按钮。

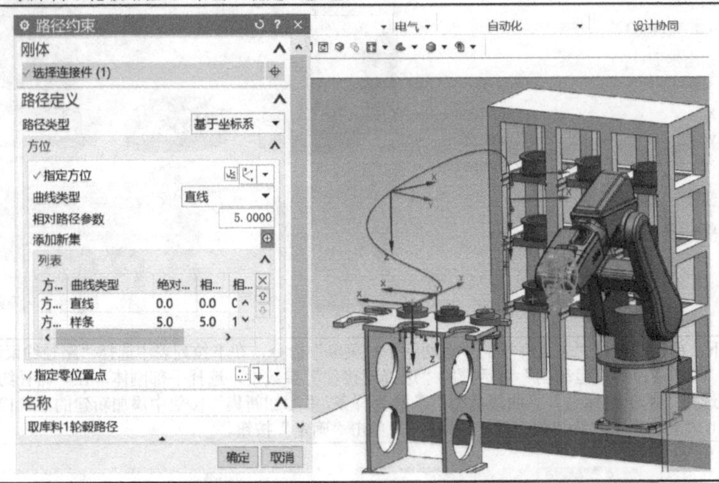

（5）在“路径约束运动副”对话框的“选择连接件”参数中，选择手部刚体，在“路径类型”参数中，选择“基于坐标系”，“曲线类型”参数为“样条”，“添加新集”参数中添加新建的点（3）、取料库 1 轮廓过渡点、中间路径点、点（1），“名称”命名为“取库料 1 回原点路径”，单击“确定”按钮。

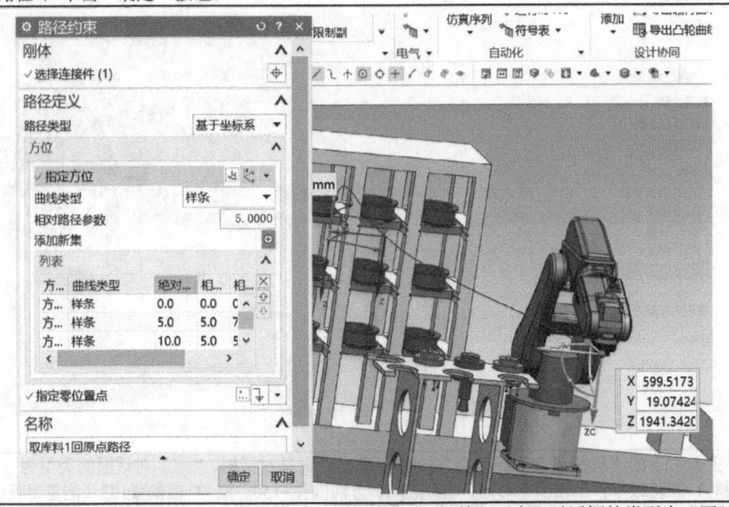

（6）单击功能区“主页”下的“机械概念”→“点”命令，弹出点定义对话框。“点”对话框的类型为“圆弧中心”，“选择对象”参数中，框选工位 1 的上端面中心点，分别沿 Z 轴偏移 137（吸盘工具高度+轮毂零件高度），单击“确定”按钮可创建点（4）。

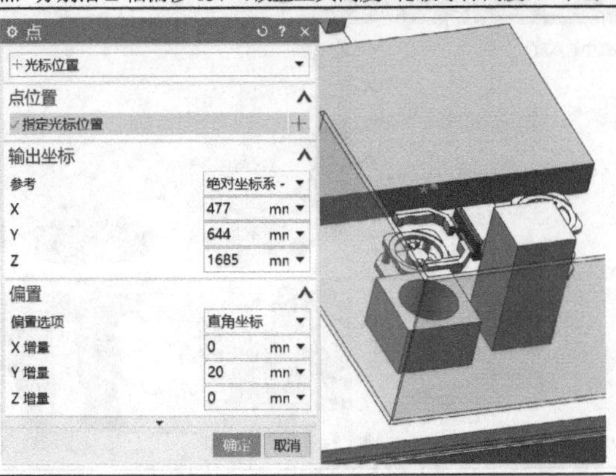

（续）

（7）在 MCD 平台下，单击功能区“主页”下的“运动副下拉菜单”命令，在下拉列表中选择“路径约束运动副”，弹出路径约束运动副定义对话框。在“路径约束运动副”对话框的“选择连接件”参数中，选择手部刚体，在“路径类型”参数中，选择“基于坐标系”，“曲线类型”参数为“样条”，“添加新集”参数中添加新建的点（1）、中间路径点、放工位 1 过渡点、点（4），“名称”命名为“放工位 1 路径”，单击“确定”按钮。

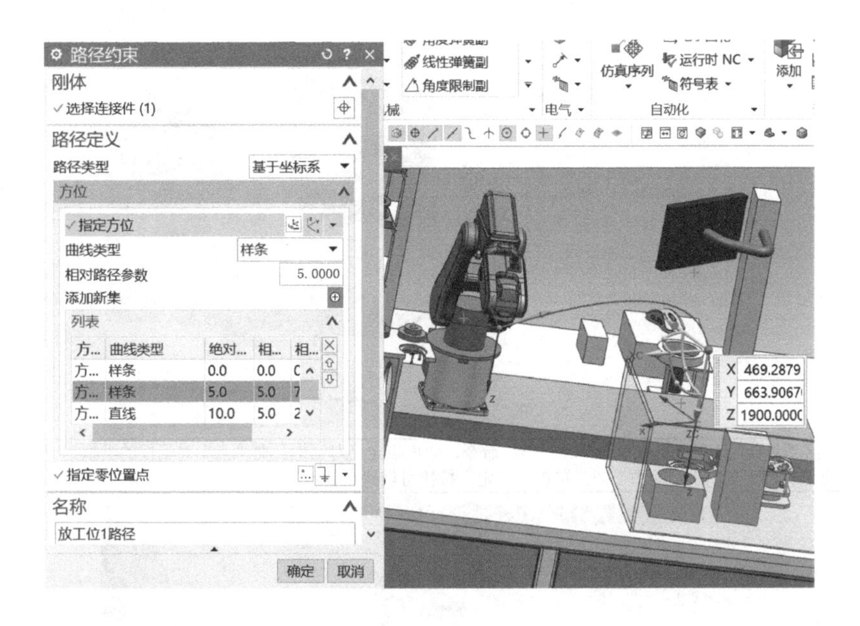

（8）在“路径约束运动副”对话框的“选择连接件”参数中，选择手部刚体，在“路径约束运动副”对话框的“路径类型”参数中，选择“基于坐标系”，“曲线类型”参数为“样条”，“添加新集”参数中添加新建的点（4）、放工位 1 过渡点、中间路径点、点（1），“名称”命名为“放工位 1 回原点路径”，单击“确定”按钮。

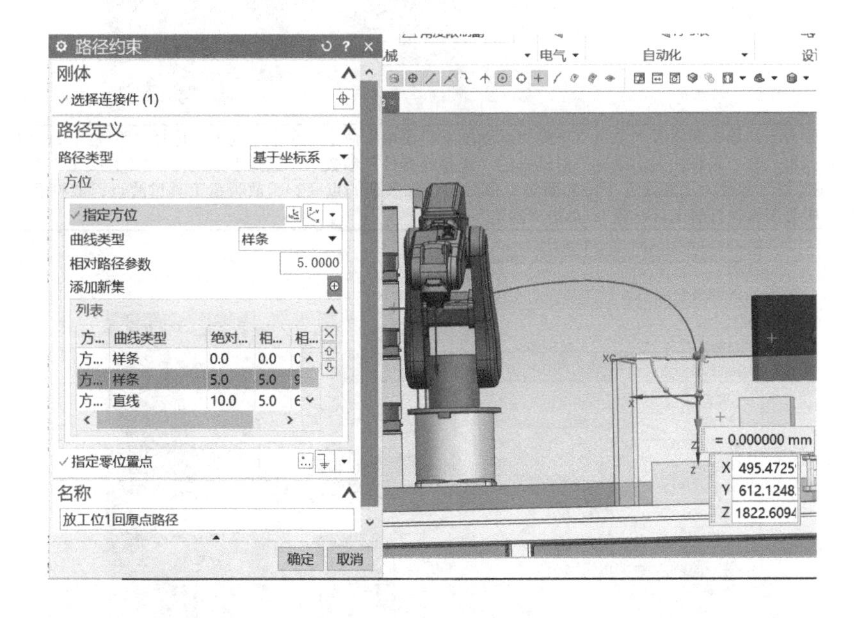

（9）在“路径约束运动副”对话框的“选择连接件”参数中，选择手部刚体，在“路径类型”参数中，选择“基于坐标系”，“曲线类型”参数为“样条”，“添加新集”参数中添加新建的点（1）、中间路径点、放吸盘工具过渡点、点（2），“名称”命名为“放吸盘工具路径”，单击“确定”按钮。

（续）

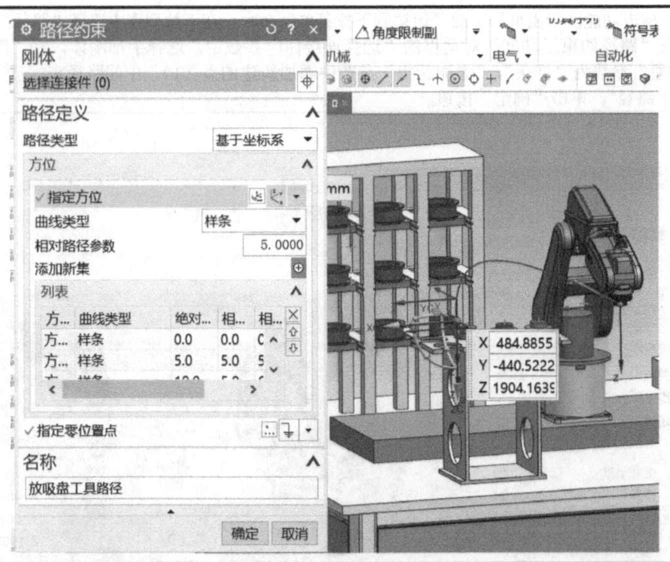

（10）单击功能区“主页”下的“机械概念”→“点”命令，弹出点定义对话框。在“点”对话框的类型为“圆弧中心”，“选择对象”参数中，框选打磨工具的上端面中心点，单击“确定”按钮可创建点（5）。

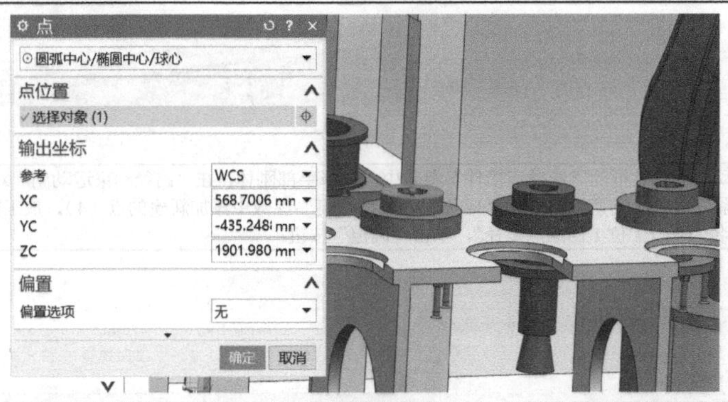

（11）在 MCD 平台下，单击功能区“主页”下的“运动副下拉菜单”命令，在下拉列表中选择“路径约束运动副”，弹出路径约束运动副定义对话框。在“路径约束运动副”对话框的“选择连接件”参数中，选择手部刚体，“路径类型”参数中，选择“基于坐标系”，“曲线类型”参数为“直线”，“添加新集”参数中添加新建的点（2）、放吸盘工具过渡点、取打磨工具过渡点、点（5），“名称”为“吸盘工具换打磨工具路径”，单击“确定”按钮。

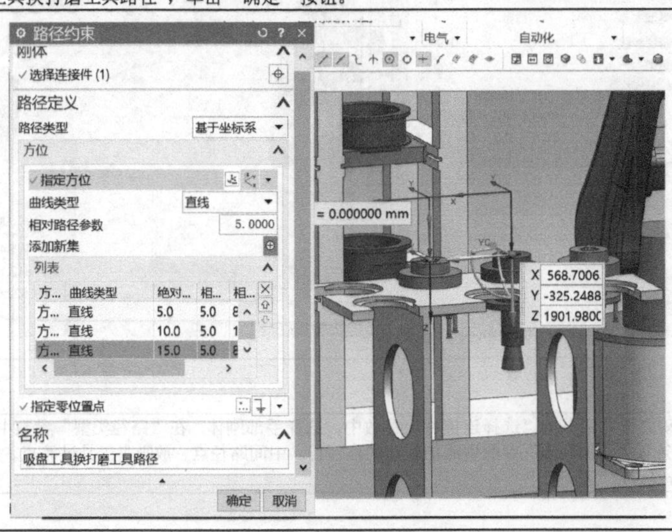

（续）

（12）在“路径约束运动副”对话框的“选择连接件”参数中，选择手部刚体，“路径类型”参数中，选择“基于坐标系”，“曲线类型”参数为“直线”，“添加新集”参数中添加新建的点（5）、取打磨工具过渡点、中间路径点、点（1），“名称”为“取打磨工具回原点路径”，单击“确定”按钮。
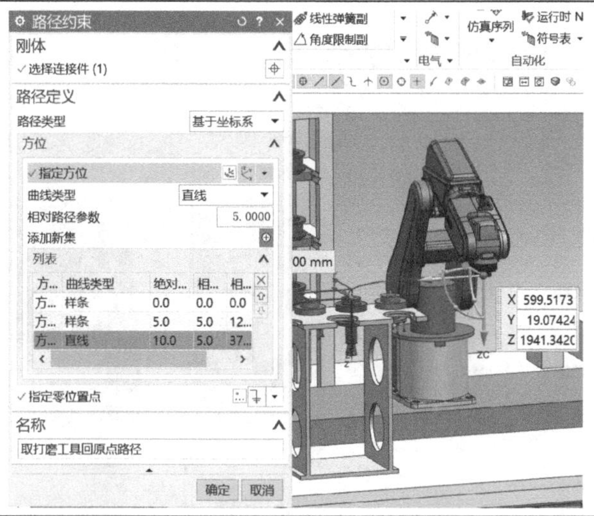
（13）单击功能区“主页”下的“机械概念”→“点”命令，弹出点定义对话框。“点”对话框的类型为“现有点”，“选择对象”参数中，框选打磨工具的上端面中心点，分别沿 X 和 Y 方向偏移±46（轮毂零件上端面的半径），创建点（6）、（7）、（8）、（9），作为打磨关键路径点。
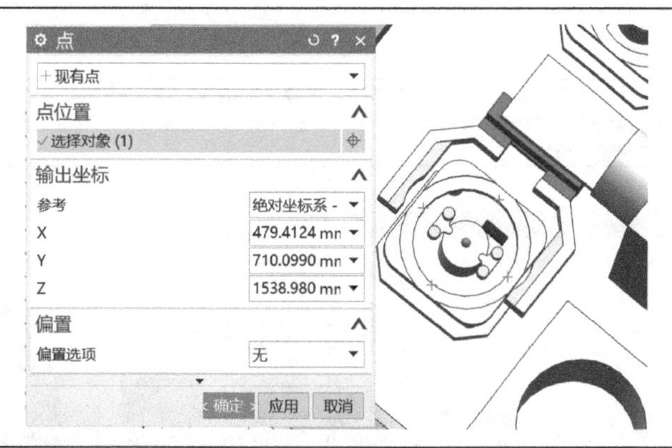
（14）在“路径约束运动副”对话框的“选择连接件”参数中，选择手部刚体，“路径类型”参数中，选择“基于坐标系”，“曲线类型”参数为“直线”，“添加新集”参数中添加新建的点（1）、中间路径点、打磨起始过渡点、新建的点（6）、新建的点（7）、新建的点（8）、新建的点（9）、打磨起始过渡点、中间路径点、点（1），“名称”为“打磨回原点路径”，单击“确定”按钮。
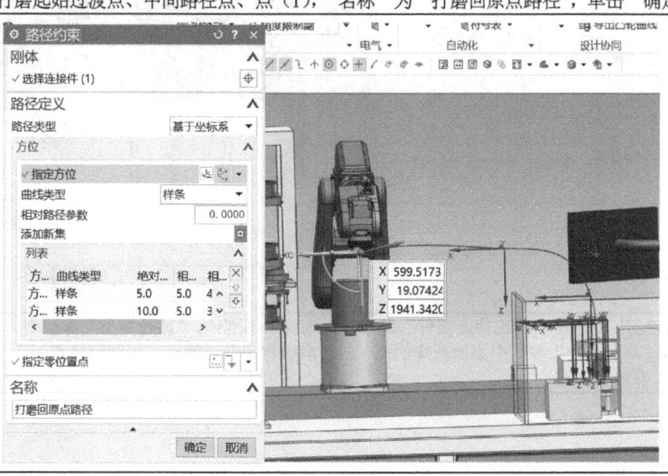

（续）

（15）在“路径约束运动副”对话框的“选择连接件”参数中，选择手部刚体，“路径类型”参数中，选择“基于坐标系”，“曲线类型”参数为“直线”，“添加新集”参数中添加新建的点（1）、中间路径点、放打磨工具过渡点、点（5），“名称”为“放打磨工具路径”，单击“确定”按钮。

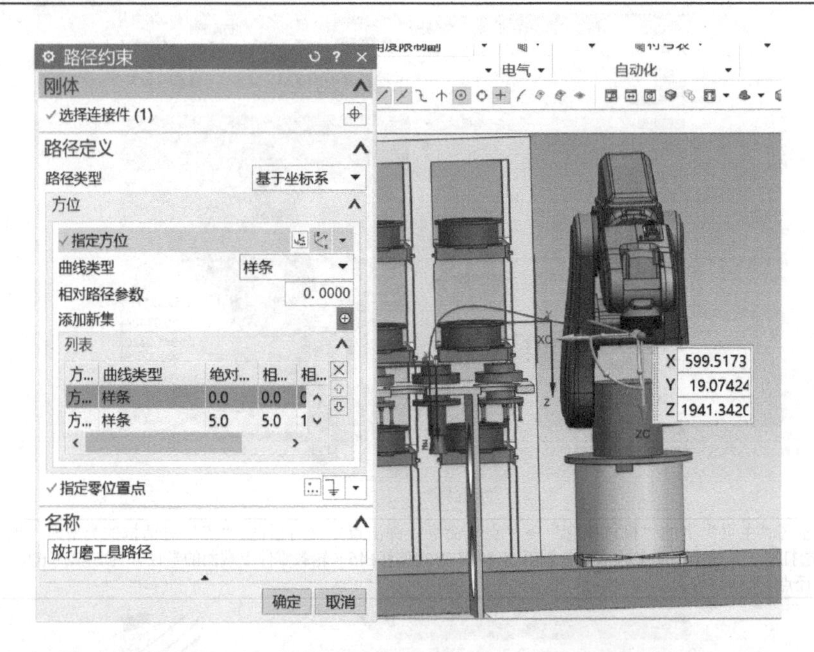

（16）在“路径约束运动副”对话框的“选择连接件”参数中，选择手部刚体，“路径类型”参数中，选择“基于坐标系”，“曲线类型”参数为“直线”，“添加新集”参数中添加新建的点（5）、放打磨工具过渡点、取吸盘工具过渡点、点（2），“名称”为“打磨工具换吸盘工具”，单击“确定”按钮。

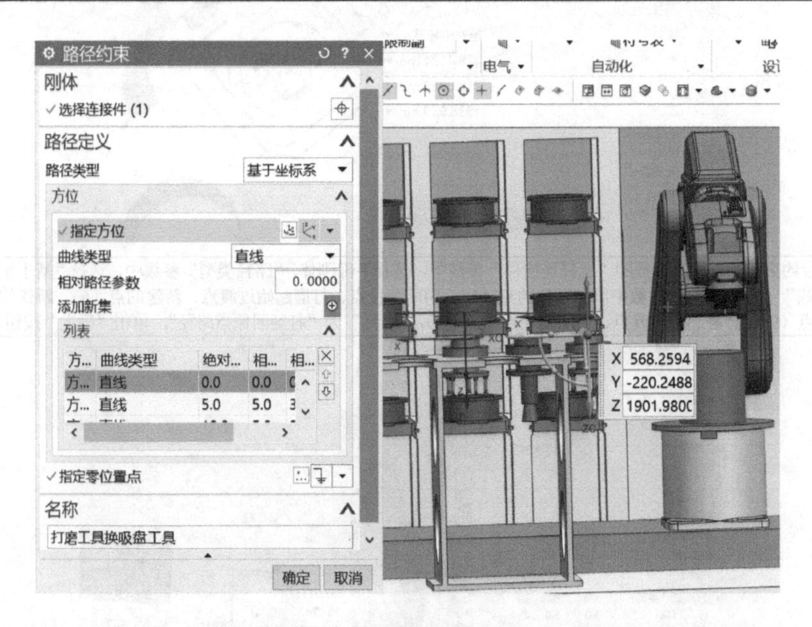

（17）在“路径约束运动副”对话框的“选择连接件”参数中，选择手部刚体，“路径类型”参数中，选择“基于坐标系”，“曲线类型”参数为“直线”，“添加新集”参数中添加新建的点（2）、取吸盘工具过渡点、中间路径点、点（1），“名称”为“取吸盘工具回原点路径”，单击“确定”按钮。

（续）

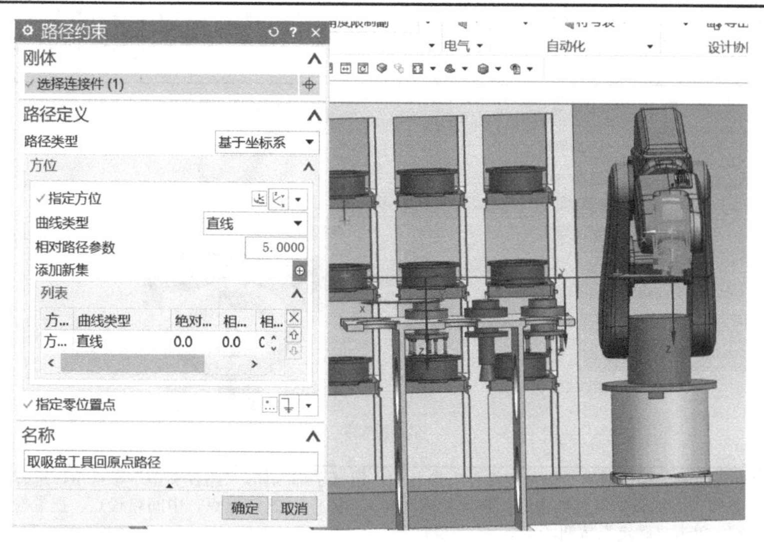

（18）单击功能区“主页”下的“机械概念”→“点”命令，弹出点定义对话框。“点”对话框的类型为“圆弧中心”，“选择对象”参数中，框选工位 2 的上端面中心点，分别沿 Z 轴偏移 137（吸盘工具高度+轮毂零件高度），单击“确定”按钮可创建点（10）。

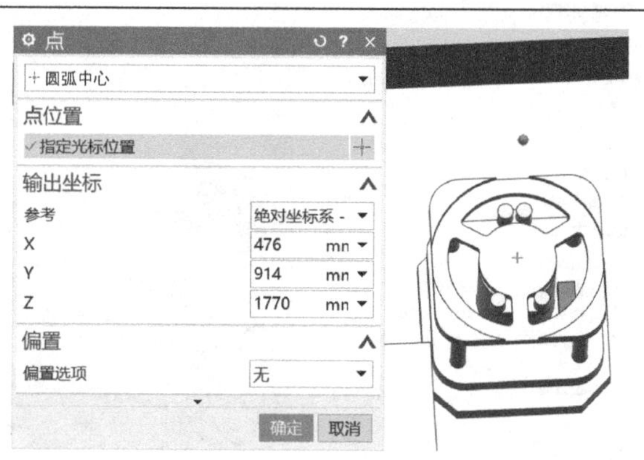

（19）在“路径约束运动副”对话框的“选择连接件”参数中，选择手部刚体，“路径类型”参数中，选择“基于坐标系”，“曲线类型”参数为“直线”，“添加新集”参数中添加新建的点（1）、中间路径点、取工位 2 过渡点、点（10），“名称”为“取工位 2 路径”，单击“确定”按钮。

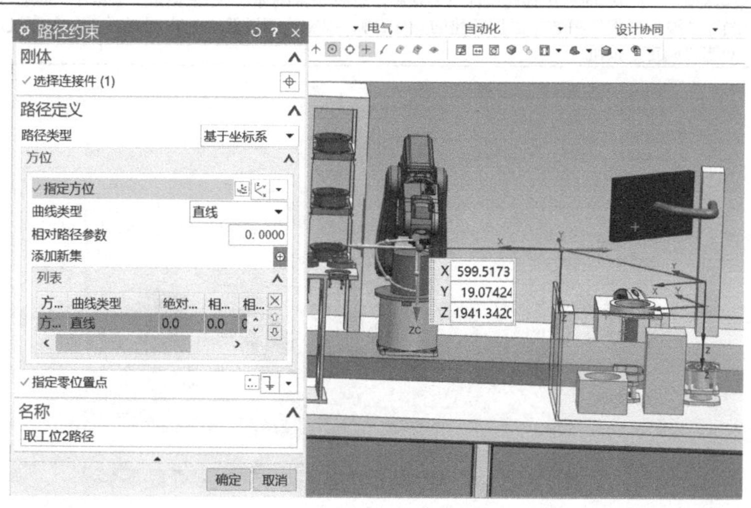

（续）

（20）单击功能区“主页”下的“机械概念”→“点”命令，弹出点定义对话框。“点”对话框的类型为“圆弧中心”，“选择对象”参数中，框选视觉检测光源的上端面中心点，分别沿 Z 轴偏移“140”（吸盘工具高度+轮毂零件高度+安全高度），单击“确定”按钮可创建点（11）。

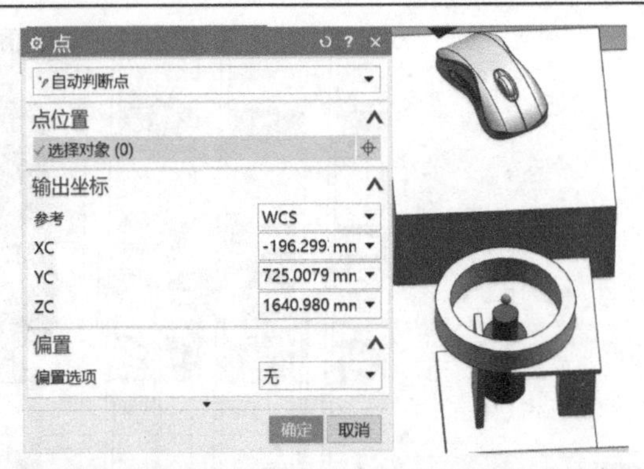

（21）在“路径约束运动副”对话框的“选择连接件”参数中，选择手部刚体，“路径类型”参数中，选择“基于坐标系”，“曲线类型”参数为“样条”，“添加新集”参数中添加新建的点（10）、取工位 2 过渡点、中间路径点、视觉检测过渡点、点（11），“名称”为“检测路径”，单击“确定”按钮。

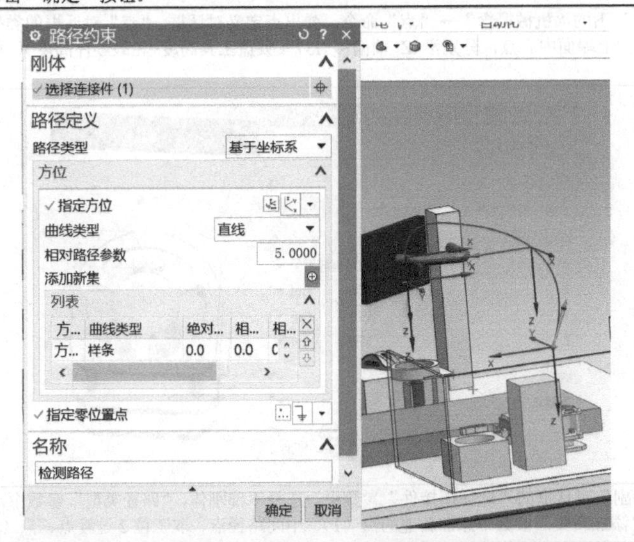

（22）在“路径约束运动副”对话框的“选择连接件”参数中，选择手部刚体，“路径类型”参数中，选择“基于坐标系”，“曲线类型”参数为“直线”，“添加新集”参数中添加新建的点（11）、视觉检测过渡点、中间路径点、入库过渡点、点（2），“名称”为“入库路径”，单击“确定”按钮。

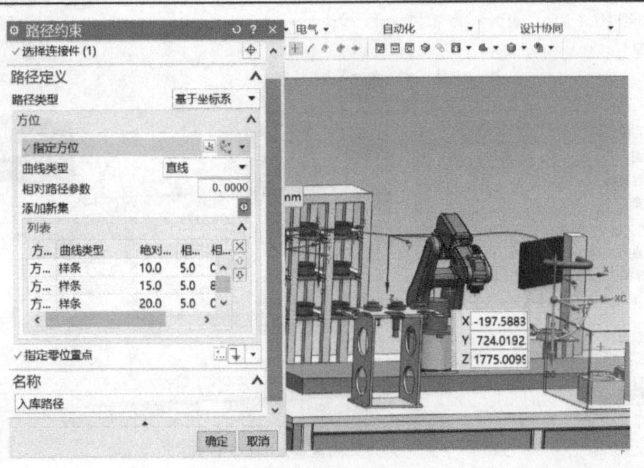

（续）

（23）在“路径约束运动副”对话框的“选择连接件”参数中，选择手部刚体，“路径类型”参数中，选择“基于坐标系”，“曲线类型”参数为“直线”，“添加新集”参数中添加新建的点（2）、入库过渡点、中间路径点、放吸盘工具过渡点、点（3），“名称”为“入库放吸盘工具路径”，单击“确定”按钮。

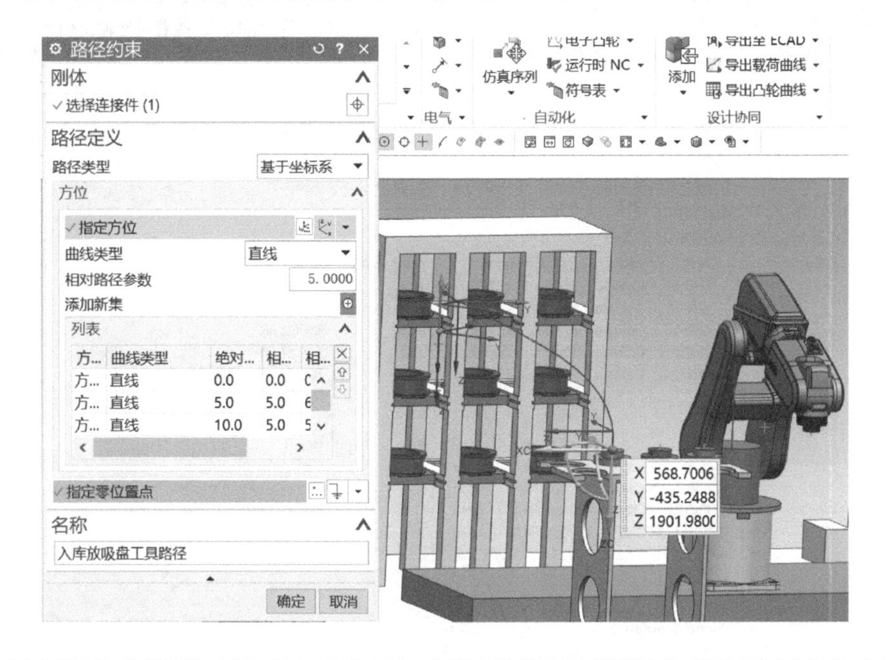

（24）在 MCD 平台下，单击功能区“主页”下的“位置控制”命令，在下拉列表中选择“速度控制”，弹出速度控制定义对话框。在“速度控制”对话框的“选择对象”参数中，依次选择创建的机器人路径约束运动副，“速度”参数为“$10s^{-1}$”，不勾选“限制加速度”和“限制力”，单击“确定”按钮。除“取吸盘工具路径_SC(1)”外其他的路径都为非使能，其速度为“$0s^{-1}$”。

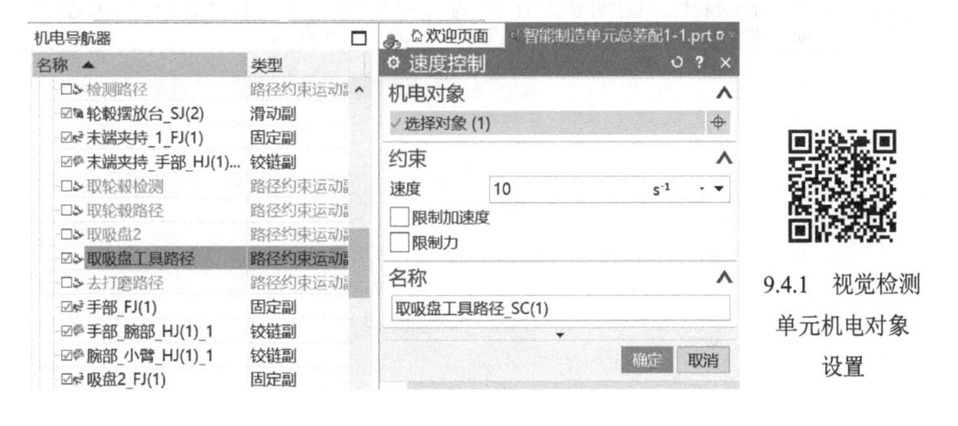

9.4.1　视觉检测单元机电对象设置

数字资源：9.4.1 视觉检测单元机电对象设置

9.4.2　视觉检测单元信号设置

本知识点介绍视觉检测单元的信号设置操作，如表 9-4-2 所示。

表 9-4-2 视觉检测单元信号设置步骤

1．信号设置

单击功能区“主页”下的“符号表”–“信号适配器”命令，弹出信号适配器定义对话框。在信号列表中新建“机器人取料请求”“机器人取料完成”“机器人放料请求”“机器人放料完成”“机器人放工位一”“机器人视觉检测”“机器人打磨完成”“机器人启动”信号，“数据类型”为“布尔型”，“输入/输出类型”为“输入”，“初始值”为“false”，接着新建输出信号：“机器人打磨”“机器人取工位 2”“机器人视觉检测完成”，“数据类型”为“布尔型”，“输入/输出类型”为“输出”，“初始值”为“false”，然后单击“确定”按钮，创建信号表。

2．仿真序列设置

（1）单击功能区“主页”下的“仿真序列”命令，弹出仿真序列定义对话框。在“仿真序列”对话框的“选择对象”参数中，框选取吸盘工具路径速度控制，“运行时参数”中速度为“10s^{-1}”。“条件”的“选择条件对象”中框选信号“机器人启动”，条件设为“值==true”，并将新建的仿真序列命名为“机器人启动取吸盘”，单击“确定”按钮。

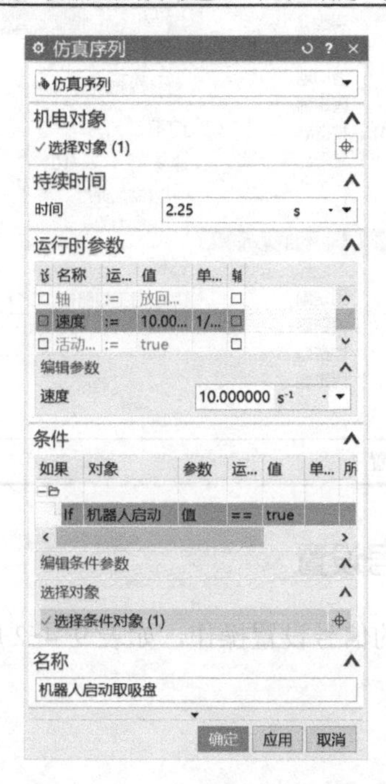

（续）

（2）在“仿真序列”对话框的“选择对象”参数中，框选手部固定副，“运行时参数”中连接件为吸盘工具。并将新建的仿真序列命名为“固定副取吸盘”，单击“确定”按钮。

（3）在“仿真序列”对话框的“选择对象”参数中，框选机器人取料请求信号，“运行时参数”中值为 true。并将新建的仿真序列命名为“取料请求信号置位”，单击“确定”按钮。

步骤（2）对应的图：

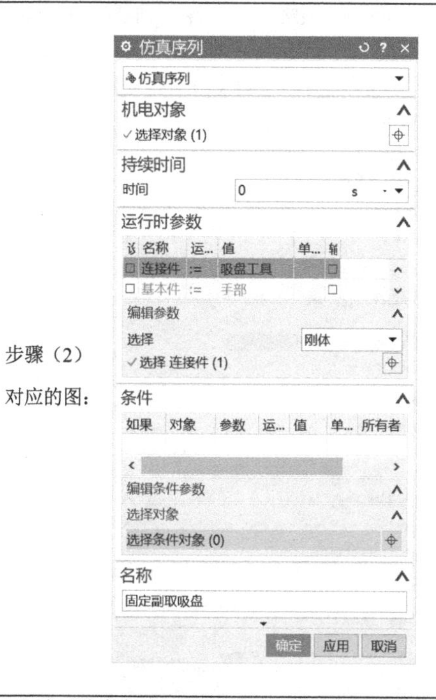

步骤（3）对应的图：

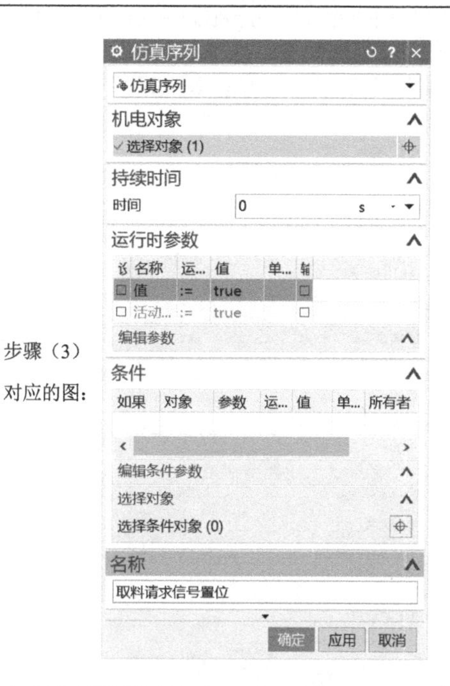

（4）在“仿真序列”对话框的“选择对象”参数中，框选库料 1 轮毂路径约束运动副，“运行时参数”中活动的参数为 true，时间为 2s，并将新建的仿真序列命名为“机器人取轮毂”，单击“确定”按钮。并将上一段路径“取吸盘工具路径”中“活动的”参数置 false。

（5）在“仿真序列”对话框的“选择对象”参数中，框选吸盘工具固定副，“运行时参数”中连接件为轮毂刚体，时间为“0s”，并将新建的仿真序列命名为“固定副取轮毂”，单击“确定”按钮。

步骤（4）对应的图：

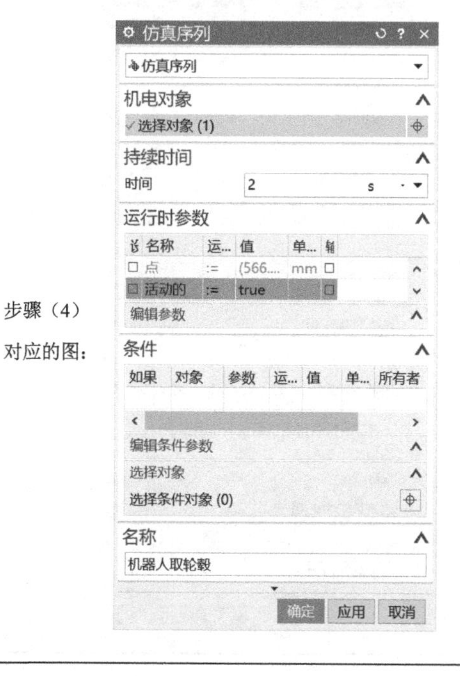

步骤（5）对应的图：

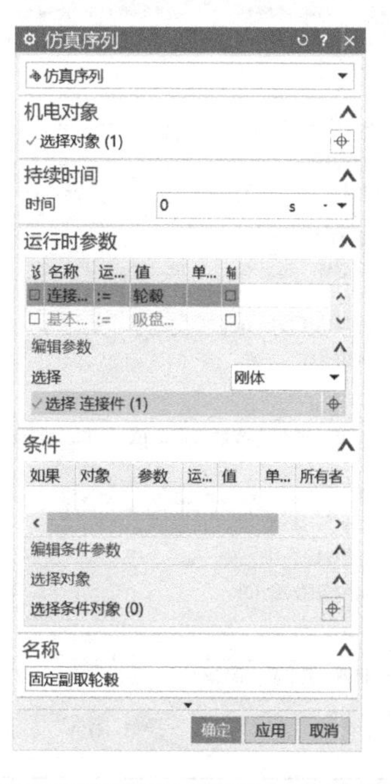

（续）

（6）在“仿真序列”对话框的“选择对象”参数中，框选取料库 1 回原点路径约束运动副，“运行时参数”中活动的参数为 true，时间为“2s”，并将新建的仿真序列命名为“取料回原点”，单击“确定”按钮。并将上一段路径“库料轮毂路径约束运动副”的“活动的”参数置 false。

（7）在“仿真序列”对话框的“选择对象”参数中，框选放工位 1 路径约束运动副，“运行时参数”中活动的参数为 true，时间为“2s”，并将新建的仿真序列命名为“机器人放工位 1”，单击“确定”按钮。并将上一段路径“取料库 1 回原点路径约束运动副”的“活动的”参数置 false。

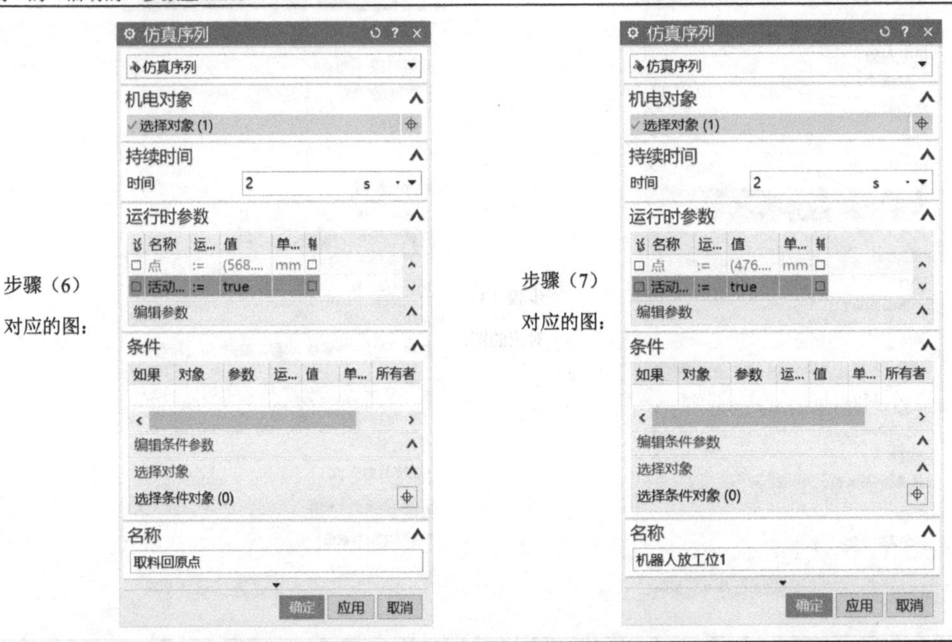

（8）在“仿真序列”对话框的“选择对象”参数中，框选机器人放工位一信号置位，“运行时参数”中值为 true，时间为“0s”，并将新建的仿真序列命名为“机器人放工位一信号置位”，单击“确定”按钮。

（9）在“仿真序列”对话框的“选择对象”参数中，框选吸盘工具固定副，“运行时参数”中连接件为空，时间为“0s”，并将新建的仿真序列命名为“固定副放工位 1”，单击“确定”按钮。

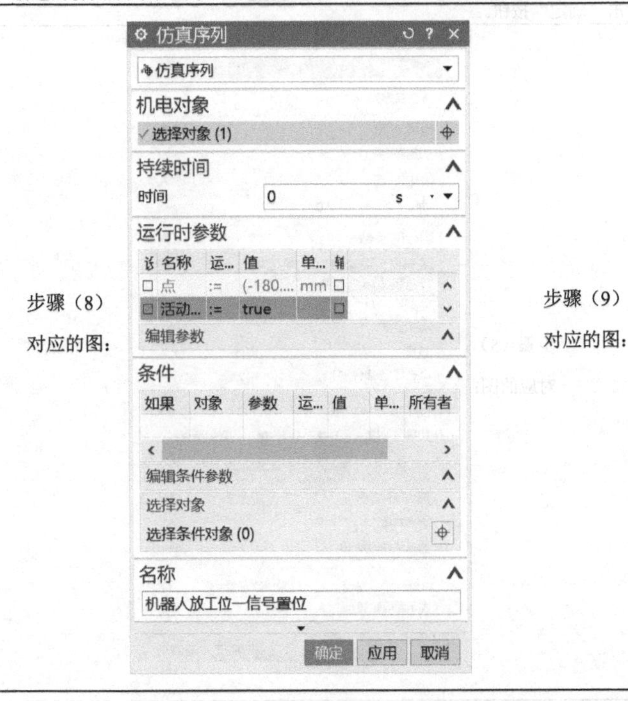

步骤（9）
对应的图：

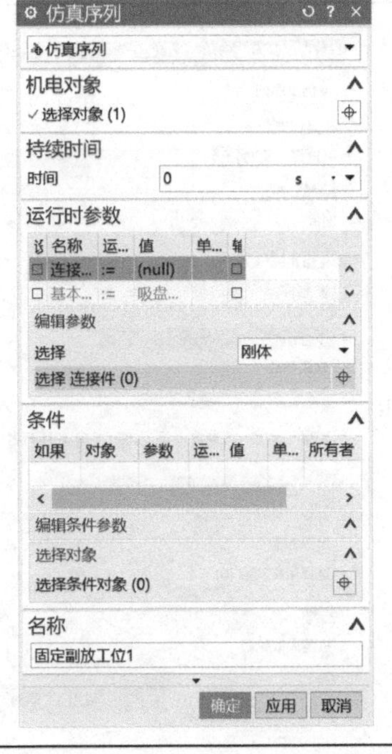

（续）

（10）在“仿真序列”对话框的“选择对象”参数中，框选放工位 1 回原点路径约束运动副，“运行时参数”中活动的参数为 true，时间为 2s，并将新建的仿真序列命名为“放工位 1 回原点”，单击“确定”按钮。并将上一段路径“工位 1 路径约束运动副”的“活动的”参数置 false。

（11）在“仿真序列”对话框的“选择对象”参数中，框选放吸盘工具路径约束运动副，“运行时参数”中活动的参数为 true，时间 2s，并将新建的仿真序列命名为“放吸盘工具”，单击“确定”按钮。并将上一段路径“放工位 1 回原点路径约束运动副”的“活动的”参数置 false。

步骤（10）对应的图：

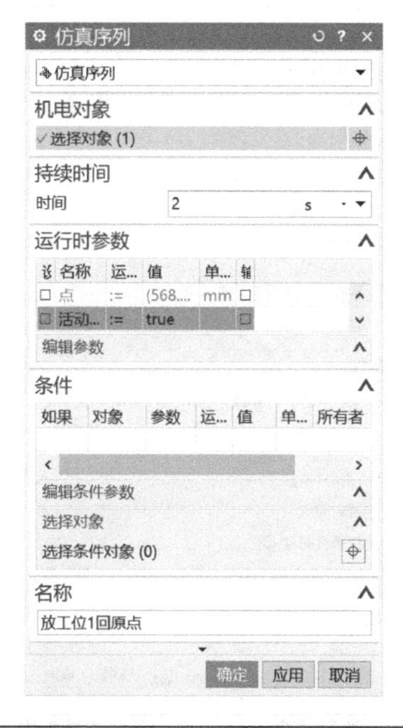

步骤（11）对应的图：

（12）在“仿真序列”对话框的“选择对象”参数中，框选手部固定副，“运行时参数”中连接件为空，时间为“0s”，并将新建的仿真序列命名为“固定副放吸盘”，单击“确定”按钮。

（13）在“仿真序列”对话框的“选择对象”参数中，框选吸盘工具换打磨工具路径约束运动副，“运行时参数”中活动的参数为 true，时间为“2s”，并将新建的仿真序列命名为“吸盘换打磨”，单击“确定”按钮。并将上一段路径“放吸盘工具路径约束运动副”的“活动的”参数置 false。

步骤（12）对应的图：

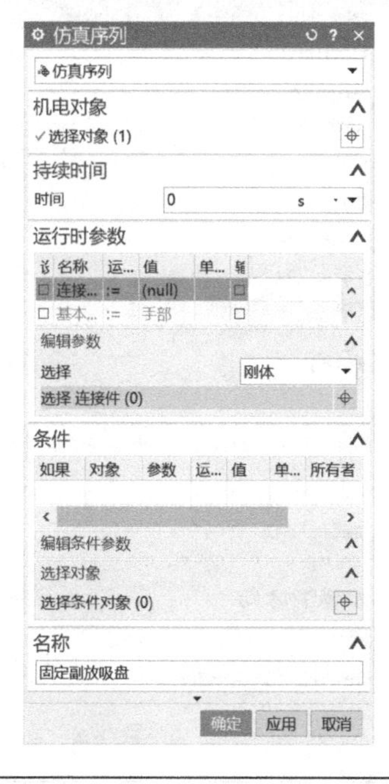

步骤（13）对应的图：

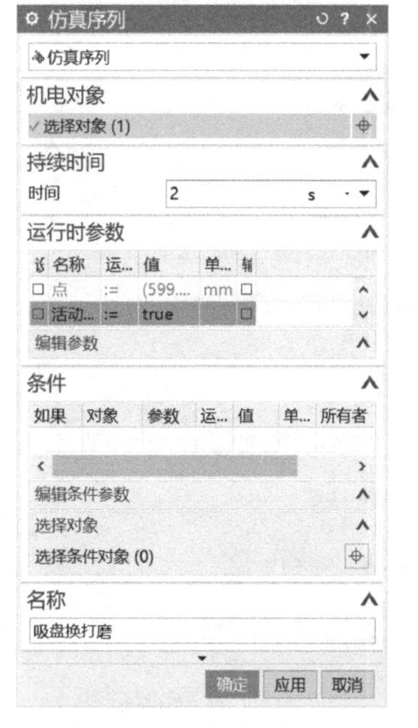

（续）

（14）在“仿真序列”对话框的“选择对象”参数中，框选手部固定副，“运行时参数”中连接件为打磨工具刚体，时间为“0s”，并将新建的仿真序列命名为“固定副换打磨”，单击“确定”按钮。

（15）在“仿真序列”对话框的“选择对象”参数中，框选取打磨工具回原点路径，“运行时参数”中活动的参数为 true，时间为“2s”，并将新建的仿真序列命名为“取打磨工具回原点”，单击“确定”按钮。并将上一段路径“吸盘工具换打磨工具路径约束运动副”的“活动的”参数置 false。

步骤（14）对应的图：

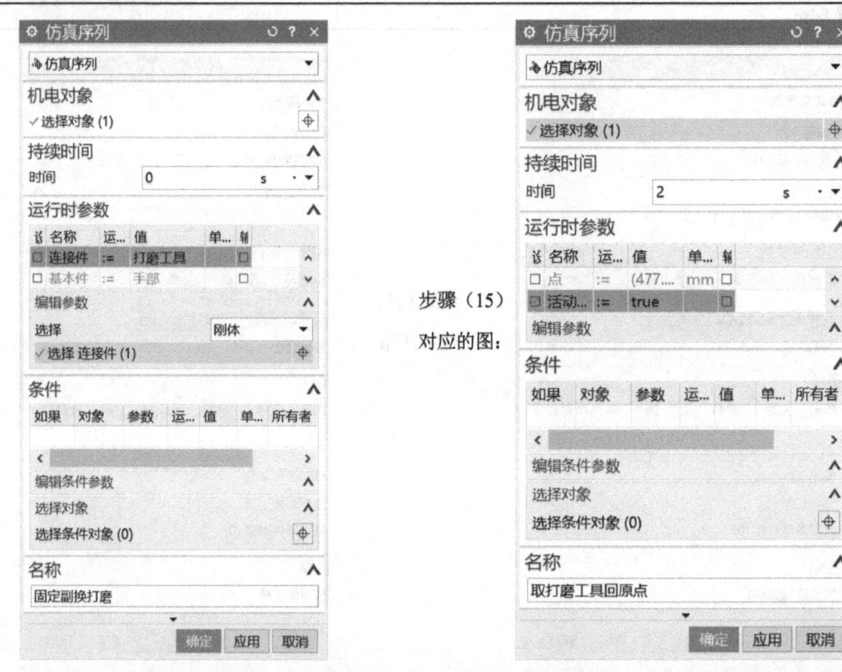

（16）在“仿真序列”对话框的“选择对象”参数中，框选取打磨回原点路径约束运动副，“运行时参数”中活动的参数为 true，时间为“3s”。“条件”的“选择条件对象”中框选信号“机器人打磨”，条件设为“值==true”，并将新建的仿真序列命名为“打磨回原点”，单击“确定”按钮。并将上一段路径“打磨工具回原点路径”的“活动的”参数置 false。

（17）在“仿真序列”对话框的“选择对象”参数中，框选机器人打磨完成信号，“运行时参数”中值为 true，时间为“0s”，并将新建的仿真序列命名为“机器人打磨完成信号置位”，单击“确定”按钮。

（续）

（18）在“仿真序列”对话框的“选择对象”参数中，框选放打磨工具路径约束运动副，“运行时参数”中活动的参数为 true，时间为“2s”，并将新建的仿真序列命名为“放打磨工具”，单击“确定”按钮。并将上一段路径“打磨回原点路径约束运动副”的“活动的”参数置 false。

（19）在“仿真序列”对话框的“选择对象”参数中，框选手部固定副，“运行时参数”中连接件为空，时间为“0s”，并将新建的仿真序列命名为“固定副放打磨工具”，单击“确定”按钮。

步骤（18）对应的图：

步骤（19）对应的图：

（20）在“仿真序列”对话框的“选择对象”参数中，框选打磨工具换吸盘工具路径约束运动副，“运行时参数”中活动的参数为 true，时间为“2s”，并将新建的仿真序列命名为“打磨换吸盘工具”，单击“确定”按钮。并将上一段路径“放打磨工具路径约束运动副”的“活动的”参数置 false。

（21）在“仿真序列”对话框的“选择对象”参数中，框选手部固定副，“运行时参数”中连接件为吸盘工具刚体，时间为“0s”，并将新建的仿真序列命名为“固定副取吸盘”，单击“确定”按钮。

步骤（20）对应的图：

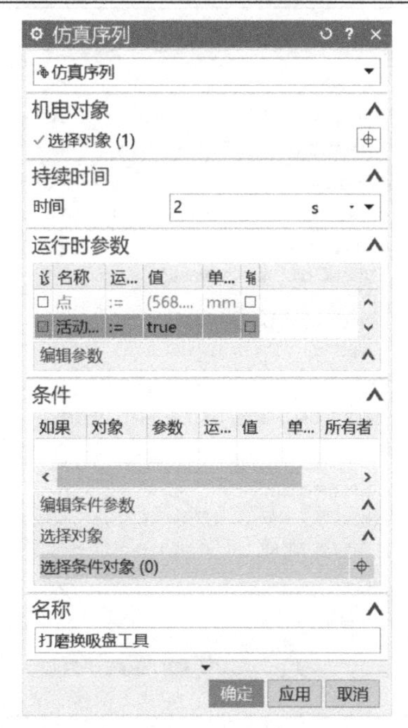

步骤（21）对应的图：

（续）

（22）在“仿真序列”对话框的“选择对象”参数中，框选取吸盘工具回原点路径约束运动副，“运行时参数”中活动的参数为 true，时间为“2s”，并将新建的仿真序列命名为“取吸盘回原点”，单击“确定”按钮。并将上一段路径“打磨工具换吸盘工具路径约束运动副”的“活动的”参数置 false。

（23）在“仿真序列”对话框的“选择对象”参数中，框选取工位 2 路径约束运动副，“运行时参数”中活动的参数为 true，时间为“3s”。“条件”的“选择条件对象”中框选信号“机器人取工位 2”，条件设为“值==true”，并将新建的仿真序列命名为“机器人取工位 2”，单击“确定”按钮。并将上一段路径“吸盘工具回原点路径约束运动副”的“活动的”参数置 false。

步骤（22）对应的图：

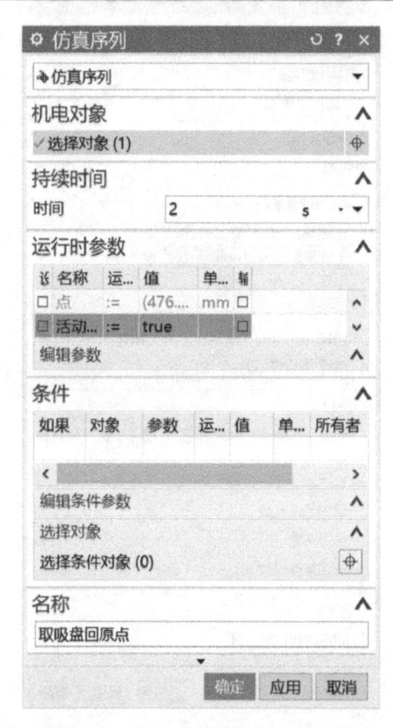

步骤（23）对应的图：

（24）在“仿真序列”对话框的“选择对象”参数中，框选吸盘工具固定副，“运行时参数”中连接件为轮廓刚体，时间为“0s”，并将新建的仿真序列命名为“固定副取工位 2”，单击“确定”按钮。

（25）在“仿真序列”对话框的“选择对象”参数中，框选视觉检测路径约束运动副，“运行时参数”中活动的参数为 true，时间为“2s”，并将新建的仿真序列命名为“视觉检测”，单击“确定”按钮。并将上一段路径“取工位 2 路径约束运动副”的“活动的”参数置 false。

步骤（24）对应的图：

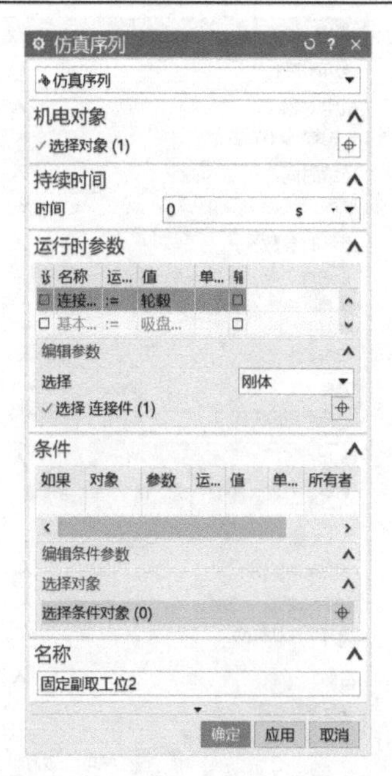

步骤（25）对应的图：

（续）

（26）在“仿真序列”对话框的“选择对象”参数中，框选机器人视觉检测请求信号，“运行时参数”中活动的参数为 true，时间为“0s”，并将新建的仿真序列命名为“机器人视觉检测请求信号置位”，单击“确定”按钮。

（27）在“仿真序列”对话框的“选择对象”参数中，框选机器人放料请求信号，“运行时参数”中活动的参数为 true，时间为“0s”。“条件”中“选择条件对象”框选信号“机器人视觉检测完成”，条件设为“值==true”，并将新建的仿真序列命名为“机器人放料请求信号置位”，单击“确定”按钮。

步骤（26）对应的图：

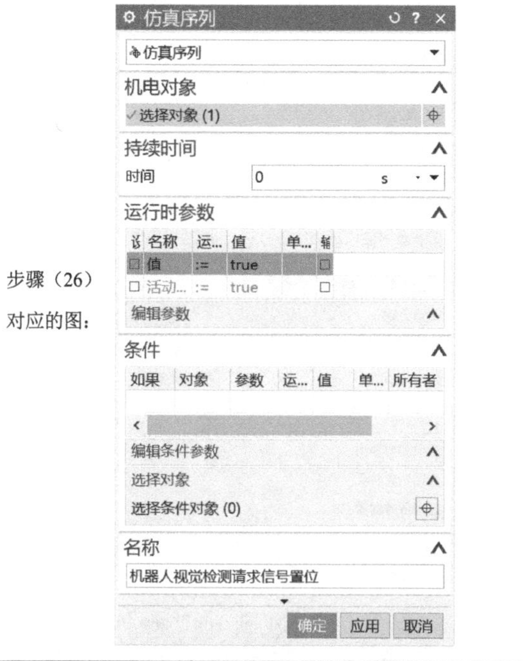

步骤（27）对应的图：

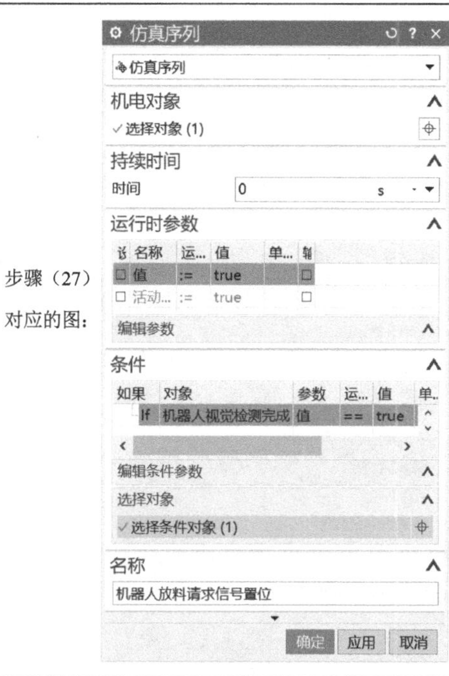

（28）在“仿真序列”对话框的“选择对象”参数中，框选入库路径约束运动副，“运行时参数”中活动的参数为 true，时间为“3s”，并将新建的仿真序列命名为“机器人入库”，单击“确定”按钮。并将上一段路径“视觉检测路径约束运动副”的“活动的”参数置 false。

（29）在“仿真序列”对话框的“选择对象”参数中，框选吸盘工具固定副，“运行时参数”中连接件为空，时间为“0s”，并将新建的仿真序列命名为“固定副入库放料”，单击“确定”按钮。

步骤（28）对应的图：

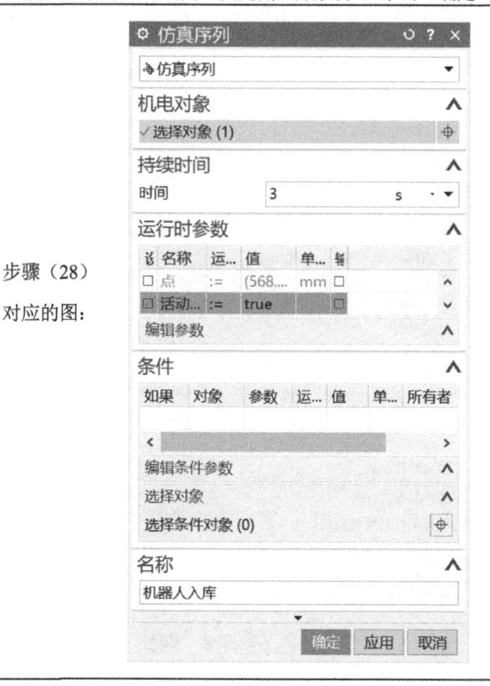

步骤（29）对应的图：

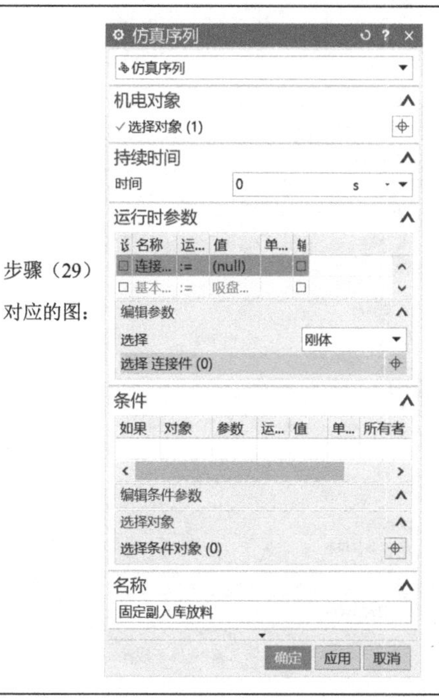

（续）

（30）在“仿真序列”对话框的“选择对象”参数中，框选机器人放料完成信号，“运行时参数”中活动的参数为 true，时间为“0s”，并将新建的仿真序列命名为“机器人放料完成信号置位”，单击“确定”按钮。

（31）在“仿真序列”对话框的“选择对象”参数中，框选入库放吸盘工具路径约束运动副，“运行时参数”中活动的参数为 true，时间为“2s”，并将新建的仿真序列命名为“入库放吸盘”，单击“确定”按钮。并将上一段路径“入库路径约束运动副”的“活动的”参数置 false。

步骤（30）对应的图：

（32）在“仿真序列”对话框的“选择对象”参数中，框选手部固定副，“运行时参数”中连接件为空，时间为“0s”，并将新建的仿真序列命名为“固定副放吸盘”，单击“确定”按钮。

（33）在“仿真序列”对话框的“选择对象”参数中，框选放吸盘工具回原点路径约束运动副，“运行时参数”中活动的参数为 true，时间为“2s”，并将新建的仿真序列命名为“放吸盘回原点”，单击“确定”按钮。并将上一段路径“入库放吸盘工具路径约束运动副”的“活动的”参数置 false。

步骤（32）对应的图：

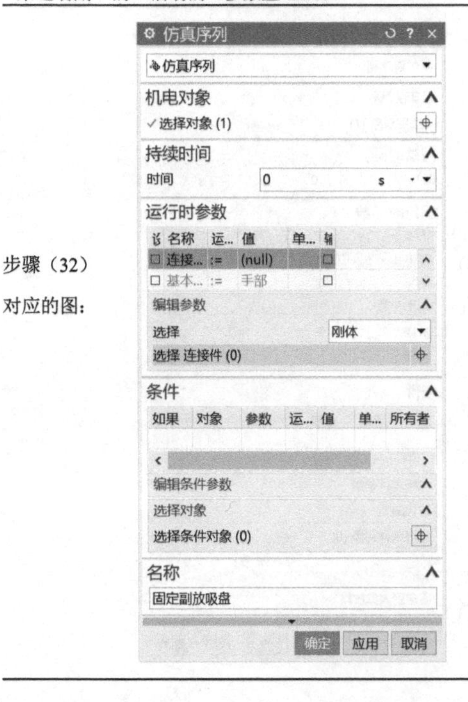

步骤（33）对应的图：

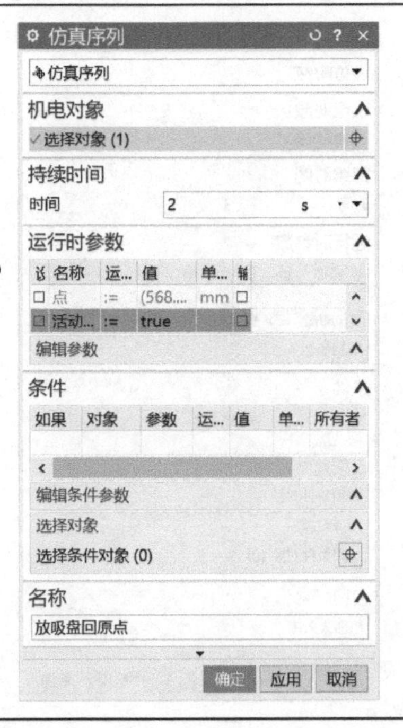

（续）

（34）通过链接器，将仿真序列按照工作流程进行顺序链接。

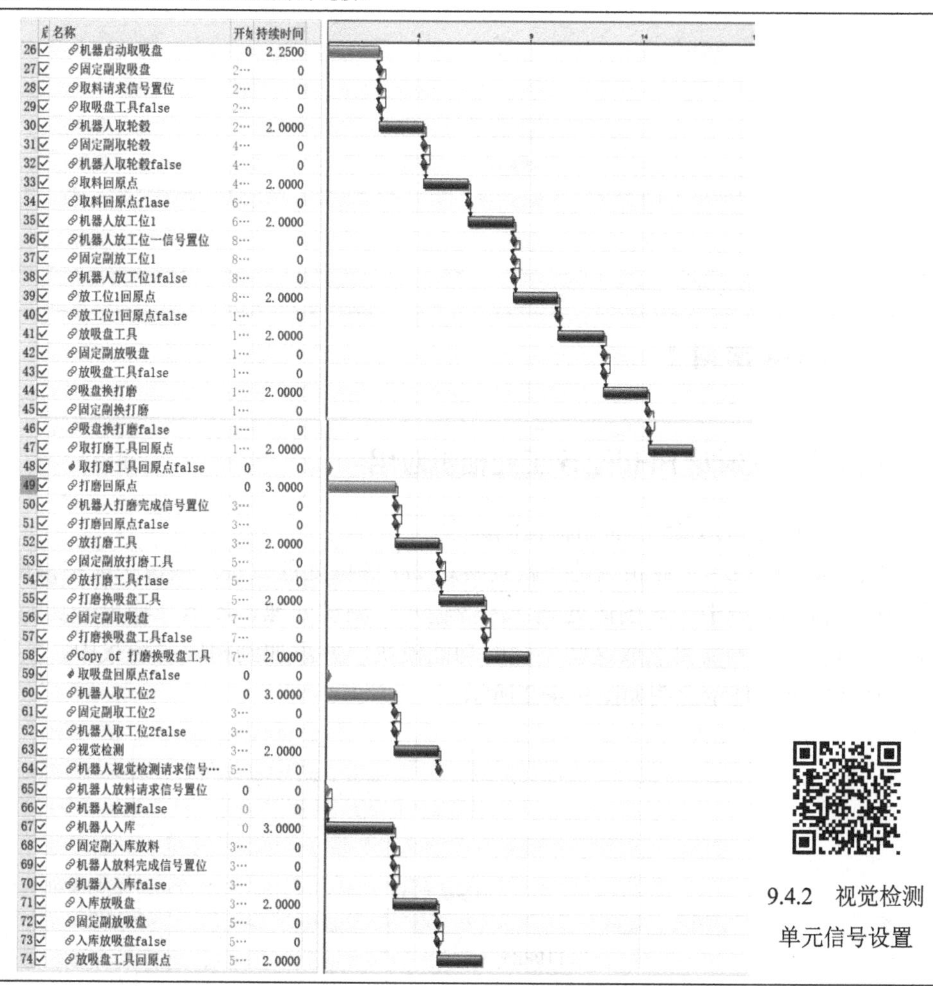

序号	名称	开始	持续时间
26	机器启动取吸盘	0	2.2500
27	固定副取吸盘	2···	0
28	取料请求信号置位	2···	0
29	取吸盘工具false	2···	0
30	机器人取轮毂	2···	2.0000
31	固定副取轮毂	4···	0
32	机器人取轮毂false	4···	0
33	取料回原点	4···	2.0000
34	取料回原点flase	6···	0
35	机器人放工位1	6···	2.0000
36	机器人放工位一信号置位	8···	0
37	固定副放工位1	8···	0
38	机器人放工位1false	8···	0
39	放工位1回原点	8···	2.0000
40	放工位1回原点false	1···	0
41	放吸盘工具	1···	2.0000
42	固定副放吸盘	1···	0
43	放吸盘工具false	1···	0
44	吸盘换打磨	1···	2.0000
45	固定副换打磨	1···	0
46	吸盘换打磨false	1···	0
47	取打磨工具回原点	1···	2.0000
48	取打磨工具回原点false	0	0
49	打磨回原点	0	3.0000
50	机器人打磨完成信号置位	3···	0
51	打磨回原点false	3···	0
52	放打磨工具	3···	2.0000
53	固定副放打磨工具	5···	0
54	放打磨工具flase	5···	0
55	打磨换吸盘工具	5···	2.0000
56	固定副取吸盘	7···	0
57	打磨换吸盘工具false	7···	0
58	Copy of 打磨换吸盘工具	7···	2.0000
59	取吸盘回原点false	0	0
60	机器人取工位2	0	3.0000
61	固定副取工位2	3···	0
62	机器人取工位2false	3···	0
63	视觉检测	3···	2.0000
64	机器人视觉检测请求信号···	5···	0
65	机器人放料请求信号置位	0	0
66	机器人检测false	0	0
67	机器人入库	0	3.0000
68	固定副入库放料	3···	0
69	机器人放料完成信号置位	3···	0
70	机器人入库false	3···	0
71	入库放吸盘	3···	2.0000
72	固定副放吸盘	5···	0
73	入库放吸盘false	5···	0
74	放吸盘工具回原点	5···	2.0000

9.4.2　视觉检测单元信号设置

数字资源：9.4.2 视觉检测单元信号设置

9.4.3　视觉检测单元控制程序编写

本知识点介绍视觉检测单元的控制程序编写，如表 9-4-3 所示。

表 9-4-3　视觉检测单元控制程序编写步骤

（1）在“设备”导航栏中单击“PLC_1”→“PLC 变量”→“默认变量表”命令，弹出“默认变量表”对话框，根据 IO 分配表，新建输入/输出变量：机器人视觉检测请求→I4.7；机器人启动→I5.0；机器人视觉检测完成→Q5.0。

变量　用户常量　系统常量

默认变量表

	名称	数据类型	地址	保持	从 H...	从 H...	在 H...	监控
88	机器人取料完成信号	Bool	%I4.3	☐	☑	☑	☑	
89	机器人放工位	Bool	%I4.4	☐	☑	☑	☑	
90	翻转到位	Bool	%I4.5	☐	☑	☑	☑	
91	机器人打磨完成	Bool	%I4.6	☐	☑	☑	☑	
92	机器人打磨	Bool	%Q4.4	☐	☑	☑	☑	
93	机器人取工位二	Bool	%Q4.5	☐	☑	☑	☑	
94	夹爪夹紧	Bool	%Q4.6	☐	☑	☑	☑	
95	夹爪翻转	Bool	%Q4.7	☐	☑	☑	☑	
96	机器人视觉检测请求	Bool	%I4.7	☐	☑	☑	☑	
97	机器人启动	Bool	%I5.0	☐	☑	☑	☑	
98	机器人视觉检测完成	Bool	%Q5.0	☐	☑	☑	☑	

（续）

（2）机器人进行视觉检测时，I4.7 接通，延时 1s，输出机器人视觉检测完成信号 Q5.0。

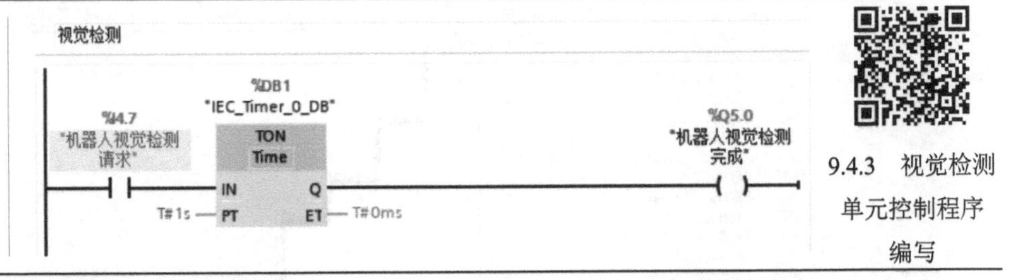

9.4.3 视觉检测单元控制程序编写

数字资源：9.4.3 视觉检测单元控制程序编写

【拓展学习】

9.4.4 欧姆龙 FH/FZ5 工业相机应用

（1）欧姆龙 FH/FZ5 工业相机检测原理

欧姆龙 FH/FZ5 工业相机是一款紧凑式 2D 图像处理设备，摄像头能拍摄出 30 万像素的照片。视觉检测系统中，对图像处理（图像输入、测量处理、显示、输出等功能）进行了打包，因此，可根据检测需要选取这些不同的功能模块，并添加到相应的场景中，实现相应的检测功能。视觉检测处理示意图如图 9-4-2 所示。

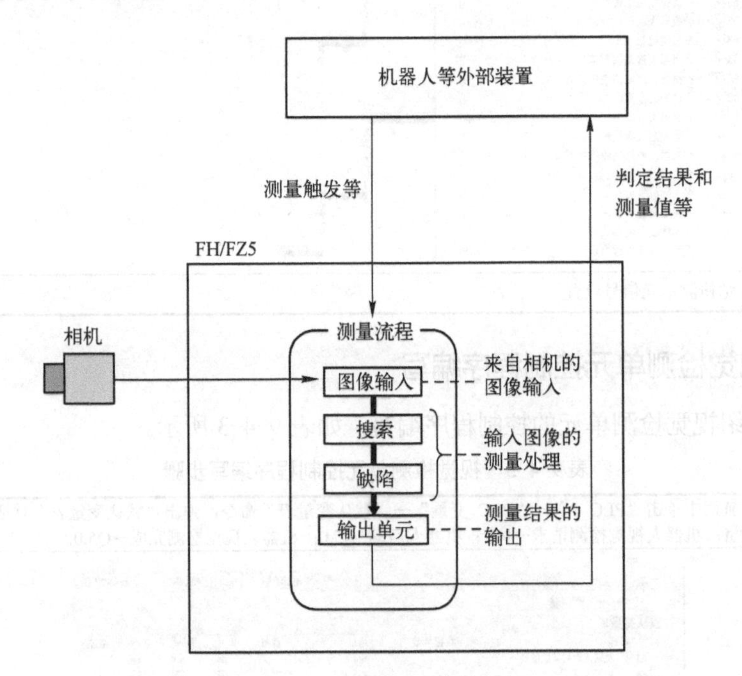

图 9-4-2 视觉检测处理示意图

视觉检测系统接收到机器人等外部装置的检测触发信号后，按照测量流程中检测功能模块顺序，执行图像输入、测量处理及测量结果（OK/NG 的判定结果等）输出等。

同时，视觉检测系统根据检测对象要求的不同，可设定多个不同的测量流程，也称为场景，最多可保存 128 个场景，还可将多个场景归为场景组。通过场景组对场景进行管理。视觉检测场景组与测量流程关系，如图 9-4-3 所示。

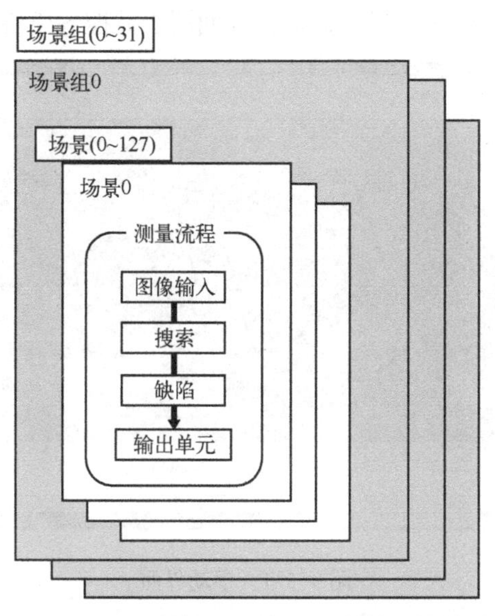

图 9-4-3 视觉检测场景组和测量流程的关系

（2）视觉检测软件主要窗口介绍

视觉检测软件有 7 个主要功能窗口，各窗口功能介绍如下。

- 判定结果显示窗口：显示该场景下对象综合检测判定结果，OK 表示对象检测判定成功，NG 表示对象检测判定不成功。
- 信息显示窗口：显示当前的场景组编号、场景编号、对象检测处理所用时间以及布局编号等信息。
- 工具窗口：用于检测功能的添加与定义，其中，流程用于添加对象检测功能；保存用于将数据保存到视觉系统控制器的闪存中，变更任意设定后均需进行保存；场景切换用于切换不同的场景组获得场景以检测不同的对象；布局切换用于为切换布局编号。
- 测量窗口：测量是手动测试被检测对象；输出是在检测结果向外输出时勾选，用于不输出到外部，仅进行视觉系统控制器单独测试，可不勾选；连续测量用于在视觉检测时要求连续重复测量。
- 图像显示窗口：显示已检测的对象。与检测功能流程显示功能一起可选择图像的检测模式。
- 详细判定结果显示窗口：显示判定结果的详细信息。
- 检测功能流程显示窗口：显示当前检测对象所需检测功能列表。

任务 9.5 WinCC 开发及虚拟调试

【情境分析】

本任务以机器人系统集成控制作为案例，进行 WinCC 开发，通过 PLCSIM 软件设置、外部信号配置、信号映射等命令实现 MCD 虚拟调试。

WinCC 项目包括欢迎界面、手动、监控界面。欢迎界面为开机后的初始界面，用于手动和监控界面切换；手动界面如图 9-5-1 所示，完成执行单元、仓储单元、加工单元、打磨单元、检测单元、分拣单元等各执行机构的手动操作；监控界面用于监控各模块的执行状态和运行结果。

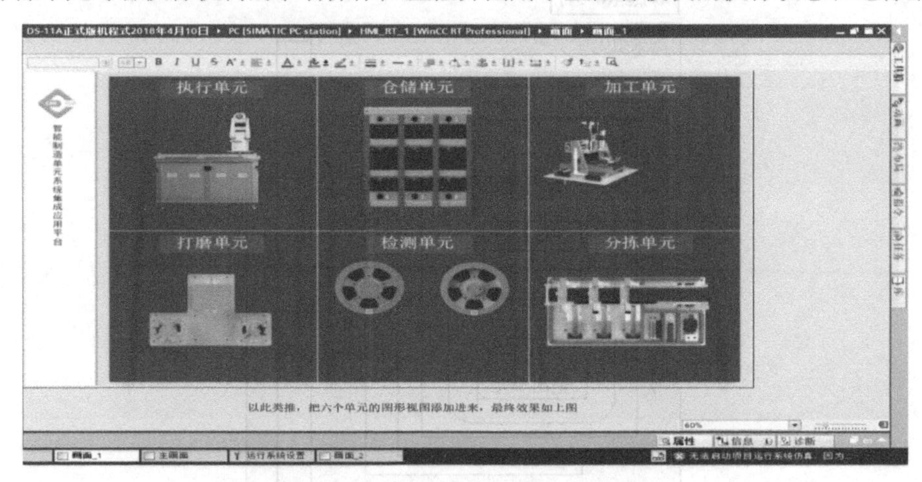

图 9-5-1　手动界面

【知识和技能点】

9.5.1　WinCC 系统开发

本知识点介绍机器人系统集成控制中 WinCC 开发控制程序的编写，如表 9-5-1 所示。

表 9-5-1　视觉检测单元 WinCC 控制程序编写步骤

1. WinCC 设备的添加

（1）启动软件“TIA Portal 15.1”，在启动画面中单击“打开现有项目”命令，在右侧“最近使用的”列表中，选择项目名称为“智能制造单元”，单击“打开”按钮，打开完成后单击左下角“项目视图”，进入项目视图。

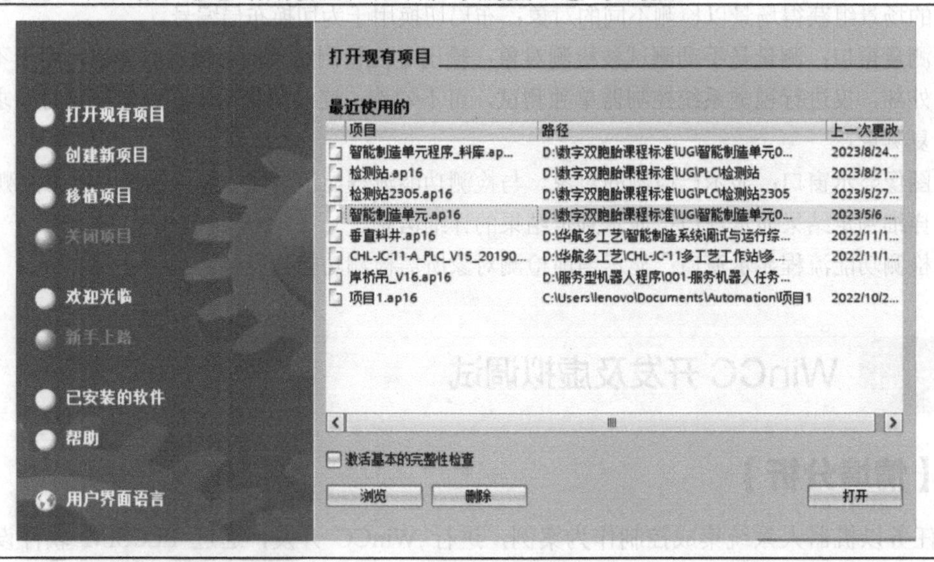

（续）

（2）在“设备”导航栏中单击“添加新设备”命令，弹出“添加新设备”对话框，选择“PC 系统”→“SIMATIC HMI application”→“WinCC RT Professional”，单击“确定”按钮。

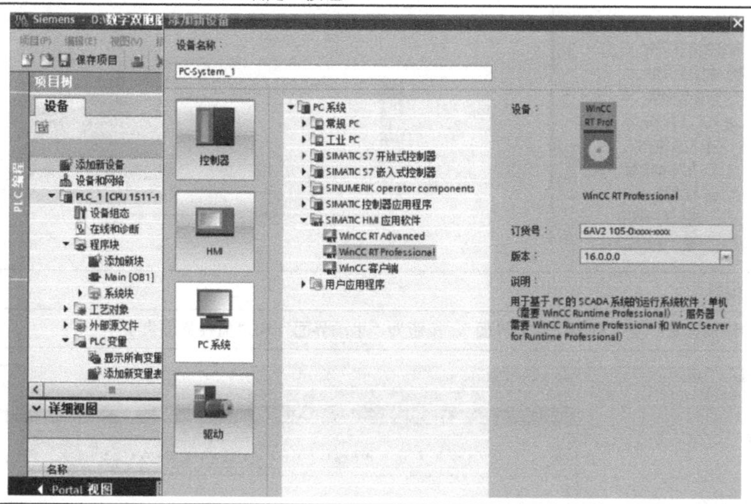

（3）在右侧“硬件目录”中，选择“Communication modules”→“PROFINET/Ethernet”→“常规 IE”，用鼠标拖动“常规 IE”设备将其放入设备视图的蓝框中。

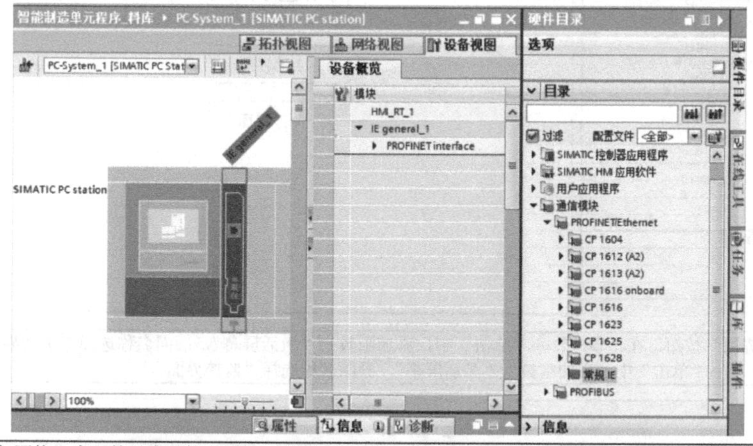

（4）双击“设备与网络”窗口的以太网接口设备，选择“PROFINET 接口”→“以太网地址”，勾选“使用 IP 协议”，在 IP 地址栏中输入与 PLC 设备同网段的 IP 地址“192.168.0.10”。

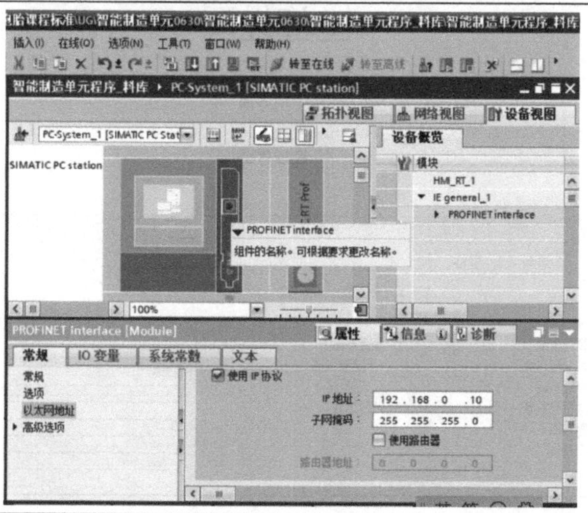

（续）

（5）单击“设备和网络”，在视图中通过拖动鼠标，进行 PLC 与 WinCC 的连接，连接成功后出现高亮的“PN/IE_1”。

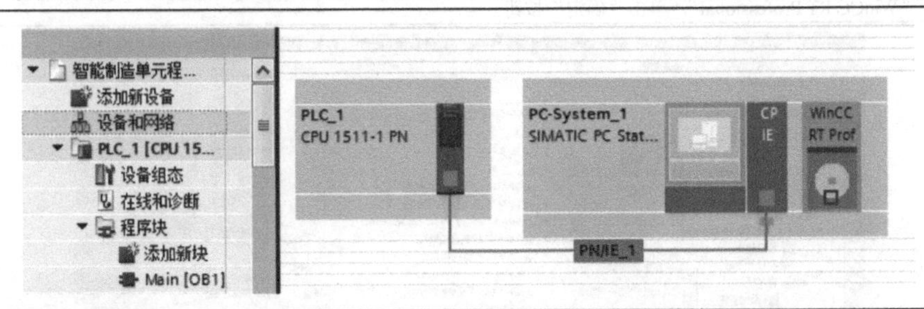

2. WinCC 画面的编辑

（1）在欢迎界面中添加元素：文本框为“欢迎界面”，按钮为“手动界面”和“监控界面”。

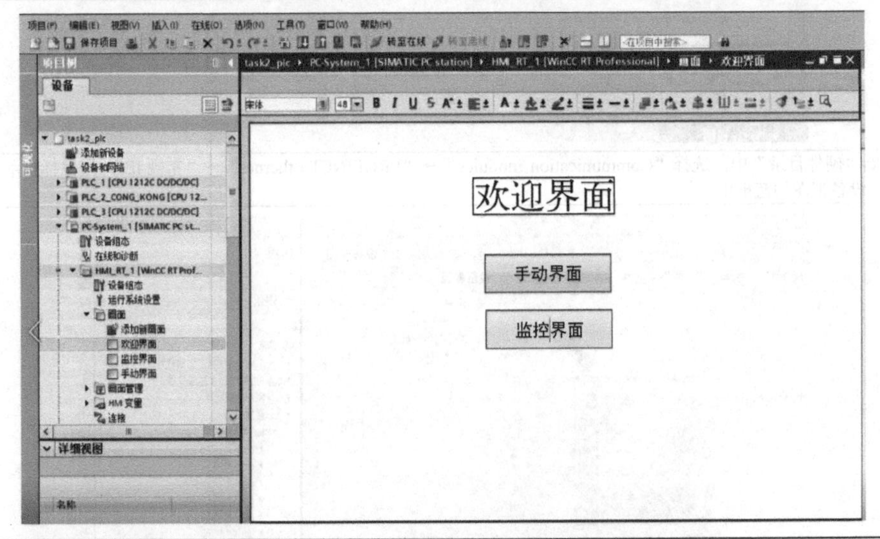

（2）单击“手动界面”按钮，在“事件”→“单击”中，添加函数为“激活屏幕”，画面名称选择“手动界面”；单击“监控界面”按钮，在“事件”→“单击”中，添加函数为“激活屏幕”，画面名称选择“监控界面”。

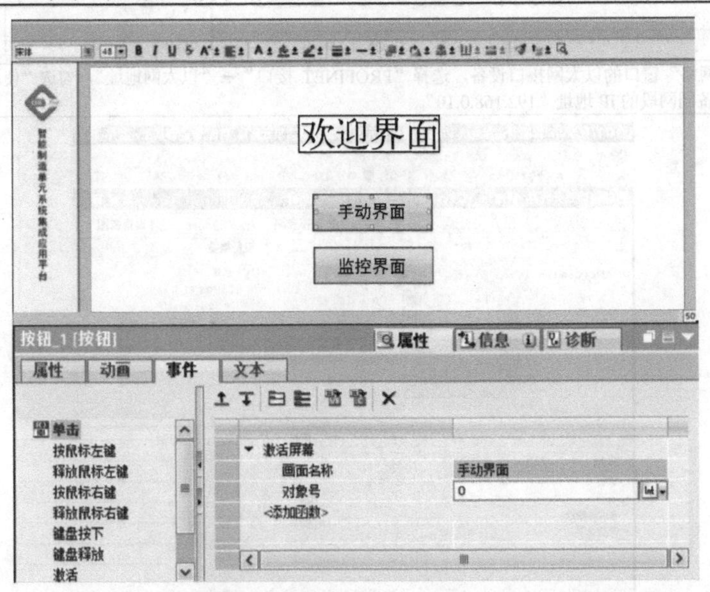

（续）

（3）在手动界面中，添加元素，绑定 PLC 变量，完成仓储模块、执行模块、检测模块的编辑。

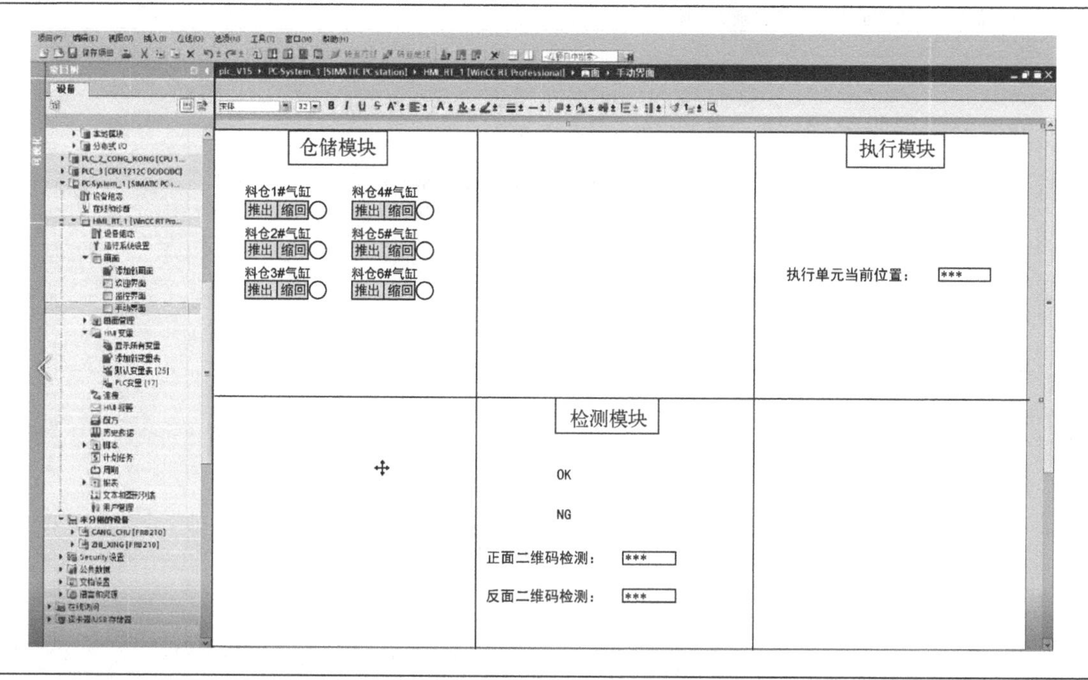

（4）在监控界面中，添加元素、动画，绑定 PLC 变量，完成执行单元、仓储单元、检测单元的编辑。

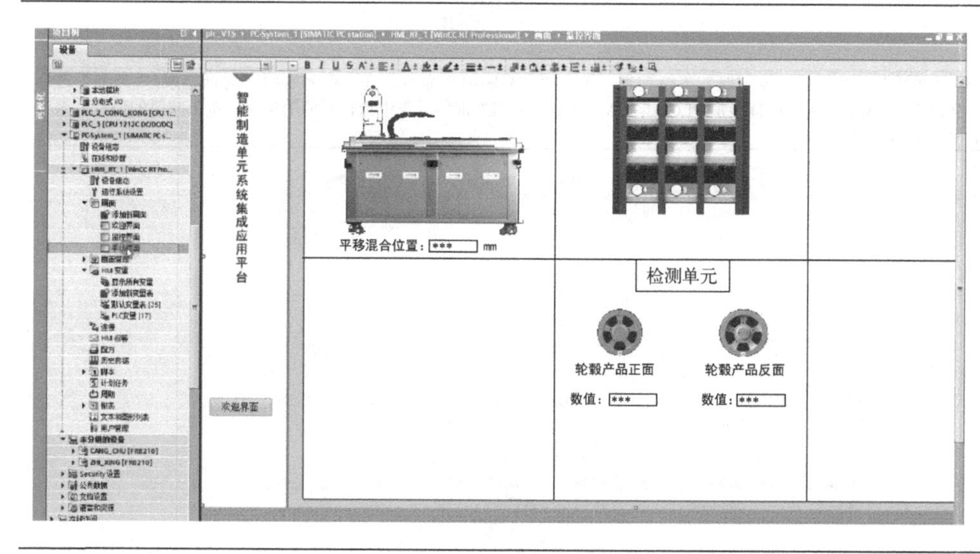

9.5.1 WinCC 系统开发（1）

9.5.1 WinCC 系统开发（2）

数字资源：9.5.1WinCC 系统开发（1） 9.5.1WinCC 系统开发（2）

9.5.2 MCD 虚拟调试

本知识点介绍机器人系统集成控制中，通过 MCD 设置命令，完成 WinCC 与 MCD 的虚拟调试。

（1）打开文件“检测站”模型文件，单击功能区“应用模块”下的“更多”命令，在下拉列表中选择“机电概念设计”，进入 MCD 环境，单击功能区“主页”下的“外部控制器”下拉列表，单击“外部信号配置”命令，在“外部信号配置”对话框中，单击“PLCSIM Adv”标签，实例列表中选择虚拟 PLC1，更新选项中区域为“IO”，单击“更新标记”按钮，在标记表中显示虚拟 PLC 的所有信号，勾选“全选”，单击“确定”按钮。

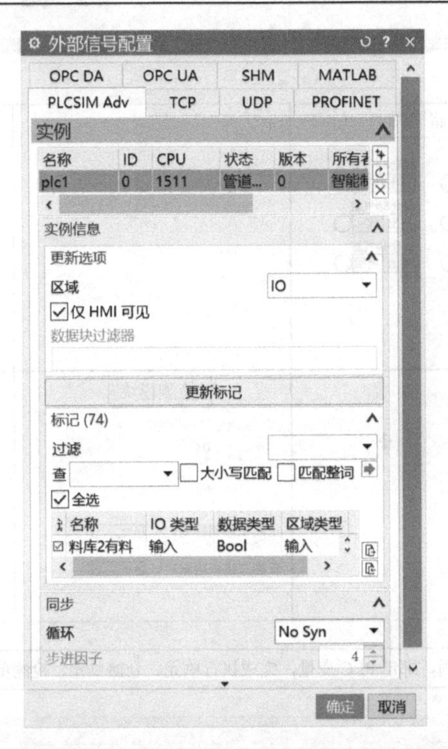

（2）单击功能区“主页”下的“外部控制器”下拉列表，单击“信号映射”命令。在“信号映射”对话框中，“类型”选择“PLCSIM Adv”，“PLCSIM Adv 实例”选择虚拟 PLC1，在 MCD 信号表和外部信号表中选择对应的信号，单击映射的信号列表中建立的信号连接，依次完成内外信号连接。

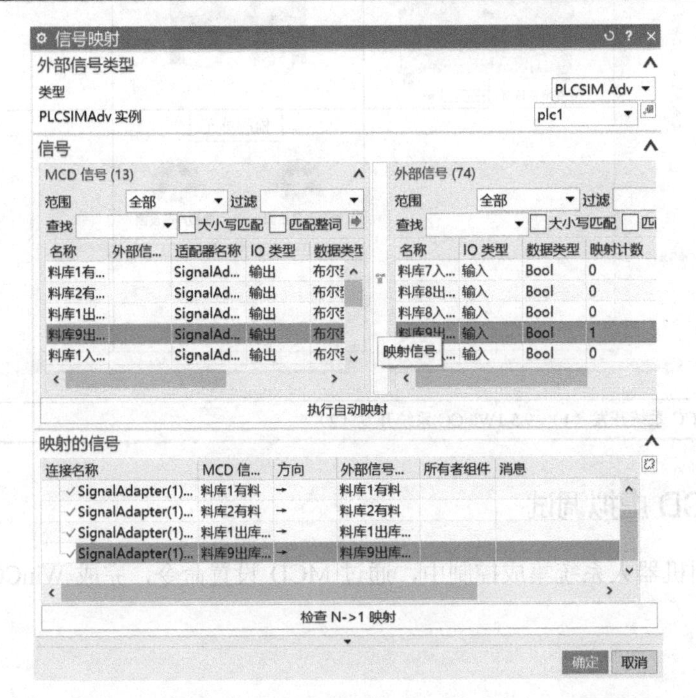

（续）

（3）单击功能区“主页”下的“播放”命令，开始运动仿真模拟，同时在博途软件中单击“启动 CPU”命令可进行在线监控，实现 MCD 与 PLC 联动虚拟调试，旋钮旋转到启动档，机器人系统集成站开始依次完成取轮毂、打磨、入库等工作流程，同时监控 PLC 程序的运行；单击功能区“主页”下的“停止”命令，同时在博途软件中单击“停止 CPU”命令，结束机器人系统集成站虚拟调试。

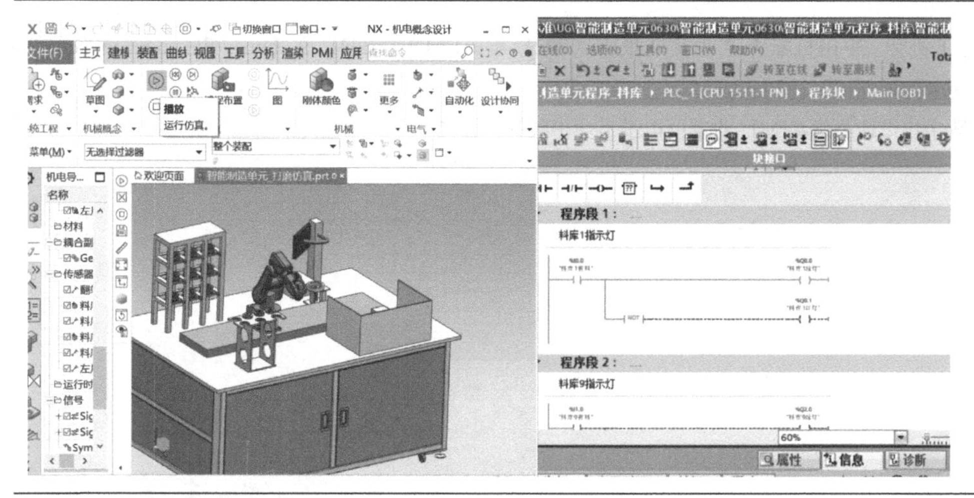

9.5.2　MCD 虚拟调试

数字资源：9.5.2MCD 虚拟调试

【拓展学习】

9.5.3　WinCC 介绍

人机界面（Human Machine Interaction，HMI），又称用户界面，指人与计算机、PLC 之间传递、交换信息的媒介和对话接口，是计算机系统的重要组成部分，是系统和用户之间进行交互和信息交换的媒介。

随着工业自动化技术和计算机的发展，需要计算机对现场控制设备（比如 PLC、智能仪表、板卡、变频器等）进行数据采集与监视控制（SCADA）。凡是具有数据采集和系统监控功能的软件，称为组态软件，广泛应用于电力系统、航空航天、石油、化工等领域。

SIMATIC HMI 面板主要包括按钮面板、微型面板、操作员面板、触摸屏面板、精简面板、精智面板、移动面板等。本任务中选用的是精智面板，WinCC（TIA Portal 中的）是进行可视化组态的工程组态软件。WinCC 有 4 种版本，具体使用哪个版本取决于 HMI 等上位监控系统设备。

参 考 文 献

[1] 中国电子协会. 中国机器人产业发展报告（2021 年）[R/OL], 2021, 9. https://file.vogel.com.cn/125/upload/ resources/file/251924.pdf.

[2] 洪晴. 数字化设计与仿真[M]. 北京：电子工业出版社，2022.